CAMBRIDGE LIBRARY COLLECTION

Books of enduring scholarly value

Mathematical Sciences

From its pre-historic roots in simple counting to the algorithms powering modern desktop computers, from the genius of Archimedes to the genius of Einstein, advances in mathematical understanding and numerical techniques have been directly responsible for creating the modern world as we know it. This series will provide a library of the most influential publications and writers on mathematics in its broadest sense. As such, it will show not only the deep roots from which modern science and technology have grown, but also the astonishing breadth of application of mathematical techniques in the humanities and social sciences, and in everyday life.

Oeuvres complètes

Augustin-Louis, Baron Cauchy (1789-1857) was the pre-eminent French mathematician of the nineteenth century. He began his career as a military engineer during the Napoleonic Wars, but even then was publishing significant mathematical papers, and was persuaded by Lagrange and Laplace to devote himself entirely to mathematics. His greatest contributions are considered to be the Cours d'analyse de l'École Royale Polytechnique (1821), Résumé des leçons sur le calcul infinitésimal (1823) and Leçons sur les applications du calcul infinitésimal à la géométrie (1826-8), and his pioneering work encompassed a huge range of topics, most significantly real analysis, the theory of functions of a complex variable, and theoretical mechanics. Twenty-six volumes of his collected papers were published between 1882 and 1958. The first series (volumes 1–12) consists of papers published by the Académie des Sciences de l'Institut de France; the second series (volumes 13–26) of papers published elsewhere.

Oeuvres complètes

Series 1

VOLUME 10

AUGUSTIN LOUIS CAUCHY

CAMBRIDGE
UNIVERSITY PRESS

CAMBRIDGE UNIVERSITY PRESS

Cambridge New York Melbourne Madrid Cape Town Singapore São Paolo Delhi

Published in the United States of America by Cambridge University Press, New York

www.cambridge.org
Information on this title: www.cambridge.org/9781108002776

This edition first published 1897
This digitally printed version 2009

ISBN 978-1-108-00277-6

ŒUVRES

COMPLÈTES

D'AUGUSTIN CAUCHY

PARIS. — IMPRIMERIE GAUTHIER-VILLARS ET FILS,
23313 Quai des Augustins, 55

ŒUVRES

COMPLÈTES

D'AUGUSTIN CAUCHY

PUBLIÉES SOUS LA DIRECTION SCIENTIFIQUE

DE L'ACADÉMIE DES SCIENCES

ET SOUS LES AUSPICES

DE M. LE MINISTRE DE L'INSTRUCTION PUBLIQUE.

I^RE SÉRIE. — TOME X.

PARIS,

GAUTHIER-VILLARS ET FILS, IMPRIMEURS-LIBRAIRES

DU BUREAU DES LONGITUDES, DE L'ÉCOLE POLYTECHNIQUE,

Quai des Augustins, 55.

M DCCC XCVII

PREMIÈRE SÉRIE.

MÉMOIRES, NOTES ET ARTICLES

EXTRAITS DES

RECUEILS DE L'ACADÉMIE DES SCIENCES

DE L'INSTITUT DE FRANCE.

III.

NOTES ET ARTICLES

EXTRAITS DES

COMPTES RENDUS HEBDOMADAIRES DES SÉANCES

DE L'ACADÉMIE DES SCIENCES.

(SUITE.)

NOTES ET ARTICLES

EXTRAITS DES

COMPTES RENDUS HEBDOMADAIRES DES SÉANCES

DE L'ACADÉMIE DES SCIENCES.

320.

ANALYSE MATHÉMATIQUE. — *Mémoire sur les fonctions de cinq ou six variables et spécialement sur celles qui sont doublement transitives.*

C. R., T. XXII, p. 2 (5 janvier 1846).

§ III. — *Sur la fonction de six variables, qui est tout à la fois transitive par rapport à trois et à cinq variables, et intransitive par rapport à quatre.*

Soient

Ω une fonction de six variables x, y, z, u, v, w;
M le nombre de ses valeurs égales;
m le nombre de ses valeurs distinctes.

On aura

$$mM = 1.2.3.4.5.6$$

ou, ce qui revient au même,

$$mM = 720. \tag{1}$$

Soit d'ailleurs H_l le nombre des substitutions qui renferment l variables et n'altèrent pas la valeur de la fonction Ω. Si cette fonction, étant transitive par rapport à six et à cinq variables, offre plus de deux valeurs distinctes, alors, d'après ce qu'on a vu dans les paragraphes précédents, elle aura 6, 12 ou 24 valeurs distinctes et sera toujours altérée par toute substitution qui déplacera deux ou trois variables; on aura donc, non seulement

$$H_0 = 1, \qquad H_1 = 0,$$

mais encore

$$H_2 = 0, \qquad H_3 = 0.$$

Cela posé, les formules établies dans la séance du 10 novembre donneront

$$M = H_6 + H_5 + H_4 + 1,$$
$$M = H_5 + 2H_4 + 6,$$
$$M = 2H_4 + 30,$$

et l'on en conclura

(2) $$H_6 = \tfrac{1}{2}M - 10, \qquad H_5 = 24, \qquad H_4 = \tfrac{1}{2}M - 15.$$

Soit maintenant

$$P_{a,b,c,\ldots}$$

une substitution relative aux six variables

$$x, \quad y, \quad z, \quad u, \quad v, \quad w,$$

et composée de facteurs circulaires dont le premier soit de l'ordre a, le second de l'ordre b, le troisième de l'ordre c, etc. Soient encore

$\omega_{a,b,c,\ldots}$ le nombre des formes que peut revêtir la substitution $P_{a,b,c,\ldots}$ exprimée à l'aide de ses facteurs circulaires, lorsqu'on met toutes les variables en évidence, et que l'on s'astreint à faire toujours occuper les mêmes places, dans cette substitution, par des facteurs circulaires de même ordre;

$\varpi_{a,b,c,\ldots}$ le nombre total des substitutions semblables à $P_{a,b,c,\ldots}$, qui peuvent être formées avec les six variables $x, y, z, u, v, w, \ldots$;

$h_{a,b,c,\ldots}$ le nombre de celles de ces substitutions qui n'altèrent pas la valeur de Ω;

$k_{a,b,c,\ldots}$ le nombre des valeurs distinctes de Ω qui ne sont pas altérées par la substitution $P_{a,b,c,\ldots}$.

Puisque, dans l'hypothèse admise, les substitutions qui n'altéreront pas Ω déplaceront quatre variables au moins, celles de ces substitutions qui déplaceront quatre ou cinq variables devront être régulières (séance du 8 décembre), et par conséquent circulaires, si elles déplacent cinq variables. On aura donc, non seulement

$$h_2 = 0, \qquad h_3 = 0,$$

mais encore

$$H_5 = h_5.$$

On aura, au contraire,

$$H_4 = h_4 + h_{2,2},$$

$$H_6 = h_6 + h_{3,3} + h_{2,2,2} + h_{4,2}.$$

Donc les formules (2) donneront

(3) $$h_4 + h_{2,2} = \tfrac{1}{2}M - 15, \qquad h_5 = 24,$$

(4) $$h_6 + h_{3,3} + h_{2,2,2} + h_{4,2} = \tfrac{1}{2}M - 10.$$

D'autre part, on aura généralement (séance du 15 décembre)

(5) $$m h_{a,b,c,\ldots} = \varpi_{a,b,c,\ldots}\, k_{a,b,c,\ldots},$$

et les deux nombres

$$h_{a,b,c,\ldots}, \quad k_{a,b,c,\ldots},$$

dont le premier sera égal ou inférieur à la limite $\varpi_{a,b,c,\ldots}$, le second égal ou inférieur à la limite m, ne pourront atteindre simultanément ces deux limites que dans le cas où Ω ne sera jamais altéré par aucune substitution de la forme $P_{a,b,c,\ldots}$. Enfin les nombres

$$\varpi_{a,b,c,\ldots} \quad \omega_{a,b,c,\ldots}$$

seront liés entre eux par la formule

(6) $$\omega_{a,b,c,\ldots}\, \varpi_{a,b,c,\ldots} = m M = 720;$$

et, comme on trouvera successivement

$$\omega_4 = (1.2)4 = 8, \quad \omega_{2,2} = (1.2)^2 2^2 = 16, \quad \omega_5 = 5,$$
$$\omega_6 = 6, \quad \omega_{3,3} = (1.2)3^2 = 18, \quad \omega_{2,2,2} = (1.2.3)2^3 = 48, \quad \omega_{4,2} = 4.2 = 8,$$

on en conclura

$$\varpi_4 = 90, \quad \varpi_{2,2} = 45, \quad \varpi_5 = 144,$$
$$\varpi_6 = 120, \quad \varpi_{3,3} = 40, \quad \varpi_{2,2,2} = 15, \quad \varpi_{4,2} = 90.$$

Donc la formule (5) donnera

$$(7) \quad mh_4 = 90k_4, \quad mh_{2,2} = 45k_{2,2}, \quad mh_5 = 144k_5,$$
$$(8) \quad mh_6 = 120k_6, \quad mh_{3,3} = 40k_{3,3}, \quad mh_{2,2,2} = 15k_{2,2,2}, \quad mh_{4,2} = 90k_{4,2},$$

et les équations (3), (4), jointes à la formule (1), entraîneront les suivantes :

$$(9) \qquad 2k_4 + k_{2,2} = 8 - \frac{m}{3}, \qquad k_5 = \frac{m}{6},$$
$$(10) \qquad 24k_6 + 8k_{3,3} + 3k_{2,2,2} + 18k_{4,2} = 72 - 2m.$$

Il suit des formules (9) que, dans l'hypothèse admise, c'est-à-dire dans le cas où la fonction Ω, étant transitive par rapport à cinq et à six variables, offre plus de deux valeurs égales, m doit être divisible par 6. Effectivement, d'après ce qu'on a vu dans les paragraphes précédents, m ne peut être alors que l'un des nombres

$$6, \quad 12, \quad 24,$$

auxquels correspondent les valeurs

$$120, \quad 60, \quad 30$$

du nombre M.

D'autre part, puisque chacun des nombres

$$6, \quad 12, \quad 24$$

est divisible par le facteur 3, il résulte d'un théorème précédemment établi (séance du 13 octobre, page 851 [1]), que, dans l'hypothèse

(1) *Œuvres de Cauchy*, S. I, T. IX, p. 359.

admise, quelques-unes des substitutions

(11) $1, P, Q, R, \ldots$

qui n'altéreront pas la valeur de Ω seront régulières et du troisième ordre. Donc, puisque h_3 est nul, $h_{3,3}$ et par suite $k_{3,3}$ ne pourront s'évanouir. Donc l'une au moins des substitutions $1, P, Q, R, \ldots$ sera de la forme $P_{3,3}$; et, comme la substitution inverse $P_{3,3}^{-1}$ sera encore de la même forme, nous devons conclure que $h_{3,3}$ sera, dans l'hypothèse admise, un nombre pair différent de zéro. Ce n'est pas tout : comme la seconde des formules (8) donne

(12) $$k_{3,3} = \frac{m}{40} h_{3,3},$$

le nombre $k_{3,3}$ devra être, ainsi que m, divisible par 3; et même, si l'on supposait $m = 24$, la formule (12), réduite à

$$k_{3,3} = \tfrac{3}{5} h_{3,3},$$

donnerait pour $k_{3,3}$ un nombre divisible par 6. Mais alors, évidemment, la formule (10) ne pourrait plus être vérifiée, puisque le premier membre, égal ou supérieur au nombre

$$8 k_{3,3} = 48,$$

surpasserait la différence

$$72 - 2m = 72 - 48 = 24.$$

Donc il n'est pas possible de supposer $m = 24$.

Concevons maintenant que la fonction Ω doive être tout à la fois transitive par rapport à six et à cinq variables, et intransitive par rapport à quatre. Alors, d'après ce qui a été dit dans le § I, le nombre m des valeurs distinctes de Ω ne pourra être que l'un des nombres

$$12, \quad 24.$$

Donc, puisqu'on devra exclure la supposition $m = 24$, on aura nécessairement

$$m = 12;$$

et par suite (*voir* la séance du 29 décembre, p. 1405 [1]), h_4, k_4 devront s'évanouir. Alors aussi les formules (7), (8), (9), (10) donneront

(13) $$4h_{2,2} = 15k_{2,2}, \qquad h_5 = 12k_5,$$

(14) $$h_6 = 10k_6, \qquad 3h_{3,3} = 10k_{3,3}, \qquad 4h_{2,2,2} = 5k_{2,2,2}, \qquad 2h_{4,2} = 15k_{4,2},$$

(15) $$k_{2,2} = 4, \qquad k_5 = 2,$$

(16) $$24k_6 + 8k_{3,3} + 3k_{2,2,2} + 18k_{4,2} = 48.$$

Des formules (13) et (15) on déduira les suivantes

(17) $$h_{2,2} = 15, \qquad h_5 = 24,$$

que l'on pourrait tirer encore des équations obtenues dans le § I. Ajoutons que des formules (14) et (16) on pourra aisément déduire les valeurs des quantités

$$h_6, \quad h_{3,3}, \quad h_{2,2,2}, \quad h_{4,2};$$

et d'abord, puisque $k_{3,3}$ devra être un nombre entier distinct de zéro et divisible par 3, le terme $8k_{3,3}$ de la formule (14) sera égal ou supérieur à 24. Donc le terme $18k_{4,2}$ devra être inférieur à la différence $48 - 24 = 24$. Donc le nombre entier $k_{4,2}$ devra être inférieur à $\frac{4}{3}$; et, comme d'ailleurs il doit être divisible par 2, en vertu de la dernière des formules (14), on aura nécessairement

$$k_{4,2} = 0, \qquad h_{4,2} = 0;$$

en sorte que l'équation (14) se trouvera réduite à

(18) $$24k_6 + 8k_{3,3} + 3k_{2,2,2} = 48.$$

D'autre part, si k_6 différait de zéro, on pourrait en dire autant de $k_{3,3}$ et de $k_{2,2}$, attendu qu'une substitution de la forme

$$P_6$$

a pour carré une substitution de la forme $P_{3,3}$, et pour cube une substitution de la forme $P_{2,2,2}$. Cela posé, comme, en vertu des formules (14), $k_{3,3}$ devra être divisible par le facteur 3, et $k_{2,2,2}$, par le

[1] *OEuvres de Cauchy*, S. I, T. IX, p. 500.

facteur 4, il est clair que, en supposant k_6 différent de zéro, on obtiendrait pour premier membre de la formule (18) une somme égale ou supérieure à

$$24 + 8.3 + 3.4 = 60.$$

Donc alors cette formule ne pourrait être vérifiée. On aura donc encore nécessairement

$$k_6 = 0, \qquad h_6 = 0,$$

et par suite l'équation (18) sera réduite à

$$(19) \qquad 8k_{3,3} + 3k_{2,2,2} = 48.$$

Enfin, il est facile de voir que $k_{2,2,2}$ et $h_{2,2,2}$ devront être divisibles par 3. En effet, concevons que l'on désigne simplement par la lettre P l'une des substitutions qui, étant de la forme $P_{3,3}$, n'altèrent pas la valeur de Ω, et supposons un instant que Ω ne soit pas non plus altéré par une certaine substitution $\mathfrak{P}$ de la forme $P_{2,2,2}$. Les deux substitutions P, $\mathfrak{P}$ ne pourront être permutables entre elles. Car si l'on avait

$$P\mathfrak{P} = \mathfrak{P}P,$$

alors, d'après ce qui a été dit dans la séance du 1er décembre, p. 1197 (1), $\mathfrak{P}$ et P seraient de la forme

$$\mathfrak{P} = s^3, \qquad P = s^2,$$

s étant une substitution circulaire du sixième ordre; et comme, en vertu de la formule

$$s = s^3 s^{-2} = \mathfrak{P}P^{-1},$$

s serait une dérivée des deux substitutions $\mathfrak{P}$, P, la substitution s devrait être elle-même du nombre de celles qui n'altéreraient pas la valeur de Ω. Cette conclusion étant incompatible avec l'équation

$$h_6 = 0,$$

précédemment établie, on peut affirmer que la substitution $\mathfrak{P}$ ne sera

(1) *OEuvres de Cauchy*, S. I, T. IX, p. 439-440.

pas permutable avec P. Par la même raison, $\mathfrak{P}$ ne saurait être permutable avec la substitution P^2, qui est régulière et du troisième ordre, comme la substitution P. Donc, si l'on pose

$$\mathfrak{P}' = P\mathfrak{P}P^{-1}, \qquad \mathfrak{P}'' = P^2\mathfrak{P}P^{-2}, \tag{20}$$

on obtiendra pour $\mathfrak{P}'$, $\mathfrak{P}''$ deux substitutions distinctes de $\mathfrak{P}$. D'ailleurs chacune d'elles, étant semblable à $\mathfrak{P}$, et par conséquent de la forme $P_{2,2,2}$, ne pourra être permutable avec la substitution $\mathfrak{P}$. Donc la substitution $\mathfrak{P}''$, évidemment liée à $\mathfrak{P}'$ par la formule

$$\mathfrak{P}'' = P\mathfrak{P}'P^{-1}, \tag{21}$$

sera encore distincte de la substitution $\mathfrak{P}'$. Ce n'est pas tout : comme on tire des formules (20)

$$P\mathfrak{P} = \mathfrak{P}'P, \qquad \mathfrak{P}'P = \mathfrak{P}''P, \qquad P\mathfrak{P}'' = \mathfrak{P}P, \tag{22}$$

nous devons conclure que, si parmi les substitutions

$$1, \quad P, \quad Q, \quad R, \quad \ldots,$$

qui n'altèrent pas la valeur de Ω, quelques-unes,

$$\mathfrak{P}, \quad \mathfrak{P}', \quad \mathfrak{P}'', \quad \ldots, \tag{23}$$

sont de la forme $P_{2,2,2}$, celles-ci, prises trois à trois, vérifieront des équations semblables aux équations (22); et comme évidemment deux systèmes de cette forme ne peuvent renfermer la même substitution $\mathfrak{P}$, sans se confondre l'un avec l'autre, il en résulte que le nombre $h_{2,2,2}$ des termes compris dans la série (23) devra être divisible par 3. Donc le nombre $k_{2,2,2}$, lié au nombre $h_{2,2,2}$ par la formule

$$5k_{2,2,2} = 4h_{2,2,2},$$

devra être divisible, non seulement par 4, mais aussi par 3, et, en conséquence, par 12. Donc, puisque le produit $8k_{3,3}$ doit être égal ou supérieur à 24, l'équation (19), de laquelle on tirera

$$3k_{2,2,2} = 48 - 8k_{3,3} \overline{\overline{<}}\, 24,$$

$$k_{2,2,2} \overline{\overline{<}}\, 8,$$

ne pourra être vérifiée sans que le nombre $k_{2,2,2}$ s'évanouisse. On aura donc

$$k_{2,2,2}=0, \qquad k_{3,3}=\tfrac{48}{8}=6$$

et, par suite, en vertu des formules (14),

$$(24) \qquad h_{2,2,2}=0, \qquad h_{3,3}=20.$$

Ainsi, en définitive, si la fonction Ω est transitive par rapport à six et à cinq variables, et intransitive par rapport à quatre, les substitutions 1, P, Q, R, ..., qui n'altéreront pas la valeur de Ω, seront toutes, hormis celle qui se réduit à l'unité, de l'une des trois formes

$$P_{3,3}, \quad P_5, \quad P_{2,2};$$

et, comme on aura

$$(25) \qquad h_{3,3}=20, \qquad h_5=24, \qquad h_{2,2}=15,$$

les divers termes qui, avec l'unité, composeront la suite

$$1, \quad P, \quad Q, \quad R, \quad \ldots$$

seront

20 substitutions de la forme $P_{3,3}$,
24 substitutions de la forme P_5,
15 substitutions de la forme $P_{2,2}$.

D'ailleurs, en vertu des principes établis dans le § I, celles de ces substitutions qui, étant circulaires et du cinquième ordre, c'est-à-dire de la forme P_5, renfermeront seulement les cinq variables

$$y, \quad z, \quad u, \quad v, \quad w,$$

se réduiront aux puissances

$$Q, \quad Q^2, \quad Q^3, \quad Q^4$$

d'une même substitution circulaire Q; et, comme on pourra fixer arbitrairement la forme des lettres propres à représenter les variables qui devront succéder l'une à l'autre, en vertu de la substitution Q, rien n'empêchera d'admettre que ces variables sont précisément

$$y, \quad z, \quad u, \quad v, \quad w.$$

On pourra donc supposer

$$Q = (y, z, u, v, w). \tag{26}$$

Soit maintenant R l'une des cinq substitutions qui, étant régulières et du second ordre, c'est-à-dire de la forme $P_{2,2}$, n'altéreront pas la valeur de Ω, et renfermeront quatre des cinq variables y, z, u, v, w. D'après ce qui a été dit dans le § I, on pourra déterminer R à l'aide de l'équation symbolique

$$R = \binom{Q^{-1}}{Q}; \tag{27}$$

et si, pour fixer les idées, on veut déduire de la formule (27) celle des substitutions R qui ne déplacera, ni la variable x, ni la variable u, on aura

$$R = \binom{wvuzy}{yzuvw}$$

ou, ce qui revient au même,

$$R = (y, w)(z, v). \tag{28}$$

Ce n'est pas tout : les quinze substitutions régulières du second ordre qui, étant formées avec quatre des six variables

$$x, \quad y, \quad z, \quad u, \quad v, \quad w,$$

n'altéreront pas la valeur de Ω, renfermeront trente facteurs circulaires du second ordre. Mais les facteurs distincts de cet ordre, qui peuvent être formés avec six variables, sont au nombre de quinze seulement. Donc, puisque la fonction Ω est supposée doublement transitive, c'est-à-dire transitive par rapport à six et à cinq variables, et qu'en conséquence les divers facteurs du second ordre devront tous reparaitre le même nombre de fois dans les quinze substitutions régulières ci-dessus mentionnées, chacun d'eux devra toujours appartenir à deux substitutions distinctes. Cela posé, nommons

$$S \quad \text{et} \quad T$$

celles des substitutions

$$1, \quad P, \quad Q, \quad R, \quad \ldots$$

qui, étant distinctes de R, mais de la forme $P_{2,2}$, renfermeront, la première, le facteur (y, w), et la seconde, le facteur (z, v). Le dernier facteur circulaire de S ne pourra être que (x, u); car, s'il différait de (x, u), il renfermerait, avec l'une des variables x, u, l'une des variables z, v. Or, dans ce cas, le produit RS, qui serait encore l'une des substitutions propres à ne point altérer la valeur de Ω, renfermerait seulement trois des six variables

$$x, \quad y, \quad z, \quad u, \quad v, \quad w;$$

et nous avons vu que, dans l'hypothèse admise, chacune des substitutions 1, P, Q, R, ... doit déplacer quatre variables au moins. On aura donc nécessairement

$$S = (x, u)(y, w). \tag{29}$$

On trouvera de même

$$T = (x, u)(z, v). \tag{30}$$

D'après ce qui a été dit dans le § I, pour caractériser une fonction des cinq variables y, z, u, v, w qui soit intransitive par rapport à quatre d'entre elles, il suffit de dire que cette fonction n'est altérée par aucune des deux substitutions

$$Q = (y, z, u, v, w), \qquad R = (y, w)(z, v).$$

Si l'on veut, de plus, que Ω soit une fonction transitive des six variables

$$x, \quad y, \quad z, \quad u, \quad v, \quad w,$$

alors, comme on vient de le voir, Ω devra satisfaire encore à la condition de n'être point altéré par la substitution

$$S = (x, u)(y, w).$$

Réciproquement, si cette dernière condition est remplie, la fonction Ω, supposée déjà transitive par rapport aux cinq variables y, z, u, v, w, sera encore transitive par rapport à x, y, z, u, v, w, puisqu'on pourra évidemment faire passer dans cette fonction une variable quelconque à une place quelconque, en vertu de la substitution S, jointe à l'une des puissances de la substitution Q. Il est donc naturel de penser que, si l'on peut former une fonction transitive de cinq ou six variables, qui soit en même temps intransitive par rapport à quatre, on caractérisera cette fonction en disant qu'elle n'est altérée par aucune des trois substitutions

$$Q, \quad R, \quad S.$$

Toutefois, pour que l'existence d'une telle fonction, qui devra offrir seulement douze valeurs distinctes, et par suite soixante valeurs égales, se trouve rigoureusement établie, il est nécessaire de prouver que les dérivées des trois substitutions Q, R, S fournissent un système de soixante substitutions conjuguées les unes aux autres. On y parvient en suivant la marche que nous allons indiquer.

D'abord, l'équation (27) pouvant s'écrire comme il suit,

(31) $$RQ = Q^{-1}R,$$

on en conclura, en désignant par h et k deux entiers quelconques,

(32) $$R^k Q^h = Q^{(-1)^k h} R^k.$$

Donc les dérivées des substitutions Q, R pourront toutes être présentées sous chacune des formes

$$R^k Q^h, \quad Q^h R^k.$$

En d'autres termes, le système des puissances de Q sera permutable avec le système des puissances de R. Donc, par suite, les dérivées des deux substitutions Q, R, dont l'une est du cinquième ordre, l'autre du second, seront toutes réductibles à la forme

$$R^k Q^h,$$

et formeront un système de solutions conjuguées dont l'ordre sera

$$2.5 = 10.$$

D'autre part, les trois substitutions

$$R = (y, w)(z, v), \qquad S = (x, u)(y, w), \qquad T = (x, u)(z, v)$$

forment, avec l'unité, un système de substitutions régulières conjuguées; et, comme deux de ces substitutions donnent toujours pour produit la troisième, en sorte qu'on a, par exemple,

(33) $$RS = T \quad \text{et} \quad SR = T,$$

il en résulte que les substitutions R, S sont permutables entre elles et vérifient la formule

(34) $$RS = SR.$$

Concevons maintenant que, l étant un entier quelconque, l'on pose

(35) $$S_l = Q^l S Q^{-l}.$$

Alors on trouvera, non seulement

(36) $$S_0 = S = (x, u)(y, w),$$

mais encore

(37) $$\begin{cases} S_1 = (x, v)(z, y), \\ S_2 = (x, w)(u, z), \\ S_3 = (x, y)(v, u), \\ S_4 = (x, z)(w, v); \end{cases}$$

et comme, en faisant croître ou décroître l d'un multiple de 5, on tirera toujours de la formule (35) la même valeur de S_l, il est clair que S_l admettra seulement cinq valeurs distinctes, savoir :

(38) $$S_0 = S, \quad S_1, \quad S_2, \quad S_3, \quad S_4.$$

De plus, comme, en vertu des formules (36) et (37), deux substitutions de la forme S_l, $S_{l'}$, quand elles seront distinctes l'une de l'autre, feront passer à la place de x deux variables diverses, il en résulte qu'une substitution de la forme

$$S_{l'} S_l^{-1}$$

déplacera toujours la variable x, et ne pourra se confondre avec une dérivée des seules substitutions Q et R. Donc, par suite, aux dix valeurs du produit

$$R^k Q^h$$

renfermées dans le Tableau

$$(39) \qquad \begin{cases} 1, & Q, & Q^2, & Q^3, & Q^4, \\ R, & RQ, & RQ^2, & RQ^3, & RQ^4, \end{cases}$$

correspondront cinquante valeurs du produit

$$R^k Q^h S_l,$$

qui seront, non seulement distinctes des substitutions (39), mais encore distinctes les unes des autres; car, si l'on supposait

$$R^k Q^h S_l = R^{k'} Q^{h'} S_{l'},$$

on en conclurait

$$Q^{-h'} R^{-k'} R^k Q^h = S_{l'} S_l^{-1},$$

et cette dernière équation, ne pouvant être vérifiée dans le cas où S_l, $S_{l'}$ seraient deux substitutions distinctes, entraînerait la formule

$$S_{l'} = S_l.$$

Donc à deux valeurs distinctes de S_l correspondront toujours deux valeurs distinctes du produit

$$R^k Q^h S_l;$$

et, si l'on multiplie successivement chacune des six substitutions

$$(40) \qquad 1, \quad S_0, \quad S_1, \quad S_2, \quad S_3, \quad S_4$$

par les dix termes du Tableau (39), on obtiendra soixante substitutions distinctes les unes des autres, dont chacune se présentera sous l'une des deux formes

$$(41) \qquad R^k Q^h, \quad R^k Q^h S_l.$$

Il reste à faire voir que ces soixante substitutions composent le système entier des substitutions dérivées de Q, R et S ou, ce qui revient au même, qu'une dérivée quelconque des substitutions Q, R, S est toujours réductible à l'une des formes (41).

Or, en premier lieu, on tirera de la formule (35), jointe aux équations (32) et (34), non seulement

$$S_{l+h} = Q^h S_l Q^{-h} \tag{42}$$

et, par suite,

$$Q^h S_l = S_{l+h} Q^h, \tag{43}$$

mais encore

$$RS_l = S_{-l} R, \qquad RQ^h S_l = S_{-(l+h)} RQ^h, \tag{44}$$

et généralement

$$R^k Q^h S_l = S_{(-1)^k (l+h)} R^k Q^h. \tag{45}$$

D'ailleurs, de la formule (45) il résulte immédiatement que, si l'on nomme $\mathcal{Q}$ l'une quelconque des substitutions (39), et $\mathcal{S}$ l'une quelconque des substitutions (40), tout produit de la forme $\mathcal{Q}\mathcal{S}$ sera en même temps de la forme $\mathcal{S}\mathcal{Q}$, les valeurs de $\mathcal{Q}$ et de $\mathcal{S}$ pouvant varier dans le passage d'une forme à l'autre.

En second lieu, une dérivée quelconque T des substitutions Q, R, S pourra toujours être considérée comme le produit de plusieurs facteurs, dont les uns seraient de la forme $\mathcal{Q}$, les autres de la forme $\mathcal{S}$; et, dans un semblable produit, deux facteurs consécutifs $\mathcal{Q}$, $\mathcal{Q}'$ de la première forme pourront toujours être réduits à un seul facteur $\mathcal{Q}''$ de cette forme, puisque la substitution $\mathcal{Q}\mathcal{Q}'$ représentera encore une dérivée des substitutions Q et R. Donc, puisqu'on pourra aussi échanger entre eux deux facteurs consécutifs, dont l'un serait de la forme $\mathcal{Q}$, l'autre de la forme $\mathcal{S}$, en modifiant convenablement leurs valeurs, on pourra toujours, à l'aide de réductions et d'échanges successivement effectués, ramener la substitution T à la forme $\mathcal{Q}\mathcal{S}$, c'est-à-dire à l'une des formes (41), si, en désignant par $\mathcal{S}$, $\mathcal{S}'$ deux des substitutions (40), on peut toujours réduire le produit $\mathcal{S}\mathcal{S}'$ à la forme $\mathcal{Q}\mathcal{S}\mathcal{Q}'$, et, par suite, à la forme $\mathfrak{Q}s$. Il y a plus : comme on tire généralement de l'équation (35)

$$(46) \qquad S_{l'}S_l = Q^l S_{l'-l} S Q^{-l},$$

il est clair que la substitution T sera effectivement réductible à l'une des formes (41), si l'on peut réduire tout produit de la forme

$$S_l S$$

à la forme $\mathfrak{Q}s$ ou, ce qui revient au même, à la forme $s\mathfrak{Q}$. D'ailleurs, si l'on supposait $l = 0$, on aurait

$$s_l s = s^2 = 1,$$

et par suite $s_l s$ serait effectivement de la forme $s\mathfrak{Q}$, s et $\mathfrak{Q}$ étant réduits alors à l'unité. Donc, pour constater l'existence de la fonction de six variables qui, étant doublement transitive, offre trois valeurs distinctes, il suffit de prouver que, l étant l'un quelconque des nombres entiers 1, 2, 3, 4, on peut toujours vérifier la formule

$$(47) \qquad S_l S = s\mathfrak{Q},$$

en prenant pour s une des substitutions (38), et pour $\mathfrak{Q}$ l'une des substitutions (39).

La question, ramenée à ce point, peut être facilement résolue. Pour en obtenir la solution, je commencerai par observer que, s étant une substitution régulière du second ordre, on aura

$$s^2 = 1, \qquad s^{-1} = s.$$

Donc l'équation (47) pourra être présentée sous la forme

$$(48) \qquad s S_l S = \mathfrak{Q}.$$

Or, la substitution $\mathfrak{Q}$ étant une dérivée des substitutions Q et R, par conséquent l'une des substitutions qui laissent x immobile, il est clair que, si l'on peut satisfaire à l'équation (48), ce sera uniquement en prenant pour s celle des substitutions (40) qui échangera x contre la variable transportée à la place de x par la substitution $S_l S$. Cela posé, comme aux valeurs

$$1,\quad 2,\quad 3,\quad 4$$

du nombre l répondront des valeurs de $S_l S$ représentées par les substitutions

$$(x, u, v)(y, w, z),\quad (x, z, u, w, y),\quad (x, v, u, y, w),\quad (x, u, z)(y, v, w),$$

qui font respectivement succéder à x les variables

$$u,\quad z,\quad v,\quad u,$$

il est clair qu'à ces mêmes valeurs de l devront correspondre des valeurs de s représentées par les substitutions

$$S,\quad S_4,\quad S_1,\quad S,$$

qui ramènent x à la place des variables

$$u,\quad z,\quad v,\quad u.$$

Donc la seule question à résoudre sera de savoir si chacun des quatre produits

$$SS_1S,\quad S_4S_2S,\quad S_1S_3S,\quad SS_4S$$

se réduit à une dérivée des substitutions Q et R. Or, une telle réduction a effectivement lieu pour chacun des deux produits S_4S_2S, S_1S_3S. Car on trouve immédiatement

$$(49)\qquad S_4S_2S = (y, z, u, v, w) = Q,\qquad S_1S_3S = (y, w, v, u, z) = Q^{-1}.$$

Quant aux deux produits

$$SS_1S,\quad SS_4S,$$

qui peuvent encore être présentés sous les formes

$$SS_1S^{-1},\quad SS_4S^{-1},$$

et qui sont, en conséquence, équivalents aux deux substitutions

$$(u, v)(z, w),\quad (u, z)(y, v),$$

ils ne sont certainement pas de la forme Q^h; mais ils seront de la forme RQ^h, si le produit de chacun d'eux par R se réduit à une puissance de Q. Or, comme on trouve effectivement

$$RSS_1S = (y, w, v, u, z) = Q^{-1}, \qquad RSS_4S = (y, z, u, v, w) = Q,$$

on en conclura

$$(50) \qquad SS_1S = RQ^{-1} = QR, \qquad SS_4S = RQ = Q^{-1}R.$$

Donc, en définitive, chacun des produits

$$SS_1S, \quad S_4S_2S, \quad S_1S_3S, \quad SS_4S$$

se réduit à une dérivée des substitutions Q, R; et par suite on peut, avec six variables indépendantes,

$$x, \quad y, \quad z, \quad u, \quad v, \quad w,$$

composer des fonctions qui, étant doublement transitives, offrent douze valeurs distinctes. Ajoutons que, pour caractériser une telle fonction, il suffit de dire qu'elle n'est altérée par aucune des trois substitutions

$$Q = (y, z, u, v, w), \qquad R = (y, w)(z, v), \qquad S = (x, u)(y, w).$$

Il y a plus : comme on tire des formules (50)

$$R = SS_1SQ = Q^{-1}SS_1S = QSS_4S = SS_4SQ^{-1}$$

et de cette dernière, jointe à l'équation (35),

$$(51) \qquad \left\{ \begin{aligned} R &= SQSQ^{-1}SQ = Q^{-1}SQSQ^{-1}S \\ &= QSQ^{-1}SQS = SQ^{-1}SQSQ^{-1}, \end{aligned} \right.$$

le système des dérivées des trois substitutions

$$Q, \quad R, \quad S$$

se confondra évidemment avec le système des dérivées des deux substitutions

$$Q \quad \text{et} \quad S.$$

En conséquence, on pourra énoncer la proposition suivante :

THÉORÈME. — *Avec six variables indépendantes*

$$x,\quad y,\quad z,\quad u,\quad v,\quad w$$

on peut toujours composer des fonctions, doublement transitives, qui offrent douze valeurs distinctes; et, pour caractériser une telle fonction, il suffit de dire que sa valeur n'est pas altérée par les dérivées des deux substitutions

$$Q = (y, z, u, v, w), \qquad S = (x, u)(y, w).$$

En terminant ce paragraphe, nous observerons que la formule (51), combinée avec les équations (33), donne simplement

$$(52) \qquad T = QSQ^{-1}SQ = Q^{-1}SQSQ^{-1},$$

et que des deux formules

$$T = QSQ^{-1}SQ, \qquad T = SQ^{-1}QSQ^{-1},$$

fournies par l'équation (52), la première entraîne la seconde, attendu que, T étant une substitution du second ordre, on a

$$T^2 = 1, \qquad T = T^{-1}.$$

Observons aussi que des deux formules (49), la première, jointe à la formule (35), entraîne l'équation

$$SS_3S_1 = S_5S_3S_1 = QS_4S_2SQ^{-1} = Q$$

et, par suite, l'équation

$$S_1S_3S = Q^{-1},$$

qui coïncide précisément avec la seconde des formules (49).

§ IV. — *Sur les fonctions qui sont à la fois transitives par rapport à six variables indépendantes, et par rapport à cinq ou à quatre de ces variables.*

Conservons les mêmes notations que dans le § III; mais concevons que la fonction Ω, déjà supposée transitive par rapport à six et à cinq variables, soit encore transitive par rapport à quatre. Alors, d'après ce qui a été dit dans le § II, le nombre m des valeurs distinctes de Ω devra se réduire à l'un des entiers

$$1, \quad 2, \quad 6.$$

D'ailleurs, on pourra effectivement supposer

$$m = 1, \quad \text{ou} \quad m = 2,$$

puisque, avec un nombre quelconque de variables, on peut toujours former des fonctions symétriques et des fonctions dont chacune offre seulement deux valeurs distinctes. Il reste à voir si l'on pourra aussi supposer

$$m = 6$$

et, par suite,

$$M = \tfrac{720}{6} = 120.$$

Observons d'abord que, en vertu des principes établis dans le § II, la fonction Ω sera toujours altérée par toute substitution qui déplacera seulement deux ou trois variables, si l'on a $m = 6$, et que, dans cette même hypothèse, certaines substitutions circulaires du quatrième ordre déplaceront quatre variables sans altérer Ω. Il en résulte qu'on aura

$$h_2 = 0, \quad h_3 = 0, \quad h_4 > 0,$$

et même

$$h_{2,2} > 0,$$

puisqu'une substitution de la forme P_4 aura toujours pour carré une autre substitution de la forme $P_{2,2}$. Par suite aussi les formules (7), (8), (9), (10) du § III continueront de subsister, quand on y posera

$$m = 6,$$

en sorte qu'on aura

(1) $$h_4 = 15 k_4, \quad 2 h_{2,2} = 15 k_{2,2}, \quad h_5 = 24 k_5,$$

(2) $$h_6 = 20 k_6, \quad 3 h_{3,3} = 20 k_{3,3}, \quad 2 h_{2,2,2} = 5 k_{2,2,2}, \quad h_{4,2} = 15 k_{4,2},$$

(3) $$2 k_4 + k_{2,2} = 6, \quad k_5 = 1,$$

(4) $$24 k_6 + 8 k_{3,3} + 3 k_{2,2,2} + 18 k_{4,2} = 60.$$

En vertu de la seconde des formules (1), $k_{2,2}$ devra être un nombre pair. De plus h_4, et par suite k_4, devront encore être des nombres pairs, puisque toute substitution de la forme P_4 a pour inverse une autre substitution de la même forme. Enfin, les conditions

$$h_4 > 0, \qquad h_{2,2} > 0$$

entraîneront les suivantes :

$$k_4 > 0, \qquad k_{2,2} > 0.$$

Cela posé, il est clair qu'on ne pourra satisfaire à la première des formules (3) qu'en supposant

(5) $$k_4 = 2, \qquad k_{2,2} = 2,$$

et que, de ces dernières formules, jointes aux équations (1), (2), (3), on tirera

(6) $$h_4 = 30, \qquad h_{2,2} = 15, \qquad h_5 = 24.$$

Comme d'ailleurs toute substitution de la forme P_4 a, non seulement pour cube une autre substitution de même forme, mais aussi pour carré une substitution de la forme $P_{2,2}$, les formules (6) prouvent évidemment que les substitutions qui, sans altérer Ω, déplaceront quatre ou cinq variables, se réduiront aux puissances de quinze substitutions circulaires du quatrième ordre et de six substitutions circulaires du cinquième ordre. Du reste, cette conclusion et les formules (6) elles-mêmes pourraient encore se déduire des principes que nous avons établis dans le § II.

Passons maintenant aux formules (2) et (4). Après avoir démontré, comme dans le § III, que l'on a nécessairement

$$h_{3,3} > 0, \qquad \text{et, par suite,} \qquad k_{3,3} > 0,$$

on conclura de la seconde des formules (2) que $k_{3,3}$ est divisible par 3. D'ailleurs, m étant égal à 6, le nombre $k_{3,3}$ ne pourrait atteindre la limite 6 que dans le cas où Ω ne serait jamais altéré par aucune substitution de la forme $P_{3,3}$, ou, ce qui revient au même, par aucune substitution de la forme

$$P_3 P'_3,$$

P_3, P'_3 étant deux substitutions circulaires du troisième ordre, formées avec des variables distinctes; et cette dernière hypothèse est évidemment inadmissible; car, si elle pouvait se réaliser, alors Ω, n'étant altéré par aucune des deux substitutions de même forme

$$P_3 P'_3, \quad P_3 P'^{-1}_3,$$

ne serait pas non plus altéré par leur produit

$$P_3^2,$$

c'est-à-dire par une substitution circulaire du troisième ordre, ce qui serait contraire à l'équation

$$h_3 = 0$$

précédemment obtenue. Donc $k_{3,3}$ devra être un multiple de 3, supérieur à zéro, mais inférieur à 6, et l'on aura nécessairement

(7) $$k_{3,3} = 3, \qquad h_{3,3} = 20.$$

Cela posé, la formule (4) donnera

$$24 k_6 + 3 k_{2,2,2} + 18 k_{4,2} = 36$$

ou, ce qui revient au même,

(8) $$8 k_6 + k_{2,2,2} + 6 k_{4,2} = 12.$$

D'autre part, le nombre $k_{4,2}$ devra nécessairement s'évanouir. Car, s'il ne se réduisait pas à zéro, alors, parmi les substitutions qui n'altéreraient pas Ω, on trouverait une substitution de la forme $P_{4,2}$ ou, ce qui revient au même, de la forme

$$P_4 P_2,$$

P_4, P_2 étant deux substitutions circulaires et permutables entre elles, l'une du quatrième ordre, l'autre du second. Alors aussi Ω ne serait pas altéré par le carré

$$P_4^2$$

de la substitution $P_4 P_2$. Donc, en vertu de ce qui a été dit plus haut, il ne serait pas non plus altéré par les substitutions circulaires du quatrième ordre

$$P_4 \quad \text{et} \quad P_4^{-1},$$

dont les carrés se réduisent à P_4^2, ni même par la substitution P_2, équivalente au produit de $P_4 P_2$ par P_4^{-1}, ce qui serait contraire à la formule précédemment établie

$$h_2 = 0.$$

On aura donc encore

$$h_{4,2} = 0, \qquad k_{4,2} = 0,$$

en sorte que la formule (8) pourra être réduite à

$$(9) \qquad 8k_6 + k_{2,2,2} = 12.$$

Ce n'est pas tout : comme le nombre $k_{2,2,2}$ ne peut surpasser le nombre $m = 6$, on ne pourra, dans la formule (9), réduire k_6 à zéro. Donc, pour vérifier cette formule, il faudra nécessairement supposer

$$k_6 = 1, \qquad k_{2,2,2} = 4$$

et, par suite, eu égard aux formules (2),

$$(10) \qquad h_6 = 20, \qquad h_{2,2,2} = 10.$$

Ainsi, en définitive, si la fonction Ω, étant transitive par rapport à six, à cinq et même à quatre variables, offre six valeurs distinctes, les substitutions

$$(11) \qquad 1, \quad P, \quad Q, \quad R, \quad \ldots,$$

qui n'altéreront pas la valeur de Ω, seront toutes, hormis celle qui se réduit à l'unité, de l'une des formes

$$P_6, \quad P_{3,3}, \quad P_{2,2,2}, \quad P_5, \quad P_4, \quad P_{2,2};$$

et, comme on aura

$$(12) \qquad \begin{cases} h_6 = 20, & h_{3,3} = 20, & h_{2,2,2} = 10, \\ h_5 = 24, & & \\ h_4 = 30, & h_{2,2} = 15, & \end{cases}$$

les divers termes qui, avec l'unité, composeront la suite

$$1, \quad P, \quad Q, \quad R, \quad \ldots$$

seront

20 substitutions de la forme P_6,
20 substitutions de la forme $P_{3,3}$,
10 substitutions de la forme $P_{2,2}$,
24 substitutions de la forme P_5,
30 substitutions de la forme P_4,
15 substitutions de la forme $P_{2,2}$.

D'ailleurs, toute substitution de la forme P_6 a, non seulement pour cinquième puissance une autre substitution de même forme, mais aussi pour carré et pour quatrième puissance, deux substitutions de la forme $P_3 P_3$, et, pour cube, une seule substitution de la forme $P_{2,2,2}$. Or, de cette remarque, jointe à celles que nous avons déjà faites, il résulte évidemment que, dans l'hypothèse admise, les termes de la série (11) se réduiront aux diverses puissances de dix substitutions circulaires du sixième ordre, de six substitutions circulaires du cinquième ordre, et de quinze substitutions circulaires du quatrième ordre.

Concevons à présent que, pour abréger, l'on nomme

$$P, \quad Q, \quad R$$

trois substitutions circulaires prises parmi celles qui n'altèrent pas la valeur de Ω, la substitution P étant du sixième ordre, Q du cinquième ordre, et R du quatrième seulement. Comme on pourra disposer arbitrairement de la forme des lettres propres à représenter les variables qui devront succéder l'une à l'autre, en vertu de la substitution P, rien n'empêchera d'admettre que ces variables soient respectivement

$$x, \quad y, \quad z, \quad u, \quad v, \quad w.$$

On pourra donc supposer

(13) $$P = (x, y, z, u, v, w).$$

D'ailleurs, m étant égal à 6, si l'on nomme

(14) $$1, \quad \mathfrak{P}, \quad \mathfrak{Q}, \quad \mathfrak{R}, \quad \ldots$$

les substitutions conjuguées qui n'altéreront pas Ω considéré comme fonction des seules variables

$$y,\quad z,\quad u,\quad v,\quad w,$$

le nombre des substitutions 1, $\mathfrak{P}$, $\mathfrak{Q}$, $\mathfrak{R}$, ..., représenté par le rapport

$$\frac{1.2.3.4.5}{m} = \frac{120}{6} = 20,$$

sera précisément égal au nombre h_6 des substitutions

$$(15)\qquad P,\quad P',\quad P'',\quad \ldots,$$

qui, étant de la forme P_6, c'est-à-dire circulaires et du sixième ordre, n'altéreront pas la valeur de Ω considéré comme fonction de x, y, z, u, v, w. Donc, en vertu d'un théorème établi dans la séance du 15 décembre, page 1293 ([1]), les substitutions

$$1,\quad \mathfrak{P},\quad \mathfrak{Q},\quad \mathfrak{R},\quad \ldots$$

seront celles que l'on déduit des expressions symboliques

$$\binom{P}{P},\quad \binom{P'}{P},\quad \binom{P''}{P},\quad \ldots$$

lorsque, après avoir exprimé chacune des substitutions

$$P,\quad P',\quad P'',\quad \ldots$$

à l'aide des diverses variables placées à la suite les unes des autres, en assignant toujours la première place à la variable x, on réduit

$$P,\quad P',\quad P'',\quad \ldots$$

à de simples arrangements. Donc, puisque la série (15) renfermera nécessairement le terme P^{-1}, un des termes de la série (14), représenté par l'expression symbolique

$$\binom{P^{-1}}{P},$$

([1]) *OEuvres de Cauchy*, S. I, T. IX, p. 473.

se réduira simplement à

$$\begin{pmatrix} xwvuzy \\ xyzuvw \end{pmatrix} = (y, w)(z, v);$$

et par conséquent Ω, considéré comme fonction des quatre variables

$$y, \quad z, \quad v, \quad w,$$

ne sera point altéré par la substitution régulière du second ordre

$$(y, w)(z, v).$$

Mais, comme on l'a vu, toute substitution régulière du second ordre qui n'altérera pas Ω, devra être le carré d'une substitution R circulaire et du quatrième ordre, comprise elle-même dans la série (11). On pourra donc supposer

(16) $$R^2 = (y, w)(z, v).$$

D'ailleurs, des deux substitutions

$$(y, z, w, v), \quad (y, v, w, z),$$

qui représentent les deux valeurs de R fournies par l'équation (16), l'une étant le cube de l'autre, l'une et l'autre devront faire partie de la suite (11). On pourra donc prendre pour R l'une quelconque d'entre elles, et supposer, par exemple,

(17) $$R = (y, z, w, v).$$

Il sera maintenant facile, non seulement de trouver une substitution Q du cinquième ordre qui soit une dérivée des substitutions Q et R, mais encore de constater l'existence de la fonction transitive de six variables qui offre six valeurs distinctes. On y parviendra en effet, très simplement, à l'aide des principes établis dans la séance du 8 décembre, ainsi que nous allons le faire voir.

Les cinq puissances de P distinctes de l'unité, savoir

$$P = (x, y, z, u, v, w), \qquad P^2, \quad P^3, \quad P^4, \quad P^5,$$

font succéder respectivement à la variable x les cinq variables

$$y, \quad z, \quad u, \quad v, \quad w,$$

auxquelles succéderaient, en vertu de la substitution $R = (y, z, w, v)$, les variables

$$z, \quad w, \quad u, \quad y, \quad v;$$

et, comme ces dernières succéderaient elles-mêmes à x, en vertu des substitutions

$$P^2, \quad P^5, \quad P^3, \quad P, \quad P^4,$$

il en résulte que, si l'on pose

$$(18) \quad RP = P^2S, \quad RP^2 = P^5T, \quad RP^3 = P^3U, \quad RP^4 = PV, \quad RP^5 = P^4W,$$

chacune des substitutions

$$(19) \qquad S, \quad T, \quad U, \quad V, \quad W$$

laissera la variable x immobile. Effectivement, les valeurs de ces dernières substitutions, déterminées par les équations (18), ou, ce qui revient au même, par les suivantes

$$(20) \quad S = P^4RP, \quad T = PRP^2, \quad U = P^3RP^3, \quad V = P^5RP^4, \quad W = P^2RP^5$$

seront respectivement

$$(21) \quad (y, u, w, v, z), \quad (y, v)(u, w), \quad (y, v, w, z), \quad (y, u)(z, w), \quad (y, z, v, w, u).$$

D'ailleurs, chacune des substitutions S, T, U, V, W, étant une dérivée de R et de P, n'altérera pas Ω. On pourra prendre pour Q l'une des substitutions du cinquième ordre

$$S = (y, u, w, v, z), \qquad W = (y, z, v, w, u)$$

qui sont inverses l'une de l'autre. Si, pour fixer les idées, on pose

$$Q = (y, u, w, v, z)$$

ou, ce qui revient au même,

$$(22) \qquad Q = (z, y, u, w, v) = P^4RP,$$

on aura

$$(23) \qquad S = Q, \qquad W = Q^{-1}.$$

Ajoutons que la substitution

$$U = (y, v, w, z)$$

sera évidemment l'inverse de la substitution

$$R = (y, z, w, v),$$

de sorte qu'on aura encore

$$U = R^{-1}. \tag{24}$$

Ainsi, les trois substitutions

$$S, \quad U, \quad W$$

seront trois dérivées des substitutions Q et R.

D'autre part, s'il existe réellement une fonction Ω de x, y, z, u, v, w, qui soit doublement transitive et offre six valeurs distinctes, alors, en vertu des principes établis dans le § III, les vingt substitutions qui n'altéreront pas Ω considéré comme fonction des cinq variables

$$y, \quad z, \quad u, \quad v, \quad w$$

devront se réduire aux dérivées des deux substitutions

$$Q = (z, y, u, w, v), \qquad R = (y, z, w, v),$$

dont l'une est du cinquième ordre, et dont l'autre, étant du quatrième ordre, vérifie les équations symboliques

$$R = \binom{Q^3}{Q}, \qquad R^2 = \binom{Q^4}{Q}, \qquad R^3 = \binom{Q^2}{Q}.$$

Donc alors les substitutions T et V devront être, aussi bien que S, V, W, des dérivées de Q et de R.

Réciproquement, si T et V se réduisent à des dérivées de Q et de R, alors le système des substitutions

$$S, \quad T, \quad U, \quad V, \quad R$$

et de leurs dérivées, étant réduit au système des dérivées de Q et R, sera du vingtième ordre; et par suite, en vertu des principes établis dans la séance du 8 décembre (*voir* le théorème II de la page 1251 [1]), les dérivées diverses des deux substitutions P et R formeront un système dont l'ordre sera représenté par le produit

$$6.20 = 120.$$

Donc alors la fonction Ω de x, y, z, u, v, w, qui ne sera point altérée par les substitutions P, R, offrira cent vingt valeurs égales et six valeurs distinctes.

Donc, en définitive, la seule question à résoudre est de savoir si les deux substitutions

$$T = (y, v)(u, w), \qquad V = (y, u)(z, w)$$

se réduisent à des dérivées des substitutions Q et R.

Or, comme des cinq variables

$$y, \quad z, \quad u, \quad v, \quad w,$$

w et y sont celles qui prennent la place de u, en vertu des substitutions T et V, il est clair que, pour obtenir à la place de T et V deux substitutions qui laissent immobile la variable u, il suffira de multiplier T et V par les deux puissances de Q qui font succéder u à w et à y, c'est-à-dire par Q^{-1} et Q. Donc les substitutions

$$Q^{-1}T, \quad QV$$

renfermeront seulement les quatre variables

$$y, \quad z, \quad v, \quad w,$$

et chacune d'elles ne pourra être dérivée de Q et R, que dans le cas où elle deviendra une puissance de R. Donc la question est de savoir si

$$Q^{-1}T, \quad QV$$

se réduisent à des puissances de R. Or cette réduction a effectivement lieu; car on trouve

$$Q^{-1}T = (y, w)(z, v) = R^2, \qquad QV = (y, w)(z, v) = R^2$$

et, par suite,

(25) $$T = QR^2, \qquad V = Q^{-1}R^2.$$

[1] *OEuvres de Cauchy*, S. I, T. IX, p. 462.

Donc T, V seront, aussi bien que

$$S, \quad U, \quad W,$$

des dérivées de Q, R, ou même, eu égard à la formule (22), des dérivées de P, R; et l'on peut énoncer la proposition suivante :

Théorème. — *Avec six variables indépendantes*

$$x, \quad y, \quad z, \quad u, \quad v, \quad w,$$

on peut toujours composer des fonctions, triplement transitives, qui offrent seulement six valeurs distinctes. D'ailleurs, pour caractériser une telle fonction, il suffit de dire que sa valeur n'est pas altérée par les dérivées des trois substitutions circulaires

$$P = (x, y, z, u, v, w), \qquad Q = (z, y, u, v, w), \qquad R = (y, z, w, v),$$

ou, ce qui revient au même, par les dérivées des deux substitutions P *et* Q *ou* P *et* R; *attendu que les deux substitutions* Q, R *sont liées l'une à l'autre et à la substitution* P *par la formule*

$$Q = P^4 R P,$$

de laquelle on tire

$$RP = P^2 Q \qquad \text{et} \qquad R = P^2 Q P^5.$$

M. Hermite, dans les recherches que nous avons mentionnées, avait déjà rencontré des fonctions transitives de six variables, qui offraient six valeurs distinctes. Désirant comparer le résultat qu'il avait obtenu avec celui que je trouvais moi-même, je lui ai demandé comment il s'y prenait pour construire de telles fonctions; sa réponse a été la règle que je vais transcrire.

Pour obtenir une fonction de six variables indépendantes

$$\alpha, \quad 6, \quad \gamma, \quad \delta, \quad \varepsilon, \quad \zeta$$

qui, sans être symétrique par rapport à cinq d'entre elles, offre six valeurs distinctes, prenez une fonction symétrique s des trois quantités

$$f(\alpha, 6), \quad f(\gamma, \zeta), \quad f(\delta, \varepsilon),$$

la fonction $f(x, y)$ étant elle-même symétrique par rapport à x et y; puis appliquez à la fonction s la substitution circulaire

$$(\alpha, \beta, \gamma, \delta, \varepsilon, \zeta)$$

et ses puissances. Vous obtiendrez cinq valeurs distinctes

$$s, \quad s_1, \quad s_2, \quad s_3, \quad s_4$$

de s; et, si vous nommez

$$\Omega = F(s, s_1, s_2, s_3, s_4)$$

une fonction symétrique des cinq valeurs distinctes de s, Ω sera effectivement une fonction qui, sans être symétrique par rapport à cinq des variables indépendantes α, β, γ, δ, ε, ζ, aura seulement six valeurs distinctes.

321.

Analyse mathématique. — *Mémoire sur un nouveau calcul qui permet de simplifier et d'étendre la théorie des permutations.*

C. R., T. XXII, p. 53 (12 janvier 1846).

L'adoption des lettres caractéristiques d et δ, employées par Leibnitz et par Lagrange pour représenter les différentielles et les variations des fonctions, a, comme on le sait, ouvert aux géomètres des voies nouvelles, et donné naissance à de nouveaux calculs. Effectivement, le Calcul infinitésimal a permis de résoudre des problèmes qui dépassaient autrefois les forces de l'Analyse, et l'intégration des équations différentielles a fourni des résultats qu'on ne pouvait atteindre en s'appuyant sur la seule résolution des équations algébriques.

L'adoption d'une seule lettre caractéristique employée pour indiquer une substitution, c'est-à-dire un échange opéré entre les diverses variables que renferme une fonction donnée, me paraît offrir, dans la théorie des permutations, des avantages analogues à ceux que présente l'emploi de la caractéristique d ou δ dans les calculs que je viens de rappeler. Déjà, dans mes précédents Mémoires, on a vu comment, à l'aide d'équations symboliques qui renferment seulement les lettres caractéristiques de diverses substitutions, on peut arriver à découvrir les propriétés mystérieuses et cachées de certaines fonctions, et à établir, pour la recherche de ces propriétés, des méthodes générales qui semblent devoir contribuer notablement aux progrès de l'Analyse mathématique. Mais, pour tirer de la nouvelle notation tout le parti possible, il convenait de faire encore un pas de plus, et il fallait introduire les lettres caractéristiques des substitutions, non seulement dans les équations symboliques dont j'ai parlé, mais encore dans les équations mêmes par lesquelles des fonctions diverses se trouvent liées entre elles. On verra, dans le présent Mémoire, comment cette introduction s'effectue, et combien elle peut être utile, soit pour découvrir les propriétés des fonctions de plusieurs variables indépendantes, soit pour construire des fonctions qui jouissent de propriétés données, et offrent un nombre donné de valeurs distinctes.

§ I. — *Considérations générales.*

Soient s une fonction de n variables indépendantes $x, y, z, \ldots$ et S l'une quelconque des substitutions qui peuvent être formées avec ces variables. Je désignerai par la notation

$$\mathrm{S}s$$

la valeur nouvelle que recevra la fonction s quand on lui appliquera la substitution S. Si, pour fixer les idées, on prend

$$s = \mathrm{f}(x, y, z, u, v)$$

et

$$\mathrm{S} = (x, y, z)(u, v),$$

on aura

$$\mathrm{S}s = \mathrm{f}(y, z, x, v, u).$$

Si l'on prenait, en particulier,

$$s = xy^2z^3 + u^4v^5,$$

on trouverait

$$Ss = yz^2x^3 + v^4u^5.$$

Soient maintenant

$$\mathrm{x},\quad \mathrm{y},\quad \mathrm{z},\quad \ldots$$

diverses fonctions de

$$x,\quad y,\quad z,\quad \ldots,$$

liées entre elles et à une autre fonction Ω par une équation de la forme

$$(1)\qquad \Omega = F(\mathrm{x}, \mathrm{y}, \mathrm{z}, \ldots).$$

En désignant toujours par S une des substitutions que l'on peut former avec les variables $x, y, z, \ldots$, on aura

$$(2)\qquad S\Omega = F(S\mathrm{x}, S\mathrm{y}, S\mathrm{z}, \ldots).$$

Soit enfin

$$(3)\qquad 1,\quad P,\quad Q,\quad R,\quad \ldots$$

un système de substitutions conjuguées, de l'ordre M; et supposons que

$$(4)\qquad \mathrm{x},\quad \mathrm{y},\quad \mathrm{z},\quad \ldots$$

représentent précisément les valeurs distinctes acquises par la fonction x quand on lui applique les substitutions 1, P, Q, R, ...; de sorte que x, y, z, .. se confondent avec les termes distincts de la série

$$(5)\qquad \mathrm{x},\quad P\mathrm{x},\quad Q\mathrm{x},\quad R\mathrm{x},\quad \ldots.$$

Si l'on prend pour S l'une quelconque des substitutions

$$1,\quad P,\quad Q,\quad R,\quad \ldots,$$

la série

$$(6)\qquad S,\quad SP,\quad SQ,\quad SR,\quad \ldots$$

aura pour termes les termes de la série (3), rangés dans un nouvel ordre; et, par suite, il suffira aussi de ranger dans un nouvel ordre les termes de la série (5) pour obtenir la suivante

$$(7)\qquad S\mathrm{x},\quad SP\mathrm{x},\quad SQ\mathrm{x},\quad SR\mathrm{x},\quad \ldots.$$

D'ailleurs, P, Q, S étant des termes quelconques de la série (3), de deux équations de la forme

$$\mathrm{Px} = \mathrm{Qx}, \qquad \mathrm{SPx} = \mathrm{SQx},$$

la première entraînera toujours la seconde et réciproquement; et il en sera encore de même si dans ces deux équations on substitue à x une fonction quelconque, par exemple un quelconque des termes de la série (4). On doit en conclure qu'aux termes égaux ou inégaux de la série (5) correspondront des termes égaux ou inégaux de la série (7). Donc, si l'on nomme ν le nombre des termes égaux à x dans la série (5), ν sera encore le nombre des termes égaux à Sx dans la série (7), ou, ce qui revient au même, dans la série (5), puisque ces deux séries offrent les mêmes termes, diversement rangés; donc le nombre des termes égaux à x, dans la série (5), sera encore le nombre des termes égaux à $\mathrm{Px} = \mathrm{y}$, le nombre des termes égaux à $\mathrm{Qx} = \mathrm{z}$, etc.; et le nombre total M des termes divers de la série (5) sera le produit du facteur ν par le nombre des termes distincts. Donc, si l'on désigne par μ ce dernier nombre, on aura

(8) $$M = \mu\nu.$$

Il y a plus : aux μ termes distincts

$$\mathrm{x}, \quad \mathrm{y}, \quad \mathrm{z}, \quad \ldots$$

de la série (5) correspondront μ termes distincts

(9) $$\mathrm{Sx}, \quad \mathrm{Sy}, \quad \mathrm{Sz}, \quad \ldots$$

de la série (7); et, par conséquent, les termes de la série (9) se confondront avec les termes de la série (4), rangés dans un nouvel ordre. Donc le second membre de la formule (2) sera la valeur qu'acquiert la fonction

$$\Omega = \mathrm{F}(\mathrm{x}, \mathrm{y}, \mathrm{z}, \ldots)$$

quand on échange entre elles, d'une certaine manière, non plus les variables $x, y, z, \ldots$, mais les variables x, y, z, ..., c'est-à-dire quand on applique à la fonction Ω une certaine substitution $\mathcal{S}$ formée avec les variables x, y, z, ... Cela posé, l'équation (2) donnera

$$\mathcal{S}\Omega = \mathrm{S}\Omega. \tag{10}$$

La formule (10), qui subsistera quelle que soit la fonction Ω, est évidemment analogue aux équations qui, dans le Calcul différentiel, résultent des *changements de variables indépendantes*. Si, dans cette même formule, on fait coïncider successivement S avec les divers termes de la série (3), les valeurs correspondantes de $\mathcal{S}$, représentées par les termes d'une autre suite

$$1,\quad \mathfrak{P},\quad \mathfrak{Q},\quad \mathfrak{R},\quad \ldots, \tag{11}$$

seront ce que deviennent les substitutions

$$1,\quad \mathrm{P},\quad \mathrm{Q},\quad \mathrm{R},\quad \ldots$$

quand on les exprime, non plus à l'aide des variables $x, y, z, \ldots$, mais à l'aide des variables x, y, z, ...; et, puisque la série

$$1,\quad \mathrm{P},\quad \mathrm{Q},\quad \mathrm{R},\quad \ldots$$

renferme toutes les dérivées d'une ou de plusieurs des substitutions P, Q, R, ..., il est clair que la suite

$$1,\quad \mathfrak{P},\quad \mathfrak{Q},\quad \mathfrak{R},\quad \ldots$$

renfermera toutes les dérivées d'une ou de plusieurs des substitutions $\mathfrak{P}$, $\mathfrak{Q}$, $\mathfrak{R}$, ... Donc la série (11) offrira, comme la série (3), un système de substitutions conjuguées. Seulement, plusieurs termes de la série (11) pourront être égaux entre eux. Soit λ le nombre de ceux qui se réduiront à l'unité, et nommons toujours

$$\mathrm{S},\quad \mathcal{S}$$

deux termes correspondants, pris au hasard dans les séries (3) et (11). Puisqu'il suffira d'exprimer les substitutions P, Q, R, ... à l'aide des variables x, y, z, ..., pour transformer les termes des séries (3) et (6) en ceux que renferment la série (11) et la suivante

$$(12)\qquad s,\quad s\mathfrak{P},\quad s\mathfrak{Q},\quad s\mathfrak{R},\quad \ldots,$$

il est clair que la série (12) aura pour termes les termes de la série (11), rangés dans un nouvel ordre. Donc le nombre λ des termes égaux à l'unité sera encore le nombre des termes égaux à s, c'est-à-dire le nombre des termes égaux à l'une quelconque des substitutions $\mathfrak{P}$, $\mathfrak{Q}$, $\mathfrak{R}$, ..., non seulement dans la série (12), mais aussi dans la série (11). Donc le nombre total M des termes de la série (11) sera le produit du facteur λ par le nombre des termes distincts. Donc, si l'on désigne par $\mathfrak{M}$ ce dernier nombre, c'est-à-dire l'ordre du système des substitutions conjuguées

$$1,\quad \mathfrak{P},\quad \mathfrak{Q},\quad \mathfrak{R},\quad \ldots,$$

on aura

$$(13)\qquad M = \lambda\mathfrak{M}.$$

Le nombre λ des valeurs de s qui se réduisent à l'unité est aussi le nombre des valeurs de s qui vérifient les équations simultanées

$$(14)\qquad s\mathrm{x} = \mathrm{x},\quad s\mathrm{y} = \mathrm{y},\quad s\mathrm{z} = \mathrm{z},\quad \ldots,$$

ou, ce qui revient au même, le nombre des valeurs de S qui vérifient les équations simultanées

$$(15)\qquad \mathrm{Sx} = \mathrm{x},\quad \mathrm{Sy} = \mathrm{y},\quad \mathrm{Sz} = \mathrm{z},\quad \ldots.$$

D'ailleurs, comme deux équations de la forme

$$\mathrm{Sx} = \mathrm{x},\qquad \mathrm{S'x} = \mathrm{x}$$

entraînent une troisième équation de la forme

$$\mathrm{SS'x} = \mathrm{x},$$

quelle que soit la fonction x, il est clair que les valeurs de S propres à vérifier simultanément les équations (15) composeront un système de substitutions conjuguées. Si l'unité était la seule valeur de S qui pût vérifier ces mêmes équations, on aurait simplement

$$\lambda = 1$$

et, par suite,

(16) $$M = \mathfrak{M}.$$

Donc alors l'ordre du système des substitutions conjuguées

$$1,\quad P,\quad Q,\quad R,\quad \ldots$$

se réduirait à l'ordre du système des substitutions conjuguées

$$1,\quad \mathfrak{P},\quad \mathfrak{Q},\quad \mathfrak{R},\quad \ldots.$$

Si Ω, considéré comme fonction de $x, y, z, \ldots$, n'est point altéré par la substitution S, alors évidemment la substitution $\mathfrak{s}$ n'altérera pas non plus Ω considéré comme fonction de x, y, z, ... Réciproquement, si Ω, considéré comme fonction de x, y, z, ..., n'est pas altéré par la substitution $\mathfrak{s}$, en sorte qu'on ait

(17) $$\mathfrak{s}\Omega = \Omega,$$

l'équation (17), jointe à la formule (10), entraînera la suivante :

(18) $$S\Omega = \Omega.$$

Donc alors Ω, considéré comme fonction de $x, y, z, \ldots$, ne sera point altéré par la substitution S. Donc, par suite, si Ω n'est altéré par aucune des substitutions

$$1,\quad \mathfrak{P},\quad \mathfrak{Q},\quad \mathfrak{R},\quad \ldots,$$

il ne sera pas non plus altéré par aucune des substitutions

$$1,\quad P,\quad Q,\quad R,\quad \ldots.$$

C'est ce qui arrivera, en particulier, si Ω est une fonction symétrique des variables x, y, z, ..., puisqu'alors il ne pourra être altéré par aucune substitution $\mathfrak{s}$ relative à ces mêmes variables.

Observons encore que, si, S étant toujours un des termes de la série (3), on nomme i l'ordre de la substitution S, et ι l'ordre de la substitution $\mathfrak{s}$, l'équation

$$S^i = 1$$

entraînera la suivante

$$\mathfrak{s}^\iota = 1,$$

et que, en vertu de cette dernière, l'ordre ι de la substitution $\mathfrak{s}$ devra être un diviseur de i.

Soient maintenant

$$(19) \qquad 1, \ U, \ V, \ W, \ \ldots$$

des substitutions qui n'altèrent pas la valeur de x considéré comme fonction de x, y, z, ..., et supposons le système des substitutions (19) permutable avec le système des substitutions conjuguées

$$(3) \qquad 1, \ P, \ Q, \ R, \ \ldots.$$

Si l'on nomme T l'une quelconque des substitutions (19), et S l'une quelconque des substitutions (3), tout produit de la forme

$$TS$$

sera en même temps de la forme

$$ST,$$

les valeurs de T et de S pouvant varier dans le passage d'une forme à l'autre; et, sous la même réserve, toute expression de la forme

$$TSx$$

sera en même temps de la forme

$$STx.$$

Donc les divers termes de la série

$$(20) \qquad Tx, \ Ty, \ Tz, \ \ldots,$$

qui se confondront avec ceux de la série

$$(21) \qquad Tx, \ TPx, \ TQx, \ \ldots,$$

seront tous de la forme

$$STx$$

ou, ce qui revient au même, de la forme

$$Sx,$$

puisque T représente, par hypothèse, une substitution qui n'altère pas la valeur de Ω. Donc chaque terme de la série (20) sera en même temps un terme de la série (4), et l'on peut énoncer la proposition suivante :

Théorème. — *Soient*

$$x, \quad y, \quad z, \quad \ldots$$

les valeurs distinctes qu'acquiert une fonction x *des n variables x, y, z, ... lorsqu'on lui applique successivement les substitutions conjuguées*

$$1, \quad P, \quad Q, \quad R, \quad \ldots,$$

et supposons le système de ces substitutions permutable avec un autre système de substitutions conjuguées ou non conjuguées

$$1, \quad U, \quad V, \quad W, \quad \ldots.$$

Alors

$$x, \quad y, \quad z, \quad \ldots$$

seront encore les valeurs distinctes qu'acquerra la fonction x, *en vertu des substitutions* U, V, W, ...

§ II. — *Sur la formation de fonctions qui offrent un nombre donné de valeurs égales ou un nombre donné de valeurs distinctes.*

Soit Ω une fonction donnée de *n* variables indépendantes

$$x, \quad y, \quad z, \quad \ldots.$$

Comme nous l'avons déjà remarqué dans la séance du 6 octobre dernier, si certaines substitutions n'altèrent pas la valeur de Ω, toutes les dérivées de ces substitutions jouiront de la même propriété, et par suite si l'on nomme

$$1, \quad P, \quad Q, \quad R, \quad \ldots$$

les substitutions diverses qui n'altéreront pas la valeur de la fonction Ω, celles-ci formeront toujours un système de substitutions conjuguées, dont l'ordre M sera précisément le nombre des valeurs égales de Ω. Quant au nombre m des valeurs distinctes de Ω, il sera déterminé par la formule

$$mM = N,$$

la valeur de N étant

$$N = 1.2.3\ldots n.$$

Concevons maintenant que, M désignant l'ordre d'un certain système de substitutions conjuguées

$$(1) \qquad 1, \ P, \ Q, \ R, \ \ldots,$$

on demande une fonction qui possède la double propriété de n'être altérée par aucune de ces substitutions et d'offrir M valeurs égales. On résoudra facilement ce problème en suivant la marche que nous allons indiquer.

Soient

$$(2) \qquad \mathrm{x}, \ \mathrm{y}, \ \mathrm{z}, \ \ldots$$

les valeurs distinctes qu'on obtient pour une certaine fonction x de n variables $x, y, z, \ldots$, en lui appliquant les substitutions (1), et supposons cette fonction x tellement choisie que la série

$$(3) \qquad T\mathrm{x}, \ T\mathrm{y}, \ T\mathrm{z}, \ \ldots$$

renferme au moins un terme non compris dans la série (2), quand on prend pour T une substitution non comprise dans la série (1). Enfin, soient

$$(4) \qquad 1, \ \mathfrak{P}, \ \mathfrak{Q}, \ \mathfrak{R}, \ \ldots$$

ce que deviennent les substitutions

$$1, \ P, \ Q, \ R, \ \ldots$$

quand on les exprime, non plus à l'aide des variables $x, y, z, \ldots$, mais à l'aide des variables x, y, z, ... Si l'on prend

$$(5) \qquad \Omega = F(\mathrm{x}, \mathrm{y}, \mathrm{z}, \ldots),$$

F(x, y, z, ...) étant une fonction de x, y, z, ... qui ne soit jamais altérée par aucune des substitutions (4), alors Ω, considéré comme fonction de $x, y, z, \ldots$, ne sera pas non plus altéré par aucune des substitutions (1). Donc le nombre des valeurs égales de Ω sera M ou un multiple de M. Mais, d'autre part, en désignant par T l'une quelconque des substitutions non comprises dans la suite (1), on tirera de la formule (5)

$$(6) \qquad \mathrm{T}\Omega = \mathrm{F}(\mathrm{Tx}, \mathrm{Ty}, \mathrm{Tz}, \ldots).$$

Cela posé, comme des produits

$$\mathrm{Tx}, \quad \mathrm{Ty}, \quad \mathrm{Tz}, \quad \ldots,$$

l'un au moins sera, dans l'hypothèse admise, distinct de tous les termes que renferme la suite (2), le second membre de l'équation (6) sera généralement distinct de Ω, et ne pourra se réduire à Ω que dans certains cas spéciaux, c'est-à-dire pour certaines formes particulières de la fonction F(x, y, z, ...) [*voir* la séance du 6 octobre, page 793 (1)]. Donc la fonction Ω, déterminée par l'équation (5), offrira généralement M valeurs égales, et par conséquent le nombre m de ses valeurs distinctes sera déterminé par la formule

$$mM = N \qquad \text{ou} \qquad m = \frac{N}{M}.$$

Les conditions auxquelles nous avons supposé que les deux fonctions x et F(x, y, z, ...) demeuraient assujetties peuvent être évidemment remplies de diverses manières, dont quelques-unes méritent d'être remarquées; et d'abord, il est clair que la fonction F(x, y, z, ...) ne sera jamais altérée par aucune des substitutions (4), si elle est symétrique par rapport aux variables x, y, z, ... On peut donc prendre, pour second membre de l'équation (5), une fonction symétrique de ces variables, quoique en général on n'y soit pas obligé.

En second lieu, tous les termes de la série (3) seront étrangers à la série (2), et, par suite, x remplira la condition précédemment

(1) *OEuvres de Cauchy*, S. I, T. IX, p. 337-338.

énoncée, si l'on prend pour x une fonction de $x, y, z, \ldots$ choisie arbitrairement parmi celles dont toutes les valeurs sont inégales. Alors la règle que nous venons de tracer pour la détermination d'une fonction Ω qui offre M valeurs égales se réduira simplement à la règle que nous avons indiquée dans la séance du 6 octobre dernier.

Au reste, il n'est pas absolument nécessaire de choisir x de telle sorte qu'un ou plusieurs termes de la série (3) deviennent étrangers à la série (2) quand on prend pour T une substitution non comprise dans la série (1). En effet, supposons que cette condition cesse d'être remplie, et qu'en conséquence les termes de la série (3) se confondent avec les termes de la série (2) rangés dans un nouvel ordre quand on prend pour T certaines substitutions

$$\text{U},\quad \text{V},\quad \text{W},\quad \ldots \tag{7}$$

non comprises dans la série (1). Soient d'ailleurs

$$\mathfrak{U},\quad \mathfrak{V},\quad \mathfrak{W},\quad \ldots \tag{8}$$

ce que deviennent les substitutions (7) quand on les exprime, non plus à l'aide des variables $x, y, z, \ldots$, mais à l'aide des variables x, y, z, ... Si la fonction x est telle que tous les termes de la série (8) soient étrangers à la série (4), alors, pour obtenir une valeur de Ω qui offre généralement M valeurs égales, il suffira de recourir à l'équation (5) et de réduire F(x, y, z, ...) à une fonction de x, y, z, ..., qui, n'étant jamais altérée par aucune des substitutions (4), soit, au contraire, toujours altérée par chacune des substitutions (8).

Il importe d'observer que les formules et les calculs auxquels on est conduit par la marche ci-dessus tracée se simplifient quand on prend pour x une fonction de $x, y, z, \ldots$ qui jouit de la propriété de n'être pas altérée par une ou plusieurs des substitutions P, Q, R, ...

Diverses applications des principes exposés dans ce Mémoire formeront le sujet d'un nouvel article.

322.

ANALYSE MATHÉMATIQUE. — *Applications diverses du nouveau calcul dont les principes ont été établis dans la séance précédente.*

C. R., T. XXII, p. 99 (19 janvier 1846).

Considérons n variables diverses $x, y, z, u, v, \ldots$. Le nombre total N des arrangements que l'on pourra former avec ces variables sera déterminé par la formule

$$N = 1.2.3\ldots n.$$

Soit d'ailleurs s une fonction linéaire de $x, y, z, \ldots$ déterminée par une équation de la forme

$$s = ax + by + cz + \ldots. \tag{1}$$

Les diverses valeurs de cette fonction seront toutes égales entre elles, et par suite la fonction sera symétrique, si les coefficients $a, b, c, \ldots$ sont tous égaux entre eux. Si, au contraire, plusieurs coefficients sont inégaux, la fonction s offrira plusieurs valeurs distinctes dont le nombre sera facile à calculer. Enfin, si tous les coefficients sont inégaux, les N valeurs de la fonction s seront toutes distinctes les unes des autres.

Concevons maintenant que α étant une racine de l'équation

$$\alpha^n = 1, \tag{2}$$

on réduise les coefficients

$$a, \quad b, \quad c, \quad \ldots$$

aux divers termes de la suite

$$1, \quad \alpha, \quad \alpha^2, \quad \ldots, \quad \alpha^{n-1}. \tag{3}$$

La formule (2) donnera

$$s = x + \alpha y + \alpha^2 z + \ldots. \tag{4}$$

Soit d'ailleurs

(5) $$P = (x, y, z, u, v, \ldots).$$

On aura

(6) $$Ps = y + \alpha z + \alpha^2 u + \ldots,$$

et, par conséquent,

(7) $$Ps = \frac{s}{\alpha};$$

puis on en conclura

$$Ps^n = (Ps)^n = \frac{s^n}{\alpha^n}$$

ou, ce qui revient au même,

(8) $$Ps^n = s^n.$$

Lorsque α représente une racine primitive de l'équation (2), alors les n termes de la série (3) étant tous inégaux entre eux, la fonction s déterminée par la formule (4) offre N valeurs distinctes. Mais comme, en vertu de la formule (8), s^n représente une fonction qui n'est plus altérée par la substitution P, cette dernière fonction offre évidemment autant de valeurs distinctes qu'il y a d'unités dans le rapport

$$\frac{N}{n} = 1.2.3\ldots(n-1).$$

Concevons à présent que, α étant une racine primitive de l'équation (2), on élève la fonction s à une puissance quelconque dont le degré l soit un nombre premier à n, et désignons par

$$\mathrm{x}, \quad \mathrm{y}, \quad \mathrm{z}, \quad \mathrm{u}, \quad \mathrm{v}, \quad \ldots$$

les diverses fonctions de $x, y, z, u, v, \ldots$ qui, dans le développement de s^l, se trouvent multipliées par les divers termes de la suite

$$1, \quad \alpha^l, \quad \alpha^{2l}, \quad \alpha^{3l}, \quad \ldots,$$

en sorte qu'on ait

(9) $$s^l = \mathrm{x} + \alpha^l \mathrm{y} + \alpha^{2l} \mathrm{z} + \ldots.$$

On tirera de la formule (7)

$$Ps^l = (Ps)^l = \frac{s^l}{\alpha^l},$$

et par conséquent, eu égard à l'équation (9),

$$\text{(10)} \qquad Ps^l = \mathrm{y} + \alpha^l \mathrm{z} + \alpha^{2l} \mathrm{u} + \ldots.$$

Or, de la formule (10) comparée à l'équation (9), il résulte évidemment que la substitution P a pour effet de transformer x en y, y en z, z en u, ... Donc, si l'on représente par

$$\text{(11)} \qquad \Omega = F(\mathrm{x}, \mathrm{y}, \mathrm{z}, \ldots)$$

une fonction quelconque de x, y, z, ..., la substitution P appliquée à la fonction Ω produira le même effet que la substitution (x, y, z, ...). En d'autres termes, si l'on pose

$$\text{(12)} \qquad \mathfrak{P} = (\mathrm{x}, \mathrm{y}, \mathrm{z}, \ldots),$$

$\mathfrak{P}$ ne sera autre chose que la substitution P exprimée, non plus à l'aide des variables données x, y, z, ..., mais à l'aide des nouvelles variables x, y, z, ...; de sorte que, en désignant par Ω une fonction quelconque de ces nouvelles variables, on aura

$$\text{(13)} \qquad P\Omega = \mathfrak{P}\Omega.$$

Ce n'est pas tout : si, en nommant r l'un quelconque des nombres premiers à n, et ρ un entier choisi de manière à vérifier la formule

$$\text{(14)} \qquad r\rho \equiv 1 \quad (\text{mod.}\, n),$$

on remplace α par α^ρ dans le second membre de l'équation (4), on obtiendra une nouvelle valeur de s, qui sera précisément celle à laquelle on parvient quand on substitue aux variables dont les rangs, dans la série

$$y, \quad z, \quad u, \quad \ldots,$$

sont représentés par les nombres

$$1, \quad 2, \quad 3, \quad \ldots,$$

celles dont les rangs sont représentés par les nombres

$$r, \quad 2r, \quad 3r, \quad \ldots.$$

Donc la nouvelle valeur de s sera précisément celle qu'on obtient quand on applique à s la substitution Q relative aux seules variables

$$y, \quad z, \quad \ldots,$$

et déterminée par l'équation symbolique

$$(15) \qquad Q = \begin{pmatrix} P^r \\ P \end{pmatrix}.$$

D'autre part, comme la substitution Q relative aux seules variables $y, z, \ldots$, et déterminée par la formule (15), produira sur s, et par suite sur s', un effet identique avec celui qui résulterait du changement de α en α^ρ, on aura, non seulement

$$(16) \qquad Qs = x + \alpha^\rho y + \alpha^{2\rho} z + \ldots,$$

mais encore

$$(17) \qquad Qs' = \mathrm{x} + \alpha^{\rho'} \mathrm{y} + \alpha^{2\rho'} \mathrm{z} + \ldots.$$

Or, de la formule (17), comparée à l'équation (9), on conclura que la substitution Q fait passer à la place des fonctions dont les rangs, dans la série

$$\mathrm{y}, \quad \mathrm{z}, \quad \mathrm{u}, \quad \ldots,$$

sont représentés par les nombres

$$1, \quad 2, \quad 3, \quad \ldots,$$

celles dont les rangs sont représentés par les nombres

$$r, \quad 2r, \quad 3r, \quad \ldots.$$

Donc la substitution Q échangera entre eux de la même manière les termes correspondants des deux séries

$$y, \quad z, \quad u, \quad \ldots$$

$$\mathrm{y}, \quad \mathrm{z}, \quad \mathrm{u}, \quad \ldots;$$

et, si l'on nomme $\mathfrak{Q}$ ce que devient la substitution Q exprimée à l'aide de y, z, u, ..., $\mathfrak{Q}$ se déduira de $\mathfrak{P}$ à l'aide d'une équation symbolique semblable à la formule (15); de sorte qu'on aura

$$(18) \qquad \mathfrak{Q} = \binom{\mathfrak{P}^r}{\mathfrak{P}},$$

x devant conserver la même place dans $\mathfrak{P}$ et dans $\mathfrak{P}^r$. Si maintenant on applique la substitution $\mathfrak{Q}$ ainsi déterminée à une fonction quelconque Ω de x, y, z, ..., on aura identiquement

$$(19) \qquad Q\Omega = \mathfrak{Q}\Omega.$$

Comme, en désignant par l un nombre entier quelconque, on tire de la formule (15)

$$Q^l = \binom{P^{r^l}}{P},$$

l'ordre i de la substitution Q, ou la plus petite valeur de l propre à vérifier la formule

$$Q^l = 1,$$

devra évidemment se confondre avec la plus petite valeur de l propre à vérifier l'équation

$$P^{r^l} = P,$$

que l'on peut réduire à

$$r^l \equiv 1 \quad (\text{mod. } n).$$

Donc, par suite, si r est une racine primitive relative au module n, le nombre i devra se confondre avec l'indicateur maximum I correspondant à ce module. Dans le cas contraire, i sera un diviseur de I.

D'autre part, comme, en vertu de l'équation (15), le système des puissances de P sera permutable avec le système des puissances de Q, on peut affirmer que les deux substitutions

$$P, \quad Q,$$

jointes à leurs dérivées, composeront un système dont l'ordre sera représenté par le produit

$$ni.$$

Par suite aussi, a étant un diviseur quelconque de n, les deux substitutions

$$P^a, \quad Q,$$

jointes à leurs dérivées, composeront un système dont l'ordre sera

$$\frac{ni}{a}.$$

Ajoutons que de la formule (13) on tirera immédiatement

$$P^a \Omega = \mathfrak{P}^a \Omega. \tag{20}$$

Les formules que nous venons d'établir offrent des expressions très simples des théorèmes fondamentaux sur lesquels s'appuie la résolution des équations binômes. Les équations (13), (19) et (20), en particulier, permettent de construire facilement avec n variables données $x, y, z, \ldots$ des fonctions pour lesquelles le nombre m des valeurs distinctes soit déterminé par la formule

$$m = \frac{1.2\ldots(n-1)}{i}\, a, \tag{21}$$

i étant, ou l'indicateur maximum I relatif au module n, ou un diviseur de I, et a étant, ou l'unité ou un diviseur de n. D'ailleurs, le mode de formation que fournissent les équations (13), (19) et (20), pour les fonctions dont il s'agit, est différent de celui que nous avons indiqué dans la séance du 6 octobre, et se réduit à la règle que nous allons énoncer.

Pour former avec n variables $x, y, z, \ldots$ une fonction Ω qui offre

$$\frac{1.2\ldots(n-1)}{i}\, a$$

valeurs distinctes, a étant un diviseur quelconque de n, et i un diviseur quelconque de l'indicateur maximum relatif au module n, posez

$$s = x + \alpha y + \alpha^2 z + \ldots,$$

α étant une racine primitive de l'équation

$$\alpha^n = 1.$$

Soit d'ailleurs l un quelconque des entiers premiers à n, et représentez par

$$\mathrm{x},\quad \mathrm{y},\quad \mathrm{z},\quad \ldots$$

les coefficients de

$$1,\quad \alpha^l,\quad \alpha^{2l},\quad \ldots$$

dans le développement de s^l. Soit encore r une racine primitive de l'équivalence

$$r^i \equiv 1 \qquad (\mathrm{mod.}\ n),$$

en sorte que r^i représente la plus petite puissance de r, qui, divisée par n, donne l'unité pour reste. Pour obtenir une fonction Ω de $x, y, z, \ldots$ qui remplisse la condition énoncée, il suffira de prendre généralement

$$\Omega = \mathrm{F}(\mathrm{x}, \mathrm{y}, \mathrm{z}, \ldots),$$

$\mathrm{F}(\mathrm{x}, \mathrm{y}, \mathrm{z}, \ldots)$ désignant une fonction de x, y, z, ... qui ne soit jamais altérée, ni par la puissance $\mathfrak{P}^a$ de la substitution

$$\mathfrak{P} = (\mathrm{x}, \mathrm{y}, \mathrm{z}, \ldots),$$

ni par la substitution

$$\mathfrak{Q} = \begin{pmatrix} \mathfrak{P}^r \\ \mathfrak{P} \end{pmatrix}.$$

A la vérité, il semblerait au premier abord que cette règle ramène la question proposée à une question entièrement semblable. Car, pour caractériser une fonction Ω de $x, y, z, \ldots$ qui offre

$$\frac{1.2.3\ldots(n-1)}{i}a$$

valeurs distinctes, il suffit de dire que les substitutions qui n'altèrent pas sa valeur se réduisent aux dérivées de deux substitutions de la forme

$$\mathrm{P} = (x, y, z, \ldots),$$
$$\mathrm{Q} = \begin{pmatrix} \mathrm{P}^r \\ \mathrm{P} \end{pmatrix};$$

et ces deux dernières équations sont semblables à celles qui fournissent les valeurs de $\mathcal{P}$, $\mathcal{Q}$ exprimées à l'aide des variables x, y, z, ... Mais il importe d'observer que le nombre des valeurs distinctes de Ω, considéré comme fonction de x, y, z, ..., restera généralement le même si l'on diminue le nombre des valeurs distinctes de Ω considéré comme fonction de x, y, z, ..., et même si l'on réduit ce dernier nombre à l'unité. Donc, en suivant la règle indiquée, on pourra généralement prendre pour F(x, y, z, ...) une fonction symétrique des nouvelles variables x, y, z, ...

Au reste, il suit, des principes établis dans la séance précédente, que la règle ci-dessus tracée est comprise comme cas particulier dans une autre règle qui conduit au même but, et que nous allons indiquer.

Pour former avec les n variables $x, y, z, \ldots$ une fonction Ω qui offre m valeurs distinctes, la valeur de m étant déterminée par la formule (21), posez

$$P = (x, y, z, \ldots) \qquad \text{et} \qquad Q = \binom{P^r}{P},$$

r étant une racine primitive de l'équivalence

$$r^i \equiv 1 \qquad (\text{mod.}\, n);$$

puis construisez une fonction x qui vérifie la condition

$$P^a \mathrm{x} = \mathrm{x}, \tag{22}$$

et prenez ensuite

$$\Omega = F(\mathrm{x}, \mathrm{y}, \mathrm{z}, \ldots),$$

F(x, y, z, ...) désignant une fonction symétrique des variables x, y, z, ..., et y, z, ... étant liées à x par les formules

$$\mathrm{y} = Q\mathrm{x}, \qquad \mathrm{z} = Q^2\mathrm{x}, \qquad \ldots.$$

La valeur de Ω ainsi obtenue, savoir

$$\Omega = F(\mathrm{x}, Q\mathrm{x}, Q^2\mathrm{x}, \ldots, Q^{i-1}\mathrm{x}), \tag{23}$$

satisfera généralement à la question. D'ailleurs, comme, en posant, pour abréger,

$$(24) \qquad c = \frac{n}{a},$$

on tirera de la formule (7)

$$P^a s^c = \frac{s^c}{\alpha^n} = s^c,$$

il est clair qu'on vérifiera généralement la formule (22) en posant

$$x = s^c.$$

Donc l'équation (23) pourra être réduite à celle-ci

$$(25) \qquad \Omega = F(s^c, Qs^c, Q^2 s^c, \ldots, Q^{i-1} s^c),$$

la valeur de s étant déterminée par la formule (4), et α étant une racine primitive de l'équation (2).

Si, dans la formule (4), on prenait pour α, non plus une racine primitive de l'équation (2), mais une puissance d'une telle racine, le degré ν de cette puissance étant un diviseur de n, alors il suffirait d'assujettir les nombres a et c à vérifier, non plus la formule (24), mais la suivante

$$(26) \qquad ac = \frac{n}{\nu},$$

pour que la fonction Ω, déterminée par l'équation (25), offrît encore, généralement, m valeurs distinctes, la valeur de m étant toujours donnée par la formule (21).

Dans un autre article, je montrerai comment le nouveau calcul peut être appliqué à la formation de fonctions transitives qui offrent moins de valeurs encore que celles que nous venons de construire, par exemple à la formation de fonctions transitives de six variables qui offrent six valeurs distinctes.

323.

ANALYSE MATHÉMATIQUE. — *Recherches sur un système d'équations simultanées, dont les unes se déduisent des autres à l'aide d'une ou de plusieurs substitutions.*

C. R., T. XXII, p. 159 (26 janvier 1846).

Quelques mots suffiront pour donner une idée de ces recherches, qui seront développées dans les *Exercices d'Analyse et de Physique mathématique*.

Supposons que, m étant un nombre entier quelconque et $n = mi$ un multiple de m, les lettres $\mathrm{x}, \mathrm{y}, \mathrm{z}, \ldots$ représentent m fonctions diverses de n variables $x, y, z, u, v, \ldots$. Soit, de plus, $1, P, Q, R, \ldots$ un système de substitutions conjuguées dont l'ordre soit précisément $i = \frac{n}{m}$. Les n variables $x, y, z, u, v, \ldots$ seront, en général, complètement déterminées, si on les assujettit à vérifier les n équations simultanées

$$(1)\quad \left\{\begin{array}{llll} \mathrm{x} = 0, & P\mathrm{x} = 0, & Q\mathrm{x} = 0, & \ldots, \\ \mathrm{y} = 0, & P\mathrm{y} = 0, & Q\mathrm{y} = 0, & \ldots, \\ \ldots\ldots, & \ldots\ldots, & \ldots\ldots, & \ldots. \end{array}\right.$$

Or les valeurs de $x, y, z, u, v, \ldots$, qui vérifient des équations de cette forme, jouissent de diverses propriétés remarquables, et, en particulier, de celles que nous allons indiquer.

Supposons que, la variable x étant comprise dans un facteur circulaire de P, on nomme h l'ordre de ce facteur circulaire, et $x_1, x_2, \ldots, x_{h-1}$ les variables comprises avec x dans ce même facteur. Chacune des valeurs de x fournies par la résolution des équations (1) sera en même temps une valeur de x_1, une valeur de $x_2, \ldots$, une valeur de x_{h-1}. Cela posé, soit

$$(2)\qquad F(x) = 0$$

l'équation qui résultera de l'élimination des variables $x, y, z, u, v, \ldots$ entre les formules (1). Cette équation admettra deux espèces de racines. Les unes vérifieront des conditions de la forme

$$(3)\qquad x = x_{l-1},$$

l étant un diviseur de h; les autres ne satisferont à aucune semblable condition. Si d'ailleurs on suppose x, y, z, ... réduites à des fonctions entières des variables $x, y, z, u, v, \ldots$, on pourra facilement décomposer l'équation (2) en deux autres

$$\varphi(x) = 0, \tag{4}$$

$$\chi(x) = 0, \tag{5}$$

qui correspondront respectivement à ces deux espèces de racines, et même l'équation (4) en plusieurs autres, qui correspondront aux diverses valeurs de l. Ajoutons que ces diverses équations, et particulièrement l'équation (5), dont chaque racine ne vérifiera aucune condition de la forme (3), pourront être généralement résolues à l'aide d'un certain nombre d'équations moins élevées, que l'on obtiendra, par exemple, en suivant la méthode donnée par Abel dans son beau Mémoire *Sur une classe particulière d'équations résolues algébriquement*.

324.

ANALYSE MATHÉMATIQUE. — *Note sur diverses propriétés de certaines fonctions algébriques.*

C. R., T. XXII, p. 160 (26 janvier 1846).

Simple énoncé.

325.

ANALYSE MATHÉMATIQUE. — *Sur la résolution directe d'un système d'équations simultanées, dont les unes se déduisent des autres à l'aide d'une ou de plusieurs substitutions.*

C. R., T. XXII, p. 193 (2 février 1846).

Soient données entre n variables

$$x, \quad y, \quad z, \quad \ldots$$

n équations dont les unes se déduisent des autres à l'aide d'une ou de plusieurs substitutions. Si les premiers membres de ces équations sont des fonctions entières de x, y, z, ..., on pourra, comme nous l'avons dit dans la séance précédente, éliminer les variables y, z, ..., puis décomposer l'équation

$$(1) \qquad F(x) = 0,$$

résultante de cette élimination, en d'autres équations plus simples et d'un degré moins élevé. Au reste, pour obtenir les valeurs de x, y, z, ... propres à vérifier les équations données, il n'est pas absolument nécessaire de former l'équation résultante. On peut chercher directement les équations plus simples qui doivent la remplacer, et faire servir au calcul des coefficients que celles-ci renfermeront le système des équations données.

Pour faire mieux comprendre comment un semblable calcul peut s'effectuer, considérons, en particulier, le cas où les équations données se déduisent toutes de l'une d'entre elles à l'aide des diverses puissances d'une substitution circulaire

$$P(x, y, z, \ldots)$$

qui renferme toutes les variables, et sont, en conséquence, de la forme

$$(2) \qquad \mathrm{x} = 0, \quad P\mathrm{x} = 0, \quad P^2\mathrm{x} = 0, \quad \ldots, \quad P^{n-1}\mathrm{x} = 0,$$

x désignant une fonction entière de ces variables. Si, en nommant ω une autre fonction entière de x, y, z, ..., on combine, par voie d'addition, les formules (2) respectivement multipliées par les facteurs

$$\omega, \quad P\omega, \quad P^2\omega, \quad \ldots, \quad P^{n-1}\omega,$$

on obtiendra la formule

$$(3) \qquad (1 + P + P^2 + \ldots + P^{n-1})\omega\mathrm{x} = 0.$$

Si d'ailleurs on attribue successivement à ω n valeurs diverses, pour chacune desquelles le premier membre de la formule (3) se réduise à une fonction symétrique de $x, y, z, \ldots$, le système des n équations ainsi trouvées déterminera les valeurs des fonctions

$$\begin{aligned} p &= x + y + z + \ldots, \\ q &= xy + xz + \ldots + yz + \ldots, \\ r &= xyz + \ldots, \\ &\ldots\ldots\ldots\ldots; \end{aligned}$$

et lorsqu'on aura calculé ces valeurs, il suffira de résoudre par rapport à l'inconnue s l'équation du $n^{\text{ième}}$ degré

$$(4) \qquad s^n - ps^{n-1} + qs^{n-2} - rs^{n-3} + \ldots = 0,$$

pour obtenir les valeurs des variables $x, y, z, \ldots$.

Pour éclaircir ce qui vient d'être dit par un exemple, supposons $n = 3$ et $\mathrm{x} = x - (y^2 + c^2)z$, c désignant une quantité constante. Les équations (2), jointes à la formule $\mathrm{P} = (x, y, z)$, donneront

$$(5) \qquad x - (y^2 + c^2)z = 0, \qquad y - (z^2 + c^2)x = 0, \qquad z - (x^2 + c^2)y = 0.$$

Alors l'équation (1) sera du quinzième degré, et ses quinze racines seront de deux espèces. Trois d'entre elles, savoir, 0, $+\sqrt{1 - c^2}$, $-\sqrt{1 - c^2}$, vérifieront la formule

$$(6) \qquad x(x^2 + c^2 - 1) = 0,$$

à laquelle on parvient, en posant, dans l'une quelconque des équations (5), $x = y = z$. Les douze autres racines de l'équation (1) vérifieront la formule

$$(7) \quad \left\{ \begin{aligned} & x^{12} + (1 + 4c^2 + c^6)x^{10} + (1 + 2c^2 + 6c^4 + c^6 + 4c^8)x^8 \\ & \quad + (1 + c^2 + 3c^6 + 3c^8 + 6c^{10})x^6 \\ & \quad + (1 + 3c^3 - c^4 - 3c^6 - c^8 + 3c^{10} + 4c^{12})x^4 \\ & \quad + (1 + 2c^2 + 2c^4 - c^6 - 2c^8 - c^{10} + c^{12} + c^{14})x^2 + 1 + c^2 + c^4 = 0. \end{aligned} \right.$$

Mais, en vertu des principes exposés dans la séance précédente, la formule (7) pourra être réduite à un système d'équations du troisième degré, et par suite les équations (5) pourront être résolues algébriquement. Toutefois, la décomposition de l'équation (7) en plusieurs autres exigerait un calcul assez long, et, sans recourir à ce calcul, ou même sans prendre la peine d'établir l'équation (7), on peut construire directement les équations plus simples, dont la résolution fournira les valeurs algébriques de x, y, z. En effet, nommons s l'inconnue d'une équation du troisième degré qui ait pour racines x, y, z. Cette équation sera de la forme

$$(8)\qquad s^3 - ps^2 + qs - r = 0,$$

les valeurs de p, q, r étant

$$(9)\qquad p = x + y + z, \qquad q = xy + xz + yz, \qquad r = xyz.$$

Si d'ailleurs, dans l'équation (3), réduite à la forme

$$(10)\qquad (1 + \mathrm{P} + \mathrm{P}^2)\omega x = 0,$$

on pose successivement $\omega = x$, $\omega = z$, $\omega = 1 + xy$, on obtiendra, entre p, q et r, les trois équations

$$(11)\qquad \left\{ \begin{array}{l} pr = p^2 - (2 + c^2)q, \qquad 2pr = q^2 + c^2p^2 - (1 + 2c^2)q, \\ (p^2 - 2q + 3c^2)r = (1 - c^2)p. \end{array} \right.$$

En éliminant successivement, de ces dernières, r et p^2, on obtiendra une équation du quatrième degré à laquelle devront satisfaire les valeurs

$$(12)\qquad q = 0, \qquad q = 3(1 - c^2)$$

de la variable q, tirées de la formule (6) et de l'équation $q = 3x^2$, que fournit la supposition $x = y = z$. Les deux autres valeurs de q seront données par la formule très simple

$$(13)\qquad q^2 + (1 - c^2 + c^4)q + (2 + c^2 + c^4 - c^6) = 0.$$

Ajoutons que, la valeur de q étant calculée, on déterminera p, r à l'aide des formules

$$(14)\qquad p^2 = \frac{q^2 + 3q}{2 - c^2}, \qquad r = \frac{p^2 - (2 + c^2)q}{p},$$

puis x, y et z, en résolvant par les méthodes connues l'équation (8).

Si l'on supposait $c = 0$, on tirerait des formules (5)

$$x^{15} - x = 0;$$

et des quinze valeurs de x, fournies par cette dernière équation, trois, savoir, 0, $+1$, -1, vérifieraient la formule (6), tandis que les douze autres seraient les douze valeurs de s, déterminées par l'équation (8) jointe au système des formules

$$q^2 + q + 2 = 0, \qquad p^2 = \tfrac{1}{2}(q^2 + 3q), \qquad r = p - \frac{2q}{p}.$$

De ces douze valeurs de s, ainsi qu'on devait s'y attendre, six se confondent avec les racines primitives de l'équation binôme

$$x^7 - 1 = 0.$$

Si l'on supposait $c = 1$, la formule (7) deviendrait

$$x^{12} + 6x^{10} + 14x^8 + 14x^6 + 6x^4 + 3x^2 + 3 = 0,$$

et les formules (13), (14) donneraient

$$q^2 + q + 3 = 0, \qquad p^2 = q^2 + 3q, \qquad r = p - \frac{3q}{p}.$$

326.

Analyse mathématique. — *Sur la résolution des équations symboliques non linéaires.*

C. R., T. XXII, p. 235 (9 février 1846).

Dans un précédent Mémoire, j'ai montré comment on pouvait résoudre les équations symboliques linéaires auxquelles on se trouve conduit dans la théorie des permutations. Les recherches que j'ai aujourd'hui l'honneur de présenter à l'Académie se rapportent à la résolution des équations symboliques non linéaires. Je vais donner en peu de mots une idée de ces recherches. Les résultats qu'elles m'ont fournis seront exposés plus en détail dans les *Exercices d'Analyse et de Physique mathématique*.

Considérons n variables

$$x_0, \quad x_1, \quad x_2, \quad \ldots, \quad x_{n-1},$$

chaque indice pouvant être augmenté ou diminué d'un multiple quelconque de n; et nommons P une substitution circulaire qui renferme toutes ces variables, de sorte qu'on ait

$$P = (x_0, x_1, x_2, \ldots, x_{n-2}, x_{n-1})$$

ou, en exprimant la substitution P à l'aide des indices qui affectent les diverses variables,

(1) $$P = (0, 1, 2, \ldots, n-3, n-2, n-1).$$

On pourra satisfaire à l'équation symbolique linéaire

(2) $$SP = P^{-1}S,$$

en prenant pour S une substitution qui laisse immobile la variable x_0, et même, si n est pair ou de la forme

(3) $$n = 2i,$$

la variable x_i. D'ailleurs, cette substitution S, déterminée par la formule symbolique

(4) $$S = \binom{P^{-1}}{P},$$

sera une substitution du second ordre.

Ce n'est pas tout : le nombre n étant supposé pair et de la forme $2i$, on pourra résoudre de diverses manières l'équation symbolique

(5) $$R^{i-1} = S,$$

dans laquelle la substitution S renferme $2(i-1)$ indices, et même la résoudre en prenant pour R une substitution de l'ordre $2(i-1)$, qui vérifie l'équation

(6) $$P^i R = R^{-1} P^i$$

ou

(7) $$P^i = \begin{pmatrix} R^{-1} \\ R \end{pmatrix}.$$

En effet, partageons les indices

$$1, \quad 2, \quad 3, \quad \ldots, \quad i-1, \quad i+1, \quad \ldots, \quad n-3, \quad n-2, \quad n-1$$

en groupes, dont chacun soit composé de quatre indices de la forme

$$l, \quad i-l, \quad -l, \quad i+l,$$

qui se réduiront à deux, si, i étant pair, on prend $l = \frac{i}{2}$; il suffira, pour résoudre simultanément les équations (5) et (6), de poser

(8) $$R = (\alpha, 6, \gamma, \ldots, i-\gamma, i-6, i-\alpha, -\alpha, -6, -\gamma, \ldots, i+\gamma, i+6, i+\alpha),$$

$\alpha, 6, \gamma, \ldots$ étant des indices pris dans les divers groupes. La valeur de R étant ainsi déterminée, nommons k l'indice qui succède à l'indice h en vertu de la substitution R, et posons généralement

(9) $$R_h = P^{-k} R P^h.$$

On tirera des formules (6), (9)

(10) $$R_h R_{i+k} = 1,$$

et, par suite,

(11) $$R_{i+\alpha}^2 = 1, \qquad R_{i-\alpha}^2 = 1.$$

Donc $R_{i+\alpha}$ et $R_{i-\alpha}$ seront des substitutions du second ordre. Ajoutons que, si l'on pose pour abréger

(12) $$\mathcal{R} = R P^i = P^i R^{-1},$$

on aura

(13) $$R_{i+\alpha} = P^{-\alpha} \mathcal{R} P^{\alpha}, \qquad R_{i-\alpha} = P^{\alpha} \mathcal{R} P^{-\alpha},$$

et, par suite,

$$(14)\qquad R_{i-\alpha} = (\alpha, i+\alpha)(\alpha+6, i+2\alpha)(\alpha+\gamma, i+\alpha+6)\ldots,$$

$$(15)\qquad R_{i+\alpha} = (-\alpha, i-\alpha)(-\alpha+6, i)(-\alpha+\gamma, i-\alpha+6)\ldots.$$

Donc, si l'on nomme toujours h, k deux indices dont le second succède au premier en vertu de la substitution R, les divers facteurs circulaires de $R_{i-\alpha}$ seront de la forme $(\alpha+k, i+\alpha+h)$. Il est aisé d'en conclure qu'aucun facteur de $R_{i-\alpha}$ ne sera en même temps facteur de la substitution R^{i-1}, c'est-à-dire de la forme

$$(l, -l),$$

à moins que les indices h, k et α ne vérifient la condition

$$(16)\qquad h+k+2\alpha+i \equiv 0 \pmod{n}.$$

D'autre part, le produit VU de deux substitutions U, V ne peut cesser de renfermer l'une des variables h, k, dont la seconde succède à la première en vertu de la substitution U, que dans le cas où V fait succéder réciproquement h à k. Donc, si α, 6, γ, ... sont choisis de manière que la condition (16) ne soit jamais vérifiée, il suffira de poser

$$(17)\qquad Q = R_{i+\alpha} R^{i-1}$$

ou, ce qui revient au même,

$$(18)\qquad Q = R^{i-1} R_{i-\alpha},$$

pour que la substitution Q déplace les $n-1$ indices

$$1,\ 2,\ 3,\ \ldots,\ n-2,\ n-1.$$

Si l'on applique, en particulier, ces principes aux fonctions dont M. Hermite s'est occupé, c'est-à-dire à celles qui renferment six, huit ou douze variables, ou plutôt aux substitutions qui peuvent déplacer les variables

$$x_0,\ x_1,\ x_2,\ \ldots,\ x_{n-2},\ x_{n-1}$$

dans ces mêmes fonctions, on obtiendra les résultats suivants.

Si à la substitution P de l'ordre $n = 2\iota$, déterminée par la formule (1), on joint une substitution Q de l'ordre $n - 1$ et une substitution R de l'ordre $n - 2$, les dérivées de

$$P, \quad Q, \quad R$$

constitueront un système de substitutions conjuguées dont chacune déplacera n, $n - 1$ ou $n - 2$ variables, et ce système sera d'un ordre représenté par le produit

$$n(n-1)(n-2),$$

pourvu que, les valeurs de Q, R étant déterminées à l'aide des formules (8), (9), (17), on pose :

1° Pour $n = 6$,

$$R = (1, 2, 5, 4);$$

2° Pour $n = 8$,

$$R = (1, 2, 3, 7, 6, 5)$$

ou

$$R = (1, 6, 3, 7, 2, 5);$$

3° Pour $n = 12$,

$$R = (1, 4, 9, 2, 5, 11, 8, 3, 10, 7)$$

ou

$$R = (1, 10, 9, 8, 5, 11, 2, 3, 4, 7).$$

327.

Analyse mathématique. — *Note sur un théorème fondamental relatif à deux systèmes de substitutions conjuguées.*

C. R., T. XXII, p. 630 (11 avril 1846).

Une proposition digne de remarque, dans la théorie des permutations, est celle que j'ai donnée dans la séance du 10 novembre dernier (page 1039) (¹), savoir, que le produit des ordres de deux systèmes de substitutions conjuguées divise exactement la différence entre le

(¹) *OEuvres de Cauchy*, S. I, T. IX, p. 403.

nombre des arrangements que l'on peut former avec les diverses variables et le nombre des solutions de l'équation linéaire symbolique dont les deux membres sont les produits d'une même substitution par les termes généraux des deux systèmes, l'un de ces termes étant pris pour multiplicande, et l'autre pour multiplicateur. Comme de cette proposition l'on peut immédiatement déduire un grand nombre d'autres théorèmes, il m'a semblé qu'il serait utile de l'établir, s'il était possible, à l'aide d'une démonstration simple et directe. Tel me parait être le double caractère de celle que je vais exposer en peu de mots.

Théorème. — *Formons avec n variables*

$$x, \quad y, \quad z, \quad \ldots$$

deux systèmes de substitutions conjuguées; et soient

$$(1) \qquad 1, \quad P_1, \quad P_2, \quad \ldots, \quad P_{a-1},$$

$$(2) \qquad 1, \quad Q_1, \quad Q_2, \quad \ldots, \quad Q_{b-1}$$

ces deux systèmes, le premier de l'ordre a, le second de l'ordre b. Soient d'ailleurs h, k deux nombres entiers quelconques; nommons I *le nombre des substitutions* R *pour lesquelles se vérifient des équations symboliques de la forme*

$$(3) \qquad RP_h = Q_k R,$$

et posons, pour abréger,

$$N = 1.2.3\ldots n.$$

Les nombres N *et* I *fourniront le même reste lorsqu'on les divisera par le produit ab.*

Démonstration. — Si l'on pose

$$(4) \qquad J = N - I,$$

alors, parmi les substitutions que l'on pourra former avec les variables, celles pour lesquelles ne se vérifieront jamais des équations semblables à la formule (3) seront en nombre égal à J. Nommons U l'une de ces dernières substitutions. Les divers termes du Tableau

$$(5)\qquad \left\{\begin{array}{lllll} U, & UP_1, & UP_2, & \ldots, & UP_{a-1}, \\ Q_1U, & Q_1UP_1, & Q_1UP_2, & \ldots, & Q_1UP_{a-1}, \\ Q_2U, & Q_2UP_1, & Q_2UP_2, & \ldots, & Q_2UP_{a-1}, \\ \ldots, & \ldots\ldots, & \ldots\ldots, & \ldots, & \ldots\ldots\ldots, \\ Q_{b-1}U, & Q_{b-1}P_1, & Q_{b-1}UP_2, & \ldots, & Q_{b-1}UP_{a-1} \end{array}\right.$$

seront tous inégaux entre eux. Car, si l'on supposait

$$Q_k UP_h = Q_{k'} UP_{h'},$$

on en conclurait

$$(6)\qquad UP_h P_{h'}^{-1} = Q_k^{-1} Q_{k'} U$$

ou, ce qui revient au même,

$$(7)\qquad U\mathfrak{P} = \mathfrak{Q}U,$$

les valeurs de $\mathfrak{P}$, $\mathfrak{Q}$ étant

$$\mathfrak{P} = P_h P_{h'}^{-1}, \qquad \mathfrak{Q} = Q_k^{-1} Q_{k'};$$

et, comme alors les deux lettres $\mathfrak{P}$, $\mathfrak{Q}$ représenteraient, la première, un terme de la série (1), la seconde, un terme de la série (2), il est clair que la formule (7) serait semblable à l'équation (3), en sorte que la substitution U se réduirait, contre l'hypothèse admise, à l'une des valeurs de R.

Soit maintenant V une nouvelle substitution, qui ne se réduise ni à l'une des valeurs de R, ni à aucune des substitutions comprises dans le Tableau (5). Les divers termes du Tableau

$$(8)\qquad \left\{\begin{array}{lllll} V, & VP_1, & VP_2, & \ldots, & VP_{a-1}, \\ Q_1V, & Q_1VP_1, & Q_1VP_2, & \ldots, & Q_1VP_{a-1}, \\ Q_2V, & Q_2VP_1, & Q_2VP_2, & \ldots, & Q_2VP_{a-1}, \\ \ldots, & \ldots\ldots, & \ldots\ldots, & \ldots, & \ldots\ldots\ldots, \\ Q_{b-1}V, & Q_{b-1}VP_1, & Q_{b-1}VP_2, & \ldots, & Q_{b-1}VP_{a-1} \end{array}\right.$$

seront encore tous inégaux entre eux; il y a plus : ils seront distincts de tous ceux que renferme le Tableau (5). Car, si l'on avait

$$Q_k U P_h = Q_{k'} V P_{h'},$$

on en conclurait

$$V = Q_{k'}^{-1} Q_k U P_h P_{h'}^{-1},$$

et, comme les deux produits

$$Q_{k'}^{-1} Q_k, \quad P_h P_{h'}^{-1}$$

représenteraient, le premier, un terme de la série (1), le second, un terme de la série (2), il est clair que, en vertu de la dernière formule, V sera déjà, contre l'hypothèse admise, l'un des termes renfermés dans le Tableau (5). En continuant ainsi, on finira par répartir les J substitutions, pour lesquelles ne se vérifieront jamais des équations semblables à la formule (3), entre plusieurs Tableaux dont chacun renfermera autant de termes, inégaux entre eux, qu'il y a d'unités dans le produit ab, et offrira, pour premier terme, une substitution non comprise dans les Tableaux déjà formés. Donc le nombre J ou $N - I$ sera un multiple du produit ab; donc les nombres N et I, divisés par le produit ab, fourniront le même reste.

328.

C. R., T. XXIII, p. 15 (6 juillet 1846).

M. Cauchy lit une Note ayant pour titre : *Sur l'heureuse solution d'une question importante soulevée à l'occasion du concours de Statistique.*

Dans cette Note, M. Cauchy rappelle un vœu d'abord émis, dans le sein de l'Académie des Sciences, à l'occasion du concours de Statistique, et auquel se sont associés la plupart des membres de l'Institut. Une mesure législative vient de réaliser ce vœu en exemptant des droits de timbre et d'enregistrement les actes nécessaires pour le mariage des pauvres et pour la légitimation de leurs enfants.

329.

Note.

C. R., T. XXIII, p. 80 (13 juillet 1846).

M. Cauchy croit devoir signaler une conséquence importante des principes énoncés dans le Rapport de la Section de Mécanique et rappelés par M. Seguier. Comme il a été dit dans le Rapport, les conditions que l'on doit remplir, pour diminuer les chances d'accident, sont relatives, les unes à la vitesse, les autres à la masse. Le danger et les chances de déraillement croissent, non seulement avec la vitesse, mais encore avec la masse, par conséquent avec le nombre des wagons; et il en résulte qu'un convoi de vingt wagons remorqués par le système de deux locomotives sera toujours avantageusement remplacé par deux convois, convenablement espacés, dont chacun renfermerait dix wagons remorqués par une seule locomotive. Les faits viennent à l'appui de cette proposition malheureusement vérifiée par les catastrophes du 8 mai et du 8 juillet, qui, l'une et l'autre, ont coïncidé avec l'emploi de deux machines. M. Cauchy espère que, convaincus par une si triste expérience, les administrateurs des chemins de fer donneront des ordres pour que, à l'avenir, un convoi soit toujours restreint au nombre de wagons qu'une seule locomotive pourra remorquer.

330.

Géométrie analytique. — *Memoire sur les avantages que présente, dans la Géométrie analytique, l'emploi de facteurs propres à indiquer le sens dans lequel s'effectuent certains mouvements de rotation, et sur les résultantes construites avec les cosinus des angles que deux systèmes d'axes forment entre eux.*

C. R., T. XXIII, p. 251 (3 août 1846).

Simple énoncé.

331.

Calcul intégral. — *Sur les intégrales qui s'étendent à tous les points d'une courbe fermée.*

C. R., T. XXIII, p. 251 (3 août 1846).

Les deux Mémoires que j'ai l'honneur de présenter à l'Académie se rapportent, l'un à la Géométrie analytique, l'autre au Calcul intégral. Comme je me propose de faire paraître successivement ces deux Mémoires dans les *Exercices d'Analyse et de Physique mathématique*, je me bornerai à énoncer ici, en peu de mots, quelques-uns des résultats auxquels je suis parvenu.

J'ai montré, dans mon *Analyse algébrique*, combien il importe de fixer avec précision le sens des expressions employées dans les formules d'Algèbre : pour mieux atteindre ce but, j'ai proposé de restreindre les notations à l'aide desquelles on désignait encore trop souvent des fonctions dont les valeurs étaient multiples, et d'appliquer uniquement ces mêmes notations à des fonctions dont les valeurs fussent toujours complètement déterminées. Cet expédient, aujourd'hui généralement adopté par les géomètres, a fait disparaître les incertitudes que présentait l'interprétation de certaines formules et les contradictions auxquelles on semblait être conduit par le calcul. Toutefois, quelques formules de Géométrie analytique, et particulièrement celles qui se rapportent à la détermination des résultantes formées avec les coordonnées de divers points, n'offraient pas encore toute la précision désirable et renfermaient des doubles signes dont la détermination dépendait de conditions qu'on était obligé d'énoncer à part dans le discours. Je fais disparaître cet inconvénient, en introduisant dans le calcul des facteurs dont chacun dépend du sens attribué à un certain mouvement de rotation, et se réduit à $+1$ ou à -1, suivant que ce mouvement est direct ou rétrograde. Ce procédé permet d'établir, avec une grande facilité, non seulement diverses propositions déjà connues, mais encore plusieurs autres parmi lesquelles je citerai les suivantes :

Théorème I. — *Étant donnés, dans l'espace, deux angles plans*

$$(r, s), \quad (u, v),$$

dont les côtés

$$r, \quad s, \quad u, \quad v$$

se mesurent dans des directions déterminées; si, avec les quatre cosinus des autres angles que ces côtés formeront entre eux, on construit une résultante, cette résultante sera positive ou négative, suivant que les mouvements de rotation de r *en* s *et de* u *en* v*, autour d'une droite perpendiculaire au plan de l'un des deux angles* (r, s), (u, v)*, s'effectueront dans le même sens ou en sens contraires; et aura pour valeur numérique le produit des sinus des deux angles* (r, s), (u, v) *par le cosinus de l'inclinaison mutuelle des plans de ces deux angles.*

Théorème II. — *Étant donnés, dans l'espace, deux angles solides qui ont pour arêtes, le premier les longueurs* r, s, t*, le second les longueurs* u, v, w*, si l'on détermine les cosinus des neuf angles que formeront les arêtes* r, s, t *avec les arêtes* u, v, w*, la résultante construite avec ces neuf cosinus sera positive ou négative, suivant que les mouvements de rotation de* r *en* s *autour de* t*, et de* u *en* v *autour de* w*, s'effectueront dans le même sens ou en des sens contraires; et cette résultante aura pour valeur numérique le produit des volumes des parallélépipèdes que l'on peut former, d'une part, sur les arêtes* r, s, t*, d'autre part, sur les arêtes* u, v, w*, en supposant chacune de ces six arêtes réduite à l'unité.*

Parlons maintenant des intégrales qui se rapportent à des courbes fermées. Elles jouissent d'un grand nombre de propriétés remarquables, entre lesquelles on doit signaler celles qui se trouvent énoncées dans les théorèmes suivants :

Théorème I. — *La position d'un point mobile* P *étant déterminée dans l'espace à l'aide de coordonnées rectilignes, ou polaires, ou de toute autre nature, nommons*

$$x, \quad y, \quad z, \quad \ldots$$

des quantités qui varient d'une manière continue avec la position de ce point. Soit d'ailleurs S *une aire qui se mesure dans un plan donné, ou sur une surface donnée, et qui ait pour limite une seule courbe fermée de toutes parts. Concevons ensuite que le point mobile* P *soit assujetti à parcourir cette courbe en tournant autour de l'aire* S *dans un sens déterminé. Nommons* s *l'arc de la même courbe, mesuré positivement dans le sens dont il s'agit, à partir d'une origine fixe, ou du moins une variable qui croisse constamment avec cet arc. Enfin, soit* k *une fonction des variables* $x, y, z, \ldots$ *et de leurs dérivées relatives à* s; *et désignons par* (S) *la valeur qu'acquiert l'intégrale*

$$\int k\,ds$$

lorsque le point mobile P, *ayant parcouru le contour entier de l'aire* S, *revient à sa position primitive. Si, à l'aide de plusieurs lignes droites ou courbes, tracées sur le plan ou sur la surface donnée, on partage l'aire* S *en plusieurs autres*

$$\text{A},\quad \text{B},\quad \text{C},\quad \ldots,$$

alors, en nommant

$$(\text{A}),\quad (\text{B}),\quad (\text{C}),\quad \ldots$$

ce que devient (S) *quand au contour de l'aire* S *on substitue le contour de l'aire* A, *ou* B, *ou* C, ..., *on aura, non seulement*

$$\text{S} = \text{A} + \text{B} + \text{C} + \ldots,$$

mais encore

$$(\text{S}) = (\text{A}) + (\text{B}) + (\text{C}) + \ldots,$$

pourvu que la fonction k *reste finie et continue en chaque point de chaque contour.*

Théorème II. — *Les mêmes choses étant posées que dans le théorème I, prenons d'ailleurs*

$$k = \mathfrak{X}\,\text{D}_s x + \mathfrak{Y}\,\text{D}_s y + \mathfrak{Z}\,\text{D}_s z + \ldots,$$

$\mathfrak{X}, \mathfrak{Y}, \mathfrak{Z}, \ldots$ *désignant des fonctions de* $x, y, z, \ldots$ *tellement choisies que la somme*

$$\mathfrak{X}\,dx + \mathfrak{Y}\,dy + \mathfrak{Z}\,dz + \ldots$$

soit une différentielle exacte, et concevons que l'on fasse varier la sur-

face S, *en faisant varier par degrés insensibles la forme de la courbe qui lui sert de contour. Ces variations n'altéreront pas la valeur de l'intégrale* (S), *si la fonction k reste finie et continue en chacun des points successivement occupés par la courbe variable.*

Théorème III. — *Les mêmes choses étant posées que dans le théorème II, supposons que la fonction k cesse d'être finie et continue pour les seuls points*

$$P', \quad P'', \quad P''', \quad \ldots,$$

situés dans l'intérieur de l'aire S. *Si l'on nomme a, b, c, ... de très petits éléments de l'aire* S *dont chacun renferme un de ces points, on aura*

$$(S) = (a) + (b) + (c) + \ldots.$$

Cette dernière équation fournit l'intégrale S *exprimée par une somme d'intégrales singulières. Dans le cas particulier où la fonction k reste finie pour tous les points situés dans l'intérieur de l'aire* S, *ces intégrales singulières s'évanouissent, et l'on a simplement*

$$(S) = 0.$$

Les démonstrations les plus simples que l'on puisse offrir de ces divers théorèmes me paraissent être celles qui s'appuient sur la formule que j'ai donnée, dans mes Leçons à l'École Polytechnique, pour l'intégration des différentielles totales à plusieurs variables, et sur la considération des formes diverses que prend le résultat de l'intégration quand on échange l'une contre l'autre ces mêmes variables.

Remarquons d'ailleurs que les théorèmes énoncés subsistent, quelle que soit la forme de la ligne qui renferme l'aire S, et dans le cas même où cette ligne devient le périmètre d'un polygone rectiligne ou curviligne, par exemple dans le cas où l'aire S est celle d'un secteur circulaire.

Les corollaires qui se déduisent des théorèmes énoncés comprennent, comme cas particuliers, un grand nombre de propositions déjà connues, par exemple les théorèmes relatifs à la détermination du nombre des racines réelles et du nombre des racines imaginaires qui vérifient certaines conditions, dans les équations algébriques, les théorèmes relatifs à la convergence des séries, etc.

Lorsque, la surface S étant plane, x, y se réduisent à deux coordonnées rectilignes, ou polaires, ou de toute autre nature, propres à déterminer la position d'un point dans le plan de la surface S, alors, en désignant par $\mathcal{X}$, $\mathcal{Y}$ deux fonctions continues des variables x, y, et supposant

$$k = \mathcal{X}\,\mathrm{D}_s x + \mathcal{Y}\,\mathrm{D}_s y,$$

on a

$$(\mathrm{S}) = \pm \int\!\!\int (\mathrm{D}_y \mathcal{X} - \mathrm{D}_x \mathcal{Y})\, dx\, dy,$$

l'intégrale double s'étendant à tous les points de la surface S. Ajoutons que, si l'on nomme x, y deux longueurs mesurées, à partir d'un point quelconque P correspondant aux coordonnées x, y, sur les directions dans lesquelles il faudrait déplacer ce point pour faire croître positivement la seule coordonnée x ou y, on devra, dans la formule précédente, réduire le double signe au signe $+$ ou au signe $-$, suivant que le mouvement de rotation de x en y sera ou ne sera pas de l'espèce du mouvement de rotation qu'offrirait un point mobile assujetti à tourner autour de l'aire S de manière à faire croître la variable s.

Dans le cas particulier où la somme

$$\mathcal{X}\, dx + \mathcal{Y}\, dy$$

est une différentielle exacte, on a

$$\mathrm{D}_y \mathcal{X} = \mathrm{D}_x \mathcal{Y},$$

et la formule qui détermine la valeur de (S) se réduit à l'équation déjà trouvée

$$(\mathrm{S}) = 0.$$

332.

ANALYSE MATHÉMATIQUE. — *Mémoires sur les fonctions de variables imaginaires.*

C. R., T. XXIII, p. 271 (10 août 1846).

Ce Mémoire devant être inséré prochainement dans les *Exercices d'Analyse et de Physique mathématique* (1), je me bornerai, pour l'instant, à indiquer en peu de mots les principes qui s'y trouvent développés, et quelques-unes des conséquences importantes qui découlent de ces mêmes principes.

Ainsi que je l'ai remarqué dans mon *Analyse algébrique*, lorsque les constantes ou variables comprises dans une fonction donnée, après avoir été considérées comme réelles, sont supposées imaginaires, la notation à l'aide de laquelle on exprimait la fonction dont il s'agit ne peut être conservée dans le calcul qu'en vertu de conventions nouvelles propres à fixer le sens de cette notation dans la dernière hypothèse.

Une des conventions qu'il semble naturel d'adopter consiste à supposer que les formules établies pour des valeurs réelles des variables sont étendues au cas où les variables deviennent imaginaires.

Cette seule convention suffit, non seulement pour fixer le sens qu'on doit attacher aux notations qui représentent des sommes, des différences, des produits, des quotients, et généralement des fonctions entières ou même rationnelles de variables imaginaires, mais encore pour déterminer les valeurs des fonctions qui sont toujours développables en séries convergentes, par exemple des exponentielles, des sinus et des cosinus, ou bien encore les valeurs des fonctions composées avec celles que nous venons de signaler. La même convention deviendra insuffisante si l'on veut s'en servir, par exemple pour dé-

(1) *Œuvres de Cauchy*, S. II, T. XIII.

terminer le sens que l'on doit attacher, dans tous les cas, à la notation

$$\mathrm{l}x,$$

à l'aide de laquelle on représente, quand la variable x est réelle, le logarithme réel et népérien de x. En effet, une variable réelle ou imaginaire a une infinité de logarithmes, et l'on ne pourrait représenter par une même notation tous ces logarithmes sans introduire une étrange confusion dans le calcul. Des raisons, qui seront exposées dans le Mémoire, nous déterminent à désigner généralement par $\mathrm{l}x$ celui des logarithmes de x dans lequel le coefficient de $\sqrt{-1}$ est renfermé entre les deux limites $-\pi$, $+\pi$, la limite inférieure étant exclue, en sorte que ce coefficient puisse varier depuis la limite $-\pi$ exclusivement jusqu'à la limite π inclusivement. Cette convention étant admise, on pourra fixer très aisément, dans tous les cas, le sens des notations employées pour représenter les fonctions qui peuvent se définir à l'aide des logarithmes, par exemple les puissances à exposants quelconques réels ou imaginaires. On pourra aussi faire des applications nouvelles et plus étendues, non seulement des théorèmes sur la convergence des séries, mais encore des théorèmes que fournit le Calcul des résidus, et des formules générales que j'ai données pour la transformation et la détermination des intégrales définies, comme je le montrerai ici par quelques exemples.

Analyse.

Soit

$$x = r\,e^{p\sqrt{-1}} \qquad (1)$$

une variable imaginaire, r, p étant réels et r positif. Pour une valeur donnée de x, le *module* r offrira une valeur unique, et l'*argument* p une infinité de valeurs, représentées par les termes d'une progression arithmétique dont la raison sera la circonférence 2π. D'ailleurs, les logarithmes népériens de x seront les diverses valeurs de y propres à vérifier l'équation

$$e^y = x,$$

de laquelle on tirera

$$y = \mathrm{l}r + p\sqrt{-1},$$

p étant l'un quelconque des arguments de la variable x, et $\mathrm{l}r$ le logarithme réel du module r. Si, parmi les valeurs de y, on en choisit une pour la représenter par $\mathrm{l}x$, elle devra nécessairement se réduire à $\mathrm{l}r$, quand on aura $x = r$, $p = 0$. Or on peut remplir cette condition de plusieurs manières. L'une des plus simples consiste à supposer

$$(2) \qquad \mathrm{l}x = \mathrm{l}r + p\sqrt{-1},$$

en admettant que l'argument p soit toujours compris entre les limites $-\pi$, $+\pi$, et ne puisse jamais atteindre la limite inférieure $-\pi$. C'est ce que je ferai désormais, en donnant par ce moyen une extension nouvelle à la notation employée jusqu'ici dans mes Ouvrages.

Après avoir ainsi fixé le sens qui devra être attaché dans tous les cas à la notation $\mathrm{l}x$, ou, ce qui revient au même, la valeur de la fonction simple $\mathrm{l}x$, on en déduira sans peine les valeurs des fonctions que l'on peut faire dépendre de $\mathrm{l}x$, par exemple les valeurs de

$$\mathrm{L}x, \quad x^a, \quad x^y,$$

la lettre L indiquant un logarithme pris dans un système quelconque. Pour y parvenir, il suffira d'étendre les formules

$$\mathrm{L}x = \mathrm{L}e\,\mathrm{l}x, \qquad x^a = e^{a\mathrm{l}x}, \qquad x^y = e^{y\mathrm{l}x},$$

qu'il est facile d'établir dans le cas où a, x, y sont réels, au cas même où a, x, y deviennent imaginaires.

En vertu des conventions et des définitions précédentes, les fonctions

$$\mathrm{l}x, \quad \mathrm{L}x, \quad x^a$$

seront généralement, pour des valeurs finies de r et de p, des fonctions *continues* de la variable x, si, comme nous l'avons fait, on applique ce nom à toute fonction qui, pour chaque valeur donnée de la variable x, acquiert une valeur unique et finie, et qui varie avec x par degrés insensibles de telle sorte qu'un accroissement infiniment petit, attribué à cette variable, produise toujours un accroissement infiniment petit de la fonction elle-même. Seulement, les fonctions

$$1x, \quad Lx, \quad x^a$$

deviendront *discontinues* dans le voisinage de valeurs réelles et négatives de x, en sorte qu'il y aura, pour de telles valeurs, *solution de continuité*.

Ces principes étant admis, on pourra faire des applications nouvelles et plus étendues des théorèmes qui reposent sur la considération des variables imaginaires et des fonctions continues, par exemple des théorèmes généraux sur la convergence des séries, des formules relatives à la transformation et à la détermination des intégrales définies, et des propositions générales fournies par le calcul des résidus.

Considérons, pour fixer les idées, la formule générale

$$(3) \qquad \int_{-\infty}^{\infty} f(x)\,dx = 2\pi\sqrt{-1} \mathop{\mathcal{E}}_{-\infty}^{\infty}{}_{0}^{\infty} (\!(f(z))\!) \ldots .$$

D'après ce qui a été dit dans les *Exercices de Mathématiques*, cette formule suppose, d'une part, que l'intégrale $\int_{-\infty}^{\infty} f(x)\,dx$ est réduite à sa valeur principale, d'autre part, que le produit $zf(z)$, dans lequel $z = x + y\sqrt{-1}$ s'évanouit pour $x = \pm\infty$, quel que soit y, et pour $y = \infty$, quel que soit x. Ajoutons que, si la fonction $f(x)$ devient discontinue, sans devenir infinie, pour des valeurs réelles de x, on devra, dans le premier membre de la formule (3), remplacer $f(x)$ par $f(x + \varepsilon\sqrt{-1})$, ε étant une quantité positive infiniment petite.

Concevons maintenant que l'on pose dans la formule (3)

$$(4) \qquad f(x) = [\mathrm{f}(x)]^{\mu}\,\mathrm{F}(x),$$

$\mathrm{f}(x)$, $\mathrm{F}(x)$ étant deux fonctions dont chacune reste réelle pour toute valeur réelle de x, et jouisse, comme les fractions rationnelles, de la propriété de rester continue, tant qu'elle reste finie. Supposons, d'ailleurs, la constante μ choisie de manière que le produit $z\,f(z)$ s'évanouisse toujours quand la fonction $\mathrm{f}(z)$ devient infinie pour une valeur de z dans laquelle le coefficient de $\sqrt{-1}$ est positif. Enfin, désignons par ξ un facteur qui se réduise à l'unité quand $f(x)$ est positif, et à $\pm\pi$ quand $f(x)$ est négatif, le double signe $\pm$ devant être réduit au signe $+$ ou au signe $-$, suivant que la fonction dérivée $f'(x)$ est positive ou négative. La formule (3) donnera

$$(5)\qquad \int_{-\infty}^{\infty} e^{\mu\xi\sqrt{-1}}\{[f(x)]^2\}^{\frac{\mu}{2}} F(x)\,dx = 2\pi\sqrt{-1}\;\underset{-\infty}{\overset{\infty}{}}\mathcal{E}_{0}^{\infty}\,[f(z)]^{\mu}(F(z)).$$

Si, $F(x)$ étant une fonction paire de x, la fonction $f(x)$ est du nombre de celles dont les dérivées sont toujours positives, l'équation (5) donnera

$$(6)\qquad \int_{0}^{\infty} \{[f(x)]^2\}^{\frac{\mu}{2}} F(x)\,dx = \frac{2\pi\sqrt{-1}}{1+e^{\mu\pi\sqrt{-1}}}\;\underset{-\infty}{\overset{\infty}{}}\mathcal{E}_{0}^{\infty}\,[f(z)]^{\mu}(F(z)).$$

La formule (6) comprend un grand nombre de résultats dignes de remarque. On en tire, par exemple pour des valeurs positives quelconques des constantes a, c, et pour toute valeur réelle de μ, comprise entre les limites -1, $+1$,

$$(7)\qquad \int_{0}^{\infty} (\operatorname{tang}^2 cx)^{\frac{\mu}{2}} \frac{a\,dx}{a^2+x^2} = \frac{\pi}{2\cos\frac{\mu\pi}{2}}\left(\frac{e^{ac}-e^{-ac}}{e^{ac}+e^{-ac}}\right)^{\mu}.$$

Observons encore que, à l'aide des principes ci-dessus exposés, on pourra tirer des résultats nouveaux des théorèmes relatifs au résidu intégral d'une fonction, énoncés dans un précédent Mémoire. [*Voir* la séance du 16 décembre 1844, page 1337 ([1]).]

On pourrait considérer, dans la formule (2), l'argument p comme représentant un angle polaire, et le faire varier en conséquence entre les limites communément assignées aux angles polaires, c'est-à-dire entre les limites 0, 2π. C'est ce qu'a fait M. Ernest Lamarle dans un Mémoire sur la convergence des séries. Mais on obtiendrait alors pour lx et pour x^a des fonctions qui deviendraient discontinues dans le voisinage de valeurs réelles et positives de x, ce qui pourrait avoir quelques inconvénients. Il en résulterait, par exemple, que la fonc-

([1]) *OEuvres de Cauchy*, S. I, T. VIII, p. 366.

tion $(1+x)^a$ deviendrait discontinue pour des valeurs du module r de x inférieures à l'unité.

333.

Calcul intégral. — *Mémoire sur l'application du Calcul des résidus à la recherche des propriétés générales des intégrales dont les dérivées renferment des racines d'équations algébriques.*

C. R., T. XXIII, p. 321 (17 août 1846).

Ainsi que je l'ai montré dans plusieurs Mémoires présentés à l'Académie en 1841, le Calcul des résidus fournit un grand nombre de formules générales qui comprennent, comme cas particuliers, les beaux théorèmes d'Euler et d'Abel sur les transcendantes elliptiques et sur des transcendantes d'un ordre encore plus élevé. Parmi ces formules générales, on doit particulièrement distinguer celles auxquelles satisfont les intégrales qui, comme les transcendantes elliptiques, renferment, sous le signe $\int$, des radicaux du second degré ou des racines d'équations algébriques. Mais comme, après avoir déterminé les diverses racines d'une telle équation, l'on peut être quelquefois embarrassé de savoir quelle est, parmi ces racines, celle qui doit entrer dans chaque intégrale, j'ai cru qu'il serait utile d'indiquer une méthode à l'aide de laquelle on pût résoudre aisément et généralement cette question. Je vais, en peu de mots, faire connaître cette méthode, qui sera exposée avec plus de développement dans les *Exercices d'Analyse;* et, afin qu'elle puisse être plus facilement saisie, je la montrerai ici appliquée à quelques exemples.

Analyse.

§ I. — *Considérations générales.*

Supposons la variable x liée à d'autres variables

$$y, \quad z, \quad \ldots, \quad t$$

par des équations

$$(1) \qquad Y=0, \quad Z=0, \quad \ldots, \quad T=0,$$

dont le nombre soit égal au nombre de ces autres variables. Supposons encore que, en vertu de ces mêmes équations, les variables

$$y, \quad z, \quad \ldots$$

puissent être exprimées en fonctions toujours continues, par exemple en fonctions rationnelles des deux variables

$$x, \quad t;$$

et soit

$$(2) \qquad \mathrm{F}(x, t)=0$$

l'équation produite par l'élimination des variables y, z, ... entre les formules (1). L'équation (2), résolue par rapport à la variable x, fournira, pour cette variable, considérée comme fonction de t, diverses valeurs

$$x_1, \quad x_2, \quad x_3, \quad \ldots$$

auxquelles correspondront respectivement certaines valeurs

$$y_1, \quad y_2, \quad y_3, \quad \ldots$$

de la variable y, puis certaines valeurs

$$z_1, \quad z_2, \quad z_3, \quad \ldots$$

de la variable z, etc.

Soit maintenant

$$(3) \qquad k=\mathrm{f}(x, y, z, \ldots, t)$$

une fonction continue des variables

$$x, \quad y, \quad z, \quad \ldots.$$

Comme, par hypothèse, en vertu des formules (1), y, z, ... peuvent être exprimées en fonctions toujours continues de x et t, k pourra être considéré comme une fonction continue des seules variables x, t.

Cela posé, aux diverses valeurs de x, tirées de l'équation (1), correspondront diverses valeurs de k, que nous nommerons

$$k_1, \quad k_2, \quad k_3, \quad \ldots,$$

et, par suite, diverses valeurs de l'intégrale

$$(4) \qquad \mathrm{s} = \int_{\tau}^{t} k\, \mathrm{D}_t x\, dt,$$

τ étant une valeur particulière de la variable t. Si l'on nomme s la somme de ces diverses valeurs de l'intégrale s, on aura

$$(5) \qquad s = \int_{\tau}^{t} k_1 \mathrm{D}_t x_1\, dt + \int_{\tau}^{t} k_2 \mathrm{D}_t x_2\, dt + \ldots.$$

Ajoutons que, si l'on pose, pour abréger,

$$\Phi(x, t) = \mathrm{D}_x \mathrm{F}(x, t), \qquad \Psi(x, t) = \mathrm{D}_t \mathrm{F}(x, t),$$

l'équation (2) donnera

$$\mathrm{D}_t x = -\frac{\Psi(x, t)}{\Phi(x, t)},$$

et que, par suite, on tirera de la formule (5)

$$(6) \qquad s = -\int_{\tau}^{t} \mathcal{E} \frac{k\Psi(x, t)}{((\mathrm{F}(x, t)))}\, dt.$$

Si d'ailleurs le rapport

$$\frac{k\Psi(x, t)}{\mathrm{F}(x, t)}$$

ne devient jamais infini que pour des valeurs nulles de son dénominateur, et si le produit de ce rapport par x s'évanouit généralement pour des valeurs infinies, réelles ou imaginaires de x, on aura

$$(7) \qquad \mathcal{E} \frac{k\Psi(x, t)}{((\mathrm{F}(x, t)))} = 0,$$

et l'équation (6) donnera simplement

$$(8) \qquad s = 0.$$

Si l'équation

$$F(x, t) = 0,$$

résolue par rapport à x, fournissait quelques valeurs indépendantes de t, on aurait, pour chacune de ces valeurs,

$$D_t x = 0, \qquad 8 = 0,$$

et, par suite, les intégrales correspondantes à ces mêmes valeurs de x disparaîtraient toujours dans la somme représentée par s.

Supposons à présent t assez rapproché de τ, pour que les variables x, t restent fonctions continues l'une de l'autre entre les limites de l'intégration, et désignons, à l'aide de la lettre ξ, la valeur de x correspondante à la valeur τ de t, en sorte que

$$\xi_1, \quad \xi_2, \quad \xi_3, \quad \ldots$$

représentent les valeurs particulières de

$$x_1, \quad x_2, \quad x_3, \quad \ldots$$

correspondantes à $t = \tau$. La formule (4) donnera

(9) $$8 = \int_{\xi}^{x} k\, dx,$$

k étant regardé, non plus comme fonction de t, mais comme fonction de x, et la valeur de s, déterminée par l'équation (5), deviendra

(10) $$s = \int_{\xi_1}^{x_1} k_1\, dx_1 + \int_{\xi_2}^{x_2} k_2\, dx_2 + \int_{\xi_3}^{x_3} k_3\, dx_3 + \ldots.$$

Il importe d'examiner spécialement le cas où l'équation (3), étant indépendante de t, se réduit à la forme

(11) $$k = f(x, y, z, \ldots),$$

et où la dernière des équations (1) renferme seule la variable t. Il semble qu'alors les divers termes de la suite

$$k_1, \quad k_2, \quad k_3, \quad \ldots,$$

qui représentent diverses valeurs de k considéré comme fonction de x, pourraient se déduire des seules équations

$$(12) \qquad Y = 0, \quad Z = 0, \quad \ldots,$$

jointes à la formule (11). Néanmoins les formules (11) et (12), séparées de l'équation

$$(13) \qquad T = 0$$

ou, ce qui revient au même, de la formule (2), ne suffiraient pas toujours à la détermination des fonctions

$$k_1, \quad k_2, \quad k_3, \quad \ldots,$$

que renferment, sous le signe $\int$, les intégrales comprises dans le second membre de la formule (10). En effet, les fonctions de x et de t qui représentent les valeurs de y, z, ... tirées des formules (12) et (13), étant, par hypothèse, toujours continues, ces valeurs seront complètement déterminées. Mais il pourra en être autrement des fonctions de x qui représenteront les valeurs de y, z, ... tirées des seules équations (12), attendu que ces dernières équations, résolues par rapport aux variables y, z, ..., peuvent fournir, pour ces variables, plusieurs systèmes de valeurs. Alors on pourra être embarrassé de savoir quelles sont celles des valeurs de y, z, ... qu'il faut substituer dans la fonction

$$k = \mathrm{f}(x, y, z, \ldots)$$

avant d'y remplacer la lettre x par x_1, ou par x_2, ..., afin de réduire cette fonction à k_1 ou à k_2, ... Or cette difficulté pourra être généralement résolue à l'aide de la règle que nous allons indiquer.

Lorsqu'on posera

$$t = \tau \quad \text{et} \quad x = \xi,$$

ξ étant l'un quelconque des termes de la suite

$$\xi_1, \quad \xi_2, \quad \xi_3, \quad \ldots,$$

les variables

$$y, \quad z, \quad \ldots,$$

exprimées en fonctions continues de x et de t, acquerront des valeurs déterminées. Nommons

$$\eta, \quad \zeta, \quad \ldots$$

ces mêmes valeurs, qui deviendront

$$\eta_1, \quad \zeta_1, \quad \ldots,$$

quand on remplacera ξ par ξ_1,

$$\eta_2, \quad \zeta_2, \quad \ldots,$$

quand on remplacera ξ par ξ_2, etc. Parmi les valeurs de y, z, ... en x, tirées des formules (12), celles qu'on devra substituer dans k, avant d'y remplacer x par x_1, pour obtenir k_1, seront celles qui vérifieront, pour $x = \xi_1$, les conditions

$$(14) \qquad y = \eta_1, \quad z = \zeta_1, \quad \ldots.$$

Pareillement celles qu'on devra substituer dans k, avant d'y remplacer x par x_2, seront celles qui vérifieront, pour $x = \xi_2$, les conditions

$$(15) \qquad y = \eta_2, \quad z = \zeta_2, \quad \ldots,$$

et ainsi de suite.

Si, parmi les valeurs de y, z, ... que fournissent les équations (12), celles qui vérifient les conditions (14) sont aussi celles qui vérifient les conditions (15) et autres semblables, alors, en supposant ces mêmes valeurs substituées à la place de y, z, ... dans la fonction k, on verra l'équation (10) se réduire à la forme

$$(16) \qquad s = \int_{\xi_1}^{x_1} k\,dx + \int_{\xi_2}^{x_2} k\,dx + \int_{\xi_3}^{x_3} k\,dx + \ldots.$$

§ II. — *Applications.*

Considérons maintenant le cas où les variables x, y, t, réduites à trois, sont liées entre elles par deux équations, dont la première renferme seulement x et y, la seconde équation étant linéaire par rapport à y et à t. Les deux équations dont il s'agit seront de la forme

$$f(x, y) = 0, \tag{1}$$

$$y = Ut + V, \tag{2}$$

U, V étant fonctions de la seule variable x, et l'élimination de y produira la formule

$$f(x, Ut + V) = 0. \tag{3}$$

Donc la fonction représentée par $F(x, t)$ dans l'équation (2) du § I sera déterminée par la formule

$$F(x, t) = f(x, y), \tag{4}$$

la valeur de y étant fournie par l'équation (2). Cela posé, si l'on fait, pour abréger,

$$\varphi(x, y) = D_x f(x, y), \qquad \chi(x, y) = D_y f(x, y),$$

on tirera des équations (2) et (4)

$$D_t F(x, t) = U\chi(x, y),$$

et la formule (6) du § I donnera

$$s = -\int_\tau^t \mathcal{E} \frac{Uk\chi(x, y)}{((f(x, Ut + V)))} dt. \tag{5}$$

Enfin, si l'on fait, pour abréger,

$$k\chi(x, y) = \varpi(x, y) \tag{6}$$

ou, ce qui revient au même, si l'on pose

$$k = \frac{\varpi(x, y)}{\chi(x, y)} = \frac{\varpi(x, y)}{D_y f(x, y)}, \tag{7}$$

la formule (5) deviendra

$$s = -\int_\tau^t \mathcal{E} \frac{U\varpi(x, Ut + V)}{((f(x, Ut + V)))} dt. \tag{8}$$

Si U, V se réduisent à des fonctions entières de x, et $\varpi(x,y)$, $f(x,y)$ à des fonctions entières de x, y, alors on aura

$$\mathcal{E}\frac{U\varpi(x,Ut+V)}{[f(x,Ut+V)]}=\mathcal{E}\left(\frac{U\varpi(x,Ut+V)}{f(x,Ut+V)}\right),$$

et, pour que l'équation (8) se réduise à

$$s=0, \tag{9}$$

il suffira que, la fonction Ω étant déterminée par la formule

$$\Omega=U\frac{\varpi(x,Ut+V)}{f(x,Ut+V)}, \tag{10}$$

le produit Ωx s'évanouisse pour des valeurs infinies, réelles ou imaginaires de la variable x.

Considérons à présent le cas particulier où l'équation (1) se réduit à la forme

$$y^n-X=0, \tag{11}$$

n étant un nombre entier et X une fonction entière de x. On aura, dans ce cas,

$$f(x,y)=y^n-X, \qquad \chi(x,y)=ny^{n-1};$$

par conséquent,

$$k=\frac{\varpi(x,y)}{ny^{n-1}}. \tag{12}$$

Alors aussi l'équation (3), réduite à

$$(Ut+V)^n-X=0, \tag{13}$$

sera, par rapport à la variable x, d'un degré indiqué par le plus grand des nombres qui représenteront les degrés des trois fonctions

$$U^n, \quad V^n, \quad X.$$

L'équation (13) sera donc du degré mn, si, les fonctions U et V étant du degré m, le degré de X ne surpasse pas celui de U^n et de V^n.

D'autre part, on tirera de la formule (11), résolue par rapport à y,

$$y = \theta X^{\frac{1}{n}}, \tag{14}$$

θ étant une racine $n^{\text{ième}}$ de l'unité; en sorte que l'équation (12) donnera

$$k = \frac{\varpi\left(x, \theta X^{\frac{1}{n}}\right)}{n\theta^{n-1} X^{\frac{n-1}{n}}}$$

ou, ce qui revient au même,

$$k = \theta \frac{\varpi\left(x, \theta X^{\frac{1}{n}}\right)}{n X^{\frac{n-1}{n}}}. \tag{15}$$

Mais, quand on voudra déduire de cette dernière formule les valeurs des fonctions représentées par k_1, k_2, k_3, ... dans l'équation (10) du § I, en substituant à la variable x les valeurs

$$x_1, \quad x_2, \quad x_3, \quad \ldots$$

de cette même variable, tirées de l'équation (13), on pourra être obligé de prendre successivement pour θ plusieurs des racines $n^{\text{ièmes}}$ de l'unité. Soient

$$\theta_1, \quad \theta_2, \quad \theta_3, \quad \ldots$$

les valeurs successives de θ, correspondantes aux diverses valeurs de x. Soient encore

$$\xi_1, \quad \xi_2, \quad \xi_3, \quad \ldots$$

ce que deviennent ces mêmes valeurs de x quand on pose $t = \tau$, et nommons alors ξ l'une quelconque d'entre elles. Enfin, soient

$$\mathfrak{V}, \quad \mathfrak{V}, \quad \mathfrak{X}$$

ce que deviennent

$$U, \quad V, \quad X$$

quand on y pose $x = \xi$. En vertu de la règle énoncée dans le § I, la valeur de θ correspondante à une racine déterminée de l'équation (13), par conséquent à une valeur déterminée de ξ, sera donnée par la formule

$$(16)\qquad \upsilon\tau+\varphi=\theta X^{\frac{1}{n}}.$$

Par conséquent, dans la détermination des valeurs de k_1, k_2, ... que renfermera la somme s, en vertu de l'équation (10) du § I, on devra joindre la formule (16) à la formule (15).

Les valeurs de

$$\theta_1,\quad \theta_2,\quad \ldots$$

étant déterminées à l'aide de la formule (16), l'équation (10) du § I, jointe à la formule (15), donnera

$$(17)\qquad s=\frac{\theta_1}{n}\int_{\xi_1}^{x_1}\frac{\varpi\left(x,\,\theta_1 X^{\frac{1}{n}}\right)}{X^{\frac{n-1}{n}}}\,dx+\frac{\theta_2}{n}\int_{\xi_2}^{x_2}\frac{\varpi\left(x,\,\theta_2 X^{\frac{1}{n}}\right)}{X^{\frac{n-1}{n}}}\,dx+\ldots.$$

Ajoutons que la somme s s'évanouira, et qu'on aura, par suite,

$$(18)\qquad \theta_1\int_{\xi_1}^{x_1}X^{\frac{1}{n}-1}\,\varpi\left(x,\,\theta_1 X^{\frac{1}{n}}\right)dx+\theta_2\int_{\xi_2}^{x_2}X^{\frac{1}{n}-1}\,\varpi\left(x,\,\theta_2 X^{\frac{1}{n}}\right)dx+\ldots=0,$$

si, la fonction Ω étant déterminée par la formule

$$(19)\qquad \Omega=\frac{\varpi(x,\,Ut+V)}{(Ut+V)^n-X},$$

le produit Ωx devient nul pour des valeurs infinies, réelles ou imaginaires, de la variable x.

Si la fonction $\varpi(x,y)$ est de la forme

$$\varpi(x,y)=y^{n-1-l}\,\varpi(x),$$

l désignant un nombre entier inférieur à n, et $\varpi(x)$ une fonction entière de x, la formule (19) donnera

$$(20)\qquad \Omega=\frac{U(Ut+V)^{n-1-l}}{(Ut+V)^n-X}\,\varpi(x).$$

Si d'ailleurs, U, V étant du degré m, le degré de X n'est pas supérieur à mn, il suffira que le degré de $\varpi(x)$ soit inférieur au nombre

$$ml - 1,$$

pour que, à la valeur de Ω tirée de l'équation (20), corresponde une valeur du produit Ωx qui s'évanouisse avec $\frac{1}{x}$. Donc alors la formule (18), réduite à

$$(21) \qquad \theta_1^{-l}\int_{\xi_1}^{x_1} X^{-\frac{l}{n}}\varpi(x)\,dx + \theta_2^{-l}\int_{\xi_2}^{x_2} X^{-\frac{l}{n}}\varpi(x)\,dx + \ldots = 0,$$

se vérifiera toujours quand on prendra pour $\varpi(x)$ une fonction entière de x d'un degré inférieur à $ml - 1$, par exemple quand on prendra pour $\varpi(x)$ un quelconque des termes de la suite

$$(22) \qquad 1, \quad x, \quad x^2, \quad \ldots, \quad x^{ml-2}.$$

Lorsque U et V sont du degré m, le degré de l'équation (13), par rapport à x, ne peut être inférieur à mn. Néanmoins, comme dans la somme s on doit comprendre seulement les intégrales relatives à des valeurs

$$x_1, \quad x_2, \quad \ldots$$

de x qui dépendent de la variable t, il est clair que le nombre de ces valeurs et de ces intégrales s'abaissera au-dessous du produit mn, si le premier membre de l'équation (10) se décompose en deux facteurs, dont l'un soit indépendant de t. C'est ce qui arrivera généralement si l'on attribue à X une valeur de la forme

$$(23) \qquad X = V^n - UW,$$

W étant une fonction entière de x d'un degré inférieur, ou tout au plus égal au produit $m(n-1)$. Alors l'équation (13) se décomposera en deux autres, savoir

$$(24) \qquad U = 0,$$

$$(25) \qquad U^{n-1}t^n + nU^{n-2}Vt^{n-1} + \ldots + nV^{n-1}t + W = 0,$$

dont la première sera indépendante de t, et dont la seconde sera seulement du degré $m(n-1)$ par rapport à la variable x. Donc alors le nombre des intégrales comprises dans la somme s sera seulement $m(n-1)$.

Il est bon d'observer que si, en représentant par

$$x_1, \quad x_2, \quad \ldots, \quad x_{m(n-1)}$$

les $m(n-1)$ valeurs de x tirées de l'équation (25), on nomme

$$X_1, \quad X_2, \quad \ldots, \quad X_{m(n-1)}$$

les valeurs correspondantes de X, on tirera de l'équation (21), différentiée par rapport à t,

$$(26) \quad \theta_1^{-l} X_1^{-\frac{l}{n}} \varpi(x_1)\, dx_1 + \ldots + \theta_{m(n-1)}^{-l} X_{m(n-1)}^{-\frac{l}{n}} \varpi(x_{m(n-1)})\, dx_{m(n-1)} = 0.$$

Si, dans cette dernière formule, où $\varpi(x)$ représente une fonction entière de x d'un degré inférieur à $ml-1$, on remplace successivement cette fonction par les divers termes de la suite

$$1, \quad x, \quad x^2, \quad \ldots, \quad x^{ml-2},$$

on obtiendra $ml-1$ équations différentielles de la forme

$$(27) \quad \left\{ \begin{array}{l} \theta_1^{-l} X_1^{-\frac{l}{n}} dx_1 + \theta_2^{-l} X_2^{-\frac{l}{n}} dx_2 + \ldots + \theta_{m(n-1)}^{-l} X_{m(n-1)}^{-\frac{l}{n}} dx_{m(n-1)} = 0, \\ \theta_1^{-l} X_1^{-\frac{l}{n}} x_1\, dx_1 + \ldots\ldots\ldots\ldots\ldots + \theta_{m(n-1)}^{-l} X_{m(n-1)}^{-\frac{l}{n}} x_{m(n-1)}\, dx_{m(n-1)} = 0, \\ \ldots\ldots\ldots\ldots\ldots\ldots\ldots\ldots\ldots\ldots\ldots\ldots\ldots\ldots\ldots\ldots, \\ \theta_1^{-l} X_1^{-\frac{l}{n}} x_1^{ml-2}\, dx_1 + \ldots\ldots\ldots\ldots + \theta_{m(n-1)}^{-l} X_{m(n-1)}^{-\frac{l}{n}} x_{m(n-1)}^{ml-2}\, dx_{m(n-1)} = 0. \end{array} \right.$$

Si d'ailleurs on nomme

$$U_1, \quad V_1, \quad W_1; \qquad U_2, \quad V_2, \quad W_2, \qquad \ldots$$

ce que deviennent les fonctions

$$U, \quad V, \quad W$$

quand on y remplace successivement x par x_1, puis par x_2, ..., la formule (25) donnera

$$(28)\quad \begin{cases} U_1^{n-1} t^n + n U_1^{n-2} V_1 t^{n-1} + \ldots + n V_1^{n-1} t + W_1 = 0, \\ U_2^{n-1} t^n + n U_2^{n-2} V_2 t^{n-1} + \ldots + n V_2^{n-1} t + W_2 = 0, \\ \ldots\ldots\ldots\ldots\ldots\ldots\ldots\ldots\ldots\ldots\ldots\ldots, \\ U_{m(n-1)}^{n-1} t^n + n U_{m(n-1)}^{n-2} V_{n(m-1)} t^{n-1} + \ldots + W_{m(n-1)} = 0. \end{cases}$$

Si l'on élimine t entre les formules (28), on obtiendra entre les seules variables

$$x_1, \quad x_2, \quad \ldots, \quad x_{m(n-1)}$$

$m(n-1)-1$ équations algébriques, qui seront autant d'intégrales du système des équations (27). Ajoutons que le nombre de ces intégrales sera évidemment égal ou supérieur à celui des équations différentielles elles-mêmes, suivant que l'on aura $l = n-1$ ou $l < n-1$.

Les résultats que nous venons d'établir comprennent, comme cas particuliers, les beaux théorèmes d'Euler et d'Abel sur les transcendantes elliptiques et sur d'autres transcendantes d'un ordre plus élevé, et s'accordent avec les formules obtenues par M. Richelot et par M. Broch, auxquelles nous pourrons les comparer dans un autre Mémoire.

Il importe de rechercher les cas où les équations algébriques produites par l'élimination de t entre les formules (28) représentent précisément les intégrales générales des équations (27). Comme nous le montrerons dans un autre article, ces cas ne peuvent être que ceux où l'on a en même temps

$$(29)\qquad m(n-1) > 1, \qquad m(n-2) \overline{\leqq} 2.$$

D'ailleurs, pour que les conditions (29) se vérifient, il faut que l'on ait, ou

$$n = 2, \qquad m \overline{\geqq} 2,$$

ou

$$n = 3, \qquad m = 1 \text{ ou } 2,$$

ou enfin

$$n = 4, \qquad m = 1.$$

Lorsque $n = 2$, l'équation (25) se réduit à

$$(30)\qquad Ut^2 + 2Vt + W = 0,$$

et l'on retrouve les théorèmes d'Euler et d'Abel. Si l'on suppose, au contraire,

$$n=3, \qquad m=1 \text{ ou } 2, \qquad \text{ou bien} \qquad n=4, \qquad m=1,$$

on obtiendra des formules dignes d'être remarquées, et sur lesquelles je me propose de revenir.

J'ai supposé ici que l'on attribuait aux notations

$$x^{\frac{1}{n}}, \quad x^{\frac{l}{n}}$$

le sens indiqué dans le Mémoire que j'ai présenté lundi dernier à l'Académie. En parcourant, depuis la lecture de ce Mémoire, celui que M. Björling a publié sur le développement d'une puissance quelconque réelle ou imaginaire d'un binôme, j'ai trouvé au bas d'une page une note où il est dit que le même auteur a présenté à l'Académie d'Upsal une Dissertation sur l'utilité qu'il peut y avoir à conserver dans le calcul les deux notations x^a, lx dans le cas même où la partie réelle de x est négative. M. Björling verra que, sur ce point, je suis d'accord avec lui; il reste à savoir si les conventions auxquelles il aura eu recours pour fixer complètement, dans tous les cas, le sens des notations x^a, lx sont exactement celles que j'ai adoptées moi-même; et, pour le savoir, je suis obligé d'attendre qu'il me soit possible de connaître la Dissertation dont il s'agit.

334.

Calcul intégral. — *Mémoire sur le changement de variables dans les transcendantes représentées par des intégrales définies, et sur l'intégration de certains systèmes d'équations différentielles.*

C. R., T. XXIII, p. 382 (24 août 1846).

Ainsi qu'on l'a vu dans mes précédents Mémoires, le calcul des résidus peut être utilement appliqué à la détermination d'une somme d'intégrales qui renferment, avec une certaine variable x, les diverses valeurs de plusieurs autres variables

$$y, \quad z, \quad \ldots$$

considérées comme fonctions de x, et liées à x par un système d'équations algébriques ou même transcendantes. On doit surtout distinguer le cas où y, z, ... peuvent être exprimées en fonctions toujours continues, par exemple en fonctions rationnelles de la variable x, et d'une nouvelle variable t, et où l'on prend pour origines des diverses intégrales relatives à x les diverses valeurs de x correspondantes à une valeur donnée τ de la variable t. Dans ce cas, les diverses intégrales relatives à x correspondront elles-mêmes aux diverses racines d'une certaine équation algébrique ou transcendante, que nous appellerons l'*équation caractéristique*, et qui renfermera les seules variables x, t. Alors aussi, sous certaines conditions qu'il importe de connaître, chaque intégrale définie relative à x se transformera en une intégrale relative à t, et prise à partir de l'origine $t = \tau$. Supposons, pour fixer les idées, que la variable t soit réelle. Si les fonctions de t, qui représentent les racines de l'équation caractéristique résolue par rapport à x, restent réelles entre les deux limites de l'intégration relative à t, la condition à remplir sera que, dans cet intervalle, chaque racine, variant avec t d'une manière continue et par degrés insensibles, soit toujours croissante ou toujours décroissante pour des valeurs croissantes de t. Ajoutons que, si une ou plusieurs racines de l'équation caractéristique deviennent imaginaires, entre les limites de l'intégration relative à t, la condition énoncée devra être séparément vérifiée pour les deux quantités variables qui, dans chaque racine imaginaire, représenteront la partie réelle et le coefficient de $\sqrt{-1}$.

Lorsque les deux limites de l'intégration relative à t sont assez rapprochées l'une de l'autre pour que les racines réelles ou imaginaires de l'équation caractéristique satisfassent toutes aux conditions que nous venons d'indiquer, alors la somme des intégrales relatives à x

peut être transformée en une seule intégrale relative à t. Le cas où cette intégrale s'évanouit, et où l'équation caractéristique a pour premier membre une fonction entière des variables x, t, mérite une attention spéciale. Dans ce cas, auquel se rapportent divers Mémoires, non seulement d'Euler, de Lagrange et d'Abel, mais aussi de MM. Jacobi, Richelot, Broch, etc., les diverses racines de l'équation caractéristique fournissent des intégrales algébriques de certains systèmes d'équations différentielles. D'ailleurs, comme je l'ai dit dans la dernière séance, ces intégrales peuvent être ou particulières, ou même générales. Ainsi, par exemple, comme Euler l'a fait voir, on peut obtenir l'intégrale générale et algébrique d'une équation différentielle entre deux variables, dans laquelle ces variables sont séparées, leurs différentielles y étant divisées par les racines carrées de deux polynômes semblables du quatrième degré. On verra, dans ce Mémoire, que l'on peut aussi construire l'intégrale générale et algébrique de l'équation du même genre qu'on obtient en remplaçant dans l'équation différentielle d'Euler les racines carrées de deux polynômes semblables du quatrième degré par les racines cubiques des carrés de deux polynômes semblables du troisième degré.

Analyse.

Supposons, comme dans le précédent Mémoire, la variable x liée à d'autres variables

$$y, \quad z, \quad \ldots, \quad t$$

par des équations

$$(1) \qquad Y = 0, \qquad Z = 0, \qquad \ldots, \qquad T = 0,$$

dont le nombre soit égal au nombre de ces autres variables. Supposons encore que, en vertu de ces mêmes équations, les variables

$$y, \quad z, \quad \ldots$$

puissent être exprimées en fonctions toujours continues, par exemple en fonctions rationnelles des deux variables x, t; et soit

$$(2) \qquad \mathrm{F}(x, t) = 0$$

l'équation produite par l'élimination des variables y, z, ... entre les formules (1). Cette équation, que j'appellerai *caractéristique*, étant résolue par rapport à x, fournira, pour x considérée comme fonction de t, diverses valeurs

$$x_1, \quad x_2, \quad x_3, \quad \ldots.$$

Soit d'ailleurs k une fonction des variables x, t, qui demeure continue par rapport à ces variables, du moins pour une valeur de t suffisamment rapprochée d'une certaine origine τ; et, en nommant

$$k_1, \quad k_2, \quad k_3, \quad \ldots$$

les valeurs de k correspondantes aux valeurs

$$x_1, \quad x_2, \quad x_3, \quad \ldots$$

de la variable x, posons

(3) $$s = \int_\tau^t k_1 \mathrm{D}_t x_1 \, dt + \int_\tau^t k_2 \mathrm{D}_t x_2 \, dt + \ldots.$$

On tirera de la formule (3), jointe à l'équation (2),

(4) $$s = -\int_\tau^t \mathcal{E} \frac{k \mathrm{D}_t \mathrm{F}(x, t)}{((\mathrm{F}(x, t)))} dt,$$

le signe $\mathcal{E}$ étant relatif à la variable x. Si d'ailleurs le rapport

$$\Omega = \frac{k \mathrm{D}_t \mathrm{F}(x, t)}{\mathrm{F}(x, t)},$$

étant une fonction de x et de t, qui reste toujours continue, quand elle est finie, ne devient jamais infini que pour des valeurs nulles du dénominateur $\mathrm{F}(x, t)$, et si le produit de ce rapport par x s'évanouit généralement pour des valeurs infinies, réelles ou imaginaires de x, on aura

(5) $$\mathcal{E} \frac{k \mathrm{D}_t \mathrm{F}(x, t)}{((\mathrm{F}(x, t)))} = 0,$$

et l'équation (4) donnera simplement

(6) $$s = 0.$$

Supposons maintenant que la valeur de k, considérée comme fonction de x et t, se déduise des équations (1) jointes à une équation de la forme

$$k = \mathfrak{f}(x, y, z, \ldots), \tag{7}$$

$\mathfrak{f}(x, y, z, \ldots)$ étant une fonction de x, y, z, ... qui, réduite à une fonction des seules variables x, t, par la substitution des valeurs de y, z, ..., reste continue, du moins pour les valeurs de t comprises entre les limites des intégrations. Nommons

$$\xi, \quad \eta, \quad \zeta, \quad \ldots$$

les valeurs particulières qu'acquièrent, pour $t = \tau$, la variable x considérée comme racine de l'équation (2), et les variables y, z, ..., exprimées en fonctions toujours continues de x et de t. Enfin soient

$$\xi_1, \quad \eta_1, \quad \zeta_1; \quad \xi_2, \quad \eta_2, \quad \zeta_2; \quad \xi_3, \quad \eta_3, \quad \zeta_3; \quad \ldots$$

les diverses valeurs de

$$\xi, \quad \eta, \quad \zeta, \quad \ldots$$

correspondantes aux diverses racines de l'équation (2); et supposons que, parmi les équations (1), la dernière, savoir

$$T = 0, \tag{8}$$

renferme seule la variable t. On pourra déterminer k_1, en substituant dans le second membre de la formule (7) les valeurs de y, z, ..., tirées des équations

$$Y = 0, \qquad Z = 0, \qquad \ldots, \tag{9}$$

et assujetties à vérifier, pour $t = \tau$, les formules

$$y = \eta_1, \qquad z = \zeta_1, \qquad \ldots. \tag{10}$$

On obtiendra ainsi une valeur de k_1 exprimée en fonction de la seule variable x_1. On pourra, de la même manière, exprimer k_2 en fonction de la seule variable x_2, k_3 en fonction de la seule variable x_3, et, par suite, substituer à l'équation (3) une autre équation de la forme

$$(11)\qquad s=\int_{\xi_1}^{x_1} k_1\,dx_1+\int_{\xi_2}^{x_2} k_2\,dx_2+\int_{\xi_3}^{x_3} k_3\,dx_3+\ldots,$$

les fonctions k_1, k_2, k_3, ... étant toutes devenues indépendantes de la variable t. Toutefois cette substitution de la formule (11) à la formule (3) ne peut ordinairement s'effectuer que sous certaines conditions, et pour des valeurs de t suffisamment rapprochées de τ, ou, ce qui revient au même, pour des valeurs numériques suffisamment petites de la différence $t-\tau$, par conséquent pour des valeurs des différences

$$x_1-\xi_1,\quad x_2-\xi_2,\quad x_3-\xi_3,\quad \ldots,$$

suffisamment rapprochées de zéro. Admettons, pour fixer les idées, que la variable t soit réelle. Alors, si les diverses fonctions de t, représentées par les diverses racines

$$x_1,\quad x_2,\quad x_3,\quad \ldots$$

de l'équation (2), restent réelles elles-mêmes, du moins pour les valeurs de la variable t comprises entre les limites des intégrations relatives à cette variable, la condition à remplir sera que, dans cet intervalle, chacune des racines x_1, x_2, x_3, ... variant avec t d'une manière continue et par degrés insensibles, soit toujours croissante ou toujours décroissante pour des valeurs croissantes de t. Ajoutons que, si une ou plusieurs racines de l'équation (2) deviennent imaginaires entre les limites de l'intégration relative à t, la condition énoncée devra être séparément vérifiée pour les deux quantités variables qui, dans chaque racine imaginaire, représenteront la partie réelle et le coefficient de $\sqrt{-1}$.

Lorsque les deux limites de l'intégration relative à t sont assez rapprochées l'une de l'autre pour que les racines réelles ou imaginaires de l'équation (2) satisfassent toutes aux conditions que nous venons d'indiquer, on peut substituer la formule (11) à la formule (3). Si d'ailleurs la condition (5) se vérifie à son tour, l'équation (6), jointe à la formule (11), donnera

$$(12) \qquad \int_{\xi_1}^{x_1} k_1\,dx_1 + \int_{\xi_2}^{x_2} k_2\,dx_2 + \ldots = 0,$$

et, en différentiant l'équation (12), on obtiendra l'équation différentielle

$$(13) \qquad k_1\,dx_1 + k_2\,dx_2 + \ldots = 0.$$

Si l'équation (2), résolue par rapport à x, offrait quelques racines qui fussent indépendantes de la variable t, alors, comme je l'ai remarqué dans la précédente séance, les intégrales correspondantes à ces racines disparaîtraient d'elles-mêmes dans la somme représentée par s, par conséquent dans les formules (3), (11), (12) et (13). On pourra donc toujours se borner à prendre pour

$$x_1, \quad x_2, \quad \ldots,$$

dans les formules (12) et (13), celles des racines de l'équation caractéristique qui dépendront de la variable t.

Lorsque Y, Z, ..., T sont des fonctions entières des variables x, y, ..., t, le premier membre $\mathrm{F}(x, t)$ de l'équation caractéristique est lui-même une fonction entière des variables x, t, et cette équation, résolue par rapport à x, offre un nombre fini de racines. Si l'on nomme N ce nombre, ou plutôt le nombre de celles qui dépendent de la variable t, l'équation (13), dont le premier membre renfermera seulement N termes, sera de la forme

$$(14) \qquad k_1\,dx_1 + k_2\,dx_2 + \ldots + k_N\,dx_N = 0.$$

Considérons en particulier le cas où les variables x, y, ..., t se réduisent à trois, et les formules (1) aux deux équations

$$(15) \qquad y'' - X = 0, \qquad y = Ut + V,$$

U, V, X étant trois fonctions entières de x, les deux premières du degré m, la troisième du degré mn. Alors l'équation caractéristique, réduite à la forme

$$(16) \qquad (Ut+V)^n - X = 0,$$

sera elle-même du degré mn par rapport à x; en sorte qu'on aura généralement

$$(17) \qquad N = nm.$$

Toutefois, si l'on suppose

$$(18) \qquad X = V^n - UW,$$

W étant une fonction entière de x du degré $(n-1)m$, l'équation (16) se décomposera en deux autres

$$(19) \qquad U = 0,$$

$$(20) \qquad U^{n-1}t^n + nU^{n-2}Vt^{n-1} + \ldots + nV^{n-1}t + W = 0,$$

dont une seule, savoir la seconde, renfermera t; et comme l'équation (20) sera du degré $(n-1)m$ par rapport à x, il est clair que, dans la supposition dont il s'agit, on aura seulement

$$(21) \qquad N = (n-1)m.$$

Soit d'ailleurs θ une racine $n^{\text{ième}}$ de l'unité choisie de manière que, x étant une racine de l'équation (20), on ait pour $t = \tau$,

$$(22) \qquad Ut + V = \theta X^{\frac{1}{n}},$$

et nommons

$$X_1, \quad X_2, \quad \ldots, \quad X_N,$$
$$\theta_1, \quad \theta_2, \quad \ldots, \quad \theta_N$$

les diverses valeurs de X et de θ correspondantes aux diverses racines

$$x_1, \quad x_2, \quad \ldots, \quad x_N$$

de l'équation (20). Enfin désignons par l un nombre entier inférieur à n, et par $\varpi(x)$ une fonction entière de x, d'un degré inférieur à $ml-1$. On tirera de la formule (14), ainsi que nous l'avons déjà remarqué dans la précédente séance,

$$(23)\quad \theta_1^{-l} X_1^{-\frac{l}{n}} \varpi(x_1)\,dx_1 + \theta_2^{-l} X_2^{-\frac{l}{n}} \varpi(x_2)\,dx_2 + \ldots + \theta_N^{-l} X_N^{-\frac{l}{n}} \varpi(x_N)\,dx_N = 0.$$

Si dans cette dernière équation l'on remplace successivement $\varpi(x)$ par les divers termes de la suite

$$1, \quad x, \quad x^2, \quad \ldots, \quad x^{ml-2},$$

on obtiendra $ml - 1$ équations différentielles entre les N variables

$$x_1, \quad x_2, \quad \ldots \quad x_N;$$

et par conséquent le nombre de ces équations différentielles sera égal au nombre des variables, diminué de l'unité, quand on aura

$$ml - 1 = N - 1, \qquad ml = N = (n-1)m,$$

ou, ce qui revient au même,

$$(24)\qquad l = n - 1.$$

Alors, en effet, la formule (23) fournira entre les N variables x_1, x_2, ..., x_N les $N - 1$ équations différentielles

$$(25)\quad \left\{ \begin{array}{l} \theta_1 X_1^{\frac{1}{n}-1} dx_1 + \theta_2 X_2^{\frac{1}{n}-1} dx_2 + \ldots + \theta_N X_N^{\frac{1}{n}-1} dx_N = 0, \\ \theta_1 X_1^{\frac{1}{n}-1} x_1\,dx_1 + \theta_2 X_2^{\frac{1}{n}-1} x_2\,dx_2 + \ldots + \theta_N X_N^{\frac{1}{n}-1} x_N\,dx_N = 0, \\ \ldots\ldots\ldots\ldots\ldots\ldots\ldots\ldots\ldots\ldots\ldots\ldots, \\ \theta_1 X_1^{\frac{1}{n}-1} x_1^{N-2}\,dx_1 + \theta_2 X_2^{\frac{1}{n}-1} x_2^{N-2}\,dx_2 + \ldots + \theta_N X_N^{\frac{1}{n}-1} x_N^{N-2}\,dx_N = 0, \end{array} \right.$$

la valeur de N étant toujours $N = (n-1)m$.

D'autre part, si, dans l'équation (20), on substitue successivement à x les diverses variables

$$x_1, \quad x_2, \quad \ldots, \quad x_N$$

qui représentent les diverses racines de cette même équation, on obtiendra N équations algébriques, qui pourront être réduites, par l'élimination de t, à $N - 1$ autres équations, pareillement algébriques, et propres à représenter $N - 1$ intégrales des $N - 1$ équations différentielles comprises dans le Tableau (25). Il y a plus : les intégrales dont il s'agit pourront être aisément déduites de la formule (22) qui subsiste, aussi bien que l'équation (20), non seulement pour $t=\tau$, mais encore pour toute valeur de la différence $t-\tau$ qui ne dépasse pas les limites entre lesquelles subsistent les intégrales elles-mêmes. En effet, l'équation (22), linéaire par rapport à t, peut être présentée sous la forme

(26) $$t=\frac{\theta X^{\frac{1}{n}}-V}{U};$$

et si l'on nomme

$$U_1,\quad U_2,\quad \ldots,\quad U_N,\qquad V_1,\quad V_2,\quad \ldots,\quad V_N$$

les valeurs de U et de V correspondantes aux valeurs $x_1, x_2, \ldots, x_N$ de la variable x, on tirera de la formule (26)

(27) $$\frac{\theta_1 X_1^{\frac{1}{n}}-V_1}{U_1}=\frac{\theta_2 X_2^{\frac{1}{n}}-V_2}{U_2}=\ldots=\frac{\theta_N X_N^{\frac{1}{n}}-V_N}{U_N}.$$

Or, les équations (25) étant données avec la fonction X, les $N-1$ équations algébriques que comprend la formule (27) représenteront en réalité $N-1$ intégrales des équations (25), si les fonctions du degré m, désignées par deux lettres U, V, sont choisies de manière à vérifier la formule (18), ou, ce qui revient au même, de manière que le polynôme U divise algébriquement la différence $X-V^n$, et que le quotient W soit du degré $m(n-1)$. D'ailleurs ces dernières conditions seront évidemment remplies si, après avoir choisi V arbitrairement, on prend pour U un des diviseurs algébriques, et du degré m, de la différence $X-V^n$. D'autre part, ces diviseurs algébriques devant être censés connus dès que V lui-même est connu, nous devons conclure que, dans les $N-1$ intégrales représentées par la formule (27), le nombre des constantes arbitraires ne pourra surpasser le nombre des constantes renfermées dans la fonction V. A la vérité, les diviseurs algébriques, et du degré m, de X^n-V ne sont complètement déterminés que dans le cas où l'on donne une relation à laquelle doivent satisfaire un ou plusieurs de leurs coefficients, dans le cas, par exemple, où l'on réduit le coefficient de x^m à l'unité. Mais, pour passer de ce cas particulier au cas général où le coefficient de x^m est une constante arbitraire $\otimes$, il suffit de multiplier par cette constante le diviseur algébrique que l'on considère, et il est clair que la formule (27) ne sera point altérée si l'on substitue à la fonction U le produit $\otimes U$, par conséquent, aux termes de la suite

$$U_1, \quad U_2, \quad \ldots, \quad U_N,$$

les termes de la suite

$$\otimes U_1, \quad \otimes U_2, \quad \ldots, \quad \otimes U_N.$$

On pourrait, sans altérer les équations (25), remplacer la fonction $X^{\frac{1}{n}}$ par la fonction $\lambda^{\frac{1}{n}} X^{\frac{1}{n}}$, ou, ce qui revient au même, la fonction X par λX, λ étant un facteur constant. Mais il est clair qu'en opérant ainsi on n'augmenterait pas la généralité des formules (27), ni le nombre des constantes arbitraires qu'elles renferment. Car, en substituant, dans les formules (27), $\lambda^{\frac{1}{n}} X^{\frac{1}{n}}$ à $X^{\frac{1}{n}}$, on produit le même effet que si l'on y substituait à V l'expression $\lambda^{-\frac{1}{n}} V$, propre à représenter, ainsi que V, une fonction entière de x, du degré m.

En résumé, si, après avoir choisi V arbitrairement, on prend pour U un diviseur algébrique de $X^n - V$, les $N-1$ intégrales comprises dans la formule (27) représenteront un système d'intégrales des équations (25); mais le nombre des constantes arbitraires comprises dans ces intégrales ne pourra surpasser le nombre $m+1$ des constantes comprises dans la fonction V. Donc, par suite, les intégrales trouvées ne pourront être générales que dans le cas où, le nombre $m+1$ étant égal ou supérieur au nombre $N-1$ des équations différentielles, on aura

$$m \geqq N - 2,$$

par conséquent, eu égard à la formule (21),

$$m(n-2) \leqq 2. \tag{28}$$

Ajoutons que les équations (25) supposent $N-1>0$, ou, ce qui revient au même,

$$(29)\qquad m(n-1)>1.$$

Les conditions (28), (29) sont précisément celles que nous avons indiquées dans le précédent Mémoire, page 92.

Ce n'est pas tout : si, en nommant λ un facteur constant, on pose

$$t=t'+\lambda,\qquad V'=\lambda U+V,$$

la formule (22) deviendra

$$(30)\qquad Ut'+V'=\theta X^{\frac{1}{n}},$$

et U ne pourra être un diviseur algébrique de $X-V^n$ sans être en même temps un diviseur algébrique de $X-V'^n$. Cela posé, au lieu d'éliminer t entre les $N-1$ équations déduites de la formule (22), on pourra évidemment éliminer t' entre les $N-1$ équations déduites de la formule (30); et, après avoir ainsi obtenu sous une forme nouvelle les $N-1$ intégrales des équations (25), on prouvera encore que le nombre des constantes arbitraires comprises dans ces intégrales ne peut surpasser généralement le nombre des constantes comprises dans la fonction V'. Mais, d'autre part, on pourra disposer du facteur λ de manière à faire disparaître dans V' le coefficient de x^m, et alors le nombre des constantes que renfermera V' sera réduit à m. Donc les $N-1$ équations algébriques comprises dans la formule (27) renfermeront au plus m constantes arbitraires, et ne pourront être les intégrales générales des équations (25) que dans le cas où l'on aura

$$m \overset{=}{>} N-1;$$

par conséquent, eu égard à la formule (21),

$$(31)\qquad m(n-2)\overset{=}{<}1.$$

On peut donc à la condition (28) substituer la condition (31), qui restreint encore plus le nombre des cas où les $N-1$ intégrales trouvées peuvent représenter le système des intégrales générales des équations (25). En effet, pour que les conditions (29) et (31) se vérifient, il faut nécessairement que l'on ait, ou

$$(32) \qquad n = 2, \qquad m \geqq 2$$

ou

$$(33) \qquad n = 3, \qquad m = 1.$$

Dans le premier cas, on tire de la formule (27) l'intégrale générale de l'équation d'Euler, cette intégrale étant réduite à la forme que Lagrange lui a donnée, et les intégrales du même genre que M. Richelot a obtenues pour les équations différentielles qui, suivant la remarque de M. Jacobi, se trouvent intégrées en vertu des théorèmes d'Abel. Dans le second cas, les formules (25) se réduisent à la seule équation

$$(34) \qquad \theta_1 X_1^{-\frac{2}{3}} dx_1 + \theta_2 X_2^{-\frac{2}{3}} dx_2 = 0,$$

θ_1, θ_2 étant des racines cubiques de l'unité, et X un polynôme en x du troisième degré ou de la forme

$$(35) \qquad X = Ax^3 + Bx^2 + Cx + D.$$

Alors aussi la formule (27) donnera

$$(36) \qquad \frac{\theta_1 X_1^{\frac{1}{3}} - V_1}{U_1} = \frac{\theta_2 X_2^{\frac{1}{3}} - V_2}{U_2},$$

U, V étant deux polynômes du degré $m = 1$, c'est-à-dire deux fonctions linéaires de x, dont la première devra diviser la différence

$$X - V^3.$$

D'ailleurs, d'après ce qui a été dit ci-dessus, on pourra, sans diminuer la généralité de la formule (36), réduire le coefficient de x, dans la fonction U, à l'unité, et, dans la fonction V, à zéro, par conséquent, réduire V à une simple constante c, et U à un binôme de la forme

$x-a$. Donc la formule (36) pourra être réduite à

$$\frac{\theta_1 X_1^{\frac{1}{3}} - c}{x_1 - a} = \frac{\theta_2 X_2^{\frac{1}{3}} - c}{x_2 - a}, \tag{37}$$

et la formule (37) sera une intégrale de l'équation (34) si, en attribuant à la constante c une valeur arbitraire, on représente par $x-a$ un diviseur algébrique de la différence

$$X - c^3,$$

en sorte que a désigne une racine de l'équation

$$X = c^3,$$

et soit lié à c par la formule

$$Aa^3 + Ba^2 + Ca + D = c^3. \tag{38}$$

Or il est clair que, sous ces conditions, la formule (37), dans laquelle la constante c restera entièrement arbitraire, représentera, non pas une intégrale particulière, mais l'intégrale générale de l'équation (34).

Si la fonction X devenait constante, en se réduisant par exemple à l'unité, alors la différence $X - c^3$, réduite à $1 - c^3$, ne pourrait plus acquérir un diviseur algébrique de la forme $x-a$ sans s'évanouir; et, en effet, l'équation (38), réduite à

$$c^3 = 1,$$

fournirait, pour la constante c, une valeur déterminée qui pourrait être l'unité. Mais, en vertu de la supposition $c=1$, la différence $X-c^3$, réduite à zéro, acquerrait, pour diviseur algébrique, l'un quelconque des binômes de la forme $x-a$, la constante a restant arbitraire; et la formule (37) donnerait

$$\frac{\theta_1 - 1}{x_1 - a} = \frac{\theta_2 - 1}{x_2 - a}. \tag{39}$$

Enfin, comme, dans le cas dont il s'agit, x_1, x_2 représenteraient celles des racines de l'équation

$$[(x-a)t+1]^3-1=0$$

qui seraient distinctes de la racine a, il est clair que θ_1, θ_2 seraient les deux racines cubiques et imaginaires de l'unité. En conséquence, l'équation (39), dans laquelle a resterait arbitraire, donnerait

$$\theta_1 x_1 + \theta_2 x_2 = \text{const.}$$

Or cette dernière formule est effectivement l'intégrale générale de l'équation (34), dans le cas où, la fonction X se réduisant à l'unité, l'équation (34) elle-même se réduit à

$$\theta_1\, dx_1 + \theta_2\, dx_2 = 0.$$

L'équation (27) est irrationnelle, puisqu'elle renferme des puissances fractionnaires de la forme $X^{\frac{1}{n}}$. Dans un autre article, je parlerai des formes rationnelles sous lesquelles se présentent les intégrales des équations (25), quand on les déduit, non plus de l'équation (22), mais de l'équation (20), et j'examinerai les relations que la formule (22) établit entre la valeur particulière τ de t, les constantes θ_1, θ_2, ..., θ_N et les valeurs initiales ξ_1, ξ_2, ..., ξ_N des variables x_1, x_2, ..., x_N.

335.

Calcul intégral. — *Mémoire sur la détermination complète des variables propres à vérifier un système d'équations différentielles.*

C. R., T. XXIII, p. 485 (7 septembre 1846).

Ce Mémoire est surtout relatif à l'usage remarquable que l'on peut faire de la formule d'interpolation de Lagrange pour intégrer certains systèmes d'équations différentielles, et à ce qu'on pourrait appeler les *sinus* et *cosinus* des divers ordres, c'est-à-dire aux fonctions inverses des intégrales binômes. L'auteur établit, entre autres choses, la proposition suivante :

Soit

$$(1) \qquad f(x, y) = 0$$

une équation entre deux variables x, y. Soient, de plus,

$$\theta_1(x), \quad \theta_2(x), \quad \ldots, \quad \theta_m(x)$$

des valeurs de y en x, distinctes ou non distinctes, tirées de cette équation, et

$$\eta_1, \quad \eta_2, \quad \ldots, \quad \eta_m$$

ce qu'elles deviennent quand on attribue à la variable x les valeurs particulières

$$\xi_1, \quad \xi_2, \quad \ldots, \quad \xi_m.$$

Soit encore v une fonction entière de x du degré $m-1$, et déterminée à l'aide de la formule d'interpolation de Lagrange, de telle sorte qu'elle acquière les valeurs particulières

$$\eta_1, \quad \eta_2, \quad \ldots, \quad \eta_m,$$

pour les valeurs particulières

$$\xi_1, \quad \xi_2, \quad \ldots, \quad \xi_m$$

de la variable x. Enfin, posons

$$(2) \qquad f(x, v) = u(x-\xi_1)(x-\xi_2)\ldots(x-\xi_m),$$

$$(3) \qquad \mathrm{F}(x, t) = f(x, ut + v),$$

t étant une nouvelle variable ; et nommons

$$u_1, \quad u_2, \quad \ldots, \quad u_m; \qquad v_1, \quad v_2, \quad \ldots, \quad v_m$$

ce que deviennent u et v quand on y remplace successivement x par m variables distinctes

$$x_1, \quad x_2, \quad \ldots, \quad x_m.$$

Si l'on ne diminue pas le nombre des racines de l'équation

$$(4) \qquad F(x, t) = 0,$$

résolue par rapport à x, en y posant $t = 0$, et si d'ailleurs, en nommant $f(x, y)$ une nouvelle fonction de x, y, on a

$$(5) \qquad \mathcal{E} \frac{f(x, ut + v) D_t F(x, t)}{(F(x, t))} = 0,$$

il suffira de déterminer les variables $x_1, x_2, \ldots, x_m$ à l'aide de la formule

$$(6) \qquad \frac{\theta_1(x_1) - v_1}{u_1} = \frac{\theta_2(x_2) - v_2}{u_2} = \ldots = \frac{\theta_m(x_m) - v_m}{u_m}$$

pour qu'elles aient la double propriété de vérifier l'équation différentielle

$$(7) \qquad f[x_1, \theta_1(x_1)]\, dx_1 + \ldots + f(x_m, \theta_m(x_m))]\, dx_m = 0$$

et d'acquérir simultanément les valeurs particulières correspondantes

$$\xi_1, \quad \xi_2, \quad \ldots, \quad \xi_m;$$

et par suite, si l'on peut satisfaire à la condition (5) par $m - 1$ valeurs essentiellement distinctes de la fonction $f(x, y)$, les $m - 1$ équations différentielles correspondantes, comprises dans la formule (7), auront pour intégrales générales le système des $m - 1$ équations finies comprises dans la formule (6). Ce théorème subsiste dans le cas même où les fonctions de x désignées par

$$\theta_1(x), \quad \theta_2(x), \quad \ldots, \quad \theta_m(x)$$

ne seraient pas distinctes les unes des autres, et représenteraient une seule des racines de l'équation (1).

336.

ANALYSE MATHÉMATIQUE. — *Rapport sur un Mémoire qui a été présenté à l'Académie par M.* FÉLIX CHIO, *et qui a pour titre :* Recherches sur la série de Lagrange.

C. R., T. XXIII, p. 490 (7 septembre 1846).

L'Académie nous a chargés, M. Binet et moi, de lui rendre compte d'un Mémoire de M. Félix Chio, professeur de Mathématiques à l'Académie militaire à Turin. Ce Mémoire, qui a pour titre : *Recherches sur la série de Lagrange*, est divisé en quatre paragraphes.

Dans le premier paragraphe, l'auteur, après avoir rappelé le théorème général donné par l'un de nous sur la convergence du développement d'une fonction en série ordonnée suivant les puissances ascendantes de la variable, applique ce théorème à la série de Lagrange, et parvient ainsi, pour cette série, à une règle de convergence qui coïncide avec la règle énoncée dans le Tome I des *Exercices d'Analyse et de Physique mathématique* [pages 279 et 280 (1)]. En effet, l'équation

$$u - x + t f(x) = 0,$$

dont une racine x se développe par la série de Lagrange suivant les puissances ascendantes de t, se réduit à la forme

$$y = t \varpi(y)$$

lorsqu'on pose $x - u = y$, et, par conséquent, la règle donnée dans les *Exercices* pour la convergence de la série qu'on obtient en développant, suivant les puissances ascendantes de t, la valeur de y tirée de la seconde équation, s'applique aussi au développement de x, qui ne diffère du développement de y que par l'addition de la constante u.

La règle de convergence de la série de Lagrange étant établie, l'auteur du Mémoire a discuté les divers résultats que cette règle peut

(1) *OEuvres de Cauchy*, S. II, T. XI.

fournir, eu égard aux diverses valeurs qu'on peut attribuer au paramètre u. Cette discussion est lumineuse. Pour une valeur donnée de t, par exemple pour $t = 1$, les diverses valeurs de x développables en séries convergentes par la formule de Lagrange correspondent, comme M. Chio le fait voir, à divers systèmes de valeurs de u comprises entre certaines limites, et chacun de ces systèmes renferme une ou plusieurs racines de l'équation

$$f(u) = 0.$$

Nommons υ l'une de ces racines, prise parmi celles que renferme le système aùquel appartient la valeur donnée de u, et supposons cette valeur très rapprochée de υ, en sorte que la différence

$$u - \upsilon = \omega$$

soit très petite. Si le paramètre u se réduit précisément à la racine υ, la condition de convergence de la série de Lagrange sera que le module de la fonction dérivée $f'(\upsilon)$ devienne inférieur à l'unité. Si, au contraire, u diffère de υ, et ω de zéro, la condition de convergence sera que le module de $f'(v)$ soit inférieur à l'unité, v étant une racine de l'équation auxiliaire

$$(v - u) f'(v) - f(v) = 0.$$

Or M. Chio observe que, dans le cas où l'on a $u = \upsilon$, l'équation auxiliaire, réduite à

$$(v - \upsilon) f'(v) - f(v) = 0$$

et résolue par rapport à v, offre une racine double ou multiple, savoir : une racine double, si $f''(\upsilon)$ diffère de zéro; une racine triple, si, $f''(\upsilon)$ étant nul, $f'''(\upsilon)$ diffère de zéro; une racine quadruple, si, $f''(\upsilon)$ et $f'''(\upsilon)$ étant nuls, $f^{\text{IV}}(\upsilon)$ diffère de zéro, et ainsi de suite; puis il montre que, pour de très petites valeurs de ω, v sera développable, dans le premier cas, suivant les puissances ascendantes de $\omega^{\frac{1}{2}}$; dans le second cas, suivant les puissances ascendantes de $\omega^{\frac{1}{3}}$; dans le troisième cas, suivant les puissances ascendantes de $\omega^{\frac{1}{4}}$; etc. Il montre, de plus, que si l'on a

$$f'(v) = 0,$$

la valeur de v, correspondante à de très petites valeurs de ω, sera développable par la formule de Lagrange suivant les puissances ascendantes et entières de ω.

Le second et le troisième paragraphe du Mémoire de M. Chio se rapportent spécialement au cas où, les paramètres u, t étant réels, la fonction $f(x)$ est réelle elle-même, et l'auteur s'est appliqué à découvrir quel est alors le caractère spécial de la racine fournie par la série de Lagrange. Dans la Note XI de la *Résolution des équations numériques*, Lagrange avait affirmé que la valeur de x, dont sa série offre le développement, est numériquement la plus petite des racines de l'équation

$$u - x + f(x) = 0.$$

M. Chio fait voir que cette proposition est souvent en défaut, et la remplace par une proposition nouvelle et digne de remarque. Il partage les racines réelles de l'équation donnée en deux classes, formées, l'une avec les racines supérieures, l'autre avec les racines inférieures au paramètre u, et prouve que la racine représentée par la série de Lagrange est toujours, parmi celles qui font partie de la même classe, la plus voisine de ce paramètre. Il vérifie ensuite cette proposition nouvelle sur des exemples dans lesquels on serait conduit, par l'énoncé de Lagrange, à des résultats inexacts.

L'autorité de Lagrange est d'un tel poids en Analyse, qu'on ne saurait prendre trop de précautions pour se garantir de toute erreur, avant d'adopter une opinion contraire à celle de l'illustre géomètre. On doit donc louer M. Félix Chio du soin avec lequel il a, dans son Mémoire, approfondi le sujet que nous venons de mentionner. Pour le même motif, il nous a semblé qu'il ne serait pas sans intérêt de rendre manifeste l'erreur que M. Chio a signalée, dans un cas tellement simple, que, pour la reconnaître, il ne fût point nécessaire de calculer numériquement les divers termes de la série obtenue, ni même d'effectuer le développement en série. Or on peut aisément y parvenir, comme on le verra dans une Note jointe à ce Rapport, en réduisant la fonction $f(x)$ à un trinôme du second degré.

M. Félix Chio ne s'est pas borné à démontrer l'inexactitude de la proposition énoncée par Lagrange, et à indiquer le théorème qui doit lui être substitué. Il a encore, dans le troisième paragraphe de son Mémoire, recherché et expliqué les circonstances particulières qui rendent insuffisante la démonstration que Lagrange a donnée à l'appui de cette proposition.

M. Chio a de plus, dans les deux derniers paragraphes de son Mémoire, établi divers théorèmes qui peuvent être utiles quand on se propose d'appliquer la série de Lagrange à la résolution numérique des équations. On sait, au reste, que ce dernier sujet a déjà été traité par l'un de nous sous un point de vue général, dans les *Comptes rendus* de l'année 1837, et que, sans connaître, *a priori*, la valeur approchée d'aucune racine, on peut, à l'aide de développements en séries, débarrasser une équation de degré quelconque des racines imaginaires qu'elle peut avoir, puis ensuite développer immédiatement en séries convergentes chacune des racines réelles.

Ce que nous avons dit suffit pour montrer tout l'intérêt qui s'attache aux recherches de M. Félix Chio sur la série de Lagrange. La sagacité dont l'auteur a fait preuve en traitant avec succès des questions importantes et délicates mérite d'être remarquée. Nous pensons que son Mémoire est très digne d'être approuvé par l'Académie et inséré dans le *Recueil des Savants étrangers*.

337.

NOTE DE M. CAUCHY, RAPPORTEUR.

Sur les caractères à l'aide desquels on peut distinguer, entre les diverses racines d'une équation algébrique ou transcendante, celle qui se développe en série convergente par le théorème de Lagrange.

C. R., T. XXIII, p. 493 (7 septembre 1846).

D'après la proposition énoncée dans la Note XI de la *Résolution des équations numériques*, la série qu'on obtient en développant, suivant les puissances ascendantes de t, la valeur de x fournie par l'équation

$$u - x + t\,f(x) = 0, \tag{1}$$

serait toujours, pour des valeurs réelles des paramètres u et t, celle des racines qui est numériquement la plus petite. Pour constater l'inexactitude de cette proposition, il suffit de poser, dans l'équation (1),

$$f(x) = x^2 + ax + b, \tag{2}$$

a et b étant réels. Alors on trouvera

$$x = \frac{1 - at \pm \sqrt{1 - 2(a + 2u)t + (a^2 - 4b)t^2}}{2t}. \tag{3}$$

Si, pour plus de commodité, on fait disparaître, sous le radical, le carré de t, en prenant

$$b = \frac{1}{4}a^2,$$

la formule trouvée deviendra

$$x = \frac{1 - at \pm \sqrt{1 - 2(a + 2u)t}}{2t}. \tag{4}$$

Or, si u est assez rapproché de $-\frac{1}{2}a$, ou t de zéro, pour que la valeur numérique du produit

$$(a + 2u)t$$

reste inférieure à $\frac{1}{2}$, le radical compris dans la formule (4) sera développable en une série convergente ordonnée suivant les puissances entières et ascendantes de t, le premier terme de la série étant l'unité. Donc alors la valeur de x, fournie par la série de Lagrange, qui ne contient que des puissances entières et positives de t, coïncidera nécessairement avec la valeur de x que l'on tire de l'équation (4), en réduisant le double signe au signe $-$. Mais cette dernière valeur de x, comparée à celle qu'on obtiendrait en réduisant le double signe au signe $+$, sera évidemment, ou la plus rapprochée, ou la plus éloignée de zéro, suivant que la différence $1 - at$ sera positive ou négative. Donc la racine fournie par la série de Lagrange ne sera pas toujours la plus petite numériquement, c'est-à-dire la plus voisine de zéro, et la proposition énoncée dans la *Résolution des équations numériques* est inexacte.

On arrive encore à la même conclusion, en observant que les deux équations

$$x = t\varpi(x), \qquad y - u = t\varpi(y - u)$$

offrent des racines correspondantes liées entre elles par la formule

$$x + u = y,$$

et que, si une racine α de l'équation

$$(5) \qquad x = t\varpi(x)$$

est développable en série convergente ordonnée suivant les puissances ascendantes de t, on pourra en dire autant de la racine correspondante $\alpha + u$ de l'équation

$$(6) \qquad y - u = t\varpi(y - u).$$

Or, soient

$$\alpha, \quad 6, \quad \gamma, \quad \ldots$$

les diverses racines réelles de l'équation (5). Si l'énoncé de Lagrange était exact, non seulement α serait le plus petit terme de la suite

$$\alpha, \quad 6, \quad \gamma, \quad \ldots,$$

c'est-à-dire le plus rapproché de zéro, mais en même temps $\alpha + u$ serait le plus petit terme de la suite

$$\alpha + u, \quad \beta + u, \quad \gamma + u, \quad \ldots,$$

c'est-à-dire le plus rapproché de zéro, quelle que fût d'ailleurs la valeur attribuée à u. Mais évidemment cette conséquence nécessaire de la proposition énoncée ne saurait être admise, puisqu'on peut disposer de u de manière à rapprocher indéfiniment de zéro ou même à faire évanouir l'un quelconque des termes de la seconde suite, choisi arbitrairement.

Disons maintenant quelques mots du véritable caractère qui distingue, entre les racines de l'équation (1), celle qui se développe en série convergente par le théorème de Lagrange, et montrons comment ce caractère pourrait se déduire des principes énoncés dans les divers Mémoires où je me suis occupé de la résolution des équations algébriques ou transcendantes (1).

Soient

$$x, \quad y$$

deux variables réelles, considérées comme propres à représenter dans un plan deux coordonnées rectangulaires, et z une variable imaginaire liée à x, y par la formule

$$z = x + y\sqrt{-1}.$$

A chaque valeur de z correspondra un système déterminé de valeurs de x, y, par conséquent un point déterminé du plan des x, y. Soient d'ailleurs $\varpi(z)$, $\Pi(z)$ deux fonctions continues de z, et supposons la valeur de z déterminée par l'équation

(7) $$\Pi(z) + t\varpi(z) = 0,$$

(1) *Voir* en particulier le Mémoire de novembre 1831 (a), sur les rapports qui existent entre le calcul des résidus et le calcul des limites, lithographié à Turin, et réimprimé par la Société italienne, et les *Comptes rendus* des séances de l'Académie de l'année 1837.

(a) *Œuvres de Cauchy*, S. II, T. XV.

dans laquelle entre un paramètre variable t. Enfin supposons que, T étant le module du paramètre t, on construise le système de courbes représentées par la formule

$$(8) \qquad \mathrm{T} = \mathrm{mod.}\frac{\Pi(z)}{\varpi(z)}.$$

Conformément aux observations faites dans les *Comptes rendus* de 1837, ces courbes seront fermées et de deux espèces, les unes s'étendant de plus en plus, et les autres se rétrécissant de plus en plus, pour des valeurs croissantes du module T. Quand T sera nul, l'équation (7), réduite à

$$(9) \qquad \Pi(z) = 0,$$

offrira un certain nombre m de racines

$$a, \quad a', \quad a'', \quad \ldots,$$

auxquelles correspondront divers points

$$\mathrm{A}, \quad \mathrm{A}', \quad \mathrm{A}'', \quad \ldots,$$

situés dans le plan des x, y; et alors chacune des courbes de première espèce sera réduite à l'un de ces points. Quand T sera très petit, les courbes de première espèce, dont le nombre sera encore égal à m, ..., et dont chacune renfermera dans son intérieur un seul des points

$$\mathrm{A}, \quad \mathrm{A}', \quad \mathrm{A}'', \quad \ldots,$$

auront des dimensions très petites. Concevons, pour fixer les idées, que a, a', a'', ... soient des racines simples de l'équation (9); alors m racines

$$\alpha, \quad \alpha', \quad \alpha'', \quad \ldots$$

de l'équation (7) seront développables en séries convergentes ordonnées suivant les puissances ascendantes de t, et correspondront à m points divers

$$\mathrm{P}, \quad \mathrm{P}', \quad \mathrm{P}'', \quad \ldots,$$

respectivement situés sur ces diverses courbes. Ajoutons que T, venant à croître, l'une quelconque de ces racines, la racine α par exemple, restera développable en série convergente, ordonnée suivant les puissances entières et ascendantes de t, tant que la courbe de première espèce, qui correspond à cette racine, n'aura pas de points communs avec une ou plusieurs autres courbes de première ou de seconde espèce, ou, ce qui revient au même, tant que le module T n'atteindra pas une valeur pour laquelle l'équation (7) puisse acquérir des racines égales, par conséquent une valeur qui permette de satisfaire simultanément à l'équation (7) et à la suivante :

$$\Pi'(z) + t\varpi'(z) = 0. \tag{10}$$

Ainsi le développement de la racine α suivant les puissances ascendantes de t restera convergent pour des valeurs croissantes du module T de t, jusqu'au moment où cette racine, qui vérifie la formule

$$\Pi(\alpha) + t\varpi(\alpha) = 0, \tag{11}$$

et se réduit à a pour $t = 0$, vérifiera, en outre, du moins pour une valeur convenablement choisie de l'argument de t, la condition

$$\Pi'(\alpha) + t\varpi'(\alpha) = 0. \tag{12}$$

D'autre part, comme on tirera de la formule (11)

$$D_t \alpha = -\frac{\varpi(\alpha)}{\Pi'(\alpha) + t\varpi'(\alpha)}, \tag{13}$$

il est clair que, au moment dont il s'agit, on aura, pour une valeur convenable de l'argument de t,

$$D_t \alpha = \frac{1}{0}.$$

On doit seulement exclure le cas où l'on aurait

$$\varpi(\alpha) = 0,$$

c'est-à-dire le cas où α, étant une racine connue des deux équations

$$\Pi(z) = 0, \qquad \varpi(z) = 0, \tag{14}$$

deviendrait indépendant de t. Donc, si l'on excepte ce cas, dont nous pouvons faire abstraction, la dérivée de la série qui représentera le développement de la racine α suivant les puissances ascendantes de t acquerra une somme infinie, du moins pour une valeur convenablement choisie de l'argument de t, à l'instant où la valeur croissante du module T atteindra la limite pour laquelle se vérifient les formules (11) et (12). Nommons $\mathfrak{T}$ cette limite. Non seulement la série qui représente le développement de α sera convergente, avec sa dérivée, tant que l'on aura

$$\mathrm{T} < \mathfrak{T},$$

mais, comme la série dérivée deviendra certainement divergente, au moins pour une valeur convenable de l'argument t, quand on supposera

$$\mathrm{T} = \mathfrak{T},$$

on peut affirmer que, dans cette supposition, le module commun des deux séries sera l'unité. Donc les deux séries auront pour module le rapport $\frac{\mathrm{T}}{\mathfrak{T}}$ et deviendront divergentes quand ce rapport surpassera l'unité, c'est-à-dire quand on aura

$$\mathrm{T} > \mathfrak{T}.$$

Jusqu'ici nous avons supposé que les constantes

$$a, \quad a', \quad a'', \quad \ldots$$

étaient toutes des racines simples de l'équation (9). Mais, pour que les conclusions auxquelles nous sommes parvenus subsistent, il suffit évidemment que a soit une racine simple de l'équation (9). Cela posé, on pourra évidemment énoncer les propositions suivantes :

Théorème I. — *x, y étant deux variables réelles, nommons*

$$\Pi(z), \quad \varpi(z)$$

deux fonctions continues de la variable imaginaire

$$z = x + y\sqrt{-1}.$$

Supposons d'ailleurs que a soit une racine simple de l'équation

$$\Pi(z) = 0,$$

sans être en même temps racine de l'équation

$$\varpi(z) = 0.$$

Enfin soit t un paramètre variable. Pour de très petites valeurs de ce paramètre, l'équation

$$\Pi(z) + t\varpi(z) = 0$$

offrira une racine simple α développable suivant les puissances entières et ascendantes de t en une série convergente dont a sera le premier terme, et le module de cette série sera le plus petit des modules de t, pour lesquels on aura simultanément

$$\Pi(\alpha) + t\varpi(\alpha) = 0, \qquad \Pi'(\alpha) + t\varpi'(\alpha) = 0.$$

Théorème II. — *Les mêmes choses étant posées que dans le théorème I, considérons les variables x, y comme propres à représenter les coordonnées rectangulaires d'un point mobile. A chaque valeur de z correspondra une position déterminée de ce point, et, par suite, aux diverses racines a, a', a'', ... de l'équation*

$$\Pi(z) = 0$$

correspondront divers points

$$A, \quad A', \quad A'', \quad \ldots,$$

situés dans le plan des x, y. Si, d'ailleurs, en nommant T *le module du paramètre t, on construit le système des courbes représentées par l'équation*

$$T = \text{mod.}\frac{\Pi(x + y\sqrt{-1})}{\varpi(x + y\sqrt{-1})},$$

ces courbes seront de deux espèces, les unes s'étendant de plus en plus, et les autres se rétrécissant de plus en plus pour des valeurs croissantes du module de T. *Alors aussi ces diverses courbes renfermeront les divers points correspondants aux diverses racines de l'équation*

$$\Pi(z) + t\varpi(z) = 0,$$

les courbes étant de première espèce, pour de très petites valeurs de t, quand elles correspondront à des racines développables en séries ordonnées suivant les puissances entières et ascendantes de t. Enfin, tant que l'équation

$$\Pi(z) + t\varpi(z) = 0$$

offrira une racine α ainsi développable en une série convergente dont α sera le premier terme, le point P correspondant à la racine α restera situé sur une courbe de première espèce qui, dans son intérieur, renfermera un seul des points A, A′, A″, ..., savoir le point A correspondant à la racine a de l'équation $\Pi(z) = 0$; et le caractère particulier, le caractère distinctif de la racine α, sera précisément de correspondre à l'un des points situés sur cette courbe, tandis que les autres racines α', α'', ... correspondront toutes à des points P′, P″, ... extérieurs à la courbe dont il s'agit.

Supposons maintenant que la racine a soit réelle, et que les fonctions $\Pi(z)$, $\varpi(z)$ soient réelles elles-mêmes. Alors la racine α restera réelle, tant qu'elle restera développable en une série ordonnée suivant les puissances entières et ascendantes de t. Supposons encore que, cette condition étant remplie, on nomme

$$\alpha, \quad 6, \quad \gamma, \quad \ldots$$

les racines réelles de l'équation

$$\Pi(z) + t\varpi(z) = 0,$$

et

$$\text{P}, \quad \text{Q}, \quad \text{R}, \quad \ldots$$

les points correspondants à ces mêmes racines. Les points P, Q, R, ... et le point A, correspondants à la racine a, seront tous situés sur l'axe des x; et les points Q, R, ... seront tous extérieurs à la courbe de première espèce qui passera par le point P, en renfermant le point A dans son intérieur. Donc ceux des points Q, R, ... qui seront situés, par rapport au point A, du même côté que le point P, seront plus éloignés de A; et par suite, *si l'on partage les racines*

$$\alpha, \quad 6, \quad \gamma, \quad \ldots$$

en deux classes, formées, l'une avec les racines supérieures, l'autre avec les racines inférieures à la constante a, la racine α sera toujours, entre celles qui appartiendront à la même classe qu'elle, la plus voisine de a.

Observons encore que les propositions ici énoncées s'étendent au cas même où les fonctions $\Pi(z)$, $\varpi(z)$, et, par suite, la fonction $\Pi(z)+t\varpi(z)$, seraient continues, non pour des valeurs quelconques de z, mais seulement entre certaines limites marquées par un certain contour tracé dans le plan des x, y, pourvu que ce contour fût constamment extérieur à la courbe de première espèce qui renfermerait le point correspondant à la racine α.

Si maintenant on suppose la fonction $\Pi(z)$ réduite à un binôme de la forme $a-z$, le développement de la racine α sera précisément celui que donne la formule de Lagrange, et la dernière des propositions que nous venons d'énoncer coïncidera évidemment avec le théorème de M. Chio.

Alors aussi, en vertu des principes ci-dessus établis, celle des racines de l'équation

$$a-z+t\varpi(z)=0$$

qui s'évanouira, pour une valeur nulle de t, restera développable en série convergente ordonnée suivant les puissances ascendantes de t, pour tout module de t inférieur au plus petit de ceux qui permettront de vérifier simultanément cette équation et la suivante :

$$1-t\varpi'(z)=0.$$

On se trouvera ainsi ramené à la condition de convergence qui se trouve énoncée dans le Mémoire de M. Chio, et qui, comme nous l'avons dit dans le Rapport, coïncide avec la condition exprimée à la page 279 [1] du Tome I des *Exercices d'Analyse*. Il est vrai que, dans les *Exercices*, j'ai donné cette condition comme suffisante, sans ajouter qu'elle était nécessaire. Mais, de l'observation faite au bas de la page citée, savoir que $D_t z$ devient infinie quand $1-t\varpi'(z)$ s'éva-

(1) *Œuvres de Cauchy*, S. II, T. XI.

nouit, il résulte, suivant le principe établi dans d'autres Mémoires (*voir* les *Comptes rendus* de 1844), que la série de Lagrange devient effectivement divergente dès que la condition énoncée cesse d'être remplie.

Je remarquerai en finissant que, si le module de T vient à croître, les courbes de première espèce se réuniront successivement les unes aux autres, et que leur nombre diminuera sans cesse jusqu'à ce qu'elles se réduisent à une seule. Alors aussi, après chaque réunion de deux ou de plusieurs courbes de même espèce en une seule, on pourra toujours développer en série convergente la somme des diverses racines qui correspondaient à divers points situés sur les courbes réunies, ou même la somme de fonctions semblables et continues de ces racines. Ajoutons que chacune des séries ainsi formées aura toujours pour module, comme il serait facile de le prouver, le rapport

$$\frac{T}{\mathfrak{T}},$$

$\mathfrak{T}$ étant un module de t pour lequel l'équation (7) puisse acquérir des racines égales, par conséquent un module qui permette de satisfaire simultanément à l'équation (7) et à l'équation (10).

338.

Théorie des nombres. — *Rapport sur une Note de M.* d'Adhémar.

C. R. T., XXIII, p. 501 (7 septembre 1846).

Parmi les propriétés des nombres qui se déduisent des formules relatives à la sommation des puissances, quelques-unes fournissent des théorèmes qui ont mérité d'être remarqués en raison de leur élégance et de leur simplicité. Ainsi, par exemple, on a reconnu que, en sommant la suite des nombres impairs, on obtient pour somme le carré du nombre des termes. On a reconnu, de plus, que, en sommant la suite des cubes des nombres naturels, on obtient pour somme le carré du nombre triangulaire correspondant au nombre des termes de cette dernière suite. Or, de ces propositions réunies, il résulte évidemment qu'un cube quelconque est non seulement la différence entre les carrés de deux nombres triangulaires consécutifs, mais encore la somme de plusieurs nombres impairs consécutifs, dont le premier surpasse de l'unité le double d'un nombre triangulaire. Cette dernière proposition coïncide au fond avec celle qu'énonce l'auteur de la Note soumise à notre examen, et quoiqu'elle puisse, comme on le voit, se déduire de principes déjà connus, toutefois, comme elle est assez curieuse et très simple, nous proposerons à l'Académie de remercier M. le comte d'Adhémar de l'envoi de la Note dont il s'agit.

339.

Calcul intégral. — *Mémoire sur la détermination complète des variables propres à vérifier un système d'équations différentielles.*

C. R., T. XXIII, p. 529 (14 septembre 1846).

Pour que l'on puisse déterminer complètement les variables propres à vérifier un système d'équations différentielles, il ne suffit pas de connaître les intégrales générales de ce système : il est encore nécessaire que les constantes arbitraires comprises dans ces intégrales répondent aux données du problème que l'on veut résoudre. Le plus ordinairement, l'on connaît *a priori* les valeurs *initiales* des variables, c'est-à-dire un système de valeurs qu'elles peuvent acquérir simultanément, et il s'agit alors de passer de ce système de valeurs à un autre. Il importe donc de faire en sorte que les constantes arbitraires introduites dans les intégrales d'un système d'équations différentielles soient précisément les valeurs initiales des diverses variables. On peut aisément y parvenir quand, les variables étant séparées dans les équations différentielles, on intègre isolément chaque terme, ou bien encore quand on considère des équations différentielles qui se ramènent, par un moyen quelconque, à d'autres équations dans lesquelles les variables sont séparées. J'ai cherché une méthode à l'aide de laquelle on pût résoudre généralement la même question pour les intégrales algébriques des équations différentielles du genre de celles dont je me suis occupé dans les séances précédentes, et j'ai reconnu qu'un emploi convenable de la formule d'interpolation de Lagrange permettait d'atteindre ce but. J'ai obtenu, de cette manière, divers résultats qui me paraissent mériter l'attention des géomètres, et qui seront développés dans mes *Exercices d'Analyse*. Je me bornerai, pour l'instant, à en donner une idée en peu de mots.

Considérons, en particulier, les équations différentielles qui, renfermant des radicaux, peuvent s'intégrer algébriquement. Si l'on se sert de la méthode que j'indique pour introduire dans les intégrales les valeurs initiales des inconnues, on reconnaîtra que l'on peut choisir arbitrairement les racines de l'unité, employées comme facteurs dans les divers termes de chaque équation différentielle. Donc, s'il s'agit de radicaux carrés, on pourra intégrer les équations différentielles, non seulement quand tous les termes seront précédés du signe $+$, mais encore quel que soit le signe de chaque terme. De plus, si au système des variables données on joint un second système de valeurs propres à représenter les valeurs des divers radicaux, la méthode proposée fournira, pour la détermination de toutes ces variables, un système d'équations non seulement algébriques, mais rationnelles.

Les principes que je viens d'énoncer s'appliquent avec succès à la recherche des propriétés des fonctions inverses de celles qu'expriment les intégrales binômes. On sait que, à ces intégrales, quand elles renferment sous le signe $\int$ et en dénominateur les racines carrées de binômes du second degré, répondent des fonctions inverses qui sont précisément les fonctions trigonométriques appelées *sinus* et *cosinus*. On sait aussi que ces fonctions trigonométriques jouissent de plusieurs propriétés remarquables, et que, par exemple, les sinus et cosinus de la somme de deux arcs s'expriment rationnellement en fonction des sinus et cosinus de ces arcs. Or des propriétés analogues à celles de ces deux lignes trigonométriques appartiennent aussi à ce qu'on pourrait appeler les sinus et cosinus des divers ordres, c'est-à-dire aux fonctions inverses de celles qu'expriment des intégrales binômes, dans lesquelles entrent, sous le signe $\int$ et en dénominateur, la racine cubique d'un binôme du second degré, ou la racine quatrième d'un binôme du troisième degré, etc. Ainsi, en particulier, si l'on considère le troisième ordre, le sinus et le cosinus de la somme de deux variables pourront être exprimés en fonctions rationnelles des sinus et cosinus de ces mêmes variables, à l'aide d'une formule très simple que l'on trouvera dans mon Mémoire.

ANALYSE.

Soit donnée entre les variables x, y une équation de la forme

$$(1) \qquad f(x, y) = 0.$$

Cette équation, résolue par rapport à y, fournira diverses valeurs de y exprimé en fonction de x. Soient

$$(2) \qquad y = \theta_1(x), \quad y = \theta_2(x), \quad \ldots, \quad y = \theta_n(x)$$

ces diverses valeurs, le nombre n pouvant devenir infini quand l'équation (1) sera transcendante, et nommons $\theta(x)$ l'une d'entre elles. On aura identiquement

$$(3) \qquad f[x, \theta(x)] = 0.$$

Soit d'ailleurs φ une fonction entière de x du degré $m - 1$, m étant un nombre entier quelconque. Cette fonction sera complètement déterminée si on l'assujettit à prendre les mêmes valeurs que la fonction $\theta(x)$, pour m valeurs particulières données de la variable x. En effet, soient

$$\xi_1, \quad \xi_2, \quad \ldots, \quad \xi_m$$

ces m valeurs particulières successivement attribuées à la variable x.

Si l'on doit avoir, pour chacune d'elles,

$$(4)\qquad v = \theta(x),$$

la formule d'interpolation de Lagrange donnera

$$(5)\qquad v = \frac{(x-\xi_2)\ldots(x-\xi_m)}{(\xi_1-\xi_2)\ldots(\xi_1-\xi_m)}\theta(\xi_1)+\ldots+\frac{(x-\xi_1)\ldots(x-\xi_{m-1})}{(\xi_m-\xi_1)\ldots(\xi_m-\xi_{m-1})}\theta(\xi_m).$$

Il y a plus : la fonction v sera encore complètement déterminée si on l'assujettit à prendre, pour chacune des valeurs particulières

$$\xi_1,\quad \xi_2,\quad \ldots,\quad \xi_m$$

attribuées à x, la même valeur que l'une des fonctions $\theta(x)$, par exemple à vérifier

$$(6)\qquad \left\{\begin{array}{lll} \text{pour } x=\xi_1 & \text{la condition} & v=\theta_1(x),\\ \text{pour } x=\xi_2 & \text{la condition} & v=\theta_2(x),\\ \ldots\ldots\ldots & \ldots\ldots\ldots & \ldots\ldots\ldots,\\ \text{pour } x=\xi_m & \text{la condition} & v=\theta_m(x), \end{array}\right.$$

deux ou plusieurs des fonctions

$$\theta_1(x),\quad \theta_2(x),\quad \ldots,\quad \theta_m(x)$$

pouvant devenir égales entre elles. En effet, les conditions (6) seront généralement vérifiées si l'on pose

$$(7)\qquad v = \frac{(x-\xi_2)\ldots(x-\xi_m)}{(\xi_1-\xi_2)\ldots(\xi_1-\xi_m)}\theta_1(\xi_1)+\ldots+\frac{(x-\xi_1)\ldots(x-\xi_{m-1})}{(\xi_m-\xi_1)\ldots(\xi_m-\xi_{m-1})}\theta_m(\xi_m).$$

La valeur générale de v étant ainsi déterminée, l'équation

$$(8)\qquad f(x,v)=0,$$

résolue par rapport à la variable x dont v est fonction, aura évidemment pour racines tous les termes de la suite

$$\xi_1,\quad \xi_2,\quad \ldots,\quad \xi_m,$$

et par conséquent elle aura pour racines toutes celles de l'équation

$$(9)\qquad (x-\zeta_1)(x-\xi_2)\ldots(x-\xi_m)=0.$$

Soit maintenant u le rapport des fonctions qui constituent les premiers membres des équations (8) et (9), en sorte qu'on ait identiquement

$$(10) \qquad f(x, v) = u(x - \xi_1)(x - \xi_2)\ldots(x - \xi_m).$$

Si l'on nomme t une variable nouvelle liée à x par une équation de la forme

$$(11) \qquad ut + v = \theta(x),$$

on aura, en vertu des formules (3) et (11),

$$(12) \qquad f(x, ut + v) = 0.$$

Donc alors la formule (12), résolue par rapport à x, aura pour racines toutes celles qui vérifieront les n équations

$$(13) \qquad ut + v = \theta_1(x), \qquad ut + v = \theta_2(x), \qquad \ldots, \qquad ut + v = \theta_n(x).$$

Il y a plus : la formule (12), résolue par rapport à x, aura encore pour racines toutes celles qui vérifieront la formule

$$(14) \qquad u = 0;$$

car chacune de ces dernières racines réduira la formule (12) à l'équation (8), dont le premier membre s'évanouira en vertu de la formule (10).

Concevons à présent que l'on désigne, pour abréger, par $F(x, t)$ le premier membre de la formule (12), et posons en conséquence

$$F(x, t) = f(x, ut + v),$$

puis

$$\Phi(x, t) = D_x F(x, t), \qquad \Psi(x, t) = D_t F(x, t).$$

Soit d'ailleurs $f(x, y)$ une fonction donnée des variables $x, y, \ldots$, et nommons

$$x_1, \quad x_2, \quad \ldots, \quad x_N$$

celles des racines de l'équation (12) qui ne vérifient pas l'équation (14). Enfin admettons que, en prenant pour x une de ces racines, on pose

(15) $$k = \mathrm{f}(x, ut + v)$$

et

(16) $$\mathrm{S} = \int_0^t k \mathrm{D}_t x \, dt.$$

Si l'on représente par s la somme des valeurs de l'intégrale S correspondantes aux valeurs

$$x_1, \quad x_2, \quad \ldots, \quad x_N$$

de x, on aura

(17) $$s = -\int_0^t \mathcal{E} \frac{k \Psi(x, t)}{(\mathrm{F}(x, t))} dt,$$

et la valeur de s pourra être aisément déterminée dans un grand nombre d'hypothèses, par exemple lorsque $\mathrm{f}(x, y)$ sera une fonction entière des variables x, y, et $k\Psi(x, t)$ une fonction entière des variables x, t.

Cela posé, considérons spécialement le cas où l'on ne diminue pas le nombre des racines de l'équation (12) en y supposant $t = 0$. Dans ce cas, si l'on attribue à t une valeur peu différente de zéro, chaque racine de l'équation (12) aura pour valeur exacte ou approchée une racine correspondante de l'équation (8). Donc, si on laisse de côté celles des racines de l'équation (12) qui vérifient l'équation (14), et qui sont indépendantes de t, les autres racines auront pour valeurs approchées les m racines de l'équation (9), de manière à se confondre avec ces dernières quand on posera $t = 0$. Donc le nombre N de ces autres racines, qui seules pourront dépendre de t, sera précisément égal à m, et, dans l'hypothèse admise, la suite de ces racines renfermera seulement m termes

$$x_1, \quad x_2, \quad \ldots, \quad x_m.$$

Nommons, en particulier, x_1 celle qui acquerra la valeur ξ_1 pour une valeur nulle de t; nommons x_2 celle qui acquerra, pour $t = 0$, la valeur ξ_2, ...; enfin, x_m celle qui acquerra, pour $t = 0$, la valeur ξ_m.

Il sera généralement facile de savoir quelle est l'équation de la forme

$$ut + v = \theta(x), \tag{18}$$

à laquelle satisfera la racine x_1. Car, en posant dans cette équation $t = 0$ et, par suite,

$$x = x_1 = \xi_1,$$

on en tirera

$$v = \theta(x),$$

puis, eu égard à la première des formules (6),

$$\theta(x) = \theta_1(x). \tag{19}$$

Donc celle des équations (13) que l'on vérifiera, en prenant $x = x_1$, sera celle dont le second membre se réduira, pour $x = \xi_1$, à $\theta_1(x)$. Or, parmi les équations (13), une seule, savoir celle dont le second membre est $\theta_1(x)$, remplira ordinairement cette dernière condition, attendu que les valeurs de $\xi_1, \xi_2, \ldots, \xi_m$ peuvent être choisies arbitrairement, et sont généralement inégales entre elles. Cela posé, si l'on nomme

$$u_1, \quad u_2, \quad \ldots, \quad u_m; \qquad v_1, \quad v_2, \quad \ldots, \quad v_m$$

ce que deviennent u et v quand on y écrit successivement à la place de x les divers termes de la suite

$$x_1, \quad x_2, \quad \ldots, \quad x_m,$$

la racine x_1 vérifiera l'équation

$$u_1 t + v_1 = \theta_1(x),$$

et l'on obtiendra de la même manière le système entier des formules

$$\left\{\begin{array}{l} u_1 t + v_1 = \theta_1(x_1), \\ u_2 t + v_2 = \theta_2(x_2), \\ \ldots\ldots\ldots\ldots\ldots\ldots, \\ u_m t + v_m = \theta_m(x_m), \end{array}\right. \tag{20}$$

que l'on réduit à

$$u_1 t + v_1 = y_1, \qquad u_2 t + v_2 = y_2, \qquad \ldots, \qquad u_m t + v_m = y_m. \tag{21}$$

en posant, pour abréger,

$$(22)\qquad y_1 = \theta_1(x_1),\qquad y_2 = \theta_2(x_2),\qquad \ldots,\qquad y_m = \theta_m(x_m).$$

D'autre part, dans l'hypothèse admise, s ne sera autre chose que la somme des valeurs de l'intégrale s correspondantes aux valeurs

$$x_1,\quad x_2,\quad \ldots,\quad x_m$$

de la variable x; et comme, en supposant t suffisamment rapproché de zéro, on aura

$$\int_0^t k\,\mathrm{D}_t x\,dt = \int_\xi^x k\,dx,$$

ξ étant la valeur de x correspondante à $t = 0$, il suffira de prendre

$$(23)\qquad k_1 = \mathrm{f}(x_1, y_1),\qquad k_2 = \mathrm{f}(x_2, y_2),\qquad \ldots,\qquad k_m = \mathrm{f}(x_m, y_m),$$

pour réduire la valeur de s à la forme

$$(24)\qquad s = \int_{\xi_1}^{x_1} k_1\,dx_1 + \int_{\xi_2}^{x_2} k_2\,dx_2 + \ldots + \int_{\xi_m}^{x_m} k_m\,dx_m.$$

Ainsi, dans l'hypothèse admise, c'est-à-dire lorsqu'on ne diminue pas le nombre des racines de l'équation (12), en réduisant t à zéro, la valeur de s peut être fournie, non seulement par l'équation (17), mais aussi par l'équation (24), les valeurs de x_1, x_2, ..., x_m étant liées entre elles et à la variable t par les formules (21). On a donc alors

$$(25)\qquad \int_{\xi_1}^{x_1} k_1\,dx_1 + \int_{\xi_2}^{x_2} k_2\,dx_2 + \ldots + \int_{\xi_m}^{x_m} k_m\,dx_m = -\int_0^t \mathcal{E}\frac{k\,\Psi(x, t)}{[\mathrm{F}(x, t)]}\,dt$$

puis on en conclut, en différentiant les deux membres,

$$(26)\qquad k_1\,dx_1 + k_2\,dx_2 + \ldots + k_m\,dx_m = -\mathcal{E}\frac{k\,\Psi(x, t)}{[\mathrm{F}(x, t)]}\,dt.$$

Donc alors on satisfait, quelle que soit la fonction

$$k = \mathrm{f}(x, y),$$

aux équations différentielles de la forme (26), par les valeurs de

$$t, \quad x_1, \quad x_2, \quad \ldots \quad x_m,$$

tirées des équations (21), ou, ce qui revient au même, de la formule

$$(27) \qquad t = \frac{y_1 - v_1}{u_1} = \frac{y_2 - v_2}{u_2} = \ldots = \frac{y_m - v_m}{u_m};$$

et ces valeurs sont précisément celles qui se réduisent simultanément à

$$0, \quad \xi_1, \quad \xi_2, \quad \ldots, \quad \xi_m.$$

Il y a plus : ces conclusions subsistent, quelle que soit celle des racines de l'équation (1) qui se trouve représentée par $\theta_1(x)$, ou par $\theta_2(x)$, ..., ou par $\theta_m(x)$, dans le second membre de chacune des formules (20).

Lorsque la condition

$$\mathcal{E} \frac{k\,\Psi(x, t)}{((\mathrm{F}(x, t)))} = 0$$

se vérifie pour m valeurs essentiellement distinctes de la fonction k, la formule (26), réduite à

$$(28) \qquad k_1\,dx_1 + k_2\,dx_2 + \ldots + k_m\,dx_m = 0,$$

fournit un système de m équations différentielles, dont les intégrales générales sont données par la formule

$$(29) \qquad \frac{y_1 - v_1}{u_1} = \frac{y_2 - v_2}{u_2} = \ldots = \frac{y_m - v_m}{u_m},$$

dans laquelle les constantes arbitraires se trouvent précisément représentées par les valeurs initiales

$$\xi_1, \quad \xi_2, \quad \ldots, \quad \xi_m$$

des m variables

$$x_1, \quad x_2, \quad \ldots, \quad x_m.$$

Lorsque la fonction $f(x, y)$ est entière et du second degré en y, les résultats donnés par les formules précédentes s'accordent nécessairement avec ceux qu'ont obtenus MM. Jacobi et Richelot à l'égard des intégrales abéliennes. Je citerai particulièrement à ce sujet un Mémoire que, depuis l'achèvement de mon travail, je viens de lire, dans une des dernières livraisons du Journal de M. Crelle, et dans lequel la formule d'interpolation est appliquée par M. Jacobi à l'intégration des équations d'Abel.

Dans un prochain article, j'appliquerai les formules que je viens d'établir à divers exemples, et, en particulier, aux fonctions inverses de celles que représentent les intégrales binômes, ou à ce qu'on peut appeler les sinus et cosinus des divers ordres.

340.

Calcul intégral. — *Mémoire sur les intégrales dans lesquelles la fonction sous le signe $\int$ change brusquement de valeur.*

C. R., T. XXIII, p. 537 (14 septembre 1846).

Les théorèmes que j'ai donnés, dans la séance du 3 août, pour les intégrales qui s'étendent à tous les points de la courbe enveloppe d'une aire tracée sur un plan ou sur une surface quelconque, offrent un des moyens les plus simples d'établir les formules générales qui servent à la détermination ou à la transformation des intégrales définies. On doit surtout remarquer le cas où la fonction différentielle placée sous le signe $\int$ peut être considérée comme la différentielle exacte d'une autre fonction qui dépend uniquement de la position d'un point P mobile sur la surface donnée, et où cette fonction différentielle ne cesse d'être finie et continue que pour certains points isolés de l'aire terminée par la courbe dont il s'agit. Alors, comme nous l'avons vu, l'intégrale proposée peut être remplacée par une somme d'intégrales singulières dont chacune se rapporte à la courbe enveloppe d'un élément de surface, dont les deux dimensions sont infiniment petites.

Lorsque la fonction sous le signe $\int$, étant la différentielle exacte d'une autre fonction variable avec le point mobile P, change brusquement de valeur dans l'étendue de la surface que termine la courbe donnée, ce changement brusque a généralement lieu pour une série de points contigus les uns aux autres, et situés sur une ou plusieurs lignes dont les longueurs peuvent être finies. Alors on peut supposer chacune de ces lignes renfermée avec un élément de surface, dont une seule dimension soit infiniment petite, dans une courbe qui enveloppe cet élément, et l'intégrale proposée est la somme de plusieurs autres que l'on pourrait encore nommer *singulières*, chacune d'elles étant relative à un élément de surface infiniment petit. On verra, dans le présent Mémoire, le parti que l'on peut tirer de la considération de cette nouvelle espèce d'intégrales singulières, surtout dans le cas où la fonction sous le signe $\int$ se décompose en deux facteurs, dont l'un se réduit à un logarithme ou à une puissance fractionnaire. En effet, on parvient, de cette manière, non seulement à obtenir des démonstrations très simples des belles propriétés des intégrales eulériennes, mais encore à établir un grand nombre de formules nouvelles, et relatives soit aux fonctions elliptiques, soit à d'autres transcendantes d'un ordre encore plus élevé.

341.

A l'occasion du Rapport de M. Cauchy sur le Mémoire de M. d'Adhémar, M. Breton (de Champ) communique le théorème suivant :

La puissance $m^{ième}$ d'un entier est non seulement la différence entre les carrés de deux entiers, mais encore la somme de plusieurs nombres impairs consécutifs.

C. R., T. XXIII, p. 551 (14 septembre 1846).

M. Cauchy fait observer que le théorème énoncé par M. Breton (de Champ) est renfermé lui-même dans un autre théorème encore plus général. En effet, tout nombre impair, ou pairement pair, est, comme l'on sait, la différence de deux carrés. Par une conséquence nécessaire, on peut réduire un tel nombre à la somme de plusieurs impairs consécutifs, souvent même de plusieurs manières. Ce que le mode de réduction signalé par M. d'Adhémar offre de remarquable, c'est qu'il permet de décomposer la somme des nombres impairs inférieurs au double d'un nombre triangulaire, par exemple

$$1 + 3 + 5 + 7 + 9 + 11,$$

en plusieurs parties

$$1, \quad 3 + 5 = 8, \qquad 7 + 9 + 11 = 27,$$

dont la première renferme un seul terme, la seconde deux, la troisième trois, ..., ces divers termes étant pris dans l'ordre où ils se présentent, et qu'alors les sommes partielles obtenues sont précisément les cubes respectifs des nombres entiers

$$1, \quad 2, \quad 3, \quad \ldots.$$

342.

Calcul intégral. — *Mémoire sur les intégrales dans lesquelles la fonction sous le signe $\int$ change brusquement de valeur* (1).

C. R., T. XXIII, p. 557 (21 septembre 1846).

Analyse.

La position d'un point mobile P étant déterminée dans un plan à l'aide de coordonnées rectilignes, ou polaires, ou de toute autre nature, concevons que l'on trace dans ce plan une courbe fermée, et nommons s l'arc de cette courbe, mesuré positivement à partir d'une

(1) *Voir* la séance du 14 septembre 1846.

certaine origine et dans un sens déterminé. Soient, d'ailleurs, u, v, w, ... des variables qui changent de valeurs d'une manière continue avec la position du point mobile P, et, en faisant coïncider ce point avec l'extrémité de l'arc s, prenons

$$(1) \qquad k = U\,du + V\,dv + W\,dw + \ldots;$$

U, V, W, ... désignent des fonctions de u, v, w, ... tellement choisies, que la somme $U\,du + V\,dv + W\,dw + \ldots$ soit une différentielle exacte. Enfin, désignons par S l'aire qu'enveloppe la courbe fermée, et par (S) la valeur qu'acquiert l'intégrale $\int k\,ds$ lorsque le point mobile P, ayant parcouru le contour entier de l'aire S, revient à sa position primitive. Si l'on fait varier la surface S, en modifiant par degrés insensibles la forme de la courbe qui l'enveloppe, alors, d'après ce qui a été dit dans la séance du 3 août, cette variation n'altérera pas la valeur de (S), tant que la fonction k restera finie et continue en chacun des points successivement occupés par la courbe variable. De plus, si, à l'aide de diverses lignes droites ou courbes tracées sur le plan donné, on partage l'aire S en plusieurs autres A, B, C, ..., en nommant (A), (B), (C), ... ce que devient (S) quand au contour de l'aire S on substitue le contour de l'aire A, ou B, ou C, ..., on aura

$$(2) \qquad (S) = (A) + (B) + (C) + \ldots,$$

pourvu que la fonction k reste finie et continue en chaque point de chaque contour.

Observons encore que, si deux fonctions distinctes k, $k_{\prime}$ offrent pour différence une troisième fonction qui demeure finie et continue pour chaque point de l'aire S, la valeur de (S) relative à cette troisième fonction s'évanouira; et qu'en conséquence les valeurs de (S) correspondantes aux deux fonctions k, $k_{\prime}$ seront égales entre elles.

Les variables désignées par u, v, w, ... dans la formule (1) peuvent être ou réelles ou imaginaires. Dans ce qui suit, nous considérerons spécialement le cas où, x, y étant deux variables réelles propres à représenter les coordonnées rectangulaires du point mobile P, on suppose la variable imaginaire z liée à x, y par la formule

$$(3) \qquad z = x + y\sqrt{-1},$$

et la fonction k liée à la variable z par la formule

$$(4) \qquad k = f(z)\, D_s z.$$

Nous supposerons d'ailleurs que l'arc s se mesure positivement dans le sens suivant lequel il faut que le point P se meuve pour qu'il ait autour de la surface S, dans le plan des x, y, un mouvement de rotation direct.

Cela posé, si la fonction primitive de $f(z)$ est connue, en sorte qu'on ait, par exemple,

$$(5) \qquad \int f(z)\, dz = \mathcal{F}(z) + \text{const.},$$

et si l'on nomme Δ la somme des accroissements instantanés qu'acquerra la fonction $\mathcal{F}(z)$, tandis que le point mobile P décrira le contour entier de l'aire S, alors, en vertu d'une formule établie dans la séance du 10 juin 1844 [page 1075, formule (7)] [1], on aura

$$(6) \qquad (S) = -\dot{\Delta}.$$

Pour montrer une application très simple de la formule (6), supposons que, ξ, η étant deux valeurs particulières de x, et $\zeta = \xi + \eta\sqrt{-1}$ la valeur correspondante de z, on pose

$$f(z) = \frac{1}{z - \zeta}.$$

Alors la fonction $f(z)$ ne deviendra infinie que pour un seul point du plan des x, y, savoir, pour le point Q dont les coordonnées seront ξ, η. Alors aussi on pourra prendre

$$\mathcal{F}(z) = 1(z - \zeta) = 1[x - \xi + (y - \eta)\sqrt{-1}].$$

D'ailleurs le logarithme d'une expression imaginaire ne change brusquement de valeur que dans le cas où, la partie réelle de cette expres-

(1) *OEuvres de Cauchy*, S. I, T. VIII, p. 228.

sion étant négative, le coefficient de $\sqrt{-1}$ change de signe, et, dans ce cas, l'accroissement instantané du logarithme est $\pm 2\pi\sqrt{-1}$, le double signe devant être réduit au signe $+$ ou au signe $-$ suivant que le coefficient $\sqrt{-1}$ passe du négatif au positif, ou réciproquement. Cela posé, on tirera évidemment de la formule (6), dans le cas où (S) ne s'évanouira pas, c'est-à-dire dans le cas où l'aire S renfermera le point Q,

$$(7) \qquad (S) = 2\pi\sqrt{-1}.$$

Si la fonction $f(z)$ ne devient discontinue qu'en devenant infinie, et pour certains points isolés P′, P″, P‴, ... situés dans l'intérieur de l'aire S, si d'ailleurs à chacune des valeurs de z qui rendent $f(z)$ infinie correspond un résidu déterminé, alors, la différence entre les deux fonctions

$$f(z), \quad \mathcal{E}\frac{[f(t)]}{t-z}$$

demeurant finie et continue pour chaque point de l'aire S, les valeurs de (S) correspondantes à ces deux fonctions seront égales, et, en supposant l'aire S décomposée en parties A, B, C, ... dont chacune renferme un seul des points P′, P″, P‴, ..., on tirera des formules (2) et (7)

$$(8) \qquad (S) = 2\pi\sqrt{-1}\,\mathcal{E}\,[f(z)],$$

la somme qu'indique le signe $\mathcal{E}$ s'étendant aux seules racines de l'équation $\frac{1}{f(z)} = 0$, qui correspondront à des points situés dans l'intérieur de l'aire S. La formule (6) comprend, comme cas particuliers, celles que j'ai données dans le Tome I des *Exercices de Mathématiques* (¹) (pages 101 et 211), et que l'on en déduit : 1° en prenant pour S l'aire d'un rectangle compris entre quatre droites parallèles aux axes des x et y; 2° en remplaçant les coordonnées rectangulaires

(¹) *Œuvres de Cauchy*, S. II, T. VI, p. 133 et 264.

x, y par des coordonnées polaires r, p, et en prenant pour S la différence entre deux secteurs circulaires, c'est-à-dire l'aire comprise entre deux arcs de cercle qui ont pour centre commun l'origine, et deux rayons menés aux extrémités du plus grand arc.

Concevons maintenant que la fonction $f(z)$ soit de la forme

$$f(z) = F(z)\, \mathrm{l}\, \mathrm{f}(z), \tag{9}$$

la lettre l indiquant un logarithme népérien. Alors, si l'on pose

$$\mathrm{f}(z) = u + v\sqrt{-1},$$

u et v étant réels, on pourra généralement, dans l'intérieur de l'aire S, tracer une ou plusieurs lignes droites ou courbes, dont l'une quelconque OO′ sera de telle nature qu'en chacun de ses points la fonction v sera nulle et la fonction u négative. Alors aussi on verra généralement la fonction v passer du négatif au positif, quand on passera d'un point R situé d'un côté de la courbe OP à un point R′ situé de l'autre côté. Supposons d'ailleurs les points R, R′ infiniment rapprochés de la ligne OO′, et nommons a une surface infiniment étroite qui renferme cette courbe dans son intérieur, le contour de l'aire a étant décrit par un point mobile qui passe avec un mouvement de rotation direct de la position R à la position R′. Enfin soit O celui des deux points O, O′ que le point mobile P rencontre avant d'arriver en R. Alors, en supposant l'arc s mesuré, non plus sur le contour de l'aire S, mais sur la ligne OO′ et à partir du point O, on trouvera

$$(\mathrm{a}) = 2\pi\sqrt{-1}\int_0^{\varsigma} F(z)\, D_s z\, ds, \tag{10}$$

ς désignant la longueur entière de l'arc OO′.

Cela posé, si la fonction $f(z)$ ne devient infinie ou discontinue, entre les limites indiquées par le contour de l'aire S, que dans le voisinage de la ligne OO′ et des autres courbes de même nature, ou bien encore dans le voisinage de certains points isolés P′, P″, ..., à chacun desquels corresponde un résidu déterminé de $f(z)$, on tirera de la formule (2), jointe aux équations (7) et (10),

$$(11)\qquad (S) = 2\pi\sqrt{-1}\left\{ \mathcal{E}\,(f(z)) + \sum \int_0^{\varsigma} F(z)\, D_s z\, ds \right\},$$

la somme indiquée par le signe $\sum$ étant relative aux diverses lignes de la nature de OO'.

Si l'un des points isolés P', P'', ... se trouvait situé sur la ligne OO' ou sur l'une des autres lignes de même nature, on obtiendrait encore la formule (11), en supposant le résidu correspondant à ce point réduit à sa valeur moyenne, et l'intégrale correspondante au même point réduite à sa valeur principale.

Si le produit $zf(z)$ s'évanouit généralement quand z acquiert des valeurs infinies réelles ou imaginaires, et ne cesse alors de s'évanouir en restant fini que dans le voisinage de certaines valeurs particulières de l'argument de z, alors, en supposant que l'aire S s'étende indéfiniment dans tous les sens autour de l'origine, on trouvera (S) = o, et la formule (11) donnera simplement

$$(12)\qquad \mathcal{E}\,(f(z)) + \sum \int_0^{\varsigma} F(z)\, D_s z\, ds = 0.$$

Si, au lieu de fixer la valeur de $f(z)$ à l'aide de l'équation (9), on supposait

$$(13)\qquad f(z) = F(z)\,[\mathrm{f}(z)]^{\mu},$$

la constante μ étant un exposant rationnel ou irrationnel, réel ou imaginaire, alors, à la place des formules (10), (11) et (12), on obtiendrait les suivantes :

$$(14)\qquad (a) = 2\sin\mu\pi\sqrt{-1}\int_0^{\varsigma} F(z)\,[-\mathrm{f}(z)]^{\mu}\, D_s z\, ds,$$

$$(15)\qquad (S) = 2\pi\sqrt{-1}\left\{ \mathcal{E}\,(f(z)) + \frac{\sin\mu\pi}{\pi} \sum \int_0^{\varsigma} F(z)\,[-\mathrm{f}(z)]^{\mu}\, D_s z\, ds \right\},$$

$$(16)\qquad \mathcal{E}\,(f(z)) + \frac{\sin\mu\pi}{\pi} \sum \int_0^{\varsigma} F(z)\,[-\mathrm{f}(z)]^{\mu}\, D_s z\, ds = 0.$$

On doit remarquer, d'une manière spéciale, le cas où la fonction $F(z)$ est du nombre de celles que l'on peut intégrer en termes finis. Alors les seconds membres des formules (10), (11) et le premier membre de la formule (12) ne renferment plus d'intégrales. Si, d'ailleurs, la fonction $F(z)$ est du nombre de celles qui s'intègrent par logarithmes, alors, en passant des logarithmes aux nombres, on verra souvent paraître, dans la formule (12), des produits composés d'un nombre infini de facteurs.

Nous reviendrons, dans un autre article, sur les diverses formules générales auxquelles nous venons de parvenir, et dont les applications peuvent être multipliées à l'infini. Nous examinerons en particulier les résultats qu'elles donnent quand on les applique à la recherche des propriétés des fonctions elliptiques. Pour l'instant, nous nous bornerons à citer deux ou trois exemples très simples, qui feront mieux comprendre l'usage de ces formules.

Si dans l'équation (16) on pose successivement

$$f(z) = \frac{z^{\mu-1}}{1+z} \quad \text{et} \quad f(z) = \frac{z^{\mu-1}}{1-z},$$

elle fournira les valeurs de deux intégrales eulériennes, et l'on trouvera

$$\int_0^\infty \frac{x^{\mu-1}\,dx}{1+x} = \frac{\pi}{\sin\mu\pi} \quad \text{et} \quad \int_0^\infty \frac{x^{\mu-1}\,dx}{1-x} = \frac{\pi}{\operatorname{tang}\mu\pi},$$

l'intégrale définie devant être, dans le second cas, réduite à sa valeur principale.

Si dans la formule (11) on prend

$$f(z) = \frac{\pi}{\sin\pi z}\,\mathrm{l}\left(1 - \frac{2\theta}{e^{az} - e^{-az}}\right),$$

θ, a étant des quantités positives, alors, en nommant α la racine réelle et positive de l'équation

$$e^{az} - e^{-az} = 2\theta,$$

et désignant par h une constante positive inférieure à $\frac{\pi}{a}$, on trouvera

$$\int_{-\infty}^{\infty} \frac{f(x-h\sqrt{-1})-f(x+h\sqrt{-1})}{2\sqrt{-1}}\,dx$$
$$= \mathrm{l}\left(\frac{\pi\theta}{2a}\right) - \mathrm{l}\,\mathrm{tang}\,\frac{\pi\alpha}{2} + \sum (-1)^n\,\mathrm{l}\left(1-\frac{2\theta}{e^{an}-e^{-an}}\right),$$

la somme qu'indique le signe $\sum$ s'étendant à toutes les valeurs entières, positives et négatives de n.

Au reste, les principes exposés dans ce Mémoire fournissent évidemment le moyen d'établir une multitude de formules générales, analogues à celles que nous avons obtenues, et de réduire la détermination de l'intégrale (S) à l'évaluation d'intégrales singulières, quelle que soit la surface S, et quelle que soit la forme de la fonction $f(z)$. En effet, la fonction $f(z)$ peut devenir discontinue dans le voisinage de certaines valeurs de $z = x + y\sqrt{-1}$ correspondantes à certains points Q, R, ... de l'aire S, soit en devenant infinie, soit en changeant brusquement de valeur. Dans le premier cas, les points Q, R, ... sont nécessairement des points isolés P′, P″, ... Dans le second cas, ils sont contigus les uns aux autres, et situés sur une ou plusieurs lignes droites ou courbes OO′, dont les longueurs peuvent être finies. D'autre part, il est aisé de voir que la formule (2) peut être étendue au cas où quelques-unes de ces lignes rencontreraient les contours des surfaces A, B, C, ...; et, pour que cette formule subsiste quand on a $k = f(z)\mathrm{D}_s z$, il suffit que la fonction $f(z)$ reste finie en chaque point de chaque contour. Cela posé, on pourra généralement partager l'aire S en éléments A, B, C, ... et a, b, c, ..., les uns finis, les autres infiniment petits, les éléments finis A, B, C, ... étant choisis de telle manière que la fonction $f(z)$ reste finie et continue en chaque point de chacun d'entre eux, et les éléments infiniment petits a, b, c, ... étant ou des surfaces qui s'étendent infiniment peu dans tous les sens autour des points isolés P′, P″, ..., ou des surfaces infiniment étroites dont chacune renferme dans son intérieur une des courbes OO′ ou une portion de l'une de ces courbes. Ce partage étant opéré, la formule (2) donnera

$$S = (a) + (b) + (c) + \dots,$$

puisque les intégrales correspondantes à des éléments finis A, B, C, ... de l'aire S s'évanouiront; et la détermination de l'intégrale (S) se trouvera réduite à la détermination des intégrales singulières (a), (b), (c), ... dont les valeurs, quand elles seront finies sans être nulles, se déduiront de la formule (2) s'il s'agit d'éléments qui renferment les points isolés P′, P″, ..., ou, dans le cas contraire, d'équations analogues aux formules (10), (14), ...

343.

Calcul intégral. — *Mémoire sur les intégrales imaginaires des équations différentielles, et sur les grands avantages que l'on peut retirer de la considération de ces intégrales, soit pour établir des formules nouvelles, soit pour éclaircir des difficultés qui n'avaient pas été jusqu'ici complètement résolues.*

C. R., T. XXIII, p. 563 (21 septembre 1846).

On connaît le rôle important que jouent les expressions imaginaires, non seulement dans la résolution des équations algébriques ou transcendantes, mais encore dans un grand nombre d'autres problèmes. Ainsi, par exemple, c'est en considérant les valeurs imaginaires d'une variable que l'on parvient à la condition de convergence de la série qui représente le développement d'une fonction suivant les puissances ascendantes de cette variable; et c'est aussi sur le passage du réel à l'imaginaire que repose, dans le calcul des résidus, l'établissement de formules générales propres à la transformation ou même à la détermination d'un grand nombre d'intégrales définies. Il était donc naturel de penser que, dans la théorie de l'intégration des équations différentielles, des résultats nouveaux et inattendus devraient sortir de la considération directe des intégrales imaginaires, non pas restreinte à quelques cas particuliers déjà traités par les géomètres, mais étendue à tous les cas possibles. C'est, en effet, ce qui arrive. Ayant dirigé mes recherches de ce côté, je suis parvenu, non seulement à porter la lumière dans des questions délicates qui n'avaient pas été suffisamment éclaircies, mais encore à établir des théorèmes nouveaux qui, en raison de leur généralité, me paraissent dignes d'attention. Avant de les indiquer, il me semble utile, afin d'être parfaitement compris, de bien fixer le sens des expressions dont je me servirai dans la suite, et de dire avec précision ce que j'entends lorsque je parle des intégrales particulières ou générales, réelles ou même imaginaires, d'un système donné d'équations différentielles.

Ainsi que je l'ai remarqué dans les Leçons données à l'École Polytechnique, un système quelconque d'équations différentielles peut toujours être réduit à un système d'équations différentielles du premier ordre. D'ailleurs, étant données n équations différentielles du premier ordre entre $n+1$ variables

$$x, \quad y, \quad z, \quad \ldots, \quad t,$$

on pourra toujours considérer une des variables t comme indépendante, et les dérivées des autres variables comme déterminées par le système de ces équations différentielles, en fonctions explicites ou du moins implicites de $x, y, z, \ldots, t$. D'ailleurs la connaissance de ces dernières fonctions ne fournira pas le moyen de fixer complètement les valeurs générales des variables dépendantes $x, y, z, \ldots$; et, pour que l'intégration des équations différentielles données se réduise à un problème déterminé, il sera nécessaire d'assujettir encore les variables dépendantes $x, y, z, \ldots$ à prendre certaines valeurs initiales

$$\xi, \quad \eta, \quad \zeta, \quad \ldots$$

réelles ou imaginaires, pour une certaine valeur initiale τ de la variable indépendante t. Lorsque ces valeurs initiales seront connues avec les fonctions de $x, y, z, \ldots$ ci-dessus mentionnées, les valeurs générales de x, y, z, ... seront pour l'ordinaire complètement déterminées, c'est-à-dire qu'à une valeur réelle ou imaginaire de la variable indépendante t correspondront généralement des valeurs déterminées, réelles ou imaginaires, de toutes les autres variables. Ces valeurs seront fournies, ou par des équations algébriques ou transcendantes, si les équations différentielles sont intégrables en termes finis, ou par des développements en séries, ou bien encore elles seront les limites vers lesquelles convergeront les résultats approximatifs, déduits de la méthode que j'ai donnée dans mes Leçons à l'École Polytechnique, et qui offre cet avantage, qu'elle est toujours applicable, quelle que soit la forme des équations différentielles. Dans tous les cas, les formules qui fourniront les valeurs des x, y, z, ... représenteront un système d'intégrales particulières des équations différentielles proposées, si l'on attribue aux valeurs initiales ξ, η, ζ, ... des variables x, y, z, ... des valeurs déterminées, et le système des intégrales générales, si l'on considère les valeurs initiales de x, y, z, ... comme des constantes arbitraires. Ainsi, le problème de l'intégration d'un système d'équations différentielles se réduit, en réalité, à la recherche d'un système quelconque d'intégrales particulières de ces mêmes équations. Les intégrales générales ne sont autre chose que des formules générales qui comprennent et embrassent toutes les intégrales particulières; et, si celles-ci ne peuvent être toutes renfermées dans un seul système de formules générales, il faudra, pour que les intégrales générales puissent être censées complètement connues, que l'on connaisse les divers systèmes de formules générales qui renfermeront les divers systèmes d'intégrales particulières. Si une intégrale particulière était isolée de manière à ne pouvoir être comprise avec d'autres dans une même formule générale, elle serait du genre des intégrales qu'on a nommées *solutions particulières* ou *intégrales singulières* des équations différentielles.

D'après ce qu'on vient de dire, intégrer n équations différentielles entre $n+1$ variables, c'est tout simplement passer d'un système donné de valeurs de ces variables à un autre système, en prenant l'une des variables pour indépendante. Si, comme ci-dessus, on nomme

$$x, \quad y, \quad z, \quad \ldots, \quad t$$

les diverses variables, et

$$\xi, \quad \eta, \quad \zeta, \quad \ldots, \quad \tau$$

leurs valeurs initiales, t étant la variable indépendante, les différences $x-\xi$, $y-\eta$, $z-\zeta$, ... seront de véritables intégrales définies, prises par rapport à t, à partir de l'origine τ, les fonctions sous le signe $\int$ étant des fonctions des diverses variables considérées elles-mêmes comme fonctions implicites de t. Ces différences seront généralement de la nature des transcendantes que j'ai considérées dans mon Mémoire sur les intégrales définies prises entre des limites imaginaires, puisqu'on peut supposer imaginaires, non seulement les fonctions sous le signe $\int$, mais encore la valeur initiale et la valeur finale de la variable indépendante t. D'ailleurs ces intégrales pourront, dans tous les cas, être déterminées, et même de plusieurs manières, avec une exactitude aussi grande qu'on le voudra, soit à l'aide de développements en séries, soit à l'aide de la méthode d'intégration précédemment rappelée. Pour faire mieux saisir ce que j'ai à dire à cet égard, et peindre en quelque sorte aux yeux la marche du calcul, je vais en donner ici une interprétation géométrique.

Considérons, dans la variable indépendante t, la partie réelle et le coefficient de $\sqrt{-1}$ comme propres à représenter les coordonnées rectangulaires d'un point P mobile dans un plan horizontal. A chaque valeur déterminée de t correspondra une position déterminée du point P, et réciproquement. Nommons d'ailleurs *origine* le point O du plan qui correspond à la valeur initiale τ de t, et joignons cette origine au point P par une ligne droite ou courbe. Si l'on nomme s la longueur mesurée sur cette ligne depuis l'origine O jusqu'à un point quelconque intermédiaire entre O et P, l'intégrale imaginaire qui représente la valeur de la différence $x-\xi$ pourra être transformée en une intégrale relative à la variable réelle s. Or, quand on arrivera au point P, la valeur de cette dernière intégrale restera généralement indépendante de la ligne droite ou courbe que l'on aura suivie. Cependant le contraire peut arriver, et, afin de ne laisser rien d'arbitraire dans la détermination des intégrales d'un système d'équations différentielles, il convient de fixer la nature de la ligne sur laquelle se mesure la longueur s. J'appelle *intégration rectiligne* celle qui fournit les valeurs des intégrales dans le cas où la ligne est droite, ce qu'on suppose ordinairement quand il s'agit de calculer des intégrales réelles. L'intégration deviendra *curviligne* dans le cas contraire.

Il arrive quelquefois que, dans l'intégration rectiligne ou curviligne, la fonction sous le signe $\int$ devient infinie en un point de la ligne OP, sur laquelle on marche, et alors la valeur de l'intégrale définie qui représente la différence $x - \xi$ peut devenir indéterminée. Dans ce cas aussi, en remplaçant la ligne OP par une ligne infiniment voisine, on verra souvent l'intégrale définie changer brusquement de valeur. Cette circonstance très remarquable offre quelque analogie avec celle que j'ai autrefois signalée, en observant que les valeurs des intégrales définies doubles peuvent varier avec l'ordre dans lequel s'effectuent les intégrations. Elle permet d'éclaircir et d'expliquer certaines formules, que l'on pourrait appeler *paradoxales*, données par quelques géomètres, et entre autres par Poisson, dans le XVIIIe Cahier du *Journal de l'École Polytechnique*. On reconnaît ainsi, par exemple, que la valeur imaginaire attribuée par Poisson à l'intégrale

$$\int \frac{dx}{1 - x^2},$$

prise entre les limites réelles 0 et ∞ de la variable x supposée réelle, est précisément la valeur d'une intégrale imaginaire produite par une intégration rectiligne relative à une droite qui s'écarte très peu de l'axe des x; mais, en même temps, on reconnaît que, de l'autre côté de l'intégrale réelle, se trouve une seconde intégrale imaginaire, et que la demi-somme des deux intégrales imaginaires est la valeur principale de l'intégrale réelle.

A l'observation que je viens de faire, j'en joindrai une autre qui est encore plus importante : c'est que les résultats d'une intégration effectuée suivant un mode déterminé, par exemple les résultats de l'intégration rectiligne, dépendent, non seulement des valeurs initiales des variables, mais encore généralement du choix de la variable que l'on considère comme indépendante. Les valeurs initiales des variables restant les mêmes, si l'on prend pour variable indépendante, d'abord la variable t, puis la variable x, les intégrales obtenues dans les deux cas ne s'accorderont généralement qu'entre certaines limites. La raison en est facile à saisir. Lorsque l'on considère t comme variable indépendante, alors, pour trouver la formule ou le système de formules qui représente les intégrales complètes, on doit successivement attribuer à t toutes les valeurs possibles réelles ou imaginaires. Mais, à ces diverses valeurs de t pourront répondre, en vertu des formules trouvées, des valeurs de x qui demeurent toutes comprises entre certaines limites. Donc, en renversant les formules trouvées, on ne pourra en déduire que les valeurs de t correspondantes à des valeurs de x comprises entre ces limites. Il y a plus : je prouve que, pour l'ordinaire, on devra restreindre encore ces limites quand on voudra obtenir des valeurs de t en x qui coïncident avec celles que fournirait l'intégration directement effectuée dans le cas où l'on prendrait x pour variable indépendante.

J'appelle *intégrales relatives* à t celles qui se rapportent au cas où l'on prend t pour variable indépendante. D'après ce qu'on vient de dire, les valeurs initiales des variables étant données, les intégrales relatives à t ne fourniront qu'entre certaines limites les intégrales relatives à x. Pour compléter ces dernières intégrales, on sera donc obligé de recourir à d'autres intégrales relatives à t, savoir à celles qu'on obtient quand on modifie les valeurs initiales des variables. Mais quelles modifications successives doit-on apporter à ces valeurs pour obtenir une suite d'intégrales relatives à t, desquelles on puisse déduire les intégrales relatives à x et comment doit-on s'y prendre pour passer des unes aux autres sans calculs inutiles? C'est ce qu'il importe d'examiner. L'opération qui sert à effectuer ce passage, et que je nomme l'*inversion*, doit être évidemment soumise à des règles fixes. On trouvera dans mon Mémoire ces règles, qui paraissent mériter d'être remarquées, et qui s'appuient sur un théorème très général, dont voici l'énoncé :

Théorème. — *L'intégration étant supposee rectiligne, les integrales relatives à la variable x pourront se déduire des intégrales relatives à la variable t, et réciproquement, jusqu'au moment où le module de l'une des différences $x-\xi$, $t-\tau$, considéré comme fonction du module primitivement nul et croissant de l'autre, deviendra, pour la première fois, un maximum. Il ne faut pas oublier d'ailleurs que, dans le cas où il s'agira de calculer le module maximum de la différence $x-\xi$, l'argument de cette dernière différence devra être considéré comme constant.*

Le passage des intégrales relatives à t aux intégrales relatives à x introduit souvent dans le calcul des fonctions périodiques. C'est ce qui arrive, en particulier, pour un grand nombre d'équations différentielles entre x et t, quand le rapport des différentielles des deux variables est exprimé par une fonction de la seule variable t. Alors l'intégrale relative à x n'est autre chose que la fonction inverse d'une intégrale définie relative à t, et souvent cette fonction inverse est périodique, à simple ou à double période. J'examinerai en particulier, dans un autre article, les fonctions périodiques ainsi obtenues, et je montrerai comment les règles de l'*inversion* conduisent à la détermination de la période, et comment cette détermination se lie à la théorie des résidus. Je me bornerai, pour l'instant, à observer que les fonctions inverses des intégrales définies n'offrent pas toujours, et pour des valeurs quelconques des variables, les valeurs qui leur ont été assignées dans les Ouvrages même les plus accrédités. Ainsi, par exemple, la fonction inverse de l'intégrale

$$x=\int_0^t \frac{dt}{\sqrt{1-t^2}}=\arcsin t$$

n'est point, comme on l'a dit,

$$t=\sin x,$$

mais

$$t = \frac{\sqrt{\cos^2 x}}{\cos x} \sin x.$$

Ainsi encore, dans la théorie des fonctions elliptiques, les deux intégrales qui représentent ce qu'on appelle l'*argument*, et qui renferment sous le signe $\int$, la première, une fonction algébrique, la seconde, une fonction trigonométrique, ne sont équivalentes qu'entre certaines limites, entre lesquelles les fonctions inverses de ces intégrales se réduisent à deux variables dont la première est le sinus de la seconde ou de ce qu'on nomme l'*amplitude*. Hors de ces limites, la fonction inverse de la première intégrale est, ou le sinus de l'amplitude, ou ce sinus pris en signe contraire, suivant que le cosinus de l'amplitude est positif ou négatif.

Ce que je viens de dire suffit pour donner une idée sommaire des résultats principaux auxquels je suis parvenu. Il me restera, pour les faire mieux connaître, à transcrire quelques-unes des formules générales, et la démonstration du théorème fondamental sur lequel s'appuie l'inversion des intégrales d'un système d'équations différentielles.

344.

Calcul intégral. — *Note sur l'intégration d'un système d'équations différentielles et sur l'inversion de leurs intégrales.*

C. R., T. XXIII, p. 617 (28 septembre 1846).

Soient

$$x, \quad y, \quad z, \quad \ldots, \quad t$$

$n+1$ variables assujetties : 1° à vérifier n équations différentielles du premier ordre; 2° à prendre simultanément certaines valeurs initiales, réelles ou imaginaires,

$$\xi, \quad \eta, \quad \zeta, \quad \ldots, \quad \tau.$$

Si, dans les équations différentielles données, on pose

$$(1) \qquad dx = X\,dt, \qquad dy = Y\,dt, \qquad dz = Z\,dt, \qquad \ldots,$$

on obtiendra n équations finies qui détermineront les valeurs de X, Z, Y, ... en fonction de x, y, z, ..., t; et, si des valeurs de X, Y, Z, ..., propres à vérifier ces équations finies, sont substituées dans les formules (1), il suffira d'appliquer à ces formules l'intégration rectiligne, en considérant t comme variable indépendante, et regardant ξ, η, ζ, ..., τ comme les valeurs initiales de x, y, z, ..., t, pour obtenir un système déterminé d'intégrales.

Soient maintenant

$$(2) \qquad U = 0, \qquad V = 0, \qquad W = 0, \qquad \ldots$$

les n intégrales déduites des équations (1) à l'aide d'une intégration rectiligne ou même curviligne relative à une variable quelconque. Supposons d'ailleurs que, les valeurs initiales ξ, η, ζ, ..., τ des variables x, y, z, ..., t demeurant les mêmes, on veuille obtenir les intégrales que fournirait une intégration rectiligne relative à la variable x. Si l'on pose, dans les formules (2),

$$x - \xi = r\,e^{p\sqrt{-1}},$$

r désignant le module et p l'argument de la différence $x - \xi$, ces formules détermineront, pour une valeur donnée de l'argument p et pour de très petites valeurs du module r, les valeurs correspondantes des variables réelles ou imaginaires

$$t, \quad y, \quad z, \quad \ldots,$$

considérées comme fonctions de r. Concevons maintenant que, l'argument p demeurant invariable, on fasse croître le module r par degrés insensibles. Les valeurs trouvées de y, z, ..., t représenteront nécessairement les intégrales cherchées relatives à x, tant que les formules (2) permettront au module r de croître encore, et tant que ces formules fourniront une valeur unique et finie de chacune des variables $t, y, z, \ldots$. En conséquence, on peut énoncer la proposition suivante :

THÉORÈME. — *Supposons les* $n+1$ *variables*

$$x, \quad y, \quad z, \quad \ldots, \quad t$$

assujetties : 1° à vérifier les n équations différentielles

$$(1) \qquad dx = X\,dt, \qquad dy = Y\,dt, \qquad dz = Z\,dt, \qquad \ldots;$$

2° à prendre simultanément les valeurs initiales, réelles ou imaginaires

$$\xi, \quad \eta, \quad \zeta, \quad \ldots, \quad \tau;$$

et soient

$$(2) \qquad U = 0, \qquad V = 0, \qquad W = 0, \qquad \ldots$$

des intégrales qui satisfassent à cette double condition. On pourra, des intégrales (2), *déduire celles que fournirait une intégration rectiligne relative à* x, *jusqu'au moment où le module primitivement nul et croissant de la différence* $x - \xi$ *deviendra, pour la première fois, un maximum, si dans l'intervalle les intégrales* (2) *fournissent pour chacune des variables* $t, y, z, \ldots$ *une valeur unique et finie qui varie avec r par degrés insensibles, ou bien encore jusqu'au moment où cette dernière condition cessera d'être remplie. Observons d'ailleurs que, dans la recherche du module maximum de la différence* $x - \xi$, *l'argument de cette différence devra être considéré comme constant.*

En s'appuyant sur le théorème que nous venons d'énoncer, on pourra, des intégrales relatives à une variable quelconque, par exemple des intégrales relatives à t, déduire les intégrales relatives à x, pour une valeur donnée de l'argument p, au moins tant que le module r ne dépassera pas une certaine limite supérieure. Si l'on veut ensuite reculer cette limite, il suffira de recommencer l'opération en prenant pour valeurs initiales de $x, y, z, \ldots, t$, non plus celles qui correspondent à une valeur nulle de r, mais celles qui correspondent à la limite trouvée, ou du moins à une valeur de r infiniment rapprochée de cette limite. Ajoutons que, en répétant indéfiniment, s'il est nécessaire, de semblables opérations, on finira par obtenir, dans tous les cas, pour une valeur quelconque de r, les intégrales relatives à x. C'est, au reste, ce que j'expliquerai plus en détail dans un autre article.

345.

Calcul intégral. — *Considérations nouvelles sur les intégrales définies qui s'étendent à tous les points d'une courbe fermée, et sur celles qui sont prises entre des limites imaginaires.*

C. R., T. XXIII, p. 689 (12 octobre 1846).

Les théorèmes généraux que j'ai donnés dans la séance du 3 août dernier, en considérant les intégrales définies qui s'étendent à tous les points d'une courbe fermée, fournissent, comme j'en ai fait la remarque, la solution d'un grand nombre de questions importantes de Calcul infinitésimal, et même d'Analyse algébrique. Mais, en exposant ces théorèmes, dont les applications sont déjà si étendues, je ne m'attendais pas à ce qu'ils fussent eux-mêmes compris comme cas particuliers dans d'autres théorèmes plus généraux dont les applications s'étendaient encore beaucoup plus loin. C'est pourtant ce qui arrive, et ceux dont je vais entretenir un instant l'Académie me paraissent devoir contribuer notablement aux progrès de l'Analyse infinitésimale, puisqu'ils permettent d'établir avec la plus grande facilité une foule de propriétés remarquables des transcendantes représentées par les intégrales définies, et, par conséquent, d'une multitude de fonctions, parmi lesquelles se trouvent comprises les fonctions elliptiques et les transcendantes abéliennes. La bienveillance avec laquelle les géomètres ont accueilli les résultats de mes précédents travaux sur cette matière me fait espérer que l'Académie me permettra d'entrer, à ce sujet, dans quelques détails.

Jusqu'ici, en considérant les intégrales définies qui se rapportent aux divers points d'une courbe fermée décrite par un point mobile dont les coordonnées rectangulaires représentent la partie réelle d'une variable imaginaire x et le coefficient de $\sqrt{-1}$ dans cette variable, j'avais supposé que, dans chaque intégrale, la fonction sous le signe $\int$ reprenait précisément la même valeur lorsque, après avoir parcouru la courbe entière, on revenait au point de départ. Mais rien n'empêche d'admettre que, dans une telle intégrale, la fonction sous le signe $\int$, assujettie, si l'on veut, à varier avec x par degrés insensibles, acquiert néanmoins des valeurs diverses à diverses époques où la valeur de x redevient la même. C'est ce qui arrivera, en particulier, si la fonction sous le signe $\int$, assujettie à varier par degrés insensibles avec la position du point mobile que l'on considère, renferme des racines d'équations algébriques ou transcendantes. Alors, si le point mobile parcourt plusieurs fois de suite une même courbe, les racines comprises dans la fonction dont il s'agit pourront varier avec le nombre des révolutions qui ramèneront le point mobile à sa position primitive O, de telle sorte qu'une racine d'une équation donnée pourra se trouver remplacée, après une révolution accomplie, par une autre racine de la même équation. Par suite, la fonction sous le signe $\int$, que l'on doit supposer complètement déterminée au moment du départ, pourra être remplacée, après une ou plusieurs révolutions, par des fonctions nouvelles. Alors aussi le nombre des révolutions pourra exercer une influence marquée sur la valeur de l'intégrale définie obtenue, et cette intégrale sera généralement elle-même une fonction de la variable x qui, variant avec x par degrés insensibles, pourra néanmoins, à diverses époques, acquérir diverses valeurs correspondantes à une seule et même valeur de x. Il y a plus : si la courbe que l'on considère est formée d'une infinité de branches qui viennent toutes se couper au même point O, et si, dans ces diverses révolutions, le point mobile parcourt successivement ces diverses branches, les diverses valeurs de l'intégrale, correspondantes à une même valeur de x, pourront être en nombre infini; et, par suite, si le nombre des révolutions reste illimité, la valeur de l'intégrale sera, dans certains cas, complètement indéterminée. Mais cela n'empêchera pas l'intégrale d'acquérir, après une seule révolution du point mobile, une valeur déterminée; et ce qui mérite d'être remarqué, c'est que cette valeur sera, pour l'ordinaire, dépendante de la position du point mobile et indépendante, sous certaines conditions, de la forme de la courbe. En effet, si cette forme vient à varier par degrés insensibles, la valeur de l'intégrale ne sera point altérée, pourvu que la fonction sous le signe $\int$ reste finie et continue en chacun des points successivement occupés par la courbe variable. Cette proposition, qui subsiste dans le cas même où l'on remplace la courbe donnée par un polygone, permet de transformer les intégrales qui correspondent à des courbes quelconques, fermées ou non fermées, en d'autres intégrales correspondantes à des lignes droites. Elle permet aussi de reconnaître dans quels cas les théorèmes relatifs à la décomposition des intégrales prises entre des limites réelles peuvent être étendues aux intégrales prises entre des limites imaginaires. Enfin, elle permet de reconnaître sans peine la nature des fonctions inverses de celles qui représentent des intégrales définies données, ou plutôt des fonctions que les géomètres ont désignées sous ce nom, et qui ne sont, en réalité, que des intégrales d'équations différentielles. Dans le cas où ces fonctions sont périodiques, on peut, à l'aide de la proposition énoncée, calculer facilement ce que l'on nomme leurs indices de périodicité, ainsi que les diverses valeurs de la variable qui rendent ces fonctions nulles ou infinies. Ces valeurs étant une fois connues, si les fonctions dont il s'agit ne deviennent discontinues qu'en devenant infinies, alors, pour les décomposer en fractions rationnelles, ou pour les transformer en produits composés d'un nombre infini de facteurs, il suffira ordinairement de recourir aux règles que fournit le calcul des résidus, telles que je les ai données dans le second et le quatrième Volume des *Exercices de Mathématiques* (1).

(1) *OEuvres de Cauchy*, S. II, T. VII et IX.

ANALYSE.

La position d'un point mobile P étant déterminée dans un plan, à l'aide de coordonnées rectilignes ou polaires, ou de toute autre nature, concevons que l'on trace, dans ce plan, une courbe fermée, et nommons s l'arc de cette courbe mesuré positivement dans un sens déterminé à partir d'une certaine position initiale O du point mobile P. Soient d'ailleurs $u, v, w, \ldots$ des variables qui changent de valeurs d'une manière continue avec la position du point mobile, et, en faisant coïncider ce point avec l'extrémité de l'arc s, prenons

$$k = U\,du + V\,dv + W\,dw + \ldots, \tag{1}$$

U, V, W, ... étant des fonctions de $u, v, w, \ldots$ tellement choisies, que la somme $U\,du + V\,dv + W\,dw + \ldots$ soit une différentielle exacte. Enfin, nommons ς le contour ou périmètre de la courbe fermée, et S l'aire qu'enveloppe cette courbe; désignons par (S) la valeur qu'acquiert l'intégrale $\int k\,ds$ lorsque le point mobile P, ayant parcouru le contour entier ς de l'aire S, revient à sa position primitive; et concevons que l'on fasse varier la surface S, en modifiant par degrés insensibles la forme de la courbe qui l'enveloppe sans que cette courbe cesse de passer par le point O. D'après ce qui a été dit dans les séances du 3 août et du 21 septembre, les variations de la surface S et de son enveloppe n'altéreront pas la valeur de l'intégrale (S), si la fonction de $u, v, w, \ldots$, représentée par la lettre k, reste finie et continue en chacun des points successivement occupés par la courbe variable. D'ailleurs, cette condition étant supposée remplie, la fonction k peut, au moment où le point mobile P revient à sa position primitive, ou reprendre sa valeur initiale, ou acquérir une valeur nouvelle. Nous allons examiner successivement ces deux cas, très distincts l'un de l'autre, et indiquer en peu de mots les résultats dignes de remarque auxquels on se trouve conduit par cet examen.

Soit OO′O″... la courbe décrite par le point mobile P. Si la fonction k reprend la même valeur au moment où le point P revient à sa position primitive O, alors la valeur K de l'intégrale (S) sera indépendante de cette position primitivement assignée au point mobile sur la courbe qu'il décrit; et si, en partant de la position O, le point mobile parcourt une, deux, trois fois, etc. de suite le contour entier de l'aire (S), l'intégrale $\int k\,ds$ acquerra successivement les valeurs

$$K, \quad 2K, \quad 3K, \quad \dots.$$

Si, d'ailleurs, on pose

$$t = \int_0^s k\,ds, \tag{2}$$

k et t seront des fonctions de la variable s, liées à cette variable de telle manière que, aux accroissements

$$\varsigma, \quad 2\varsigma, \quad 3\varsigma, \quad \dots$$

de la variable s, correspondront les accroissements

$$K, \quad 2K, \quad 3K, \quad \dots$$

de la variable t, la fonction k restant invariable.

Prenons maintenant, pour fixer les idées,

$$k = f(x)\,\mathrm{D}_s x, \tag{3}$$

x étant une variable imaginaire, liée par l'équation

$$x = \alpha + 6\sqrt{-1} \tag{4}$$

à deux variables réelles α, 6, considérées comme propres à représenter les coordonnées rectangulaires du point mobile P. La formule (2) sera réduite à

$$t = \int_0^s f(x)\,\mathrm{D}_s x\,ds. \tag{5}$$

Si, d'ailleurs, la fonction $f(x)$ ne devient discontinue qu'en devenant infinie pour certains points isolés C, C′, C″, ... situés dans l'intérieur de l'aire ς, et si à chacune des valeurs de x qui rendent $f(x)$ infinie correspond un résidu déterminé, si enfin l'arc s se mesure positivement dans un sens tel que le point P ait autour de la surface S un mouvement de rotation direct, alors, d'après ce qui a été dit dans la séance du 21 septembre, on aura

$$K = 2\pi\sqrt{-1}\,\mathcal{E}\,(f(x)), \tag{6}$$

la somme qu'indique le signe $\mathcal{E}$ s'étendant aux seules racines de l'équation $\frac{1}{f(x)} = 0$ qui correspondront à des points situés dans l'intérieur de l'aire S. Donc, si l'on nomme

$$I, \quad I', \quad I'', \quad \ldots$$

les valeurs diverses du produit $2\pi\sqrt{-1}\,\mathcal{E}\,(f(x))$, correspondantes aux divers points isolés C, C', C'', ..., la valeur de K sera de la forme

$$K = I + I' + I'' + \ldots, \tag{7}$$

le nombre des termes compris dans le second membre étant précisément égal au nombre des points isolés qui seront renfermés dans l'intérieur de l'aire S. Si ce dernier nombre se réduit à l'unité, on aura simplement $K = I$.

Ainsi que nous l'avons remarqué dans la séance du 3 août, la courbe OO'O''... pourrait être remplacée par un polygone curviligne ou même rectiligne. Considérons, en particulier, la dernière hypothèse, et nommons O, O', O'', ... les sommets du polygone supposé rectiligne. Soient d'ailleurs $a, b, c, \ldots, g, h$ les valeurs réelles ou imaginaires de x qui correspondent à ces sommets; et, afin de ne laisser subsister aucune incertitude sur le sens attaché à la notation

$$\int_a^b f(x)\,dx$$

dans le cas où les limites a, b deviennent imaginaires, concevons que l'on se serve toujours de cette notation pour désigner le résultat de l'intégration rectiligne appliquée à la différentielle $f(x)\,dx$. Alors, comme on le reconnaîtra sans peine, si l'on fait coïncider successivement le point mobile P avec les points O′, O″, ..., la valeur de l'intégrale t, déterminée par la formule (5), sera représentée, dans le premier cas, par le premier terme de la suite

$$\int_a^b f(x)\,dx, \quad \int_b^c f(x)\,dx, \quad \ldots, \quad \int_g^h f(x)\,dx, \quad \int_h^a f(x)\,dx;$$

dans le second cas, par la somme des deux premiers termes; dans le troisième cas, par la somme des trois premiers termes, etc.; et, lorsque le point mobile P sera revenu à sa position primitive O, la somme totale des termes de cette suite représentera la valeur de l'intégrale

$$(8) \qquad \int_0^{\varsigma} f(x)\,\mathrm{D}_s x\,ds = K,$$

en sorte qu'on aura

$$(9) \qquad \int_a^b f(x)\,dx + \int_b^c f(x)\,dx + \ldots + \int_g^h f(x)\,dx + \int_h^a f(x)\,dx = K.$$

Si, pour fixer les idées, on réduit le polygone à un triangle, on trouvera

$$(10) \qquad \int_a^b f(x)\,dx + \int_b^c f(x)\,dx + \int_c^a f(x)\,dx = K;$$

et, comme on aura généralement

$$(11) \qquad \int_c^a f(x)\,dx = -\int_a^c f(x)\,dx,$$

l'équation (10) donnera encore

$$(12) \qquad \int_a^c f(x)\,dx = \int_a^b f(x)\,dx + \int_b^c f(x)\,dx - K.$$

Pour que l'équation (12) se réduise à la formule

$$(13) \qquad \int_a^c f(x)\,dx = \int_a^b f(x)\,dx + \int_b^c f(x)\,dx,$$

il sera nécessaire que K s'évanouisse, c'est-à-dire que l'aire S ne renferme aucun point isolé correspondant à un résidu qui diffère de zéro. Par conséquent, l'équation (13) et autres semblables, qui subsistent généralement quand il s'agit d'intégrales prises entre des limites réelles, ne subsistent plus que sous certaines conditions dans le cas où les limites des intégrales deviennent imaginaires.

Pour montrer une application très simple des formules qui précèdent, posons $f(x) = \frac{1}{x}$. Alors on trouvera $\mathcal{E}(f(x)) = 1$. Donc, en vertu des formules (12), (13), on aura

$$\int_a^c \frac{dx}{x} = \int_a^b \frac{dx}{x} + \int_b^c \frac{dx}{x} - 2\pi\sqrt{-1}$$

ou

$$\int_a^c \frac{dx}{x} = \int_a^b \frac{dx}{x} + \int_b^c \frac{dx}{x},$$

suivant que l'origine des coordonnées sera située en dedans ou en dehors du triangle dont les sommets correspondront aux trois points a, b, c; ce qu'on peut aisément vérifier en ayant égard à la formule

$$\int_a^b \frac{dx}{x} = 1\left(\frac{b}{a}\right),$$

qui subsiste, quels que soient a et b, lorsque $\frac{b}{a}$ n'est pas réel et négatif.

Concevons à présent que l'on différentie l'équation (5) : on obtiendra l'équation différentielle

$$dt = f(x)\,dx \tag{14}$$

entre les deux variables x, t. Soient ξ, τ deux valeurs particulières et correspondantes attribuées à ces deux variables. Si ces valeurs, étant finies, produisent une valeur finie de la fonction $f(x)$, alors, en prenant ξ, τ pour valeurs initiales de x, t, et faisant varier x dans le voisinage de la valeur initiale ξ, on verra, en vertu de l'équation (14), t varier avec x et $f(x)$ par degrés insensibles. Alors aussi, tant que le module de la différence $x - \xi$ ne dépassera pas une certaine limite supérieure, la valeur de t qui, se réduisant à τ pour $x = \xi$, aura la double propriété de varier avec x par degrés insensibles et de vérifier l'équation (14), sera une valeur unique qui pourra être également fournie par l'intégration rectiligne ou curviligne. Si, pour fixer les idées, on pose $\tau = 0$ et $\xi = a$, en sorte que la valeur initiale de x soit précisément celle qui correspond au point O; si, d'ailleurs, on nomme x la valeur de x correspondante à celui des points isolés C, C′, C″, ... qui est le plus voisin du point O; alors, en supposant x choisi de manière que le module de $x - a$ reste inférieur à celui de $\mathrm{x} - a$, on pourra déterminer la valeur de t qui doit se réduire à zéro pour $x = a$, non seulement à l'aide de la formule (5), que fournira une intégration curviligne, mais encore à l'aide de la formule

$$(15) \qquad t = \int_0^a f(x)\,dx,$$

à laquelle on arrive quand l'intégration devient rectiligne. Supposons maintenant que, en opérant comme on vient de le dire, on passe non seulement des valeurs initiales ξ, τ à des valeurs très voisines, mais encore de celles-ci à d'autres qui en diffèrent très peu, etc. En continuant de la sorte, et en donnant la plus grande extension possible aux résultats ainsi produits par la variation de x, on obtiendra une infinité de systèmes de valeurs des variables x, t, et la valeur de t en x sera déterminée par une formule ou par un système de formules dont chacune fournira pour valeur de t une fonction continue de la variable x. Le système de ces formules est ce que nous appellerons l'*intégrale complète* de l'équation (14); une seule d'entre elles représente ce que nous avons appelé l'*intégrale relative à x*, puisque, en vertu de cette dernière intégrale, t doit, non seulement varier avec x par degrés insensibles, mais encore acquérir une valeur unique pour chaque valeur donnée de x. Au contraire, en vertu de l'intégrale complète, t sera généralement une fonction multiple de la variable x. Ajoutons que l'intégrale complète, correspondante à des valeurs initiales données de x, t, ne sera point modifiée si l'on prend pour variable indépendante x, au lieu de t, en considérant l'équation (14) comme propre à déterminer, non plus t en fonction de x, mais x en fonction de t.

La fonction $f(x)$ étant donnée, il sera facile de trouver les diverses valeurs de t qui, en vertu de l'intégrale complète, correspondront à une même valeur de x. Concevons, pour fixer les idées, que, en prenant o et a pour valeurs initiales de t et de x, on veuille calculer les diverses valeurs de t correspondantes à la valeur a de x, c'est-à-dire au point O. Il suffira, pour y parvenir, de ramener une ou plusieurs fois le point mobile P à sa position primitive O, après lui avoir fait décrire chaque fois une courbe fermée qui enveloppe un ou plusieurs des points isolés C, C', C'', ...; et, comme, à chacune des révolutions du point P, la valeur de t se trouvera augmentée de la somme de plusieurs des termes

$$I, \quad I', \quad I'', \quad \ldots$$

ou d'une telle somme prise en signe contraire, suivant que le point P aura tourné dans un sens ou dans un autre autour de la courbe qu'il aura décrite, les diverses valeurs de t, correspondantes à la valeur a de x, seront évidemment comprises dans la formule

$$t = \pm mI \pm m'I' \pm m''I'' \pm \ldots, \tag{16}$$

m, m', m'', ... étant des nombres entiers quelconques. Par suite aussi, à une valeur quelconque de x correspondront diverses valeurs de t que l'on obtiendra en ajoutant à l'une quelconque d'entre elles toutes celles que fournit l'équation (16).

Les constantes réelles ou imaginaires, désignées dans la formule (16) par les lettres I, I', I'', ..., représentent ce qu'on appelle les *indices de périodicité* de x considéré comme fonction de t. Si, dans ces indices de périodicité, les parties réelles et les coefficients de $\sqrt{-1}$ n'offrent pas des valeurs numériques dont les rapports soient entiers ou rationnels, alors, dans t considéré comme fonction de x, en vertu de l'intégrale complète de l'équation (14), la partie réelle ou le coefficient de $\sqrt{-1}$ sera une quantité absolument indéterminée. Mais on ne pourra plus en dire autant de l'intégrale relative à x qui offrira, pour chaque valeur donnée de x, une valeur unique et déterminée de t, ni de l'intégrale relative à t, qui offrira, pour chaque valeur donnée de t, une valeur unique et déterminée de x.

Il importe de voir dans quels cas l'intégrale complète de l'équation (14) se réduit, soit à l'intégrale relative à t, soit à l'intégrale relative à x. Ce problème est facile à résoudre, d'après les principes que nous venons d'établir. Ainsi, en premier lieu, pour que l'intégrale complète ne diffère pas de l'intégrale relative à x, il sera nécessaire et il suffira qu'à chaque valeur finie de x corresponde généralement, en vertu de l'intégrale complète, une seule valeur de t; par conséquent, il sera nécessaire et il suffira que la valeur de t fournie par l'équation (16) s'évanouisse, quelles que soient les valeurs attribuées aux nombres entiers m, m', m'', ... C'est ce qui arrivera si chacune des constantes I, I', I'', ... s'évanouit, ou, en d'autres termes, si chacun des résidus partiels de la fonction $f(x)$ se réduit à zéro.

En second lieu, pour que l'intégrale complète de l'équation (14) ne diffère pas de son intégrale relative à t, il sera nécessaire et il suffira qu'à chaque valeur finie de t corresponde, en vertu de l'intégrale complète, une seule valeur de x. Or c'est ce qui arrivera généralement quand on se placera dans le voisinage d'une valeur de t qui produira une valeur finie de x et de $\frac{1}{f(x)}$, si, comme nous l'avons supposé, la fonction $f(x)$ est du nombre de celles qui ne deviennent discontinues qu'en devenant infinies. D'ailleurs, comme on peut le démontrer, la valeur de x fournie par l'intégrale complète sera discontinue dans le voisinage de toute valeur de t qui rendra x infinie, si le rapport $\frac{x^2}{f\left(\frac{1}{x}\right)}$ n'est pas une fonction continue de la variable x dans le voisinage de la valeur zéro de cette même variable. Donc l'intégrale complète ne différera pas de l'intégrale relative à t, si des deux rapports

$$\frac{1}{f(x)}, \quad \frac{x^2}{f\left(\frac{1}{x}\right)}$$

le premier est une fonction toujours continue de x, et le second une fonction de x qui reste continue dans le voisinage de la valeur o attribuée à la variable x. Ces conditions seront remplies, par exemple si l'on pose $f(x) = \frac{1}{1+x^2}$, ou, plus généralement, si l'on prend pour $\frac{1}{f(x)}$ une fonction de x, linéaire ou du second degré.

Observons encore que, dans le cas où l'intégrale complète ne diffère pas de l'intégrale relative à t, la valeur de x fournie par cette intégrale est nécessairement une fonction de t qui ne devient discontinue qu'en devenant infinie. Cette circonstance permet ordinairement de transformer la fonction dont il s'agit, à l'aide des formules que donne le Calcul des résidus, et de la décomposer en fractions rationnelles, ou bien encore de la représenter par une fraction dont chaque terme est le produit d'un nombre infini de facteurs.

Retournons maintenant à la formule (2); mais supposons que, au moment où le point mobile P revient à sa position primitive, la fonction k, placée sous le signe $\int$, acquière une valeur nouvelle. Supposons d'ailleurs cette fonction k toujours assujettie à varier avec x par degrés insensibles. La valeur K de l'intégrale (S) ne sera plus indépendante de la position O primitivement assignée au point mobile sur la courbe qu'il décrit. Il y a plus : comme, d'après une révolution du point mobile, la fonction K aura changé de valeur, si l'on nomme

$$K, \quad K+K_{\prime}, \quad K+K_{\prime}+K_{\prime\prime}, \quad \ldots$$

les valeurs successives qu'acquerra l'intégrale

$$t = \int_0^s k\, ds$$

quand le point mobile P, après avoir effectué une, deux, trois, ... révolutions dans la courbe qu'il décrit, reprendra sa position primitive, les valeurs de K, $K_{\prime}$, $K_{\prime\prime}$, ..., évidemment déterminées par les formules

$$(17) \qquad K = \int_0^{\varsigma} k\,ds, \qquad K_{\prime} = \int_{\varsigma}^{2\varsigma} k\,ds, \qquad K_{\prime\prime} = \int_{2\varsigma}^{3\varsigma} k\,ds, \qquad \ldots,$$

ne seront pas généralement égales entre elles. Néanmoins, si, après un certain nombre de révolutions du point mobile, la fonction k reprend la valeur qu'elle avait d'abord, à partir de cet instant les termes de la série

$$K, \quad K_{\prime}, \quad K_{\prime\prime}, \quad \ldots$$

se reproduiront périodiquement dans le même ordre, quelle que soit d'ailleurs la position initiale O du point mobile P. Donc alors, en vertu de l'intégrale complète de l'équation (14), x sera une fonction périodique de t. Quant aux indices de périodicité, ils ne seront plus généralement représentés par des résidus, mais par des intégrales définies qui pourront se déduire du théorème énoncé au commencement de cet article; savoir, que, si la courbe enveloppe de la surface S vient à varier sans cesser de passer par le point O, l'intégrale (S) ne variera pas, pourvu que la fonction k reste finie et continue en chacun des points successivement occupés par la courbe variable.

Les principes que nous venons d'établir sont particulièrement applicables au cas où, dans l'intégrale (2), la fonction sous le signe $\int$ renferme des racines d'équations algébriques ou transcendantes. Supposons, pour fixer les idées, k déterminé en fonction de x par l'équation (3) jointe aux deux suivantes :

$$(18) \qquad f(x) = \mathrm{f}(x, y),$$

$$(19) \qquad \mathrm{F}(x, y) = 0,$$

dans lesquelles $\mathrm{f}(x,y)$, $\mathrm{F}(x,y)$ désignent des fonctions toujours continues de x, y. Si l'on nomme

$$y_1, \quad y_2, \quad y_3, \quad \ldots$$

les diverses valeurs de y tirées de l'équation (19), les valeurs correspondantes de $f(x)$, savoir

$$(20) \qquad \mathrm{f}(x, y_1), \quad \mathrm{f}(x, y_2), \quad \mathrm{f}(x, y_3), \quad \ldots,$$

seront ordinairement des fonctions qui éprouveront des changements brusques, pour des valeurs de x correspondantes, non plus à des points isolés, mais à tous les points situés sur certaines portions de lignes droites ou courbes. Or cet inconvénient sera évité si, au lieu de prendre pour $f(x)$ un terme de la série (20), on considère, dans l'équation (18), y comme une fonction de x assujettie : 1° à vérifier l'équation (19); 2° à varier avec x par degrés insensibles, et si d'ailleurs on suppose connues les valeurs initiales ξ, η de x et de y correspondantes à la valeur initiale τ de la variable t. Alors les seules valeurs de x qui rendront la fonction k discontinue seront celles qui la rendront infinie. Alors aussi la considération de ces valeurs de x et des points isolés qui leur correspondent fera connaître la nature de la fonction de t qui devra représenter x, en vertu de l'intégrale complète de l'équation (14), et permettra de transformer en intégrales définies rectilignes, par conséquent en intégrales définies relatives à x, les valeurs de K, $K_{\prime}$, $K_{\prime\prime}$, ... fournies par les équations (17).

Ce que je viens de dire fournit, si je ne me trompe, la solution complète des graves difficultés que présente la théorie des fonctions elliptiques, considérée comme une branche du Calcul infinitésimal, ou bien encore la théorie des intégrales abéliennes; et, en faisant disparaître ces difficultés que M. Eisenstein a très bien signalées dans le tome XXVII du Journal de M. Crelle (*voir* aussi le tome X du *Journal de Mathématiques*, publié par M. Liouville), les principes ci-dessus exposés rectifient des notions erronées jusqu'ici trop facilement admises par les géomètres. On voit que la fonction de t, improprement appelée la *fonction inverse* de l'intégrale (15), est en réalité la valeur de x fournie par l'intégrale complète de l'équation (14), et que l'on peut déduire de la formule (5) la nature et les propriétés de cette même fonction, ses divers indices de périodicité si elle est périodique, etc. On voit encore que, si la fonction $f(x)$ renferme des racines d'équations algébriques ou transcendantes, si l'on a, par exemple, $f(x) = \mathrm{f}(x, y)$, y étant l'une des racines y_1, y_2, ... de l'équation (19), on devra soigneusement distinguer l'intégrale obtenue dans le cas où la racine y serait toujours la même de l'intégrale obtenue dans le cas où l'on assujettirait $\mathrm{f}(x, y)$ à varier avec x par degrés insensibles. On peut aisément vérifier la justesse de ces conclusions en particularisant la forme des fonctions représentées par $f(x)$, $\mathrm{f}(x, y)$ et $\mathrm{F}(x, y)$ dans les formules générales ci-dessus établies, ainsi que je le ferai dans un autre article. Je me bornerai, pour l'instant, à indiquer les applications très simples que l'on peut faire de ces formules aux deux exemples suivants.

Ce qu'on a nommé l'inverse de l'intégrale définie

$$t = \int_0^x \frac{dx}{\sqrt{1 - x^2}}$$

n'est même pas la valeur de x tirée de l'intégrale complète de l'équation différentielle

$$dx = \sqrt{1 - x^2}\, dt,$$

mais la valeur de x que fournira l'intégrale complète de l'équation différentielle

$$dx = y\, dt,$$

si l'on assujettit la nouvelle variable y : 1° à vérifier l'équation finie

$$x^2 + y^2 = 1;$$

2° à varier avec x par degrés insensibles, et si l'on assujettit, de plus, x, y, t à prendre simultanément les valeurs initiales

$$x = 0, \qquad y = 1, \qquad t = 0.$$

Ce qu'on a nommé la fonction inverse de l'intégrale

$$t = \int_0^x \frac{dx}{\sqrt{(1 - x^2)(1 - k^2 x^2)}},$$

k étant réel et < 1, n'est même pas la valeur de x tirée de l'intégrale complète de l'équation différentielle

$$dx = \sqrt{(1 - x^2)(1 - k^2 x^2)}\, dt,$$

mais la valeur de x que fournira l'intégrale complète de l'équation différentielle

$$dx = y\, dt,$$

si l'on assujettit la variable y : 1° à vérifier l'équation finie

$$y^2 = (1 - x^2)(1 - k^2 x^2);$$

2° à varier avec x par degrés insensibles, et si l'on assujettit, de plus, x, y, t à prendre simultanément les valeurs initiales

$$x = 0, \qquad y = 1, \qquad t = 0.$$

Dans ces deux exemples, il résulte de la forme des équations différentielles que l'intégrale complète ne diffère pas de l'intégrale relative à t.

Il est bon d'observer qu'à la formule (19) on pourrait substituer une équation différentielle entre x et y. Ainsi, en particulier, on pourrait, dans le premier exemple, substituer à l'équation finie

$$x^2 + y^2 = 1$$

l'équation différentielle

$$x\, dx + y\, dy = 0,$$

ou, ce qui revient au même, assujettir x, y, t à vérifier les deux équations différentielles

$$dx = y\, dt, \qquad dy = -x\, dt.$$

Observons enfin que, en suivant les règles ci-dessus tracées, on a généralement l'avantage d'opérer sur des équations différentielles qui ne renferment plus de fonctions irrationnelles, ni de radicaux.

346.

Calcul intégral. — *Mémoire sur la continuité des fonctions qui représentent les intégrales réelles ou imaginaires d'un système d'équations différentielles.*

C. R., T. XXIII, p. 702 (12 octobre 1846).

Un grand nombre de formules relatives à la transformation des fonctions, par exemple celles qui servent à les développer en séries ordonnées suivant les puissances ascendantes des variables, subsistent sous la condition que les fonctions restent continues. Il importait donc d'examiner sous le rapport de la continuité les fonctions qui représentent les intégrales d'un système d'équations différentielles. Tel est l'objet du présent Mémoire.

Pour qu'une fonction donnée de la variable x reste continue dans le voisinage d'une valeur réelle ou imaginaire attribuée à cette variable, il est nécessaire et il suffit : 1° que, dans ce voisinage, la fonction obtienne, pour chaque valeur de x, une valeur unique et finie; 2° que la fonction varie avec x par degrés insensibles. La seconde condition peut d'ailleurs être remplie sans que la première le soit, et alors la fonction que l'on considère est une fonction multiple dont les diverses valeurs peuvent être considérées comme représentant diverses fonctions continues de la variable x. C'est en particulier ce qui arrive, conformément à ce qui a été dit dans le précédent Mémoire, si la dérivée de la fonction donnée devient infinie pour certaines valeurs de x, ou si cette dérivée renferme des racines d'équations algébriques ou transcendantes qui soient assujetties à varier par degrés insensibles avec la valeur de x.

Considérons maintenant un système de n équations différentielles du premier ordre qui renferment, avec une variable indépendante t, n variables indépendantes $x, y, z, \ldots$ assujetties à prendre certaines valeurs initiales $\xi, \eta, \zeta, \ldots$ pour une certaine valeur τ de la variable t. Supposons d'ailleurs que, dans la variable t, la partie réelle et le coefficient de $\sqrt{-1}$ soient regardés comme propres à représenter les coordonnées rectangulaires d'un point P, mobile dans un plan horizontal. Enfin soit O la position du point P correspondante à la valeur initiale τ de la variable indépendante. Si les fonctions X, Y, Z, ... de x, y, z, ..., t, auxquelles se réduisent, en vertu des équations différentielles données, les dérivées des variables x, y, z, ..., prises par rapport à t, restent finies et continues dans le voisinage de la valeur τ de t, alors, en s'appuyant sur les principes exposés dans mon Mémoire de 1835 (¹), on reconnaîtra, non seulement que, en vertu des équations différentielles données, on peut passer du système des valeurs initiales des variables à un nouveau système qui corresponde à un nouveau point O′ très voisin du point O, mais encore que les intégrales ainsi obtenues seront indépendantes, du moins entre certaines limites, du mode d'intégration employé et même du choix de la variable indépendante. Concevons, d'ailleurs, que, en opérant de la même manière, on passe du système des valeurs de x, y, z, ..., t correspondantes au point O′, à un nouveau système de valeurs qui correspondent à un nouveau point O″ très voisin de O′, et continuons de la sorte. Les points O, O′, O″, ... auxquels on parviendra successivement se trouveront sur une certaine ligne droite ou courbe, et, si l'on nomme P un point mobile qui prenne successivement les diverses positions O, O′, O″, ..., les valeurs de x, y, z varieront avec t par degrés insensibles, tandis que le point mobile P se mouvra sur la courbe OO′O″..., pourvu que, en chaque point de cette courbe, les variables x, y, z, ... acquièrent des valeurs finies, dans le voisinage desquelles les fonctions X, Y, Z, ... restent elles-mêmes finies et continues. On pourra d'ailleurs supposer que la courbe OO′O″... se prolonge indéfiniment dans le plan horizontal qui la renferme, et rien n'empêchera d'admettre qu'elle est du nombre des courbes qui se coupent elles-mêmes en un ou plusieurs points. Les formules qui fourniront tous les systèmes de valeurs des variables auxquelles on

(¹) *Œuvres de Cauchy*, S. II, T. XI.

pourra ainsi parvenir en partant de valeurs initiales données, quelles que soient d'ailleurs la nature et la forme de la courbe $OO'O''\ldots$ indéfiniment prolongée, représenteront ce que nous nommerons les *intégrales complètes* des équations différentielles proposées. Ces intégrales seront généralement indépendantes du mode d'intégration adopté, et même du choix de la variable par rapport à laquelle on intégrera. De plus, comme, dans le cas où la courbe $OO'O''\ldots$ se coupe elle-même, le point P, en reprenant deux ou plusieurs fois la même position, peut correspondre chaque fois à un nouveau système de valeurs des variables dépendantes x, y, z, $\ldots$, il est clair que, en vertu des intégrales complètes d'un système d'équations différentielles, les valeurs des variables dépendantes seront des fonctions multiples de t, du genre de celles qui se trouvent représentées par des intégrales dont les dérivées renferment des racines d'équations algébriques ou transcendantes. Effectivement ces valeurs de x, y, z, $\ldots$ pourront être regardées comme des intégrales définies, relatives à des arcs de courbes tracées dans le plan qui renferme le point mobile, et, à ce titre, ainsi que nous l'expliquerons dans un prochain article, elles jouiront des propriétés des fonctions que nous avons considérées dans le précédent Mémoire.

347.

Calcul intégral. — *Mémoire sur les diverses espèces d'intégrales d'un système d'équations différentielles.*

C. R., T. XXIII, p. 729 (19 octobre 1846).

Considérons $n+1$ variables x, y, z, $\ldots$, t, et supposons que ces variables doivent, non seulement vérifier n équations différentielles du premier ordre, mais encore prendre simultanément certaines valeurs initiales. En appliquant aux équations différentielles données l'intégration rectiligne ou curviligne, on pourra passer du système de valeurs initiales de $x, y, z, \ldots, t$ à un second système de valeurs nouvelles, très voisines des premières, puis de ce second système à un troisième, ... Si, en continuant de la sorte, on donne aux intégrales obtenues la plus grande extension possible, elles deviendront ce que nous avons appelé les *intégrales complètes* des équations différentielles données. Ces intégrales complètes varient et se modifient, quand on vient à changer le système des valeurs initiales attribuées aux diverses variables; mais elles restent les mêmes, quel que soit le mode d'intégration adopté, et quelle que soit la variable que l'on considère comme indépendante. En général, elles ne coïncident qu'entre certaines limites avec ce que nous avons appelé les *intégrales relatives à l'une des variables* considérée comme indépendante; et, tandis que les intégrales relatives à t, par exemple quand elles sont le produit d'une intégration rectiligne, fournissent, pour une valeur donnée de t, une valeur unique de chacune des variables $x, y, z, \ldots$, les intégrales complètes, au contraire, résolues par rapport à ces dernières variables, en fournissent communément des valeurs multiples. Sous peine d'introduire une étrange confusion dans l'Analyse infinitésimale, il importe de bien distinguer ces deux espèces d'intégrales, ainsi que les intégrales relatives à diverses variables indépendantes; et c'est pour n'avoir pas fait cette distinction que, dans l'Analyse transcendante, les géomètres sont parvenus très souvent à des formules qui ne s'accordent point avec celles qu'ils avaient prises pour point de départ. Les difficultés qui en résultent deviennent surtout sensibles quand on considère des équations différentielles dans lesquelles les variables sont séparées, ce qui permet d'effectuer l'intégration à l'aide d'intégrales définies. C'est particulièrement ce qui arrive dans la théorie des fonctions elliptiques et des intégrales abéliennes, quand on envisage cette théorie comme une branche du Calcul intégral; et, comme l'a très judicieusement observé M. Eisenstein dans un Mémoire que renferme le Journal de M. Liouville, on est alors conduit à des conclusions qui sont en contradiction manifeste avec les définitions que l'on a posées. Ainsi, par exemple, dans la théorie des fonctions elliptiques, on commence par définir le sinus de l'amplitude d'une variable t comme la fonction inverse d'une certaine intégrale définie relative à x; puis on prouve ensuite que cette fonction inverse x est périodique, et même doublement périodique; et cette proposition contredit la définition adoptée, puisqu'il est impossible d'admettre qu'une intégrale définie, dont la valeur est unique, offre néanmoins une infinité de valeurs distinctes. Pour éviter de se trouver en présence de semblables difficultés, M. Eisenstein a proposé de fonder, comme je l'ai fait moi-même en 1843, la théorie des fonctions elliptiques sur la considération des produits composés d'un nombre infini de facteurs. La principale différence qui existe entre la marche suivie par M. Eisenstein et celle que j'avais tracée consiste en ce qu'il prend pour point de départ, non pas les produits infinis simples, auxquels j'avais donné le nom de *factorielles géométriques*, mais les produits infinis doubles, dans lesquels on peut décomposer ces produits infinis simples à l'aide des formules relatives aux fonctions circulaires.

Au reste, au lieu d'éluder les difficultés de la question, je les aborde de front dans ce nouveau Mémoire; et je prouve que l'on peut, sans contradiction, établir la théorie des fonctions elliptiques ou même des transcendantes d'un ordre plus élevé sur la considération des intégrales définies, ou plus généralement des intégrales d'un système d'équations différentielles. Seulement il faut alors abandonner les définitions précédemment admises, et leur substituer des définitions nouvelles. Ainsi, par exemple, le sinus de l'amplitude d'une variable t ne sera plus la fonction inverse de l'intégrale définie ci-dessus mentionnée, et relative à x, mais la fonction inverse d'une autre intégrale définie produite par une intégration curviligne; ou, ce qui revient au même, ce sinus sera la valeur de x que fournit l'intégrale complète d'une équation différentielle de laquelle on tire la première intégrale définie, quand on cherche, non l'intégrale complète, mais l'intégrale relative à t, en la déduisant de l'intégration rectiligne. On voit, par cet exemple, combien il importe de comparer entre elles les diverses espèces d'intégrales qu'admet une équation différentielle, ou un système de semblables équations, et surtout d'indiquer une méthode à l'aide de laquelle on puisse déduire les intégrales complètes des intégrales produites par une intégration rectiligne, relative à l'une des variables considérée comme indépendante. On trouvera, dans mon Mémoire, des théorèmes généraux qui, en permettant de résoudre ce problème dans un grand nombre de cas, me paraissent devoir contribuer notablement aux progrès de l'Analyse infinitésimale.

Analyse.

§ I. — *Sur les intégrales limitées d'un système d'équations différentielles.*

Soient

$$x, \quad y, \quad z, \quad \ldots, \quad t$$

$n+1$ variables assujetties : 1° à vérifier n équations différentielles du premier ordre; 2° à varier ensemble par degrés insensibles et à prendre simultanément certaines valeurs initiales

$$\xi, \quad \eta, \quad \zeta, \quad \ldots, \quad \tau.$$

En considérant t comme variable indépendante, on pourra présenter les équations différentielles données sous la forme

$$(1) \qquad D_t x = X, \qquad D_t y = Y, \qquad D_t z = Z, \qquad \ldots,$$

X, Y, Z, ... étant ou des fonctions explicites des variables x, y, z, ..., t, ou, du moins, des fonctions implicites dont les valeurs seront celles que fourniront les équations différentielles données quand on y remplacera $D_t x$ par la lettre X, $D_t y$ par la lettre Y, ... Si ces mêmes équations fournissaient pour X, Y, Z, ... plusieurs systèmes de valeurs distinctes, alors à chacun de ces systèmes correspondrait un système particulier d'équations différentielles représentées par les formules (1).

Concevons maintenant que, u désignant une fonction des seules variables $x, y, z, \ldots$, on pose

(2) $$\nabla u = -\int_\tau^t (X \mathrm{D}_x u + Y \mathrm{D}_y u + Z \mathrm{D}_z u + \ldots)\, dt.$$

Si les fonctions $X, Y, Z, \ldots, u$ restent finies et continues par rapport aux variables $x, y, z, \ldots, t$ dans le voisinage des valeurs initiales ξ, $\eta, \zeta, \ldots, \tau$, alors, comme je l'ai prouvé dans divers Mémoires, la série

(3) $$u, \quad \nabla u, \quad \nabla^2 u, \quad \ldots$$

sera convergente, du moins pour un très petit module de la différence $t - \tau$; et, si l'on représente par

$$\Theta u$$

la somme de cette série, on aura identiquement

(4) $$\mathrm{D}_t \Theta u + X \mathrm{D}_x \Theta u + Y \mathrm{D}_y \Theta u + \ldots = 0.$$

Si, d'ailleurs, $x, y, z, \ldots, t$ varient simultanément de manière à vérifier les formules (1), l'équation (4) donnera

(5) $$d\Theta u = 0;$$

et, en remplaçant successivement u par x, par y, par $z, \ldots$, on tirera de la formule (5)

(6) $$d\Theta x = 0, \quad d\Theta y = 0, \quad d\Theta z = 0, \quad \ldots.$$

En vertu des équations (5), les fonctions de $x, y, z, \ldots, t$ et τ représentées par Θx, Θy, Θz, ... devront se réduire à des quantités constantes; et, comme les valeurs initiales de Θx, Θy, Θz coïncideront avec les valeurs initiales de $x, y, z, \ldots$, puisque Θu se réduit généralement au premier terme u de la série (3) pour une valeur nulle de la différence $t - \tau$, les formules (5) donneront

(7) $$\Theta x = \xi, \quad \Theta y = \eta, \quad \Theta z = \zeta, \quad \ldots.$$

Telles sont les équations finies auxquelles devront satisfaire, du moins entre certaines limites, les variables x, y, z, ..., t assujetties : 1° à vérifier les formules (1); 2° à prendre simultanément les valeurs initiales ξ, η, ζ, ..., τ. Dans quelques cas spéciaux, par exemple lorsque les équations différentielles proposées seront linéaires et à coefficients constants, la série (3) sera toujours convergente, et par suite les formules (7) s'étendront à des valeurs quelconques de t. Mais, en général, ces formules subsisteront seulement pour un module de la différence $t-\tau$ inférieur à une certaine limite que nous avons appris à calculer, et, pour cette raison, nous donnerons aux formules (7) le nom d'*intégrales limitées.*

Observons, au reste, que, en faisant usage de développements en séries et démontrant la convergence de ces séries à l'aide du calcul que j'ai nommé *Calcul des limites*, on peut obtenir, sous diverses formes, des intégrales limitées des équations (1). D'après ce qui a été dit, il est clair que, pour de très petites valeurs du module de la différence $t-\tau$, les valeurs de x, y, z, ..., tirées de ces diverses intégrales, vérifieront les équations (6) et, par conséquent, les formules (7).

Observons encore que, en vertu des principes établis dans le Mémoire *Sur la nature et les propriétés des racines d'une équation qui renferme un paramètre variable*, les formules (7), résolues par rapport aux variables x, y, z, ..., fourniront, pour chacune de ces variables, une valeur unique, du moins quand le module de la différence $t-\tau$ ne dépassera pas une certaine limite supérieure. En conséquence, on peut énoncer la proposition suivante :

Théorème. — *Considérons $n+1$ variables x, y, z, ..., t assujetties : 1° à vérifier n équations différentielles du premier ordre; 2° à varier ensemble par degrés insensibles et à prendre simultanément certaines valeurs initiales ξ, η, ζ, ..., τ. Si les fonctions déterminées X, Y, Z, ..., qui, en vertu de ces équations différentielles, représentent les dérivées $D_t x$, $D_t y$, $D_t z$, ... des variables x, y, z, ..., restent finies et continues par rapport aux variables x, y, z, ..., t dans le voisinage des valeurs ini-*

tiales ξ, η, ζ, ..., τ; alors, pour un module de la différence $t - \tau$ inférieur à une certaine limite, on pourra satisfaire aux conditions énoncées en attribuant à x, y, z, ... un certain système de valeurs très voisines de ξ, η, ζ, ...; et ce système de valeurs, qui sera unique, pourra se déduire des formules (7).

Ajoutons que l'on arriverait à des conclusions toutes semblables si l'on cherchait à exprimer, non plus x, y, z, ... en fonction de t, mais t, y, z, ... en fonction de x, et qu'alors, pour un module de la différence $x - \xi$ inférieur à une certaine limite, les valeurs de t, y, z, ... en x pourraient encore se déduire des formules (7).

Remarquons, enfin, que les valeurs des diverses variables, exprimées en fonctions de l'une d'entre elles, par exemple les valeurs de x, y, z, ... exprimées en fonction de t, seront généralement, en vertu des formules (7), des fonctions continues, non seulement de la variable t, mais encore des valeurs initiales ξ, η, ζ, ..., τ attribuées aux diverses variables.

§ II. — *Sur les intégrales rectilignes et curvilignes d'un système d'équations différentielles.*

Étant données les équations (1) du § I avec les valeurs initiales ξ, η, ζ, ..., τ des diverses variables x, y, z, ..., t, prenons t pour variable indépendante. Considérons d'ailleurs dans cette variable, qui peut acquérir des valeurs quelconques, réelles ou imaginaires, la partie réelle et le coefficient de $\sqrt{-1}$ comme propres à représenter les coordonnées rectangulaires d'un point mobile dans un plan horizontal, et nommons O la position de ce point correspondante à la valeur τ de t. Si les fonctions X, Y, Z, ... restent finies et continues par rapport aux diverses variables quand on attribue à celles-ci des valeurs très approchées de leurs valeurs initiales, on pourra, en vertu des équations différentielles proposées, ou plutôt en vertu de leurs intégrales fournies par l'une des méthodes que nous avons rappelées dans le § I, passer des valeurs initiales ξ, η, ζ, ... des variables dépendantes x, y, z, ... à des valeurs très voisines qui correspondront à une nouvelle valeur de t très voisine de τ, et, par conséquent, à un nouveau point O′ très rapproché du point O. On pourra de la même manière, si les fonctions X, Y, Z, ... restent finies dans le voisinage du système des nouvelles valeurs de x, y, z,′..., t correspondantes au point O′, passer de ce nouveau système à un troisième auquel répondra un nouveau point O″ très voisin de O′, etc. En continuant ainsi, on obtiendra une série de points O, O′, O″, ... que l'on pourra supposer situés sur une certaine ligne droite ou courbe O O′O″...; et si chacun de ces points correspond toujours à des valeurs de x, y, z, ..., t dans le voisinage desquelles les fonctions X, Y, Z, ... restent finies et continues, cette série pourra se prolonger indéfiniment. Comme d'ailleurs les intégrales trouvées feront connaître les valeurs de x, y, z, ... correspondantes, non seulement aux points O, O′, O″, ..., mais encore aux points situés sur la ligne que l'on considère, entre O et O′, entre O′ et O″, ..., il est clair que les valeurs de x, y, z, ..., envisagées comme fonctions de t, seront connues pour un point quelconque de cette ligne. Les intégrales ainsi produites par une intégration *en ligne droite* ou *en ligne courbe* devront être naturellement désignées sous le nom d'*intégrales rectilignes* ou *curvilignes* du système des équations différentielles proposées. Du mode de formation de ces intégrales il résulte évidemment que les valeurs qu'elles fourniront pour x, y, z, ... varieront, en général, par degrés insensibles avec la variable indépendante t, et, par conséquent, avec la position du point mobile P sur la ligne O O′O″.

Les intégrales obtenues seront rectilignes si les valeurs successivement attribuées à la variable t sont telles que l'argument de la différence $t - \tau$ reste invariable; elles seront curvilignes dans le cas contraire.

Lorsque X, Y, Z, ... se réduisent à des fonctions de la seule variable t, alors, t étant pris pour variable indépendante, les intégrales rectilignes des équations (1) du § I peuvent être représentées par les formules

$$(1) \qquad x-\xi=\int_{\tau}^{t} X\,dt, \qquad y-\eta=\int_{\tau}^{t} Y\,dt, \qquad \ldots.$$

Il y a plus : les valeurs de $x, y, z, \ldots$ en t, fournies par les intégrales rectilignes, devront satisfaire, dans tous les cas, à ces dernières formules, qui peuvent être considérées comme suffisant à déterminer complètement ces valeurs.

Si l'intégration devient curviligne ou, en d'autres termes, si t varie de manière que la ligne $OO'O''\ldots$, tracée par le point mobile P, soit courbe, alors, en nommant s l'arc de cette courbe mesuré à partir de la position initiale O du point P, on devra, aux formules (1), substituer les suivantes

$$(2) \qquad x-\xi=\int_{0}^{s} X\,D_s t\,ds, \qquad y-\eta=\int_{0}^{s} Y\,D_s t\,ds, \qquad \ldots,$$

qui peuvent être considérées comme suffisant à déterminer complètement les valeurs de $x, y, z, \ldots$.

Si des formules (2) ou, ce qui revient au même, des intégrales curvilignes, on veut revenir aux intégrales rectilignes représentées par les formules (1), il suffira de remplacer l'arc s par le module de la différence $t-\tau$, et $D_s t$ par l'exponentielle trigonométrique qui offre pour argument l'argument de cette même différence.

Jusqu'ici nous avons admis que les fonctions $X, Y, Z, \ldots$ restaient finies et continues par rapport aux variables $x, y, z, \ldots, t$, dans le voisinage des valeurs correspondantes à chacun des points O, O', O'', ..., ce qui suppose que ces mêmes valeurs restent finies. Admettons maintenant la supposition contraire, et concevons qu'à un point C de la ligne $OO'O''\ldots$ corresponde une valeur infinie de quelqu'une des variables $x, y, z, \ldots$, ou bien encore qu'en ce point l'une des fonctions $X, Y, Z, \ldots$ devienne discontinue. Pour savoir ce qu'alors on devra nommer les intégrales rectilignes ou curvilignes des équations différentielles proposées, il suffira d'étendre à ce cas-là même les formules (1) ou (2), et de considérer encore ces formules comme les équations auxquelles devront satisfaire les valeurs de x, y, z, ... fournies par ces intégrales. En vertu de l'extension dont il s'agit, les i ntgrales rectilignes ou curvilignes prendront une nature semblable à celle des intégrales définies dans lesquelles la fonction sous le signe $\int$ devient discontinue. Si la discontinuité consiste en un changement brusque de valeur dans une fonction qui reste finie, les intégrales rectilignes ou curvilignes conserveront des valeurs finies et déterminées. Mais, si l'une des fonctions X, Y, Z, ... devient infinie, ces intégrales pourront, ou devenir infinies, ou offrir des valeurs indéterminées, c'est-à-dire un nombre infini de valeurs parmi lesquelles on devra distinguer des *valeurs principales*. Observons d'ailleurs que les intégrales rectilignes ou curvilignes, quand elles deviendront indéterminées, représenteront une sorte d'intégrales singulières des équations différentielles données, et correspondront, si la ligne $OO'O''$... est droite, à certaines directions particulières de cette ligne, savoir aux directions qu'elle prendra quand on la fera passer par un point C auquel répondra une valeur infinie de quelqu'une des fonctions X, Y, Z, ... Ajoutons que, si à cette direction singulière on substitue deux autres directions qui en soient très voisines, les valeurs de x, y, z, ..., tirées des intégrales rectilignes, pourront varier brusquement, leurs variations pouvant être représentées dans beaucoup de cas à l'aide des résidus de certaines fonctions. Pareillement, si la ligne $OO'O''$..., étant courbe, renferme un point C auquel réponde une valeur infinie de quelqu'une des fonctions X, Y, Z, ..., alors il suffira souvent de faire subir à cette ligne de très légers changements de forme, ou même de position, en la faisant tourner d'une quantité très petite autour du point O, pour que les valeurs de x, y, z, ..., tirées des intégrales curvilignes, éprouvent des variations brusques et instantanées.

Pour appliquer ces principes généraux à un exemple très simple, supposons que les formules (1) du § I soient réduites à la seule équation différentielle

$$(3) \qquad D_t x = \frac{1}{t},$$

et prenons o, 1 pour valeurs initiales des variables x, t. L'intégrale rectiligne de cette équation différentielle sera

$$x = \int_1^t \frac{dt}{t} = 1t.$$

Dans ce même cas, la fonction X, réduite à $\frac{1}{t}$, deviendra infinie pour $t = 0$. Cela posé, soient O, C les points correspondants aux valeurs 1 et o de t. Si la droite OO′ ne passe pas par le point C, et si l'on fait varier t à partir de sa valeur initiale 1, la valeur correspondante de x fournie par l'intégrale rectiligne

$$(4) \qquad x = 1t$$

variera, par degrés insensibles, avec t. Il y a plus : cette valeur de x variera encore par degrés insensibles quand la droite OO′ tournera autour du point O, dans un sens ou dans un autre, en décrivant un très petit angle. Mais il n'en sera plus de même si l'on fait prendre à la droite OO′ la position singulière OC, et si, en même temps, on attribue à t une valeur négative $-a$, a étant un nombre quelconque. Alors, en effet, l'intégrale définie

$$\int_1^{-a} \frac{dt}{t}$$

deviendra indéterminée, sa valeur principale étant $1a$; et si, en faisant varier infiniment peu la direction de OO′, on pose successivement

$$t = -a - \varepsilon\sqrt{-1}, \qquad t = -a + \varepsilon\sqrt{-1},$$

ε étant un nombre infiniment petit, on obtiendra deux nouvelles valeurs de x très distinctes de $1a$, savoir

$$1(-a - \varepsilon\sqrt{-1}) \quad \text{et} \quad 1(-a + \varepsilon\sqrt{-1})$$

ou, à très peu près,

$$la - \pi\sqrt{-1} \quad \text{et} \quad la + \pi\sqrt{-1}.$$

Observons d'ailleurs que ces deux valeurs offriront pour demi-somme la valeur la correspondante à la direction OC, la différence entre chacune d'elles et la étant égale, au signe près, au produit

$$\pi\sqrt{-1} = \mathcal{E}\left(\frac{1}{t}\right)\sqrt{-1}.$$

En terminant ce paragraphe, il est bon de rappeler que les intégrales rectilignes d'un système d'équations différentielles sont généralement modifiées quand on change de variable indépendante. Il y a plus : elles se trouvent souvent modifiées quand, aux valeurs initiales des variables, on substitue d'autres valeurs qui vérifient ces mêmes intégrales. Ainsi, par exemple, quoiqu'on satisfasse à la formule (4) en posant

$$t = \sqrt{-1}, \qquad x = \frac{\pi}{2}\sqrt{-1},$$

néanmoins l'intégrale rectiligne qu'on déduit de l'équation (3), en prenant ces valeurs de t et de x pour valeurs initiales, savoir

$$(5) \qquad x - \frac{\pi}{2}\sqrt{-1} = l\left(\frac{t}{\sqrt{-1}}\right),$$

est distincte de la formule (4), et ne s'accorde avec elle que pour des valeurs de l'argument de t, renfermées entre les limites $-\frac{\pi}{2}$, $+\pi$.

§ III. — *Sur les intégrales complètes d'un système d'équations différentielles.*

Supposons que, en prenant t pour variable indépendante, on applique l'intégration curviligne aux équations (1) du § I. Si l'on nomme toujours P le point mobile qui correspond aux diverses valeurs réelles ou imaginaires de t, O la position initiale de ce point, OO′O″... la courbe qu'il décrit, et s l'arc de cette courbe mesuré à partir du point O, les intégrales curvilignes des équations données pourront être représentées, comme on l'a dit, par les formules (2) du § II. Observons maintenant que, dans ces intégrales, l'arc s pourra croître indéfiniment, la courbe OO′O″... pouvant être indéfiniment prolongée, et la forme de cette courbe étant d'ailleurs entièrement arbitraire. Quelle que soit cette forme, et quel que soit le nombre des circonvolutions à la suite desquelles le point mobile P atteindra une position donnée, les valeurs de $x, y, z, \ldots$, fournies par les intégrales curvilignes et correspondantes à des positions très voisines de celles dont il s'agit, varieront généralement avec s et t par degrés insensibles lorsqu'on fera mouvoir le point P sur la courbe qu'il décrivait, ou même lorsqu'on fera varier infiniment peu la forme de cette courbe. Il n'y aura d'exception à cet égard que dans le cas particulier où le point P, en se mouvant sur la courbe OO′O″..., finirait par atteindre une position à laquelle correspondraient des valeurs infinies de l'une des variables $x, y, z, \ldots$ ou de l'une des fonctions $X, Y, Z, \ldots$, par conséquent l'une des positions occupées par les points C, C′, C″, ... pour lesquels $x, y, z, \ldots$ ou $X, Y, Z, \ldots$ deviennent infinies. Or ces derniers points sont nécessairement des points isolés. Si l'on faisait passer la courbe OO′O″... par l'un d'entre eux, les valeurs de $x, y, z, \ldots$, fournies par les intégrales rectilignes, pourraient devenir indéterminées et offrir des valeurs principales qui différeraient notablement des valeurs correspondantes à d'autres courbes très voisines. Cela posé, concevons que l'on veuille donner aux intégrales curvilignes la plus grande extension possible, mais cependant avec la condition que les valeurs de $x, y, z, \ldots$ varient par degrés insensibles avec la position du point P. Il suffira évidemment d'admettre que l'on fait prendre successivement à la courbe OO′O″... toutes les formes imaginables, mais en évitant de la faire jamais passer par l'un des points isolés C, C′, C″, ..., dont elle pourra néanmoins s'approcher indéfiniment. C'est alors que l'on obtiendra ce que nous appelons les *intégrales complètes* des équations différentielles proposées. Ainsi définies, les intégrales complètes ne seront point modifiées quand on prendra pour variable indépendante, au lieu de t, une quelconque des autres variables x, y, z, ... Ajoutons que les valeurs de x, y, z, ... en t, fournies par ces intégrales, seront, en général, des fonctions multiples de t, souvent même des fonctions qui, pour chaque valeur de t, offriront une infinité de valeurs distinctes, ou bien encore une infinité de valeurs très voisines les unes des autres. Mais il peut aussi arriver que les intégrales complètes offrent, pour chaque valeur donnée de t, une valeur unique, et alors elles coïncident nécessairement avec les intégrales rectilignes relatives à t. C'est ce qui aura lieu, en particulier, pour une certaine classe d'équations différentielles que nous allons indiquer.

Supposons que, dans les équations (1) du § I, X, Y, Z, ... représentent des fonctions toujours continues des variables $x, y, z, \ldots, t$, c'est-à-dire des fonctions qui restent continues dans le voisinage de valeurs finies quelconques attribuées à ces mêmes variables. Alors, en vertu des principes que nous avons établis, les valeurs de $x, y, z, \ldots$, fournies par une intégration rectiligne relative à t, varieront avec t par degrés insensibles et seront fonctions continues de t, à moins que t ne s'approche indéfiniment d'une valeur à laquelle correspondent des valeurs infinies de quelques-unes des variables $x, y, z, \ldots$. Cela posé, pour savoir si les intégrales complètes diffèrent ou ne diffèrent pas des intégrales rectilignes relatives à t, il suffira évidemment d'examiner si, quand une ou plusieurs des variables $x, y, z, \ldots$ deviennent infinies, les inverses de ces variables, représentées par les rapports $\frac{1}{x}, \frac{1}{y}, \frac{1}{z}, \ldots$, restent fonctions continues de t. Or c'est ce qui arrivera certainement si la propriété qu'avaient les équations différentielles proposées de fournir, pour les dérivées $D_t x$, $D_t y$, $D_t z$, ... des variables dépendantes $x, y, z, \ldots$, des valeurs représentées par des fonctions toujours continues, subsiste encore dans le cas où l'on remplace celles des variables x, y, z, ... qui deviennent infinies par de nouvelles variables $x', y', z', \ldots$ liées aux premières par des équations de la forme

$$x' = \frac{1}{x}, \qquad y' = \frac{1}{y}, \qquad z' = \frac{1}{z}, \qquad \ldots.$$

Pour éclaircir ce qui vient d'être dit à l'aide d'un exemple très simple, supposons que les équations différentielles données se réduisent à une seule équation de la forme

$$(1)\qquad D_t x = f(x, t).$$

Si, dans cette équation, on substitue à la variable x la variable $x' = \frac{1}{x}$, on trouvera

$$(2)\qquad D_t x' = -x'^2 f\left(\frac{1}{x'}, t\right).$$

Cela posé, pour que l'intégrale complète de l'équation (1) ne diffère pas de l'intégrale rectiligne relative à t, il suffira que, des deux expressions

$$f(x, t), \quad x'^2 f\left(\frac{1}{x'}, t\right),$$

la première soit une fonction toujours continue des variables x, t, et la seconde une fonction toujours continue des variables x', t. C'est précisément ce qui aura lieu si $f(x, t)$ est une fonction toujours continue de t, et, en même temps, une fonction entière de x, du premier ou du second degré. Ainsi, en particulier, si l'on désigne par $\mathrm{f}(t)$, $\mathrm{F}(t)$ deux fonctions toujours continues de t, l'intégrale complète de l'équation linéaire

$$(3)\qquad D_t x = x\,\mathrm{f}(t) + \mathrm{F}(t)$$

ne différera pas de son intégrale relative à t, et par suite la valeur de x que fournira l'intégrale relative à t, savoir

$$(4)\qquad x = e^{\int_\tau^t \mathrm{f}(t)\,dt}\left(\xi + \int_\tau^t \mathrm{F}(t)\,e^{-\int_\tau^t \mathrm{f}(t)\,dt}\,dt\right),$$

sera une fonction toujours continue de t. Ajoutons que l'on pourra encore en dire autant si, à l'équation (3), on substitue la suivante

$$(5)\qquad D_t x = x^2 + t^2$$

ou, plus généralement, la suivante

$$\text{(6)} \qquad D_t x = x^2 f(t) + x f_1(t) + f_2(t),$$

$f(t)$, $f_1(t)$, $f_2(t)$ désignant trois fonctions toujours continues de t.

Lorsque les intégrales complètes d'un système d'équations différentielles ne se confondent pas avec les intégrales rectilignes relatives à t, il importe de comparer entre elles ces deux espèces d'intégrales, et surtout de voir comment on peut passer des unes aux autres. Telle est la question qui est traitée dans la dernière Partie de mon Mémoire, et sur laquelle je reviendrai prochainement.

348.

Analyse mathématique. — *Mémoire sur les valeurs moyennes des fonctions.*

C. R., T. XXIII, p. 740 (19 octobre 1846).

Simple énoncé.

349.

Calcul intégral. — *Sur les rapports et les différences qui existent entre les intégrales rectilignes d'un système d'équations différentielles et les intégrales complètes de ces mêmes équations.*

C. R., T. XXIII, p. 779 (26 octobre 1846).

Dans la dernière séance, j'ai fait voir combien il importe de distinguer les unes des autres et de comparer entre elles les diverses espèces d'intégrales qu'admet un système d'équations différentielles. J'ai ajouté que j'étais parvenu à établir des théorèmes généraux, à l'aide desquels on peut effectuer cette comparaison et déduire les intégrales complètes des intégrales produites par une intégration rectiligne, relative à l'une des variables considérée comme indépendante. Je vais aujourd'hui réaliser la promesse que j'avais faite de revenir sur cette question, et montrer comment on peut la résoudre, en s'appuyant sur la théorie des intégrales définies singulières et sur la considération des fonctions continues.

Analyse.

Soient toujours

$$x, \quad y, \quad z, \quad \ldots, \quad t$$

$n+1$ variables assujetties : 1° à vérifier n équations différentielles du premier ordre; 2° à varier ensemble par degrés insensibles et à prendre simultanément certaines valeurs initiales

$$\xi, \quad \eta, \quad \zeta, \quad \ldots, \quad \tau.$$

En considérant t comme variable indépendante, on pourra présenter les équations différentielles données sous la forme

$$(1) \qquad D_t x = X, \qquad D_t y = Y, \qquad D_t z = Z, \qquad \ldots,$$

X, Y, Z, ... étant, ou des fonctions explicites des variables x, y, z, ..., t, ou du moins des fonctions implicites dont les valeurs seront celles que fourniront les équations différentielles quand on y remplacera $D_t x$ par la lettre X, $D_t y$ par la lettre Y, ... Si ces mêmes équations fournissaient, pour X, Y, Z, ..., plusieurs systèmes de valeurs distinctes, alors, à chacun de ces systèmes correspondrait, comme nous l'avons dit, un système particulier d'équations différentielles représentées par les formules (1).

Concevons maintenant que, dans la variable indépendante t, on considère la partie réelle et le coefficient de $\sqrt{-1}$ comme propres à représenter les coordonnées rectangulaires d'un point P qui se meut dans un plan horizontal; et nommons O la position initiale de ce point correspondante à la valeur τ de t. Supposons encore que l'on joigne le point O au point P : 1° par une droite OP; 2° par une courbe

OO′O″...P, dont la longueur, mesurée à partir du point O, soit représentée par la lettre s. Supposons enfin que, dans les équations (1), X, Y, Z, ... représentent des fonctions complètement déterminées des variables x, y, z, ..., t. Tandis que l'on prolongera indéfiniment la droite OP, ou la courbe OO′...P, les variables x, y, z, ... assujetties: 1° à prendre, pour la valeur initiale τ de t, les valeurs initiales correspondantes ξ, η, ζ, ...; 2° à varier avec t ou s par degrés insensibles, et à vérifier les équations (1), seront ce que nous avons appelé les *intégrales rectilignes* ou *curvilignes* de ces mêmes équations, et satisferont, dans le premier cas, aux formules

$$(2)\quad x-\xi=\int_\tau^t X\,dt,\qquad y-\eta=\int_\tau^t Y\,dt,\qquad z-\zeta=\int_\tau^t Z\,dt,\quad \ldots;$$

dans le second cas, aux formules

$$(3)\quad x-\xi=\int_0^s X\,\mathrm{D}_s t\,ds,\quad y-\eta=\int_0^s Y\,\mathrm{D}_s t\,ds,\quad z-\zeta=\int_0^s Z\,\mathrm{D}_s t\,ds,\quad \ldots.$$

Ajoutons que, si la droite OP ou la courbe OO′...P vient à se déplacer en tournant d'une quantité très petite autour du point O, les valeurs de x, y, z, ..., fournies par les intégrales rectilignes ou curvilignes, varieront très peu elles-mêmes, à moins que la droite OP, ou la courbe OO′...P, ne passe par un ou plusieurs des points isolés C, C′, C″, ... auxquels correspondent des valeurs infinies de quelques-unes des variables x, y, z, ..., ou de quelques-unes des fonctions X, Y, Z, ... Quant aux *intégrales complètes*, elles ne seront autre chose que le système de toutes les intégrales curvilignes correspondantes à toutes les formes imaginables de la courbe OO′...P, ou plutôt à toutes les formes que cette courbe pourra prendre, sans jamais passer par l'un des points C, C′, C″, ... dont il lui sera néanmoins permis de s'approcher indéfiniment. Cette restriction est nécessaire lorsqu'on veut conserver aux intégrales complètes la propriété remarquable de fournir, pour les variables indépendantes x, y, z, ..., des valeurs qui varient toujours par degrés insensibles avec la variable indépendante t, quelle que soit d'ailleurs la variation réelle ou imaginaire de t, ou, ce qui revient au même, quelle que soit la direction suivant laquelle se déplace le point mobile P.

Ces définitions étant admises, et t étant toujours considéré comme variable indépendante, supposons que, à l'aide d'un procédé quelconque, on ait obtenu les intégrales rectilignes des équations (1), et soient

$$(4) \qquad x = \varphi(t), \quad y = \chi(t), \quad z = \psi(t), \quad \ldots$$

ces mêmes intégrales. Soient encore

$$\mathfrak{X}, \quad \mathfrak{Y}, \quad \mathfrak{Z}, \quad \ldots$$

les fonctions de t auxquelles se réduisent

$$X, \quad Y, \quad Z, \quad \ldots$$

quand on y substitue les valeurs de x, y, z, ... tirées des formules (4). On aura identiquement

$$(5) \quad \varphi(t) - \xi = \int_\tau^t \mathfrak{X}\,dt, \quad \chi(t) - \eta = \int_\tau^t \mathfrak{Y}\,dt, \quad \psi(t) - \zeta = \int_\tau^t \mathfrak{Z}\,dt, \quad \ldots.$$

Soient, d'autre part, r la longueur du rayon vecteur OP, et p l'angle polaire qu'il décrit, cet angle étant mesuré à partir de la direction primitive du rayon, c'est-à-dire à partir de la direction de la tangente menée par le point O à la courbe OO′P. On aura

$$(6) \qquad t - \tau = r\,e^{p\sqrt{-1}};$$

et, dans cette dernière formule, l'angle p, d'abord positif, pourra, ou croître indéfiniment, si le rayon vecteur r tourne toujours dans le même sens autour du point O, ou bien, après avoir crû pendant un certain temps, décroître ensuite. Il y a plus : l'angle p pourra subir des accroissements et décroissements alternatifs, en vertu desquels il acquerra une infinité de valeurs positives ou même négatives. Ajoutons qu'à ces accroissements ou décroissements correspondront, pour le rayon vecteur r, des mouvements de rotation qui s'effectueront en sens contraires, et en vertu desquels il pourra reprendre plusieurs fois une direction donnée.

Cela posé, considérons le rayon vecteur OP ou r parvenu dans une position telle que, avant de l'atteindre, il ait toujours tourné dans le même sens, en décrivant un angle inférieur à quatre droits. Nommons S l'aire comprise entre la courbe OO'...P et la droite OP. Le contour en partie curviligne, en partie rectiligne, qui terminera cette aire, sera un contour fermé; et, si l'on nomme (S) ce que devient l'intégrale

$$\int \mathcal{X}\, \mathrm{D}_s t\, ds,$$

quand on la suppose étendue à tous les points de ce contour, c'est-à-dire quand on considère la droite PO comme propre à représenter le prolongement de l'arc s, on aura évidemment

$$(7) \qquad (\mathrm{S}) = \int_0^s \mathcal{X}\, \mathrm{D}_s t\, ds - \int_\tau^t \mathcal{X}\, dt.$$

Supposons d'ailleurs que les fonctions X, Y, Z, ... restent finies et continues par rapport aux variables $x, y, z, \ldots, t$ dans le voisinage de valeurs liées entre elles par les équations (4) et correspondantes à un point quelconque de la surface S. Alors les fonctions de t, désignées par $\mathcal{X}$, $\mathcal{Y}$, $\mathcal{Z}$, ..., resteront elles-mêmes finies et continues dans le voisinage d'une valeur de t correspondante à un point quelconque de cette surface; et, en vertu de ce qui a été dit dans la séance du 3 août dernier, on aura

$$(8) \qquad (\mathrm{S}) = 0;$$

par suite, la formule (7) donnera

$$(9) \qquad \int_0^s \mathcal{X}\, \mathrm{D}_s t\, ds = \int_\tau^t \mathcal{X}\, dt;$$

et, comme on obtiendra des résultats semblables en remplaçant $\mathcal{X}$

par $\mathfrak{Y}$, par $\mathfrak{Z}$, ..., on trouvera définitivement

$$(10)\qquad \int_0^s \mathfrak{X}\, D_s t\, ds = \int_\tau^t \mathfrak{X}\, dt, \qquad \int_0^s \mathfrak{Y}\, D_s t\, ds = \int_\tau^t \mathfrak{Y}\, dt, \qquad \ldots$$

ou, ce qui revient au même, eu égard aux équations (5),

$$(11)\qquad \varphi(t) - \xi = \int_0^s \mathfrak{X}\, D_s t\, ds, \qquad \chi(t) - \eta = \int_0^s \mathfrak{Y}\, D_s t\, ds, \qquad \ldots.$$

Or il suit des formules (11) que les valeurs de x, y, z, ..., fournies par les équations (4), satisfont aux formules (3). Ces valeurs représenteront donc, non seulement les intégrales rectilignes, mais encore les intégrales curvilignes des équations (1), et même elles seront les seules que pourra fournir l'intégration curviligne, lorsque, en partant du point O pour arriver au point P, on suivra la courbe OO'...P, puisque, dans tous les points de cette courbe, elles produiront des valeurs finies $\mathfrak{X}$, $\mathfrak{Y}$, $\mathfrak{Z}$, ... des fonctions X, Y, Z, ..., qui, par hypothèse, resteront continues dans le voisinage de ces mêmes points (*voir* le théorème des pages 176-177). En conséquence, on pourra énoncer la proposition suivante :

Théorème I. — *Supposons les $n+1$ variables x, y, z, ..., t assujetties : 1° à vérifier les équations* (1), *dans lesquelles X, Y, Z, ... désignent des fonctions déterminées de x, y, z, ..., t; 2° à varier ensemble par degrés insensibles et à prendre simultanément les valeurs initiales ξ, η, ζ, ..., τ. Considérons d'ailleurs, dans la variable t, la partie réelle et le coefficient de $\sqrt{-1}$ comme propres à représenter les coordonnées rectangulaires d'un point* P *qui se meut dans un plan horizontal, et nommons* O *la position initiale de ce point correspondante à la valeur τ de t. Enfin représentons les intégrales rectilignes des équations* (1) *par les formules* (4); *joignons le point* O *au point* P: 1° *par la droite* OP; 2° *par une courbe* OO'...P; *supposons le rayon mobile* OP *parvenu dans une position telle que, avant de l'atteindre, il ait toujours tourné dans le même sens en décrivant un angle inférieur à quatre droits; et nommons* S *la surface que terminent, d'une part, ce rayon vecteur, d'autre part, la courbe* OO'...P. *Si les fonctions*

X, Y, Z, ... restent finies et continues par rapport aux variables x, y, z, ..., t, dans le voisinage de valeurs liées entre elles par les formules (4) *et correspondantes à un point quelconque de la surface* S, *les valeurs de x, y, z, ..., données par ces formules, coïncideront, pour chaque point de la courbe* OO'...P, *avec les valeurs de x, y, z, ... que l'on déduirait de l'intégration curviligne, en faisant décrire cette courbe au point mobile.*

Corollaire. — Soit R un point situé sur la courbe OO'...P, entre les deux points extrêmes O, P, et nommons s, t les valeurs de s, t correspondantes au point R. La formule (9) donnera

$$\int_0^{s} \mathcal{X}\,\mathrm{D}_s t\,dt = \int_\tau^{t} \mathcal{X}\,dt. \tag{12}$$

De plus, si l'on nomme $\mathfrak{s}$ l'aire que terminent, d'une part, les rayons vecteurs OR, OP, d'autre part, la portion de courbe RP, et si l'on nomme ($\mathfrak{s}$) ce que devient l'intégrale

$$\int \mathcal{X}\,\mathrm{D}_s t\,ds$$

quand on la suppose étendue à tous les points du contour de la surface $\mathfrak{s}$, on aura évidemment

$$(\mathfrak{s}) = \int_\tau^{t} \mathcal{X}\,dt + \int_s^{s} \mathcal{X}\,\mathrm{D}_s t\,ds - \int_\tau^{t} \mathcal{X}\,dt, \tag{13}$$

et à la formule (8) on pourra joindre la suivante :

$$(\mathfrak{s}) = 0; \tag{14}$$

or, de cette dernière, jointe à la formule (13), on tirera

$$\int_s^{s} \mathcal{X}\,\mathrm{D}_s t\,ds = \int_\tau^{t} \mathcal{X}\,dt - \int_\tau^{t} \mathcal{X}\,dt; \tag{15}$$

et il suffira, évidemment, de combiner entre elles, par voie d'addition, les formules (12) et (15), pour retrouver l'équation (9).

Ce n'est pas tout. La démonstration que nous venons de donner de la formule (15) continuera évidemment de subsister, si le rayon vecteur r, après avoir tourné dans un sens pour atteindre la direction OR, tourne en sens contraire pour atteindre la direction OP; et, comme les formules (12) et (15), combinées entre elles par voie d'addition, reproduisent toujours l'équation (9), il est clair que cette dernière équation doit être étendue, avec le théorème I, au cas où le rayon vecteur r, avant d'atteindre sa position finale, tourne d'abord dans un sens, puis en sens contraire. Il y a plus : si, avant d'atteindre sa position finale, le rayon vecteur OP tourne alternativement dans un sens et dans un autre plusieurs fois de suite, on pourra diviser l'arc s en plusieurs parties, dont chacune soit comprise entre deux points tellement choisis, que le rayon vecteur tourne toujours dans le même sens quand son extrémité passe d'un de ces points à l'autre; et, pour retrouver alors le théorème I, il suffira de combiner entre elles, par voie d'addition, les diverses formules correspondantes aux diverses parties de l'arc s. En conséquence, on peut énoncer la proposition suivante :

Théorème II. — *Les mêmes choses étant posées que dans le théorème I, avec cette seule différence que, avant d'atteindre sa position finale, le rayon vecteur* OP *tourne tantôt dans un sens, tantôt dans un autre, en décrivant des angles quelconques, nommons* S *la portion de surface plane dont les divers points sont précisément ceux que rencontre dans son mouvement le rayon vecteur* OP. *Si les fonctions* X, Y, Z, ... *restent finies et continues par rapport aux variables* x, y, z, ..., t, *dans le voisinage de valeurs liées entre elles par les formules* (4) *et correspondantes à un point quelconque de la surface* S, *les valeurs de* x, y, z, ..., *données par ces formules, coïncideront, pour chaque point de la courbe* OO'...P, *avec les valeurs de* x, y, z, ..., *que l'on déduirait de l'intégration curviligne, en faisant décrire cette courbe au point mobile.*

Corollaire. — Il est important d'observer que le théorème précédent subsisterait dans le cas même ou le contour OO'...P serait en partie rectiligne et en partie curviligne, par exemple dans le cas où ce contour se composerait d'un rayon vecteur OO' mené du point O au point O', et d'une portion de courbe O'P tracée entre les points O' et P.

En s'appuyant sur les théorèmes que nous venons d'établir, on résout facilement la question suivante :

Problème. — *Les lettres X, Y, Z, ... étant des fonctions déterminées des variables x, y, z, ..., t, supposons que les intégrales rectilignes des équations* (1) *soient connues et représentées par les formules* (4). *Supposons encore que, les variables x, y, z, ..., t étant liées entre elles par les formules* (4), *les fonctions X, Y, Z, ... ne deviennent discontinues qu'en devenant infinies, pour certaines valeurs particulières de t correspondantes à certains points isolés* C, C', C'', ... *On demande les intégrales curvilignes, correspondantes à une courbe* OO'O'', ... *tracée arbitrairement dans le plan qui renferme le point mobile* P, *et prolongée indéfiniment, à partir du point* O.

Solution. — Les valeurs initiales des variables étant supposées les mêmes dans l'intégration rectiligne et dans l'intégration curviligne, il résulte du théorème II que les intégrales curvilignes se confondront avec les intégrales rectilignes jusqu'au moment où le rayon vecteur r, mené du point O à la courbe, rencontrera un ou plusieurs des points isolés C, C', C'', ..., par exemple le point C. Nommons R la position que prendra en ce moment l'extrémité P du rayon vecteur, et R', R'' deux positions infiniment voisines situées, l'une en deçà, l'autre au delà de la position R. Soient enfin x, y, z, ... les valeurs de x, y, z, ... fournies par les équations (4) au moment où le point mobile P atteint la position R ou plutôt la position R'. Le rayon vecteur r continuant à se mouvoir, le point mobile P passera de la position R' à la position infiniment voisine R'', à laquelle correspondront, en vertu de l'intégration curviligne, des valeurs de x, y, z, ... qui différeront infiniment peu de x, y, z, ... Mais il n'en sera plus de même des valeurs de x, y, z, ... fournies par l'intégration rectiligne; et pour que, dans le passage du point O au point R'', l'intégration rectiligne reproduise des valeurs de x, y, z, ... sensiblement égales à x, y, z, ..., il sera nécessaire que, en partant du point O, l'on attribue aux variables dépendantes x, y, z, ..., non plus les valeurs initiales ξ, η, ζ, ..., mais d'autres valeurs initiales ξ_1, η_1, ζ_1, ... Ajoutons que, pour obtenir ces dernières, il suffira évidemment d'appliquer l'intégration rectiligne aux équations (1), en faisant mouvoir le point P sur la ligne droite R″O, et le ramenant ainsi de la position R″ à la position O.

Les valeurs ξ_1, η_1, ζ_1, ... étant déterminées, si on les prend pour valeurs initiales, les valeurs générales de x, y, z, ..., que produira l'intégration rectiligne, seront données, non plus par les équations (4), mais par des équations du même genre,

$$x = \varphi_1(t), \qquad y = \chi_1(t), \qquad z = \psi_1(t), \tag{16}$$

en vertu desquelles x, y, z, ... se réduiront à ξ_1, η_1, ζ_1, ... pour $t = \tau$; et, si l'on replace le point mobile P dans la position R, ou plutôt dans la position infiniment voisine R″, ces équations reproduiront précisément les valeurs x, y, z, ... des variables x, y, z, ... Si l'on suppose ensuite que le point P, poursuivant sa route primitive, se meuve sur le prolongement de la courbe OO′...R, les intégrales curvilignes correspondantes à cette courbe se confondront, en vertu du théorème II, avec les intégrales rectilignes représentées par les formules (16), jusqu'au moment où le rayon vecteur OP rencontrera de nouveau un point isolé. Alors, en raisonnant comme ci-dessus, on se trouvera conduit à substituer aux formules (16) d'autres formules du même genre,

$$x = \varphi_2(t), \qquad y = \chi_2(t), \qquad z = \psi_2(t), \qquad \ldots, \tag{17}$$

en vertu desquelles x, y, z, ... acquerront, pour $t = \tau$, certaines valeurs ξ_2, η_2, ζ_2, ... généralement distinctes de ξ, η, ζ, ... et de ξ_1, η_1, ζ_1, ...; et il est clair que, en continuant de la sorte, on finira par obtenir, pour un point quelconque de la courbe OO′O″..., les valeurs cherchées de x, y, z, ...

Les intégrales curvilignes des équations (1) étant ainsi connues, quelle que soit d'ailleurs la courbe suivie par le point mobile P, on connaîtra, par suite, les intégrales complètes, c'est-à-dire le système des intégrales curvilignes relatives à toutes les formes que cette courbe pourra prendre, sans jamais passer par l'un des points isolés C, C′, C″, ... dont il lui sera néanmoins permis de s'approcher indéfiniment.

Dans d'autres articles, j'examinerai, en particulier, ce qui arrive quand X, Y, Z, ... sont des fonctions non plus explicites, mais implicites de x, y, z, ..., par exemple des fonctions dont les valeurs, assujetties à varier par degrés insensibles avec x, y, z, ..., doivent vérifier certaines équations algébriques ou transcendantes; et je montrerai, par des applications diverses, l'utilité des formules générales que je viens d'établir.

350.

Astronomie. — *Méthodes nouvelles pour la détermination des orbites des corps célestes, et, en particulier, des comètes.*

C. R., T. XXIII, p. 887 (16 novembre 1846).

Dans les calculs relatifs à la détermination de l'orbite que décrit un corps céleste, par exemple une comète, on doit distinguer deux espèces de quantités. Les unes, savoir la longitude et la latitude géocentriques de la comète, et leurs dérivées prises par rapport au temps, sont immédiatement fournies par les observations, ou, du moins, s'en déduisent, pour une époque donnée, avec une exactitude d'autant plus grande, que le nombre des observations faites à des époques voisines est plus considérable. La comète étant censée décrire une section conique, et les quantités dont je viens de parler, ou plusieurs d'entre elles, étant supposées connues, les autres quantités, par exemple la distance de la comète à la Terre, ou plutôt la projection de cette distance sur le plan de l'écliptique, l'inclinaison de l'orbite, la direction de la ligne des nœuds, etc., se déduisent des équations du mouvement, à l'aide de formules approximatives ou exactes. Parmi les formules approximatives, on doit remarquer celles qu'ont données Lambert, Olbers, Legendre, et, en dernier lieu, MM. de Gasparis et Michal. Parmi les formules exactes, on doit distinguer celles auxquelles sont parvenus Lagrange, Laplace et M. Gauss. Lagrange et Laplace ont ramené le problème à la résolution d'une équation du septième degré. Celle que M. Gauss a trouvée est du huitième degré, mais, peut être réduite, comme l'a remarqué M. Binet, dans un Mémoire que renferme le *Journal de l'École Polytechnique*, à l'équation déjà mentionnée du septième degré. D'ailleurs cette équation, comme l'a reconnu M. Gauss, offre quatre ou six racines imaginaires. Ajoutons que les coefficients qu'elle renferme peuvent être déterminés, au moins approximativement, à l'aide de trois observations de la comète. Mais comme, dans le cas où trois racines sont réelles, deux orbites différentes peuvent satisfaire à la question, il en résulte que, pour obtenir, dans tous les cas, une orbite complètement déterminée, on doit supposer connues au moins quatre observations faites à des époques voisines, ou plutôt les quantités dont les valeurs approchées peuvent être calculées à l'aide de ces quatre observations. J'ai cherché, en admettant cette supposition, un moyen simple de résoudre le problème. Les astronomes apprendront, je l'espère, avec plaisir, qu'on peut, dans tous les cas, le réduire à la résolution d'une seule équation du premier degré.

J'ajouterai que, en supposant connues les seules quantités dont la détermination approximative peut s'effectuer à l'aide de trois observations, je ramène le problème à la résolution d'une seule équation du troisième degré.

Analyse.

Prenons pour plan des x, y le plan de l'écliptique, pour demi-axes des x et y positives, les droites menées du centre du Soleil aux premiers points du Bélier et du Cancer, et supposons les z positives mesurées sur une perpendiculaire au plan de l'écliptique du côté du pôle boréal. Soient d'ailleurs

x, y, z les coordonnées de la planète ou de la comète que l'on considère;

r la distance de cette comète au Soleil;

x, y les coordonnées de la Terre;

R la distance de la Terre au Soleil;

ϖ la longitude héliocentrique de la Terre;

α, θ la longitude et la latitude géocentriques de la comète;

ι la distance de la Terre à la comète;

ρ la projection de cette distance sur le plan de l'écliptique.

On aura

$$x = \mathrm{x} + \rho\cos\alpha, \qquad y = \mathrm{y} + \rho\sin\alpha, \qquad z = \rho\,\mathrm{tang}\,\theta \tag{1}$$

et

$$\mathrm{x} = R\cos\varpi, \qquad \mathrm{y} = R\sin\varpi. \tag{2}$$

De plus, en prenant pour unité de masse la masse du Soleil, et pour unité de distance la distance moyenne de la Terre au Soleil, on aura encore

$$D_t^2 x + \frac{x}{r^3} = 0, \qquad D_t^2 y + \frac{y}{r^3} = 0, \qquad D_t^2 z + \frac{z}{r^3} = 0 \tag{3}$$

et

$$D_t^2 \mathrm{x} + \frac{\mathrm{x}}{R^3} = 0, \qquad D_t^2 \mathrm{y} + \frac{\mathrm{y}}{R^3} = 0. \tag{4}$$

Or, des formules (3), jointes aux équations (1) et (4), on tire

$$D_t\rho = A\rho, \qquad D_t^2\rho + \frac{\rho}{r^3} = B\rho, \qquad \frac{1}{r^3} - \frac{1}{R^3} = C\rho, \tag{5}$$

les valeurs des coefficients A, B, C étant déterminées par le système des formules

$$\left\{\begin{array}{l} C\mathrm{x} + [B - (D_t\alpha)^2]\cos\alpha - (D_t^2\alpha + 2A\,D_t\alpha)\sin\alpha = 0, \\ C\mathrm{y} + [B - (D_t\alpha)^2]\sin\alpha + (D_t^2\alpha + 2A\,D_t\alpha)\cos\alpha = 0, \end{array}\right. \tag{6}$$

$$B\Theta + 2A\,D_t\Theta + D_t^2\Theta = 0, \tag{7}$$

et la valeur de Θ étant

$$\Theta = \tang \theta. \tag{8}$$

D'ailleurs on tirera des formules (1) et (2)

$$r^2 = R^2 + 2R\rho\cos(\alpha - \varpi) + (1 + \Theta^2)\rho^2. \tag{9}$$

Connaissant le mouvement de la Terre, on connait par suite, à une époque quelconque, les valeurs des quantités x, y, R, ϖ. D'autre part, les valeurs des quantités α, θ et les dérivées de ces quantités, différentiées par rapport au temps, peuvent se déduire, pour une époque donnée, d'observations faites à des époques voisines, avec une exactitude d'autant plus grande, que le nombre des observations est plus considérable. On peut y parvenir à l'aide de la formule d'interpolation due à Newton et employée par Laplace, ou mieux encore, à l'aide de celles que j'ai données dans un Mémoire lithographié à Prague, en 1837, et réimprimé dans le Journal de M. Liouville [1].

Les valeurs de

$$\alpha, \quad D_t\alpha, \quad D_t^2\alpha, \qquad \theta, \quad D_t\theta, \quad D_t^2\theta$$

étant connues, les équations (6) et (7) détermineront les coefficients A, B, C, et l'on pourra dès lors tirer des formules (5) et (9) les valeurs de

$$\rho, \quad r, \quad D_t\rho, \quad D_t^2\rho.$$

Si l'on considère en particulier la dernière des équations (5), il suffira d'en éliminer ρ ou r à l'aide de la formule (9) pour obtenir l'équation en r ou ρ que donnent Lagrange et Laplace, et qui est du septième degré.

Concevons maintenant qu'à la première des équations (5) on joigne sa dérivée

$$D_t^2\rho = A\,D_t\rho + \rho\,D_t A\,;$$

on en conclura

$$D_t^2\rho = (A^2 + D_t A)\rho. \tag{10}$$

[1] *OEuvres de Cauchy*, S. II, T. II.

D'ailleurs, les deux dernières équations (5) donnent

$$D_t^2\rho = \left(B - \frac{1}{R^3} - C\rho\right)\rho. \tag{11}$$

En égalant l'une à l'autre les deux valeurs précédentes de $D_t^2\rho$, on trouvera

$$C\rho = B - A^2 - D_t A - \frac{1}{R^3}. \tag{12}$$

Telle est l'équation du premier degré qui fournira immédiatement la valeur de l'inconnue ρ.

Pour tirer pratiquement de l'équation (12) la valeur de ρ, c'est-à-dire la distance d'une comète ou d'une planète à la Terre, ou plutôt la projection de cette distance sur le plan de l'écliptique, il est nécessaire de connaître au moins quatre observations complètes, afin que l'on puisse calculer au moins approximativement les dérivées du troisième ordre de α et de θ, contenues dans la valeur de $D_t A$.

Au reste, lorsqu'il s'agit d'une comète, et que l'orbite est supposée parabolique, on peut, des formules (5) et (9) jointes à l'équation des forces vives, déduire facilement une équation nouvelle qui, étant seulement du troisième degré par rapport à l'inconnue ρ, ne renferme plus les dérivées du troisième ordre $D_t^3\alpha$, $D_t^3\theta$. On y parviendra, en effet, en opérant comme il suit.

Soit a le demi grand axe de l'orbite décrite. On aura généralement

$$\frac{1}{a} = \frac{2}{r} - (D_t x)^2 - (D_t y)^2 - (D_t z)^2. \tag{13}$$

D'ailleurs, de l'équation (13), jointe aux formules (1) et à la première des formules (5), on tirera

$$\frac{2}{r} = \frac{1}{a} + \mathcal{A} + \mathcal{B}\rho + \mathcal{C}\rho^2, \tag{14}$$

les valeurs de $\mathcal{A}$, $\mathcal{B}$, $\mathcal{C}$ étant

$$\left\{\begin{aligned} \mathcal{A} &= (D_t x)^2 + (D_t y)^2,\\ \mathcal{B} &= (A\cos\alpha - \sin\alpha\, D_t\alpha)\, D_t x + (A\sin\alpha + \cos\alpha\, D_t\alpha)\, D_t y,\\ \mathcal{C} &= A^2 + (D_t\alpha)^2 + (A\Theta + D_t\Theta)^2. \end{aligned}\right. \tag{15}$$

Si l'orbite décrite se réduit à une parabole, en sorte qu'on ait $\frac{1}{a} = 0$, l'équation (14) donnera simplement

$$(16)\qquad \frac{2}{r} = \mathcal{A} + \mathcal{B}\rho + \mathcal{C}\rho^2.$$

D'autre part, la dernière des équations (5), présentée sous la forme

$$(17)\qquad \frac{1}{r^3} = \frac{1}{R^3} + C\rho,$$

et combinée, par voie de multiplication, avec l'équation (9), donnera

$$\frac{1}{r} = \left(\frac{1}{R^3} + C\rho\right)[R^2 + 2R\rho\cos(\alpha - \varpi) + (1 + \Theta^2)\rho^2].$$

Donc, eu égard à l'équation (16), on aura

$$(18)\qquad 2\left(\frac{1}{R^3} + C\rho\right)[R^2 + 2R\rho\cos(\alpha - \varpi) + (1 + \Theta^2)\rho^2] = \mathcal{A} + \mathcal{B}\rho + \mathcal{C}\rho^2.$$

Telle est l'équation du troisième degré, à l'aide de laquelle on déduira facilement la valeur de la distance ρ des valeurs de α, θ et de leurs dérivées du premier et du second ordre, quand l'astre donné sera une comète dont l'orbite sera sensiblement parabolique.

Il est bon d'observer que, si, en nommant ω la vitesse de la comète, on pose

$$(19)\qquad r^2 = \mathcal{R}, \qquad \omega^2 = \Omega,$$

on aura, eu égard aux formules (9) et (15),

$$(20)\qquad \begin{cases} \mathcal{R} = R^2 + 2R\rho\cos(\alpha - \varpi) + (1 + \Theta^2)\rho^2, \\ \Omega = \mathcal{A} + \mathcal{B}\rho + \mathcal{C}\rho^2, \end{cases}$$

et, en vertu de la formule (13),

$$(21)\qquad \frac{2}{r} = \frac{1}{a} + \Omega.$$

Or, en différentiant la première des équations (19) et la formule (21), on trouvera

$$2r\,\mathrm{D}_t r = \mathrm{D}_t\mathcal{R}, \qquad 2r^{-2}\,\mathrm{D}_t r = -\mathrm{D}_t\Omega,$$

et, par suite,

$$(22)\qquad \frac{1}{r^3} = -\frac{D_t\Omega}{D_t\mathcal{R}}.$$

De cette dernière formule, combinée avec l'équation (17), on tire

$$(23)\qquad \left(\frac{1}{R^3} + C\rho\right) D_t\mathcal{R} + D_t\Omega = 0.$$

D'ailleurs, $\mathcal{R}$ et Ω seront déterminées en fonctions de ρ par les formules (20), et, en vertu de ces formules, jointes à la première des équations (5), $D_t\mathcal{R}$, $D_t\Omega$ seront, ainsi que $\mathcal{R}$ et Ω, des fonctions entières de ρ, du second degré. Donc l'équation (23) sera du troisième degré en ρ; et cette équation, qui subsistera, dans le cas même où l'astre donné cessera d'être une comète, et où l'orbite cessera d'être parabolique, pourra être substituée avec avantage à l'équation (18). Ajoutons que l'équation (23), comme l'équation (18), renferme seulement, avec les angles α, θ, leurs dérivées du premier et du second ordre, c'est-à-dire des quantités dont les valeurs approchées peuvent être déterminées à l'aide de trois observations.

351.

Mécanique appliquée. — *Rapport sur le système proposé par M.* de Jouffroy, *pour les chemins de fer.*

C. R., T. XXIII, p. 911 (16 novembre 1846).

Prévenir et diminuer le plus possible les graves accidents qui, trop souvent, compromettent la vie des voyageurs sur les chemins de fer, tel est surtout le but que M. de Jouffroy s'est proposé d'atteindre, à l'aide du nouveau système qu'il a présenté à l'Académie, et que nous avons été chargés d'examiner. Les principales différences qui existent entre ce système et ceux qu'on emploie le plus généralement sont les suivantes.

Dans les systèmes communément adoptés, chaque locomotive comprenant la chaudière qui renferme la vapeur est portée par quatre ou six roues, deux d'entre elles étant les roues motrices qui, à chaque coup de piston, exécutent une révolution complète. Chaque wagon est porté par quatre roues. Ces diverses roues, munies de rebords de $0^m,03$ de hauteur, courent sur deux rails saillants, à surface bombée, en tournant avec les essieux. La distance entre les deux rails est d'environ $1^m,50$. Mais les wagons et leurs marchepieds débordent de chaque côté, de telle sorte que la largeur totale de la voie est d'environ 3^m. Le centre de gravité des wagons chargés est situé au-dessus des essieux, et à plus de $1^m,50$ au-dessus du sol. Enfin la hauteur totale de ceux-ci est de 3^m environ.

Dans le système de M. de Jouffroy, trois rails sont établis sur chaque voie. Les deux rails latéraux, qui supportent les roues des wagons et les quatre petites roues de la locomotive, sont écartés à $2^m,60$ l'un de l'autre, et offrent des rebords intérieurs dont la saillie est de $0^m,12$. Les deux roues motrices de la locomotive sont remplacées par une seule roue d'un grand diamètre et à large jante, qui roule sur le troisième rail établi au milieu de la voie, à $0^m,25$ au-dessus des rails latéraux. Les wagons, portés chacun sur deux roues qui tournent autour de leurs fusées, sont réunis deux à deux par une articulation verticale. En vertu de ces dispositions, les essieux ne tournent pas et restent indépendants l'un de l'autre. La locomotive se compose de deux trains, dont le premier, armé de la roue motrice, porte les cylindres, tandis que le second porte la chaudière. Ces deux trains sont unis par une articulation de $0^m,80$ à 1^m de hauteur. L'articulation qui unit deux wagons est plus longue encore, et sa hauteur est de $1^m,70$. Les couples de wagons se rattachent les uns aux autres, et la locomotive se rattache elle-même au tender par l'intermédiaire de doubles ressorts articulés. Le diamètre des roues des wagons qui, dans les systèmes adoptés en France, ne dépasse pas 1^m, est augmenté et porté à $1^m,50$

environ. Le centre de gravité des wagons chargés est abaissé presque au niveau des essieux, et leur hauteur est réduite à 2^m, à partir de la voie. En vertu d'un mécanisme particulier, qui ne gêne en rien les mouvements des wagons dans l'état normal, des freins se trouvent, lorsqu'un choc survient, appliqués et pressés fortement entre les jantes des roues des wagons, afin que le convoi s'enraye de lui-même si une circonstance imprévue fait naître quelque danger. Enfin, un autre mécanisme et d'autres freins que dirige le conducteur permettent à celui-ci, non seulement d'enrayer à volonté la roue motrice et le dernier des wagons, mais encore d'isoler immédiatement les wagons et de les rendre indépendants les uns des autres.

Après avoir mis sous les yeux des Commissaires un petit modèle propre à donner déjà quelque idée du système que nous venons de décrire, M. de Jouffroy s'est déterminé à le réaliser en grand; et, pour en faire mieux ressortir les propriétés, il a, dans cette réalisation, cherché à réunir les principales difficultés que l'on peut avoir à surmonter dans la pratique. Dans un espace fort resserré, il a fait construire une voie circulaire de $12^m,50$ de rayon, sur laquelle sont établis les trois rails dont nous avons parlé. Le rail central, de forme parallélépipédique, a pour section transversale un carré dont le côté est de $0^m,13$ et porte des stries d'environ $0^m,005$ de profondeur. D'ailleurs la voie circulaire offre une rampe dont l'inclinaison est de $0^m,030$ par mètre. Enfin, pour combattre l'effet de la force centrifuge, on a élevé le rail extérieur à $0^m,06$ au-dessus du niveau du rail intérieur.

Quant à la grande roue motrice, elle offre un diamètre de $2^m,20$. Sa jante en bois se compose de trente-six pièces, placées dans le sens du bois debout, et serrées entre deux joues de métal qui, débordant de $0^m,10$, embrassent le rail du milieu. Les deux trains dans lesquels se divise la locomotive pèsent chacun 6000^{kg}. Ajoutons que des bielles, mues par le piston, transmettent leur mouvement de rotation à la roue motrice, non pas directement, comme dans les locomotives dont on fait généralement usage, mais indirectement par l'intermédiaire d'un arbre horizontal et de deux engrenages qui ne fonctionnent jamais simultanément. Il en résulte que, la vitesse du piston restant la même, la roue motrice peut acquérir deux vitesses très distinctes l'une de l'autre. Pour la locomotive que nous avons eue sous les yeux, des deux vitesses qui correspondent à un coup de piston par seconde, la plus petite serait de 20^{km} par heure, et la plus grande de 40^{km}.

Les Commissaires ont vu fonctionner à plusieurs reprises et soumis à différentes épreuves le système de M. de Jouffroy. Nous allons maintenant faire connaître le résultat de leur examen.

Les Commissaires pensent que le nouveau système, comparé à ceux qui sont généralement employés, offre une sécurité beaucoup plus grande. Les rebords des rails latéraux s'opposent d'une manière efficace au déraillement. La sécurité est augmentée par la stabilité du système à laquelle concourt l'abaissement du centre de gravité des wagons. Enfin la sécurité est encore accrue par l'emploi des divers trains et des deux mécanismes, dont l'un produit, quand un choc survient, l'enrayement spontané, tandis que l'autre permet au conducteur d'isoler les wagons, en les rendant indépendants les uns des autres.

L'expérience réalisée sous nos yeux prouve qu'à l'aide du nouveau système on pourra gravir des pentes de $0^{m},030$ par mètre, et de plus fortes encore; elle prouve aussi que, en modérant la vitesse, on pourra parcourir, avec moins d'inconvénients, des courbes de petit rayon. Les facilités que présente à cet égard le nouveau système tiennent surtout à la liberté que conservent dans leurs mouvements les roues devenues plus indépendantes les unes des autres. Les dangers que fait naître la force centrifuge se trouvent d'ailleurs diminués par l'abaissement, déjà mentionné, du centre de gravité des wagons.

On peut espérer que la faculté de gravir des pentes plus considérables, et de tourner dans des courbes de petit rayon, permettra d'établir des chemins de fer dans des pays montagneux, sans recourir si fréquemment à la construction de tunnels et de viaducs qui occasionnent d'énormes dépenses.

L'installation de la locomotive est simple et ingénieuse. Il semble, au premier abord, que l'adhérence de la grande roue motrice au rail central devrait diminuer la vitesse en augmentant le tirage. Toutefois, il importe d'observer que cette adhérence est précisément ce qui fournit au système le point d'appui dont il a besoin. C'est pour obtenir cette adhérence qu'on donne ordinairement aux locomotives un poids exorbitant qui devient un inconvénient grave, et qui se trouve notablement diminué dans le nouveau système. Quand cette adhérence n'est pas suffisante, les locomotives glissent sur les rails, les convois s'arrêtent, et une notable quantité de vapeur se trouve dépensée en pure perte. D'ailleurs l'augmentation du diamètre des roues rendra la locomotion plus facile.

Conclusions.

Le système de M. de Jouffroy nous paraît offrir des avantages réels sous le rapport de la sécurité des voyageurs. En conséquence, il nous paraît désirable que l'inventeur soit mis à même d'appliquer ce système à une ligne assez étendue pour que l'expérience prononce d'une manière définitive, et montre si, à côté des moyens de sécurité que nous avons signalés, ne se trouveraient pas quelques inconvénients que l'on n'aurait pas prévus.

352.

ASTRONOMIE. — *Mémoire sur l'application de la nouvelle formule d'interpolation à la détermination des orbites que décrivent les corps célestes, et sur l'introduction directe des longitudes et des latitudes observées dans les formules astronomiques.*

C. R., T. XXIII, p. 956 (23 novembre 1846).

Dans la dernière séance, je suis arrivé à ce résultat remarquable, que le rayon $\mathfrak{r}$ mené d'une comète ou d'une planète à la Terre, à une époque donnée, peut être fourni par une équation très simple du premier degré, dont les coefficients, pour l'ordinaire, peuvent être déterminés, au moins approximativement, à l'aide de quatre observations faites à des instants voisins de l'époque dont il s'agit. Si l'on nomme ρ la projection du rayon ι sur le plan de l'écliptique, et r la distance du Soleil à la comète, les trois équations du mouvement fourniront, outre l'équation connue du septième degré, les valeurs de $D_t\rho$ et de $D_t^2\rho$ exprimées en fonction de ρ. En différentiant $D_t\rho$, on obtiendra une seconde valeur de $D_t^2\rho$, et, en égalant cette seconde valeur à la première, puis éliminant $D_t\rho$, on formera l'équation ci-dessus mentionnée. Si, comme l'indique M. Binet, on complétait les équations du mouvement en y introduisant les termes qui dépendent de l'action exercée par les autres planètes sur la comète, l'équation trouvée en ρ ne serait plus du premier degré; mais on pourrait, de cette équation jointe à celle qu'a donnée M. Binet, déduire une équation du premier degré, en faisant disparaître les radicaux, et recourant ensuite à la méthode du plus grand commun diviseur. Le rayon ρ étant connu, ainsi que ses dérivées du premier et du second ordre, les coordonnées de la comète avec leurs dérivées relatives au temps, et par suite tous les éléments de l'orbite, sont aussi connus. D'ailleurs, on peut arriver de diverses manières à l'équation du premier degré, même lorsque l'on considère trois corps seulement. On a regardé comme difficile la détermination des longitudes et latitudes géocentriques et de leurs dérivées correspondantes à une époque donnée. Mais cette difficulté disparaît lorsqu'on applique à cette recherche la formule d'interpolation que j'ai trouvée en 1837. Comme je le montrerai dans un prochain Mémoire, l'opération se partage alors en deux autres, dont l'une détermine des nombres qui dépendent uniquement des époques des observations, tandis que l'autre emploie seulement les longitudes et les latitudes déduites de ces observations mêmes.

Il me reste à faire encore une remarque essentielle. La formule que j'ai donnée dans la dernière séance suppose les longitudes et les latitudes géocentriques corrigées chacune de la quantité qui représente l'aberration. Il semble, au premier abord, que ces corrections exigent un calcul approximatif préliminaire. Mais on peut rendre mon équation du premier degré, ou même toutes les formules astronomiques, indépendantes de la correction dont il s'agit, et introduire dans ces formules, au lieu des longitudes et latitudes géocentriques corrigées, les longitudes et latitudes géocentriques apparentes, directement tirées des observations. Ce qui ne pourra manquer d'intéresser les astronomes, c'est la conclusion à laquelle je parviens; savoir que, dans ce cas encore, l'équation obtenue est, par rapport à ρ, du premier degré.

ANALYSE.

Admettons les mêmes notations que dans le précédent Mémoire. Après avoir déterminé ρ et $D_t\rho$ à l'aide des équations

$$C\rho = B - A^2 - D_t A - \frac{1}{R^3}, \tag{1}$$

$$D_t\rho = A\rho, \tag{2}$$

on déterminera x, y, z à l'aide des suivantes :

$$x = \mathrm{x} + \rho\cos\alpha, \qquad y = \mathrm{y} + \rho\sin\alpha, \qquad z = \Theta\rho. \tag{3}$$

En différentiant ces dernières, on obtiendra les valeurs de $D_t x$, $D_t y$, $D_t z$. Si d'ailleurs on nomme $2S$ l'aire décrite, pendant l'unité de temps, par le rayon vecteur mené du Soleil à l'astre que l'on considère, et $2U$, $2V$, $2W$ les projections algébriques de cette aire sur les plans coordonnés, on aura

$$U = y D_t z - z D_t y, \qquad V = z D_t x - x D_t z, \qquad W = x D_t y - y D_t x, \tag{4}$$

$$S = \sqrt{U^2 + V^2 + W^2}; \tag{5}$$

et, comme les quantités

$$U, \quad V, \quad W$$

seront respectivement proportionnelles aux cosinus des angles formés par la perpendiculaire au plan de l'orbite avec les axes, il est clair que la seule connaissance de ces quantités, ou plutôt de leurs rapports, donnera immédiatement la position du plan de l'orbite. Ajoutons que la distance r de l'astre au Soleil et sa dérivée $D_t r$ seront déterminées par l'équation

$$(6) \qquad \frac{1}{r^3} = \frac{1}{R^3} + C\rho$$

et par sa différentielle. Enfin, si l'on nomme ω la vitesse de l'astre, a le demi grand axe de l'orbite, et ε l'excentricité, on aura

$$(7) \qquad \omega^2 = (D_t x)^2 + (D_t y)^2 + (D_t z)^2,$$

$$(8) \qquad \frac{1}{a} = \frac{2}{r} - \omega^2,$$

$$(9) \qquad a(1 - \varepsilon^2) = 2r - \frac{r^2}{a} - r^2 (D_t r)^2.$$

Disons maintenant quelques mots de la correction que l'aberration exige dans la détermination du rayon ρ.

On démontre aisément les deux propositions suivantes :

Théorème I. — *Le rayon vecteur mené au bout du temps t de la Terre au lieu apparent de l'astre que l'on considère est sensiblement parallèle au rayon vecteur qui joignait la Terre au lieu vrai de l'astre, au bout du temps $t - \Delta t$, Δt étant le temps qu'emploie la lumière pour venir de l'astre à la Terre.*

Théorème II. — *Le rayon vecteur mené de la Terre au lieu vrai de l'astre, au bout du temps t, est sensiblement parallèle au rayon vecteur qui joindra la Terre au lieu apparent de l'astre, au bout du temps $t + \Delta t$.*

Cela posé, soit

$$(10) \qquad \rho = K$$

la valeur de ρ fournie par l'équation (1). Soit d'ailleurs H la partie de $D_t K$ que l'on obtient en considérant, dans K, α et θ seuls comme fonctions de t, c'est-à-dire en rejetant seulement les termes que produit la différentiation de R, ϖ et $D_t \varpi$. Lorsqu'on assignera aux quantités α, θ et à leurs dérivées les valeurs que l'on déduit des observations, on aura sensiblement, en vertu du théorème II,

$$\rho = K + H\Delta t. \tag{11}$$

Si d'ailleurs on nomme β la vitesse de la lumière, et ι la distance de la Terre à l'astre que l'on considère, on trouvera

$$\beta\Delta t = \iota, \qquad \rho = \iota\cos\theta; \tag{12}$$

par conséquent,

$$\Delta t = \frac{\iota}{\beta} = \frac{\rho}{\beta\cos\theta}. \tag{13}$$

Donc la formule (11) donnera

$$\rho = K + \frac{\rho}{\beta\cos\theta}H,$$

et l'on en conclura

$$\rho = \frac{K}{1 - \frac{H}{\beta\cos\theta}}, \tag{14}$$

ou, à très peu près,

$$\rho = K\left(1 + \frac{H}{\beta\cos\theta}\right). \tag{15}$$

353.

ASTRONOMIE. — *Note sur les formules relatives à la détermination des orbites que décrivent les corps célestes.*

C. R., T. XXIII, p. 1002 (30 novembre 1846).

Je me propose, dans un prochain Mémoire, de montrer, par des applications numériques, les grands avantages que présente ma nouvelle méthode pour la détermination des orbites des corps célestes.

Je me bornerai, pour l'instant, à faire, au sujet des formules que j'ai données ou indiquées dans les précédentes séances, quelques remarques qui ne seront pas sans utilité.

Projetons, sur le plan de l'écliptique, le rayon vecteur mené de la Terre à l'astre observé, et nommons ρ la projection ainsi obtenue. Soit d'ailleurs $2S$ l'aire que décrit, dans l'unité de temps, le rayon mené du Soleil à l'astre. Soient encore $2U$, $2V$, $2W$ les projections algébriques de l'aire $2S$ sur les plans coordonnés, et $\mathfrak{W}$ ce que devient W, quand on substitue la Terre à l'astre dont il s'agit. Eu égard à l'équation qui fait connaître la valeur de $\frac{D_t \rho}{\rho}$, c'est-à-dire, en d'autres termes, la valeur de la dérivée logarithmique de ρ, les rapports des constantes

$$U, \quad V, \quad W - \mathfrak{W}$$

à la distance ρ pourront être immédiatement exprimés en fonctions linéaires de ρ. Donc la valeur de ρ étant une fois déterminée par la résolution de l'équation du premier degré à laquelle elle doit satisfaire, on connaîtra les constantes

$$U, \quad V, \quad W$$

et, par suite, les rapports de ces constantes, ainsi que la valeur de S. D'ailleurs U, V, W, S étant connus, on connaîtra la position du plan de l'orbite, le pôle boréal de cette orbite étant, sur la sphère céleste, le point dont la longitude aura pour tangente le rapport $\frac{V}{U}$, et dont la latitude aura pour sinus le rapport $\frac{W}{S}$. Ajoutons que, le demi grand axe a de l'orbite étant déterminé à l'aide de l'équation des forces vives, c'est-à-dire à l'aide de la formule (8) de la page 209, on pourra, si l'on veut, déduire de la troisième loi de Képler, le temps T de la révolution, et que le demi petit axe aura pour valeur le rapport du produit ST à la demi-circonférence décrite avec le rayon a. Au reste, ρ étant connu, on peut, ainsi qu'on l'a dit, obtenir immédiatement la valeur de l'excentricité ε à l'aide de la formule (9) de la page 209, et alors le demi petit axe se trouvera exprimé par le produit $a\sqrt{1-\varepsilon^2}$.

Parlons maintenant de la formule que nous avons donnée, pour dispenser les astronomes de calculer séparément les corrections qu'entraîne l'aberration de la lumière. Cette formule, substituée à une équation linéaire, dont les coefficients pouvaient se déduire de quatre observations voisines de l'astre proposé, semble, au premier abord, exiger l'emploi d'une cinquième observation, attendu qu'elle renferme la dérivée de la valeur de ρ fournie par l'équation du premier degré, ou plutôt la partie de cette dérivée qui contient les dérivées du quatrième ordre de la longitude et de la latitude du nouvel astre. Mais on peut éliminer ces dérivées du quatrième ordre, au moyen de l'équation qui détermine la dérivée logarithmique de ρ. Donc quatre observations voisines suffiront pour déterminer les valeurs, au moins approximatives, des coefficients que renfermera l'équation linéaire en ρ, dans le cas même où l'on aura égard à l'aberration de la lumière.

Je remarquerai enfin que l'on peut, avec avantage, prendre pour équations différentielles du second ordre les équations complètes du mouvement relatif de l'astre que l'on considère autour du Soleil, et décomposer chacune des coordonnées de cet astre en deux parties, dont la première soit la coordonnée du lieu où se trouve placé l'observateur. La distance qui sépare l'astre de l'observateur étant projetée sur le plan de l'écliptique, la projection ρ ainsi obtenue et ses deux dérivées $D_t\rho$, $D_t^2\rho$ seront les seules inconnues que renfermeront les trois équations du mouvement. Si d'ailleurs, après avoir tiré de ces équations les valeurs de $D_t\rho$ et de $D_t^2\rho$, on égale $D_t^2\rho$ à la dérivée de $D_t\rho$, on parviendra, en éliminant $D_t\rho$, à une équation nouvelle en ρ; et celle-ci pourra être présentée sous une forme telle, qu'elle se réduise, dans le cas où l'on néglige les perturbations et la parallaxe, à l'équation trouvée du premier degré. Or il est clair que cette équation nouvelle en ρ pourra être, dans tous les cas, utilement employée et facilement résolue, attendu que celle de ses racines qui résoudra le problème se confondra sensiblement avec la racine unique de l'équation du premier degré.

Analyse.

§ I. — *Sur la détermination du plan de l'orbite.*

En conservant les notations adoptées dans les précédents Mémoires, prenons toujours pour plan des x, y le plan de l'écliptique, pour demi-axes des x et y positives, les droites menées du centre du Soleil aux premiers points du Bélier et du Cancer, et supposons encore les z positives mesurées sur une perpendiculaire au plan de l'écliptique du côté du pôle boréal. Soient, d'ailleurs,

x, y, z les coordonnées de l'astre que l'on considère;
r la distance de cet astre au Soleil;
α, θ la longitude et la latitude géocentriques de l'astre;
$\mathfrak{r}$ la distance de cet astre à la Terre;
ρ la projection de cette distance sur le plan de l'écliptique;
x, y les coordonnées de la Terre;
R la distance de la Terre au Soleil;
ϖ la longitude héliocentrique de la Terre.

En posant, pour abréger, $\Theta = \tang\theta$, on trouvera

$$x = \mathrm{x} + \rho\cos\alpha, \qquad y = \mathrm{y} + \rho\sin\alpha, \qquad z = \Theta\rho \tag{1}$$

et

$$\mathrm{x} = R\cos\varpi, \qquad \mathrm{y} = R\sin\varpi. \tag{2}$$

De plus, les équations du mouvement de l'astre que l'on considère donneront

$$\mathrm{D}_t\rho = A\rho, \qquad \mathrm{D}_t^2\rho + \frac{\rho}{r^3} = B\rho, \qquad \frac{1}{r^3} - \frac{1}{R^3} = C\rho, \tag{3}$$

A, B, C étant trois fonctions de x, y, α, $\mathrm{D}_t\alpha$, $\mathrm{D}_t^2\alpha$, Θ, $\mathrm{D}_t\Theta$, $\mathrm{D}_t^2\Theta$, déterminées par les formules (6) et (7) de la page 198. Enfin, la première des formules (3) entraînera la suivante

$$\mathrm{D}_t^2\rho = (A^2 + \mathrm{D}_t A)\rho, \tag{4}$$

et de cette dernière, jointe aux formules (3), on tirera

$$(5)\qquad C\rho = B - A - D_t A - \frac{1}{R^3}.$$

Soient maintenant $2S$ l'aire que décrit, dans l'unité de temps, le rayon vecteur r, et $2U$, $2V$, $2W$ les projections algébriques de cette aire $2S$ sur les plans coordonnés. Soit encore $\mathfrak{W}$ ce que devient W quand on substitue la Terre à l'astre dont il s'agit. On aura

$$(6)\qquad U = y D_t z - z D_t y, \qquad V = z D_t x - x D_t z, \qquad W = x D_t y - y D_t x;$$

$$(7)\qquad \mathfrak{W} = \mathrm{x} D_t \mathrm{y} - \mathrm{y} D_t \mathrm{x};$$

et, comme les quantités

$$U, \quad V, \quad W$$

seront respectivement proportionnelles aux cosinus des angles formés par une perpendiculaire au plan de l'orbite cherchée avec les demi-axes des coordonnées positives, il est clair que la connaissance de ces quantités, ou plutôt de leurs rapports, donnera la position de ce même plan. D'ailleurs, en vertu des formules (1), jointes à l'équation

$$(8)\qquad D_t \rho = A\rho,$$

les coordonnées x, y, z, et même leurs dérivées $D_t x$, $D_t y$, $D_t z$, se trouveront immédiatement exprimées en fonctions linéaires de ρ. Donc, en vertu des formules (6), jointes aux équations (1) et (8), les quantités U, V, W seront exprimées par des fonctions de ρ, entières et du second degré. Mais, dans ces fonctions, les parties indépendantes de ρ se réduiront évidemment aux valeurs qu'acquièrent les seconds membres des formules (6), quand on y pose $x = \mathrm{x}$, $y = \mathrm{y}$, $z = 0$, c'est-à-dire à

$$0, \quad 0, \quad \mathfrak{W}.$$

Donc, en vertu des formules (6), jointes aux équations (1) et (8), les quantités

$$U, \quad V, \quad W - \mathfrak{W}$$

seront des fonctions de ρ, entières et du second degré, qui s'évanouiront avec ρ; en sorte que les rapports

$$\frac{U}{\rho},\quad \frac{V}{\rho},\quad \frac{W-\varpi}{\rho}$$

se réduiront à des fonctions linéaires de ρ. On trouvera effectivement

$$(9)\quad \begin{cases} \dfrac{U}{\rho} = \mathrm{y}\,\mathrm{D}_t\Theta - \Theta(\mathrm{D}_t\mathrm{y} - A\mathrm{y}) + \rho(\sin\alpha\,\mathrm{D}_t\Theta - \Theta\cos\alpha\,\mathrm{D}_t\alpha), \\ \dfrac{V}{\rho} = -\mathrm{x}\,\mathrm{D}_t\Theta + \Theta(\mathrm{D}_t\mathrm{x} - A\mathrm{x}) - \rho(\cos\alpha\,\mathrm{D}_t\Theta + \Theta\sin\alpha\,\mathrm{D}_t\alpha), \\ \dfrac{W-\varpi}{\rho} = (\mathrm{x}\,\mathrm{D}_t\alpha + \mathrm{D}_t\mathrm{y} - A\mathrm{y})\cos\alpha + (\mathrm{y}\,\mathrm{D}_t\alpha - \mathrm{D}_t\mathrm{x} + A\mathrm{x})\sin\alpha + \rho\,\mathrm{D}_t\alpha. \end{cases}$$

De ces dernières formules, jointes à l'équation (5), on déduira immédiatement les valeurs de U, V, W, et l'on pourra ensuite obtenir la valeur de S à l'aide de la formule

$$(10)\qquad S = \sqrt{U^2 + V^2 + W^2}.$$

D'autre part, si l'on nomme

$$\chi \text{ et } \iota$$

la longitude et la latitude héliocentriques du pôle boréal de l'orbite décrite par l'astre que l'on considère, on aura

$$(11)\qquad \frac{U}{S} = \cos\chi\cos\iota,\qquad \frac{V}{S} = \sin\chi\cos\iota,\qquad \frac{W}{S} = \sin\iota,$$

par conséquent

$$(12)\qquad \operatorname{tang}\chi = \frac{V}{U};$$

et il est clair que, les valeurs U, V, W, S étant connues, on tirera immédiatement la valeur de χ de la formule (12), puis la valeur de ι de l'une quelconque des formules (11). Ajoutons que les formules (9) et (12) donneront

$$(13)\quad \operatorname{tang}\chi = -\frac{\mathrm{x}\,\mathrm{D}_t\Theta - \Theta(\mathrm{D}_t\mathrm{x} - A\mathrm{x}) + \rho(\cos\alpha\,\mathrm{D}_t\Theta + \Theta\sin\alpha\,\mathrm{D}_t\alpha)}{\mathrm{y}\,\mathrm{D}_t\Theta - \Theta(\mathrm{D}_t\mathrm{y} - A\mathrm{y}) + \rho(\sin\alpha\,\mathrm{D}_t\Theta - \Theta\cos\alpha\,\mathrm{D}_t\alpha)}.$$

On pourrait, au reste, arriver encore à la valeur de $\tang\chi$, que fournira l'équation (13), à l'aide d'une autre méthode que nous allons indiquer.

Il suffit d'ajouter entre elles les formules (9), respectivement multipliées par les facteurs

$$\cos\alpha,\quad \sin\alpha,\quad \Theta,$$

pour éliminer à la fois de ces formules les quantités $D_t x$, $D_t y$ et A. On trouve ainsi

$$(14)\qquad U\cos\alpha + V\sin\alpha + (W - \mathfrak{P})\Theta = \Lambda\rho,$$

la valeur de Λ étant

$$(15)\qquad \Lambda = (x\cos\alpha + y\sin\alpha)\Theta D_t\alpha - (x\sin\alpha - y\cos\alpha)D_t\Theta$$

ou, ce qui revient au même,

$$(16)\qquad \Lambda = R[\Theta\cos(\alpha - \varpi)D_t\alpha - \sin(\alpha - \varpi)D_t\Theta].$$

D'ailleurs, en différentiant deux fois de suite l'équation (14), et ayant égard aux formules (4), (8), on trouvera

$$(17)\qquad \begin{cases} UD_t\cos\alpha + VD_t\sin\alpha + (W - \mathfrak{P})D_t\Theta = (A\Lambda + D_t\Lambda)\rho, \\ UD_t^2\cos\alpha + VD_t^2\sin\alpha + (W - \mathfrak{P})D_t^2\Theta \\ \quad = (A^2\Lambda + \Lambda D_t A + 2AD_t\Lambda + D_t^2\Lambda)\rho. \end{cases}$$

Or il est clair que les formules (14), (17) suffiront pour déterminer les rapports mutuels des quatre quantités

$$U,\quad V,\quad W - \mathfrak{P},\quad \rho;$$

il y a plus : en posant, pour abréger,

$$(18)\qquad \frac{\Lambda}{\Theta} = \lambda,\qquad \frac{\cos\alpha}{\Theta} = \mu,\qquad \frac{\sin\alpha}{\Theta} = \nu,$$

on tire de la formule (14)

$$(19)\qquad U\mu + V\nu + W - \mathfrak{P} = \lambda\rho.$$

D'autre part, en différentiant l'équation (19), on trouvera

$$(20)\qquad U\,\mathrm{D}_t\mu + V\,\mathrm{D}_t\nu = (A\lambda + \mathrm{D}_t\lambda)\rho$$

ou, ce qui revient au même,

$$(21)\qquad \rho = \frac{U\,\mathrm{D}_t\mu + V\,\mathrm{D}_t\nu}{A\lambda + \mathrm{D}_t\lambda}.$$

Cela posé, l'équation

$$A = \frac{\mathrm{D}_t\rho}{\rho} = \mathrm{D}_t\,\mathrm{l}\rho$$

donnera évidemment

$$(22)\qquad \frac{U\,\mathrm{D}_t^2\mu + V\,\mathrm{D}_t^2\nu}{U\,\mathrm{D}_t\mu + V\,\mathrm{D}_t\nu} = A + \frac{\mathrm{D}_t(A\lambda + \mathrm{D}_t\lambda)}{A\lambda + \mathrm{D}_t\lambda}$$

ou, ce qui revient au même,

$$(23)\qquad \frac{\mathrm{D}_t^2\mu + \operatorname{tang}\chi\,\mathrm{D}_t^2\nu}{\mathrm{D}_t\mu + \operatorname{tang}\chi\,\mathrm{D}_t\nu} = A + \frac{\mathrm{D}_t(A\lambda + \mathrm{D}_t\lambda)}{A\lambda + \mathrm{D}_t\lambda},$$

puis on en conclura

$$(24)\qquad \operatorname{tang}\chi = -\frac{(A\lambda + \mathrm{D}_t\lambda)\mathrm{D}_t^2\mu - [(A^2 + \mathrm{D}_tA)\lambda + 2A\,\mathrm{D}_t\lambda + \mathrm{D}_t^2\lambda]\mathrm{D}_t\mu}{(A\lambda + \mathrm{D}_t\lambda)\mathrm{D}_t^2\nu - [(A^2 + \mathrm{D}_tA)\lambda + 2A\,\mathrm{D}_t\lambda + \mathrm{D}_t^2\lambda]\mathrm{D}_t\nu}.$$

Or les formules (13) et (24) se confondent l'une avec l'autre, lorsqu'on substitue, dans la première, la valeur de ρ tirée de la formule (5), et dans la seconde, les valeurs de λ, μ, ν, tirées des formules (15) et (18), en ayant d'ailleurs égard aux deux équations

$$(25)\qquad \mathrm{D}_t^2\mathrm{x} + \frac{\mathrm{x}}{R^3} = 0, \qquad \mathrm{D}_t^2\mathrm{y} + \frac{\mathrm{y}}{R^3} = 0.$$

Il est bon d'observer que, si l'on élimine ρ entre la formule (14) et la première des équations (17), on trouvera

$$(26)\qquad \left\{\begin{aligned} &U[\mathrm{D}_t\cos\alpha - (A + \mathrm{D}_t\mathrm{l}\Lambda)\cos\alpha]\\ &\quad + V[\mathrm{D}_t\sin\alpha - (A + \mathrm{D}_t\mathrm{l}\Lambda)\sin\alpha]\\ &\quad + [\mathrm{D}_t\Theta - (A + \mathrm{D}_t\mathrm{l}\Lambda)\Theta](W - \mathfrak{P}) = 0.\end{aligned}\right.$$

Cette équation linéaire, entre les constantes U, V, $W - \mathfrak{P}$, est l'une de celles qu'a obtenues M. Michal (*voir* la page 973) [1]. D'ailleurs, dans cette même équation, les coefficients de U, V, W renferment les quantités

$$\chi,\quad D_t\chi,\quad D_t^2\chi;\quad \Theta,\quad D_t\Theta,\quad D_t^2\Theta,$$

dont les valeurs peuvent être déterminées, au moins approximativement, à l'aide de trois observations voisines. Enfin, il est clair que deux équations de la forme (26), construites à l'aide de deux séries d'observations, suffiront pour déterminer les rapports mutuels des trois constantes

$$U,\quad V,\quad W-\wp.$$

Une troisième équation de la même forme, construite à l'aide d'une troisième série d'observations, et jointe aux deux premières équations, ne pourrait servir qu'à contrôler celles-ci, et non à déterminer les valeurs des trois constantes, comme a paru le croire M. Michal (page 973) [2]. Ajoutons que, si la seconde série d'observations se rapproche indéfiniment de la première, les rapports des trois constantes

$$U,\quad V,\quad W-\wp$$

se trouveront déterminés par l'équation (26) jointe à sa dérivée ou, ce qui revient au même, par les deux formules que l'on tire des équations (17), en y substituant la valeur de ρ fournie par l'équation (14). Donc alors on obtiendra, pour valeur du rapport

$$\frac{V}{U}=\tan g\chi,$$

celle que donnent simultanément les formules (13) et (24).

§ II. — *Sur la correction qu'exige l'aberration de la lumière.*

Soient toujours r la distance de la Terre à l'astre observé, et ρ la projection de cette distance sur le plan de l'écliptique. Soit, de plus,

(1) $$\rho=K$$

[1]-[2] *Comptes rendus*, T. XXIII; 1846.

la valeur de ρ fournie par l'équation (5) du § I; K pourra être considéré comme une fonction des seules quantités variables

$$R,\quad \varpi,\quad D_t\varpi;$$
$$\alpha,\quad D_t\alpha,\quad D_t^2\alpha,\quad D_t^3\alpha;\quad \theta,\quad D_t\theta,\quad D_t^2\theta,\quad D_t^3\theta,$$

dont les trois premières se rapportent au mouvement de la Terre, et les autres au mouvement de l'astre observé. De plus, comme la valeur K de ρ devra vérifier l'équation

$$D_t\rho = A\rho,$$

on aura identiquement

(2) $$D_t K = AK.$$

Enfin, il est clair que, dans la dérivée $D_t K$, on pourra distinguer deux parties, dont l'une G, relative au mouvement de la Terre et produite par la variation des quantités

$$R,\quad \varpi,\quad D_t\varpi,$$

renfermera deux dérivées nouvelles

$$D_t R,\quad D_t^2\varpi,$$

tandis que l'autre partie H, relative au mouvement de l'astre observé, sera produite par la variation des quantités

$$\alpha,\quad D_t\alpha,\quad D_t^2\alpha,\quad D_t^3\alpha;\quad \theta,\quad D_t\theta,\quad D_t^2\theta,\quad D_t^3\theta,$$

et renfermera deux dérivées nouvelles, savoir

$$D_t^4\alpha,\quad D_t^4\theta.$$

Ajoutons que, de la formule (2), combinée avec l'équation identique

(3) $$D_t K = G + H,$$

on tirera immédiatement

(4) $$G + H = AK.$$

Ces principes étant admis, examinons attentivement la nature de la correction qu'exige l'aberration de la lumière. D'après ce qui a été dit dans la séance précédente, on pourra introduire immédiatement dans le calcul les valeurs de α, $D_t\alpha$, ..., θ, $D_t\theta$, ..., tirées des observations, si à l'équation (1) on substitue la suivante

$$(5) \qquad \rho = \frac{K}{1 - \dfrac{H}{8\cos\theta}},$$

8 étant la vitesse de la lumière. Or, au premier abord, la détermination approximative de la quantité H qui renferme $D_t^4\alpha$ et $D_t^4\theta$, semblerait exiger cinq observations de l'astre, faites à des époques voisines l'une de l'autre, c'est-à-dire une observation de plus que la détermination approximative de K. Mais, il importe de le remarquer, on peut substituer dans la formule (5) la valeur de H tirée de l'équation (4), et l'on trouve alors

$$(6) \qquad \rho = \frac{K}{1 - \dfrac{4K - G}{8\cos\theta}}$$

ou à très peu près

$$(7) \qquad \rho = K\left(1 + \frac{4K - G}{8\cos\theta}\right).$$

Or, dans le second membre de la formule (6) ou (7), les seules quantités variables qui se rapportent au mouvement de l'astre observé sont celles qui étaient déjà renfermées dans la valeur de K, savoir

$$\alpha, \quad D_t\alpha, \quad D_t^2\alpha, \quad D_t^3\alpha; \quad \theta, \quad D_t\theta, \quad D_t^2\theta, \quad D_t^3\theta,$$

c'est-à-dire des quantités dont les valeurs approchées peuvent se déduire de quatre observations faites à des instants voisins l'un de l'autre.

§ III. — *Sur la détermination de l'orbite que décrit un astre autour du Soleil, dans le cas où l'on tient compte des actions perturbatrices, et de la position que l'observateur occupe sur la surface de la Terre.*

Le centre du Soleil étant pris pour origine des coordonnées, et le plan de l'écliptique pour plan des x, y, nommons toujours x, y, z les coordonnées de l'astre observé. Soient, de plus, X, Y, Z les projections algébriques de la force accélératrice qui sollicite cet astre dans son mouvement relatif autour du Soleil. Les équations de ce mouvement seront

$$(1)\qquad \mathrm{D}_t^2 x + X = 0, \qquad \mathrm{D}_t^2 y + Y = 0, \qquad \mathrm{D}_t^2 z + Z = 0.$$

Soient d'ailleurs, au bout du temps t,

ι la distance de l'observateur à l'astre que l'on considère;
ρ la projection de cette distance sur le plan de l'écliptique;
α, θ la longitude et la latitude de l'astre, mesurées par rapport au lieu qu'occupe l'observateur; enfin
x, y, z les coordonnées de ce même lieu.

On aura

$$(2)\qquad x = \mathrm{x} + \iota \cos\alpha \cos\theta, \qquad y = \mathrm{y} + \iota \sin\alpha \cos\theta, \qquad z = \mathrm{z} + \iota \sin\theta,$$

$$(3)\qquad \rho = \iota \cos\theta$$

et, par suite,

$$(4)\qquad x = \mathrm{x} + \rho\cos\alpha, \qquad y = \mathrm{y} + \rho\sin\alpha, \qquad z = \mathrm{z} + \Theta\rho,$$

la valeur de Θ étant

$$(5)\qquad \Theta = \operatorname{tang}\theta.$$

D'autre part, si l'on prend pour unité la masse du Soleil, et si l'on nomme r la distance du Soleil à l'astre observé, on aura, non seulement

$$(6)\qquad r^2 = x^2 + y^2 + z^2,$$

mais encore

$$(7)\qquad X = \frac{x}{r^3} + \mathcal{X}, \qquad Y = \frac{y}{r^3} + \mathcal{Y}, \qquad Z = \frac{z}{r^3} + \mathcal{Z},$$

$\mathcal{X}$, $\mathcal{Y}$, $\mathcal{Z}$ étant des fonctions de t et de ρ, qui seront de l'ordre des forces perturbatrices. Cela posé, en nommant R la distance de la

Terre au Soleil, on tirera des équations (1), jointes aux formules (4) et (7),

$$(8)\qquad D_t\rho = A\rho,\qquad D_t^2\rho + \frac{\rho}{r^3} = B\rho,\qquad \frac{1}{r^3} - \frac{1}{R^3} = C\rho,$$

les valeurs des coefficients A, B, C étant déterminées par le système des formules

$$(9)\qquad \begin{cases} C\mathrm{x} + [B - (D_t\alpha)^2]\cos\alpha - (D_t^2\alpha + 2AD_t\alpha)\sin\alpha + \mathfrak{L} = 0,\\ C\mathrm{y} + [B - (D_t\alpha)^2]\sin\alpha + (D_t^2\alpha + 2AD_t\alpha)\cos\alpha + \mathfrak{M} = 0,\end{cases}$$

$$(10)\qquad B\Theta + 2AD_t\Theta + D_t^2\Theta + \mathfrak{N} = 0,$$

et les valeurs de $\mathfrak{L}$, $\mathfrak{M}$, $\mathfrak{N}$ étant

$$(11)\qquad \begin{cases} \mathfrak{L} = \dfrac{\mathcal{X} + D_t^2\mathrm{x} + \dfrac{\mathrm{x}}{R^3}}{\rho},\\[2ex] \mathfrak{M} = \dfrac{\mathcal{Y} + D_t^2\mathrm{y} + \dfrac{\mathrm{y}}{R^3}}{\rho},\\[2ex] \mathfrak{N} = \dfrac{\mathcal{Z} + D_t^2\mathrm{z} + \dfrac{\mathrm{z}}{R^3}}{\rho}.\end{cases}$$

Ajoutons que l'on tirera des formules (8)

$$(12)\qquad C\rho = B - A^2 - D_tA - \frac{1}{R^3}.$$

Si, en réduisant à zéro les forces perturbatrices, on faisait coïncider le point dont les coordonnées sont désignées par x, y, z avec le centre de la Terre, on aurait

$$(13)\qquad \begin{cases} \mathcal{X} = 0, & \mathcal{Y} = 0, & \mathcal{Z} = 0;\\ D_t^2\mathrm{x} + \dfrac{\mathrm{x}}{R^3} = 0, & D_t^2\mathrm{y} + \dfrac{\mathrm{y}}{R^3} = 0, & D_t^2\mathrm{z} + \dfrac{\mathrm{z}}{R^3} = 0\end{cases}$$

et, par suite,

$$(14)\qquad \mathfrak{L} = 0,\qquad \mathfrak{M} = 0,\qquad \mathfrak{N} = 0.$$

Donc alors les valeurs des coefficients A, B, C, fournies par les équations (9), deviendraient indépendantes de ρ, et la valeur de ρ se trouverait immédiatement donnée par l'équation (12), c'est-à-dire par une équation du premier degré.

Dans le cas général où les conditions (13) cessent d'être vérifiées, les trois sommes

$$D_t^2 x + \frac{x}{R^3}, \quad D_t^2 y + \frac{y}{R^3}, \quad D_t^2 z + \frac{z}{R^3}$$

sont des fonctions connues de t; mais

$$\mathcal{X}, \quad \mathcal{Y}, \quad \mathcal{Z}, \quad \mathcal{L}, \quad \mathcal{M}, \quad \mathcal{N}$$

se réduisent à des fonctions connues de t et de ρ. Donc, en passant du cas particulier, où $\mathcal{L}$, $\mathcal{M}$, $\mathcal{N}$ s'évanouissent, au cas général, on verra les coefficients

$$A, \quad B, \quad C,$$

qui étaient d'abord indépendants de ρ, acquérir de très petits accroissements qui seront représentés par des fonctions déterminées de t et de ρ. Ajoutons que, eu égard à la première des formules (8), l'accroissement très petit de $D_t A$ pourra lui-même être exprimé en fonction de t et de l'inconnue ρ. Cela posé, il est clair que, dans le cas général, on pourra déterminer encore l'inconnue ρ à l'aide de la formule (12), qui, sans être alors du premier degré par rapport à ρ, offrira, du moins, une racine très peu différente d'une valeur de ρ fournie par une équation linéaire. D'ailleurs, cette racine étant commune à la formule (12) et à la dernière des formules (8), on pourrait la déduire de ces formules en faisant disparaître les radicaux, et recourant ensuite à la méthode du plus grand commun diviseur.

Il est bon de remarquer que, dans le cas où l'astre observé est une comète, et où l'on tient compte d'une seule force perturbatrice, savoir de l'action exercée sur cette comète par la Terre, les valeurs de $\mathcal{X}$, $\mathcal{Y}$, $\mathcal{Z}$ sont sensiblement proportionnelles à $\frac{1}{\rho^2}$. Donc alors les trois rapports $\frac{\mathcal{X}}{\rho}$, $\frac{\mathcal{Y}}{\rho}$, $\frac{\mathcal{Z}}{\rho}$ seront sensiblement proportionnels à $\frac{1}{\rho^3}$, et, en négligeant les quantités comparables au carré de la force perturbatrice, on verra la formule (12) se réduire à une équation en ρ du quatrième degré.

Nous avons, dans ce qui précède, fait abstraction des corrections qu'exige l'aberration de la lumière, et la formule (12) suppose que les valeurs de α et de θ ont subi chacune la correction due à cette cause. Mais il suffira d'appliquer à l'équation (12) les principes établis dans le précédent Mémoire, pour la transformer en une équation nouvelle dans laquelle on pourra substituer immédiatement les valeurs de α, θ, $D_t\alpha$, $D_t\theta$, ... tirées des observations.

Nous ferons ici une dernière remarque, relative aux formules (18) et (23) des pages 201 et 202. La première de ces deux formules renferme seulement, avec les angles α et θ, leurs dérivées du premier et du second ordre, c'est-à-dire des quantités dont les valeurs approchées peuvent être déterminées à l'aide de trois observations. Si l'on veut que la formule (23) de la page 202 jouisse de la même propriété, il faudra éliminer de cette formule, à l'aide de l'équation (12), la dérivée $D_t A$ renfermée dans la valeur $D_t \Omega$. Mais alors on obtiendra une équation ρ qui sera identique. Donc la formule (23) de la page 202 n'est autre chose qu'une équation du troisième degré, dont le premier membre est exactement divisible par

$$\rho - K,$$

K étant la valeur de ρ que fournit l'équation (12) de la page 200.

354.

Analyse mathématique. — *Note sur quelques propriétés des facteurs complexes.*

C. R., T. XXIV, p. 347 (8 mars 1847).

Dans le Mémoire que renferme le dernier numéro des *Comptes rendus*, M. Lamé a établi diverses propriétés de certains facteurs complexes.

Ces facteurs, dont je me suis occupé moi-même à diverses époques, ne sont, comme l'on sait, autre chose que des fonctions entières de l'une quelconque r des racines imaginaires de l'équation binôme

$$r^n = 1,$$

l'exposant n et les coefficients des diverses puissances de r dans chaque fonction étant des nombres entiers. Un facteur complexe u, qui, multiplié par un autre v, donne pour produit un nombre entier N, ou même un nouveau facteur complexe w, est appelé *diviseur* de N ou de w. Il résulte, en particulier, des principes exposés par M. Lamé, que si, n étant un nombre premier et A, B deux quantités entières, on nomme

$$M_0, \quad M_1, \quad M_2, \quad \ldots, \quad M_n$$

les n facteurs connus de $A^n + B^n$, représentés par des fonctions linéaires de A et de B, savoir

$$A + B, \quad Ar + B, \quad Ar^2 + B, \quad Ar^{n-1} + B,$$

ces facteurs seront tous divisibles par tout diviseur complexe qui diviserait deux d'entre eux.

Si l'on se propose, avec M. Lamé, d'appliquer ce principe à la démonstration du dernier théorème de Fermat, on pourra se borner à considérer le cas où, A et B étant premiers entre eux, le rapport $\frac{A^n + B^n}{A + B}$ est premier à $A + B$; et, dans ce cas, pour démontrer la proposition établie par M. Lamé, il suffira de faire voir que h, k étant deux quelconques des nombres entiers $1, 2, 3, \ldots, n-1$, tout facteur commun de M_h, M_k divisera nécessairement M_0. Or cette dernière proposition peut être démontrée très aisément de la manière suivante.

Pour vérifier l'équation

$$M_h u + M_k v = M_0, \tag{1}$$

il suffit de poser

$$ur^h + vr^k = 1, \qquad u + v = 1;$$

par conséquent

$$u = r^{-h}\frac{1 - r^k}{1 - r^{k-h}}, \qquad v = r^{-k}\frac{1 - r^h}{1 - r^{h-k}}$$

ou, ce qui revient au même,

$$(2) \qquad u = r^{-h}\frac{1 - r^{k+nx}}{1 - r^{k-h}}, \qquad v = r^{-k}\frac{1 - r^{h+nx}}{1 - r^{h-k}},$$

x étant un nombre entier quelconque. Or, en choisissant ce nombre entier de manière à rendre $h + nx$ divisible par la valeur numérique de $k - h$, on obtiendra évidemment pour u et v des facteurs complexes. Cela posé, il résultera immédiatement de la formule (1) que tout diviseur complexe de M_h et de M_k divisera M_0. Il y a plus : le produit

$$M_1 M_2 \ldots M_{n-1} = \frac{A^n + B^n}{A + B}$$

étant, par hypothèse, premier à $A + B$, les facteurs M_h, M_k seront nécessairement *premiers* entre eux, c'est-à-dire qu'ils ne pourront avoir d'autres diviseurs communs que les diviseurs complexes de l'unité.

355.

PHYSIQUE MATHÉMATIQUE. — *Mémoire sur les mouvements des systèmes de molécules.*

C. R., T. XXIV, p. 348 (8 mars 1847).

Dans mes anciens et nouveaux *Exercices*, j'ai donné les équations d'équilibre et de mouvement d'un système de points matériels sollicités par des forces d'attraction et de répulsion mutuelle, ou même de deux semblables systèmes qui se pénètrent mutuellement; et, après avoir spécialement considéré le cas où les mouvements sont infiniment petits, j'ai montré ce que devenaient alors les équations différentielles quand elles acquéraient une forme indépendante de la direction des axes coordonnés. J'ai ainsi obtenu des équations générales et très remarquables, qui représentent les mouvements isotropes d'un ou de deux systèmes d'atomes ou points matériels. J'ai, de plus, dans un Mémoire présenté à l'Académie le 4 novembre 1839, étendu à un nombre quelconque de systèmes d'atomes les formules générales que j'avais précédemment établies, et j'ai obtenu, de cette manière, les équations propres à représenter les mouvements vibratoires ainsi que les mouvements atomiques des corps cristallisés, dans lesquels je considérais chaque molécule comme composée d'atomes de diverses espèces, qui, soumis eux-mêmes à diverses forces d'attraction ou de répulsion mutuelle, pouvaient s'approcher ou s'éloigner les uns des autres en faisant varier la forme de la molécule. Toutefois, quand on se propose d'étudier, d'une part, les mouvements généraux de translation et de rotation des molécules, d'autre part, leurs changements de forme ou, en d'autres termes, les mouvements atomiques, il peut être utile de transformer les équations que je viens de rappeler, en prenant pour inconnues trois espèces de variables qui sont propres à exprimer ces trois espèces de mouvement. Tel est l'objet que je me suis spécialement proposé dans mes nouvelles recherches. Des neuf inconnues que mes équations renferment, trois représentent les déplacements du centre de gravité d'une molécule, mesurés parallèlement aux axes coordonnés; trois autres déterminent les directions des plans mobiles et rectangulaires auxquels il faudrait rapporter le mouvement pour que la vitesse de rotation moyenne et apparente de la molécule se réduisît constamment à zéro; enfin les trois dernières déterminent les déplacements de chaque atome mesurés parallèlement aux directions des axes suivant lesquelles se coupent ces plans mobiles. D'ailleurs, de ces neuf inconnues, les six premières peuvent être regardées comme fonctions de quatre variables indépendantes qui représentent le temps et les coordonnées du centre de gravité d'une molécule. Les trois dernières inconnues dépendent en outre des trois coordonnées qui déterminent la position qu'occupe, dans cette molécule, l'atome que l'on considère.

Les neuf équations du mouvement, propres à déterminer les neuf inconnues que nous venons de mentionner, sont aux différences mêlées. Ces équations renferment, avec les dérivées des inconnues prises par rapport au temps, les accroissements qu'acquièrent les inconnues, lorsqu'on passe d'un atome à un autre, ou d'une molécule à une autre, et se partagent en trois groupes correspondants aux trois espèces d'inconnues, de telle sorte que les trois équations appartenant à un même groupe renferment les dérivées d'une seule espèce d'inconnues, prises par rapport au temps.

Les six premières équations qui renferment les dérivées des six premières inconnues à l'aide desquelles s'expriment les mouvements généraux de translation et de rotation des molécules sont celles que nous appellerons les *équations du mouvement moléculaire*. Les trois autres, qui renferment les dérivées des inconnues propres à représenter les déplacements des atomes dans les diverses molécules, seront nommées les *équations du mouvement atomique*.

Au reste, il est juste de le reconnaître, on peut déduire directement les six équations du mouvement moléculaire de celles à l'aide desquelles M. Coriolis a représenté, dans le XVe Cahier du *Journal de l'École Polytechnique*, le mouvement d'un corps considéré comme un système de points matériels. Il suffira, pour opérer cette déduction, de substituer à un corps envisagé comme un système de points matériels une molécule considérée comme un système d'atomes, et de substituer pareillement aux forces qui représenteraient les actions exercées par d'autres corps les forces qui expriment les actions exercées par d'autres molécules.

Le cas où les divers atomes sont uniquement sollicités par des forces d'attraction ou de répulsion mutuelle mérite une attention spéciale. Déjà Lagrange avait observé que, dans un système de points matériels qui s'attirent ou se repoussent, les composantes de la force totale appliquée à chaque point peuvent être représentées par les trois dérivées partielles d'une seule fonction, relatives aux trois coordonnées de ce point; et M. Ostrogradsky a montré le parti que l'on peut tirer de cette observation, lorsque l'on considère, non plus un nombre fini, mais un nombre indéfini de points matériels. Or je trouve que, dans le même cas, les équations du mouvement moléculaire peuvent être réduites à une forme très digne de remarque, et que les seconds membres de ces équations peuvent être exprimés symboliquement à l'aide d'une seule fonction qui renferme, avec la distance des centres de gravité de deux molécules, des lettres symboliques à l'aide desquelles s'indiquent des différentiations effectuées par rapport aux trois variables qui représentent les projections de cette distance sur les axes coordonnés.

Si les distances qui séparent les molécules les unes des autres sont supposées très grandes par rapport aux dimensions de chacune d'elles; si d'ailleurs les actions mutuelles des atomes décroissent très rapidement quand la distance augmente; si enfin chaque atome est en équilibre à l'instant où le mouvement commence, ce mouvement pourra être tel, que chaque molécule conserve une forme sensiblement invariable. Alors, les mouvements atomiques venant à disparaître, on aura seulement à s'occuper des six équations qui exprimeront les mouvements de translation et de rotation de chaque molécule, et qui, comme l'a observé M. Savary, dans la séance du 4 novembre 1839, pourront être facilement déduites des principes de la Mécanique rationnelle. On se trouvera ainsi ramené, par exemple, aux formules que j'ai présentées à l'Académie le 5 décembre 1842, ou bien encore à celles qu'a données M. Laurent dans son beau Mémoire sur les mouvements infiniment petits d'un système de sphéroïdes.

Il importe d'observer que la fonction symbolique renfermée dans les six équations du mouvement d'une molécule est le produit de trois facteurs. De ces trois facteurs, le dernier dépend uniquement de la distance comprise entre le centre de gravité de cette molécule et le centre de gravité d'une autre molécule; il est donc fonction des accroissements que prennent les coordonnées du premier centre de gravité quand on passe de ce premier centre au second. Quant à chacun des deux autres facteurs, il renferme trois lettres caractéristiques qui indiquent la formation de dérivées prises par rapport à ces accroissements, avec les quantités variables qui expriment les différences entre les coordonnées des atomes dont se compose une molécule et les coordonnées de son centre de gravité.

Il peut arriver que l'un de ces deux facteurs, par exemple celui qui correspond à la molécule dont on détermine le mouvement, soit, au premier instant, une fonction *isotrope* des variables qu'il renferme, c'est-à-dire une fonction dont la valeur soit indépendante des directions assignées aux trois axes coordonnés, supposés rectangulaires. Alors, si toutes les molécules sont de même forme, le second facteur, c'est-à-dire le facteur correspondant à une autre molécule, sera lui-même, au premier instant, une fonction isotrope des variables qu'il renferme, et les mouvements moléculaires pourront se réduire à des mouvements de translation des centres de gravité des molécules, les rotations étant réduites à zéro. Par suite aussi, les équations du mouvement seront de la forme de celles qu'on aurait obtenues en réduisant les molécules à des points matériels. Ainsi se trouve généralisé un théorème que j'avais établi dans le Mémoire du 5 décembre 1842, et que j'ai rappelé dans la séance du 27 mai 1844 (*voir* le *Compte rendu* de cette dernière séance, page 970) [1].

Dans mes nouvelles recherches, j'ai spécialement considéré le cas où les mouvements de rotation deviennent infiniment petits. Dans ce cas, les trois inconnues correspondantes au mouvement rotatoire d'une molécule peuvent être réduites aux angles infiniment petits qui représentent les rotations moyennes de la molécule autour des axes coordonnés.

Dans un autre article, je développerai, à l'aide du calcul, les conséquences des principes que je viens d'exposer et des formules qui s'en déduisent.

[1] *Œuvres de Cauchy*, S. I, T. VIII, p. 220.

356.

Théorie des nombres. — *Mémoire sur les racines des équations algébriques à coefficients entiers, et sur les polynômes radicaux.*

C. R., T. XXIV, p. 407 (15 mars 1847).

En recherchant les propriétés que possèdent les racines d'équations algébriques à coefficients entiers, je me suis trouvé conduit à divers résultats qui m'ont paru dignes de remarque, et que je vais indiquer en peu de mots.

§ I. — *Sur les équations algébriques à coefficients entiers.*

Soit $\varphi(x)$ une fonction entière de x du degré m, en sorte qu'on ait

$$\varphi(x) = a_0 + a_1 x + \ldots + a_m x^m.$$

Si les valeurs numériques des coefficients

$$a_0, \quad a_1, \quad \ldots, \quad a_m$$

se réduisent à des nombres entiers, l'équation

$$(1) \qquad \varphi(x) = 0$$

sera ce que j'appellerai une *équation algébrique à coefficients entiers.* Si

$$(2) \qquad \chi(x) = 0$$

représente une seconde équation de même espèce, qui ait des racines communes avec la première, il suffira de chercher le plus grand commun diviseur algébrique entre les deux polynômes $\varphi(x)$, $\chi(x)$, puis d'égaler ce plus grand commun diviseur à zéro, pour obtenir une troisième équation

$$(3) \qquad \varpi(x) = 0,$$

qui offrira toutes les racines communes aux deux premières. Cette troisième équation sera elle-même à coefficients entiers, si, avant d'effectuer chacune des divisions partielles que réclame la recherche du plus grand commun diviseur, on a eu soin de multiplier chaque dividende par un facteur entier, convenablement choisi. En conséquence, on peut énoncer la proposition suivante :

THÉORÈME I. — *Si deux équations algébriques et à coefficients entiers offrent des racines communes, celles-ci sont, en même temps, les racines d'une troisième équation algébrique et à coefficients entiers.*

Corollaire I. — En vertu des relations qui existeront entre les dividendes et diviseurs partiels et les restes correspondants, le premier membre de la formule (3) sera évidemment lié aux premiers membres des formules (1) et (2), par une équation de la forme

$$\varpi(x) = u\,\varphi(x) - v\,\chi(x), \tag{4}$$

u, v étant deux fonctions entières de x à coefficients entiers. Si l'on nomme m le degré de $\varphi(x)$, n le degré de $\chi(x)$, et ν le degré de $\varpi(x)$, les degrés de u et de v seront respectivement $n-\nu-1$ et $m-\nu-1$. D'ailleurs, lorsque $\varpi(x)$ sera connu, les valeurs de u et de v pourront se déterminer directement à l'aide d'une méthode semblable à celle que j'ai donnée dans les *Exercices de Mathématiques*, t. I, p. 160 [1].

Corollaire II. — Si, des deux équations données, celle qui est de degré moindre offre des racines étrangères à l'autre, la troisième équation sera nécessairement d'un degré inférieur aux degrés des deux premières.

Corollaire III. — Si, des deux équations données, la seconde n'offre pas de racines étrangères à la première, $\varphi(x)$ sera divisible algébriquement par $\chi(x)$, et l'on aura

$$k\,\varphi(x) = v\,\chi(x), \tag{5}$$

v désignant une nouvelle fonction entière et à coefficients entiers, et k

[1] *OEuvres de Cauchy*, S. II, T. VI, p. 202.

une quantité constante. Si, dans le diviseur $\chi(x)$, la puissance la plus élevée de x a pour coefficient l'unité, alors le coefficient k pourra être réduit à l'unité, puisque la division algébrique fournira immédiatement pour le quotient $\frac{\varphi(x)}{\chi(x)}$ une fonction entière de x à coefficients entiers. Donc alors la formule (5) pourra être réduite à

$$\varphi(x) = v\chi(x). \tag{6}$$

Une équation algébrique et à coefficients entiers sera *irréductible,* s'il n'est pas possible de former une autre équation algébrique, de degré moindre et à coefficients entiers, qui ait avec elles des racines communes. Nous supposerons d'ailleurs généralement que, dans notre équation irréductible, les divers coefficients, réduits à leurs moindres valeurs numériques, n'offrent pas de diviseur qui leur soit commun à tous. Cela posé, le théorème I entraînera évidemment les propositions suivantes :

THÉORÈME II. — *Une équation algébrique et à coefficients entiers n'est point irréductible, lorsque, parmi ses racines, quelques-unes seulement vérifient une autre équation algébrique et à coefficients entiers.*

THÉORÈME III. — *Supposons que,* X *étant une fonction entière de x, à coefficients entiers, l'équation*

$$X = 0$$

soit irréductible. Si une seule racine x de cette équation vérifie une autre équation algébrique et à coefficients entiers

$$\varphi(x) = 0,$$

alors la fonction $\varphi(x)$ sera divisible algébriquement par la fonction X.

Donc, si dans cette dernière le coefficient de la plus haute puissance de x se réduit à l'unité, on aura

$$\varphi(x) = X\,\psi(x),$$

$\psi(x)$ désignant encore une fonction entière de x à coefficients entiers.

Les théorèmes II et III fournissent le moyen de décomposer en équations algébriques irréductibles une équation binôme de la forme

$$x^n - 1 = 0, \tag{7}$$

n étant un nombre entier quelconque. On peut ainsi, par exemple, établir les propositions suivantes.

THÉORÈME IV. — *n étant un nombre entier quelconque, supérieur à 2, nommons m le nombre des termes de la suite*

$$1,\quad 2,\quad 3,\quad \ldots,\quad n-1,$$

qui sont premiers à n. Soit, de plus,

$$X = 0 \tag{8}$$

l'équation algébrique et à coefficients entiers qui a pour premier terme x^m, pour dernier terme l'unité, et pour racines les diverses racines primitives de l'équation binôme

$$x^n - 1 = 0. \tag{9}$$

L'équation (8) sera toujours irréductible.

THÉORÈME V. — *Les mêmes choses étant posées que dans le théorème précédent, nommons $\varphi(x)$ une fonction entière de x à coefficients entiers. Si une seule racine de l'équation (8) vérifie la condition*

$$\varphi(x) = 0,$$

on aura, quel que soit x,

$$\varphi(x) = X\,\psi(x),$$

$\psi(x)$ désignant encore une fonction entière de x à coefficients entiers.

§ II. — *Sur les polynômes complexes ou radicaux.*

Soit ρ une racine primitive de l'équation binôme

$$x^n - 1 = 0, \tag{1}$$

n étant un nombre entier quelconque. Une fonction entière $\varphi(\rho)$ de cette racine pourra toujours être réduite à la forme

$$\varphi(\rho) = a_0 + a_1\rho + a_2\rho^2 + \ldots + a_{n-1}\rho^{n-1}, \tag{2}$$

et représentera ce qu'on nomme quelquefois un *nombre complexe*. Mais ici le mot *nombre* paraît détourné de sa signification naturelle. Afin d'éviter cet inconvénient, nous donnerons simplement à la fonction $\varphi(\rho)$ déterminée par la formule (2) le nom de *polynôme complexe*, ou, mieux encore, de *polynôme radical*, pour rappeler l'origine d'un tel polynôme dont les divers termes sont proportionnels aux diverses puissances d'une même expression radicale, savoir d'une racine $n^{\text{ième}}$ de l'unité.

Soit maintenant m le nombre des termes qui, dans la suite

$$1, \quad 2, \quad 3, \quad \ldots, \quad n-1,$$

sont premiers à m. Soit encore

$$(3) \qquad X = 0$$

l'équation réciproque et irréductible qui a pour premier terme x^m, et pour racines les diverses racines primitives de l'équation (1). Toute fonction entière $\varphi(x)$ de la variable x se réduira, pour $x = \rho$, au reste qu'on obtient en divisant cette fonction par X; et, comme ce reste sera seulement de degré $m-1$, il est clair que tout polynôme radical $\varphi(\rho)$ sera réductible à une fonction entière du degré $m-1$, c'est-à-dire à la forme

$$(4) \qquad \varphi(\rho) = a_0 + a_1\rho + a_2\rho^2 + \ldots + a_{m-1}\rho^{m-1}.$$

Lorsqu'un polynôme radical aura été ramené à cette forme, nous le dirons *réduit à sa plus simple expression*. Si les coefficients des diverses puissances de x sont entiers avant la réduction, ils le seront encore après. Dans ce qui suit, nous considérerons seulement des polynômes radicaux, à coefficients entiers, et nous les supposerons réduits à leurs plus simples expressions. Lorsqu'un polynôme radical $\varphi(\rho)$, multiplié par un autre $\chi(\rho)$, en produira un troisième $f(\rho)$, nous dirons que celui-ci a pour *facteur* le polynôme $\varphi(\rho)$, par lequel il peut être divisé. Cela posé, un polynôme radical $\varphi(\rho)$ ou $f(\rho)$ aura évidemment pour *facteur entier* tout nombre entier qui divisera tous les coefficients à la fois. De plus, un facteur sera linéaire, s'il est de la forme $a_0 + a_1\rho$; du second degré, s'il est de la forme $a_0 + a_1\rho + a_2\rho^2$; et ainsi de suite.

Ces définitions étant admises, on déduit immédiatement des principes établis dans le § I les propositions suivantes.

THÉORÈME I. — *ρ étant une des racines primitives de l'équation* (1), *et* $f(\rho)$ *un polynôme radical à coefficients entiers, si ce polynôme est décomposable en deux facteurs de même forme* $\varphi(\rho)$, $\chi(\rho)$, *en sorte qu'on ait*

$$f(\rho) = \varphi(\rho)\chi(\rho), \tag{5}$$

on aura encore, pour une valeur quelconque réelle ou imaginaire de la variable x,

$$f(x) = \varphi(x)\chi(x) + X\psi(x), \tag{6}$$

$\psi(x)$ désignant une nouvelle fonction entière de x à coefficients entiers.

THÉORÈME II. — *ρ étant une racine primitive de l'équation* (1), *et $\mathfrak{N}$ un nombre entier quelconque, si $\mathfrak{N}$ se décompose en deux facteurs radicaux* $\varphi(\rho)$, $\chi(\rho)$ *à coefficients entiers, en sorte qu'on ait*

$$\mathfrak{N} = \varphi(\rho)\chi(\rho), \tag{7}$$

on aura encore, pour une valeur quelconque réelle ou imaginaire de la variable x,

$$\mathfrak{N} = \varphi(x)\chi(x) + X\psi(x), \tag{8}$$

$\psi(x)$ désignant une nouvelle fonction entière de x à coefficients entiers.

THÉORÈME III. — *ρ étant une racine primitive de l'équation* (1), *si le nombre entier $\mathfrak{N}$ admet un facteur radical linéaire, c'est-à-dire de la forme*

$$a_0 + a_1\rho,$$

on aura, pour une valeur quelconque réelle ou imaginaire de la variable x,

$$\mathfrak{N} = (a_0 + a_1 x)\chi(x) + kX, \tag{9}$$

$\chi(x)$ désignant une fonction entière de x, du degré $m-1$, à coefficients entiers, et k un coefficient constant dont la valeur numérique soit entière.

Dans la recherche des diviseurs radicaux d'un nombre entier donné $\mathfrak{M}$, on peut toujours supposer que le diviseur radical cherché, et même le quotient du nombre $\mathfrak{M}$ par ce diviseur, n'offrent pas de facteurs entiers. En effet, si, dans l'équation (7), on supposait

$$\varphi(\rho) = c\,\varphi_1(\rho)$$

ou

$$\chi(\rho) = c\,\chi_1(\rho),$$

$\varphi_1(\rho)$ ou $\chi_1(\rho)$ étant un polynôme radical à coefficients entiers, c devrait diviser $\mathfrak{M}$, et l'équation (7) pourrait être remplacée par la suivante

$$\frac{\mathfrak{M}}{c} = \varphi_1(\rho)\,\chi(\rho), \qquad \text{ou} \qquad \frac{\mathfrak{M}}{c} = \varphi(\rho)\,\chi_1(\rho),$$

en vertu de laquelle $\varphi_1(\rho)$ ou $\varphi(\rho)$ serait diviseur de $\frac{\mathfrak{M}}{c}$.

On pourra donc toujours supposer, dans le théorème III, que chacun des facteurs radicaux $a_0 + a_1\rho$, $\chi(\rho)$ n'offre pas de diviseurs entiers. Alors les coefficients a_0, a_1 seront premiers entre eux, et par suite, comme il est aisé de le voir, chacun d'eux sera premier à n. Alors aussi, en nommant p un diviseur premier de $\mathfrak{M}$, on tirera de la formule (9)

$$(10) \qquad (a_0 + a_1 x)\,\chi(x) + k\mathrm{X} \equiv 0 \qquad (\mathrm{mod.}\,p),$$

quelle que soit la valeur attribuée à X. La formule (10) se réduirait à

$$(11) \qquad (a_0 + a_1 x)\,\chi(x) \equiv 0 \qquad (\mathrm{mod.}\,p),$$

si p divisait k. Mais, comme dans cette hypothèse l'équation (11), dont le degré est m, devrait offrir p racines distinctes, il est clair que p devrait être inférieur ou tout au plus égal à m.

Lorsque, a_0 et a_1 étant premiers entre eux, le binôme radical $a_0 + a_1\rho$ sera diviseur de $\mathfrak{M}$; si d'ailleurs $\mathfrak{M}$ n'a pour facteurs premiers que des nombres supérieurs à m, il suffira de choisir x de manière à vérifier la condition

$$a_0 + a_1 x \equiv 0 \quad (\text{mod. } \mathfrak{M}), \tag{12}$$

pour que la formule (10) entraîne la suivante

$$X \equiv 0 \quad (\text{mod. } \mathfrak{M}) \tag{13}$$

et, à plus forte raison, la suivante :

$$x^n \equiv 1 \quad (\text{mod. } \mathfrak{M}). \tag{14}$$

Mais, d'autre part, si l'on nomme N l'indicateur maximum correspondant au nombre entier $\mathfrak{M}$, tout nombre x premier à $\mathfrak{M}$ vérifiera la condition

$$x^N \equiv 1 \quad (\text{mod. } \mathfrak{M}). \tag{15}$$

Enfin, si ω désigne le plus grand commun diviseur de N et de n, les formules (14), (15) entraîneront la suivante

$$x^\omega \equiv 1 \quad (\text{mod. } \mathfrak{M}), \tag{16}$$

et, dans cette dernière, ω ne pourra se réduire à l'unité. Car, si à l'équation (13) on joignait la condition

$$x \equiv 1 \quad (\text{mod. } \mathfrak{M}), \tag{17}$$

$\mathfrak{M}$ devrait se réduire à l'unité, ou bien encore au nombre n, si n était un nombre premier ou une puissance d'un tel nombre. En conséquence, on pourra énoncer généralement la proposition suivante :

Théorème IV. — *n, $\mathfrak{M}$ étant deux entiers quelconques, nommons m le nombre des entiers premiers à n, et* N *l'indicateur maximum correspondant au nombre $\mathfrak{M}$. Supposons d'ailleurs que le nombre $\mathfrak{M}$ ait pour facteurs des nombres supérieurs à n, ou même à $n\left(1 - \frac{1}{c}\right)$, si n est une puissance d'un nombre premier c. Pour que le nombre $\mathfrak{M}$ admette un diviseur radical linéaire et de la forme*

$$a_0 + a_1 r,$$

a_0, a_1 *étant premiers entre eux, il sera nécessaire que* n *et* N *offrent un commun diviseur supérieur à l'unité.*

Corollaire I. — Si n est un nombre premier, alors, en vertu du théorème précédent, N devra être divisible par n.

Corollaire II. — Si $\mathfrak{N}$ et n sont deux nombres premiers, on aura

$$N = \mathfrak{N} - 1;$$

et par suite, pour que $\mathfrak{N}$ admette un diviseur radical linéaire de la forme $a_0 + a_1\rho$, il sera nécessaire que $\mathfrak{N}$ soit de la forme $4x + 1$.

Considérons maintenant d'une manière spéciale le cas où n est un nombre premier. Alors on aura

$$m = n - 1 \quad \text{et} \quad X = x^{n-1} + x^{n-2} + \ldots + x + 1.$$

Alors aussi la formule (13) offrira m racines distinctes; et, si $\mathfrak{N}$ est décomposable en deux facteurs radicaux

$$a_0 + a_1\rho, \quad \chi(\rho),$$

dont l'un soit linéaire, et dont aucun n'admette de diviseur entier, les m racines de l'équation (13) devront satisfaire à la formule (11), dont le degré est m, et l'une d'elles à la formule (12). Dans un prochain article, nous appliquerons ce principe, et les principes analogues auxquels conduiraient les formules (6) et (8), à la décomposition des nombres entiers en facteurs radicaux, ou même des polynômes radicaux en polynômes de même espèce.

357.

PHYSIQUE MATHÉMATIQUE. — *Mémoire sur le mouvement d'un système de molécules dont chacune est considérée comme formée par la réunion de plusieurs atomes ou points matériels.*

C. R., T. XXIV, p. 414 (15 mars 1847).

Simple énoncé.

358.

THÉORIE DES NOMBRES. — *Mémoire sur de nouvelles formules relatives à la théorie des polynômes radicaux, et sur le dernier théorème de Fermat.*

C. R., T. XXIV, p. 469 (22 mars 1847).

Préliminaire.

Le mode de démonstration, proposé par l'un de nos confrères pour le dernier théorème de Fermat, dans un Mémoire présenté à la séance du 1er mars, exigerait, comme l'a remarqué M. Liouville, que l'on établît d'abord, pour les polynômes appelés *complexes*, des propositions analogues à celles sur lesquelles repose, en Arithmétique, la décomposition d'un nombre en facteurs premiers. Une seconde difficulté se tire de la considération des expressions imaginaires désignées par z_i dans le Mémoire dont il s'agit : car ces expressions étant, comme l'a remarqué encore M. Liouville, des diviseurs de l'unité, on ne saurait dire que leurs puissances ne peuvent diviser certains polynômes complexes, ni que, pour ce motif, la formule (11) de la page 315 [1] soit irréductible. D'un autre côté, l'auteur d'une Note insérée dans le *Compte rendu* de la dernière séance s'est proposé de faire voir que le principe fondamental sur la décomposition d'un nombre en facteurs premiers, ainsi que la méthode d'Euclide pour la recherche du plus grand commun diviseur, sont entièrement applicables aux polynômes complexes; et, pour le prouver, il a commencé par reproduire, à peu de chose près, l'analyse dont M. Dirichlet a fait usage dans un beau Mémoire sur les formes quadratiques. A la vérité, l'auteur de la Note a reconnu que les mêmes principes s'appliquent aux polynômes complexes qui renferment les racines cubiques de l'unité; mais une objection s'élève contre le passage où il assure qu'on peut aisément étendre le même mode de démonstration aux nombres complexes de forme

[1] *Comptes rendus*, T. XXIV; 1847.

plus compliquée qui dépendent des racines de l'équation binôme

$$x^n = 1,$$

n étant un nombre entier quelconque. En effet, suivant la Note citée, pour opérer cette extension, il suffirait de prouver que le produit d'un polynôme donné par les polynômes semblables qu'on obtient en substituant successivement l'une à l'autre les diverses racines imaginaires de l'équation binôme est un nombre toujours inférieur à l'unité, lorsque, dans le polynôme donné, chaque coefficient est compris entre zéro et l'unité. Or il est aisé de voir que cette dernière proposition ne saurait être admise, même dans le cas très simple où l'on prend $n = 7$. En effet, si l'on nomme ρ une racine primitive de l'équation binôme

$$x^7 = 1,$$

on aura, comme l'on sait,

$$\rho + \rho^2 + \rho^3 + \rho^4 + \rho^5 + \rho^6 = -1,$$

$$\rho - \rho^3 + \rho^2 - \rho^6 + \rho^4 - \rho^5 = \pm 7^{\frac{1}{2}} \sqrt{-1},$$

et, par suite, le module de chacune des sommes

$$\rho + \rho^2 + \rho^4, \quad \rho^3 + \rho^5 + \rho^6$$

sera réduit au module commun des deux expressions imaginaires

$$\frac{-1 + 7^{\frac{1}{2}}\sqrt{-1}}{2}, \quad \frac{-1 - 7^{\frac{1}{2}}\sqrt{-1}}{2},$$

c'est-à-dire à $\sqrt{2}$. Donc le produit des deux sommes sera égal au nombre 2, ce dont il est d'ailleurs facile de s'assurer directement; et si l'on désigne par $f(\rho)$ l'une des deux sommes, par exemple le trinôme complexe

$$\rho + \rho^2 + \rho^4,$$

le produit de ce trinôme par les trinômes semblables qu'on obtiendra en substituant successivement à la racine ρ les autres termes de la suite

$$\rho, \quad \rho^2, \quad \rho^3, \quad \rho^4, \quad \rho^5, \quad \rho^6$$

sera égal au nombre 8, notablement supérieur à l'unité. Ajoutons que ce produit sera encore très peu différent du nombre 8, et par suite supérieur à l'unité, si, dans le trinôme

$$\alpha\rho + 6\rho^2 + \gamma\rho^4,$$

on attribue aux coefficients α, 6, γ des valeurs positives inférieures à l'unité, mais qui en diffèrent très peu. Généralement, si, n étant un nombre premier de la forme $4m+1$, on nomme r une racine primitive de l'équivalence

$$x^{n-1} \equiv 1 \qquad (\text{mod. } n),$$

les deux polynômes

$$\rho + \rho^{r^2} + \rho^{r^4} + \ldots + \rho^{r^{n-3}},$$
$$\rho^r + \rho^{r^3} + \rho^{r^5} + \ldots + \rho^{r^{n-2}}$$

auront pour module commun l'expression

$$\frac{n+1}{4},$$

et le produit de tous les polynômes semblables qu'on obtiendra en substituant successivement à la racine ρ ses diverses puissances d'un degré inférieur à n sera

$$\left(\frac{n+1}{4}\right)^{\frac{n-1}{2}}.$$

Le même produit serait réduit à

$$\left(\frac{n+1}{16}\right)^{\frac{n-1}{2}},$$

si, dans les polynômes donnés, chaque coefficient était réduit à $\frac{1}{2}$, et alors ce produit surpasserait l'unité pour toute valeur du nombre premier n, égale ou supérieure à 17.

On voit, par ce qui précède, que la théorie générale des nombres complexes est encore à établir. Je vais essayer de poser ici les principes fondamentaux de cette théorie; je chercherai ensuite à en déduire le dernier théorème de Fermat.

§ I. — *Considérations générales sur les polynômes radicaux. Propriétés diverses de ces polynômes.*

Soit ρ une racine primitive de l'équation binôme

$$x^n = 1, \tag{1}$$

n étant un entier quelconque; nommons m le nombre des termes qui sont premiers à n, dans la suite

$$1, \quad 2, \quad 3, \quad \ldots, \quad n-1,$$

et désignons par

$$1, \quad a, \quad b, \quad c, \quad \ldots, \quad h$$

ces mêmes termes. Les diverses racines primitives de l'équation (1) seront

$$\rho, \quad \rho^a, \quad \rho^b, \quad \ldots, \quad \rho^h;$$

et si l'on pose

$$X = (x-\rho)(x-\rho^a)\ldots(x-\rho^h), \tag{2}$$

alors

$$X = 0 \tag{3}$$

sera une équation à coefficients entiers, irréductible et du degré m. Si d'ailleurs on pose

$$f(\rho) = \alpha + 6\rho + \gamma\rho^2 + \ldots + \eta\rho^{n-1}, \tag{4}$$

les coefficients α, 6, γ, ..., η étant réels, $f(\rho)$ sera *un polynôme complexe ou radical* qui, étant *réduit à sa plus simple expression*, prendra la forme

$$f(\rho) = \alpha + 6\rho + \gamma\rho^2 + \ldots + \varepsilon\rho^{m-1}; \tag{5}$$

et le produit de ce polynôme par les polynômes semblables qu'on obtient en substituant successivement à la racine ρ les autres termes de la suite

$$\rho, \quad \rho^a, \quad \rho^b, \quad \ldots, \quad \rho^h$$

sera une fonction entière des seuls coefficients α, β, γ, ... Ce produit, composé de facteurs qui se déduisent les uns des autres suivant une loi déterminée, peut être appelé *factoriel* tout aussi bien que les factorielles arithmétiques et géométriques dont j'ai parlé dans d'autres Mémoires (Tome XVII des *Comptes rendus*, page 641) (¹). Nous lui donnerons effectivement le nom de *factorielle complexe* ou *radicale*. Si on le représente par Θ, on aura

(6) $$\Theta = f(\rho) f(\rho^a) f(\rho^b) \ldots f(\rho^h).$$

D'ailleurs la factorielle Θ devra être soigneusement distinguée des modules de ses divers facteurs considérés comme expressions imaginaires. Si l'on représente ces modules par

$$r, \quad r_a, \quad r_b, \quad \ldots, \quad r_h,$$

et les arguments correspondants par les angles

$$p, \quad p_a, \quad p_b, \quad \ldots, \quad p_h,$$

on aura

(7) $$f(\rho) = r\, e^{p\sqrt{-1}}, \qquad f(\rho^a) = r_a\, e^{p_a\sqrt{-1}}, \qquad \ldots$$

et

(8) $$\Theta = r r_a r_b \ldots r_h,$$

les angles $p, p_a, \ldots, p_h$ disparaissant dans la valeur de Θ, attendu que les racines

$$\rho, \quad \rho^a, \quad \rho^b, \quad \ldots, \quad \rho^h$$

de l'équation (3) seront imaginaires et conjuguées deux à deux. Pour ce même motif, les modules

$$r, \quad r_a, \quad r_b, \quad \ldots, \quad r_h$$

seront eux-mêmes égaux deux à deux; et l'on aura, en tenant compte seulement des modules correspondants à la moitié des racines, savoir,

(¹) *Œuvres de Cauchy*, S. I, T. VIII, p. 65.

aux racines non conjuguées,

(9) $$\Theta = r^2 r_a^2 r_b^2 \ldots,$$

chaque module étant déterminé par une équation de la forme

(10) $$r = \mathrm{f}(\rho)\,\mathrm{f}(\rho^{-1}).$$

Si l'on suppose la valeur du polynôme $\mathrm{f}(\rho)$ donnée par la formule (4), et si l'on attribue aux coefficients des valeurs $\alpha, \mathit{6}, \gamma, \ldots, \eta$ finies, la factorielle Θ sera une fonction de ces coefficients qui ne variera pas quand on les fera tous croître ou décroître simultanément d'un nombre quelconque l, puisqu'on aura toujours, en prenant pour ρ une racine primitive de l'équation (1),

(11) $$1 + \rho + \rho^2 + \ldots + \rho^{n-1} = 0.$$

Donc alors la factorielle Θ conservera une valeur finie pour des valeurs infiniment grandes de l, c'est-à-dire pour un accroissement infiniment grand attribué aux divers coefficients. Mais il n'en sera plus généralement de même, si l'on attribue des accroissements infiniment grands à quelques coefficients seulement. Il y a plus : si l'on suppose le polynôme $\mathrm{f}(\rho)$ réduit à sa plus simple expression et ramené à la forme (5), il arrivera souvent que la factorielle Θ deviendra infinie pour des valeurs infinies quelconques des divers coefficients. Ainsi, en particulier, si l'on prend $n = 3$, en sorte que ρ désigne une racine primitive de l'équation binôme

$$x^3 = 1,$$

alors, en posant

$$\mathrm{f}(\rho) = \alpha + \mathit{6}\rho + \mathit{6}\gamma + \gamma\rho^2,$$

on trouvera

$$\Theta = \alpha^2 + \mathit{6}^2 + \gamma^2 - \alpha\mathit{6} - \alpha\gamma - \mathit{6}\gamma = \frac{(\alpha - \mathit{6})^2 + (\alpha - \gamma)^2 + (\mathit{6} - \gamma)^2}{2},$$

et par suite la factorielle Θ conservera une valeur finie quand on attribuera simultanément aux trois coefficients $\alpha, \mathit{6}, \gamma$ un même accroissement fini ou infini. Mais elle deviendra toujours infinie, si l'on fait croître indéfiniment deux coefficients $\alpha, \mathit{6}$, ou l'un des deux seulement. Il y a plus : si le polynôme $f(\rho)$ est supposé réduit à sa plus simple expression, on aura $\gamma = 0$, et la valeur de Θ, réduite à

$$\Theta = \alpha^2 + \beta^2 - \alpha\beta = \frac{(\alpha - \beta)^2 + \alpha^2 + \beta^2}{2},$$

deviendra toujours infinie pour des valeurs infinies des deux coefficients ou de l'un des deux seulement.

Il importe d'observer que, en vertu de la formule (6), la factorielle Θ est une fonction symétrique des racines primitives de l'équation (1). Donc, si l'on nomme ς_l la somme des $l^{\text{ièmes}}$ puissances de ces racines, c'est-à-dire si l'on pose

$$(12) \qquad \varsigma_l = \rho^l + \rho^{al} + \rho^{bl} + \ldots + \rho^{hl},$$

l étant un nombre entier quelconque, Θ sera une fonction entière, non seulement des coefficients α, β, γ, ..., mais encore des sommes

$$\varsigma_1, \quad \varsigma_2, \quad \ldots, \quad \varsigma_{m-1}.$$

Donc, si les coefficients α, β, γ, ... offrent des valeurs entières, la factorielle Θ se réduira simplement à un nombre entier.

Parmi les valeurs nouvelles que peut prendre Θ, lorsqu'on y fait varier les coefficients α, β, γ, ..., on doit remarquer celles qu'on obtient quand on fait croître ou décroître un ou plusieurs coefficients de quantités entières, et spécialement celles qu'on obtient quand on fait croître ou décroître un seul coefficient de l'unité. Concevons, pour plus de commodité, que l'on désigne par Θ_α, ou Θ_β, ou Θ_γ, ..., ce que devient Θ quand on fait croître α, ou β, ou γ, ... de l'unité. On aura évidemment

$$(13) \qquad \Theta_\alpha = [1 + f(\rho)]\,[1 + f(\rho^a)] \ldots [1 + f(\rho^h)];$$

et comme, en vertu de la formule (13), les facteurs de Θ_α seront deux à deux conjugués, et de la forme

$$1 + r\,e^{p\sqrt{-1}}, \quad 1 + r\,e^{-p\sqrt{-1}},$$

la formule (13) donne

$$(14) \qquad \Theta_\alpha = (1 - 2r\cos p + r^2)(1 - 2r_a \cos p_a + r_a^2) \ldots,$$

le nombre des facteurs du second membre étant égal à $\frac{1}{2}m$. On trouvera pareillement

$$(15)\qquad \Theta_6 = [\rho + f(\rho)][\rho^a + f(\rho^a)]\dots[\rho^h + f(\rho^h)]$$

ou, ce qui revient au même,

$$(16)\qquad \Theta_6 = [1 + \rho^{-1} f(\rho)][1 + \rho^{-a} f(\rho^a)]\dots[1 + \rho^{-h} f(\rho^h)].$$

D'ailleurs, une racine primitive ρ de l'équation (1) sera de la forme

$$(17)\qquad \rho = e^{\varpi\sqrt{-1}},$$

ϖ étant un arc réel que l'on pourra, si l'on veut, supposer déterminé par la simple formule

$$(18)\qquad \varpi = \frac{2\pi}{n}.$$

Cela posé, l'équation (16) donnera

$$(19)\qquad \Theta_6 = [1 + 2r\cos(p - \varpi) + r^2][1 + 2r_a\cos(p_a - a\varpi) + r_a^2]\dots.$$

On trouve, de la même manière,

$$(20)\qquad \Theta_\gamma = [1 + 2r\cos(p - 2\varpi) + r^2][1 + 2r_a\cos(p_a - 2a\varpi) + r_a^2]\dots,\qquad \dots,$$

et ainsi de suite. Par conséquent, si l'on attribue à $f(\rho)$ la forme générale que présente la formule (5), les divers termes de la suite

$$(21)\qquad \Theta_\alpha,\quad \Theta_6,\quad \Theta_\gamma,\quad \dots,\quad \Theta_\eta$$

ne seront autre chose que les diverses valeurs que prendra l'expression

$$(22)\qquad \Omega = [1 + 2r\cos(p - \omega) + r^2][1 + 2r_a\cos(p - a\omega) + r_a^2]\dots,$$

lorsqu'on y substituera successivement, à la place de ω, les divers termes de la progression arithmétique

$$(23)\qquad 0,\quad \varpi,\quad 2\varpi,\quad 3\varpi,\quad \dots,\quad (n-1)\varpi.$$

Observons d'ailleurs que, en vertu de la formule (18), si l'on porte, à partir d'une même origine, sur la circonférence du cercle dont le rayon est l'unité, les arcs représentés par les divers termes de la progression (23), les extrémités de ces arcs seront les sommets d'un polygone régulier inscrit au cercle, et qui offrira n côtés.

Soient maintenant

$$(24) \qquad \Theta_{-\alpha}, \quad \Theta_{-\beta}, \quad \Theta_{-\gamma}, \quad \ldots, \quad \Theta_{-\eta}$$

les valeurs que prend la factorielle Θ, quand on y fait croître de l'unité, non plus les quantités α, ou β, ou γ, ..., mais les quantités $-\alpha$, ou $-\beta$, ou $-\gamma$, ... Les termes de la suite (24) représenteront encore les valeurs que prendra successivement Θ, si l'on y fait décroître α, ou β, ou γ, ... de la quantité -1; et, en raisonnant comme ci-dessus, on prouvera que, pour obtenir ces divers termes, il suffit d'attribuer successivement à ω les valeurs

$$0, \quad \varpi, \quad 2\varpi, \quad 3\varpi, \quad \ldots, \quad (n-1)\varpi,$$

non plus dans le produit Ω déterminé par l'équation (22), mais dans le produit $\Omega_{,}$, déterminé par la formule

$$(25) \qquad \Omega_{,} = [1 - 2r\cos(p-\omega) + r^2][1 - 2r_a\cos(p - a\omega) + r_a^2]\ldots.$$

Il existe un moyen facile d'obtenir dans tous les cas une limite égale ou supérieure à la factorielle Θ. En effet, posons, pour abréger,

$$(26) \qquad R = \frac{r^2 + r_a^2 + r_b^2 + \ldots}{\frac{1}{2}m}$$

ou, ce qui revient au même,

$$(27) \qquad R = \frac{f(\rho)f(\rho^{-1}) + f(\rho^a)f(\rho^{-a}) + \ldots + f(\rho^h)f(\rho^{-h})}{m},$$

R sera la moyenne arithmétique entre les nombres représentés par les produits

$$(28) \qquad f(\rho)f(\rho^{-1}), \quad f(\rho^a)f(\rho^{-a}), \quad \ldots, \quad f(\rho^h)f(\rho^{-h}).$$

D'autre part, on tirera de la formule (6), en y remplaçant ρ par ρ^{-1},

$$(29) \qquad \Theta = f(\rho^{-1})f(\rho^{-a})f(\rho^{-b})\ldots f(\rho^{-h}),$$

et par suite on aura

(30) $$\Theta^2 = \mathrm{f}(\rho)\,\mathrm{f}(\rho^{-1})\,\mathrm{f}(\rho^a)\,\mathrm{f}(\rho^{-a})\ldots\mathrm{f}(\rho^h)\,\mathrm{f}(\rho^{-h}).$$

Donc la moyenne géométrique entre les produits (28) sera la racine $m^{\text{ième}}$ de Θ^2 ou $\Theta^{\frac{2}{m}}$. Mais la moyenne géométrique entre plusieurs nombres est toujours ou égale, ou inférieure à la moyenne arithmétique entre les mêmes nombres. On aura donc

$$\Theta^{\frac{2}{m}} \leqq \mathrm{R},$$

et

(31) $$\Theta \leqq \mathrm{R}^{\frac{m}{2}}.$$

Si, pour fixer les idées, on suppose que n soit un nombre premier impair, on aura

$$m = n - 1,$$

et la formule (27) donnera

(32) $$\mathrm{R} = \alpha^2 + \beta^2 + \gamma^2 + \ldots - \frac{\alpha\beta + \alpha\gamma + \ldots + \beta\gamma + \ldots}{n-1}.$$

Donc alors, en posant, pour abréger,

(33) $$\begin{cases} s = \alpha + \beta + \gamma + \ldots, \\ s_2 = \alpha^2 + \beta^2 + \gamma^2 + \ldots, \end{cases}$$

on aura simplement

(34) $$\mathrm{R} = \frac{2(n-1)s_2 - s^2}{2(n-1)};$$

par conséquent la formule (31) donnera

(35) $$\Theta \leqq \left[\frac{2(n-1)s_2 - s^2}{2(n-1)}\right]^{\frac{n-1}{2}}$$

et, à plus forte raison,

(36) $$\Theta \leqq \left(\frac{ns_2}{n-1}\right)^{\frac{n-1}{2}}$$

Si chacun des coefficients α, β, γ, ... offre une valeur numérique inférieure à l'unité, si d'ailleurs η, comme on peut toujours le supposer, se réduit à zéro, on aura

$$s_2 \leqq n - 1,$$

et la formule (36) donnera

(37) $$\Theta \leqq n^{\frac{n-1}{2}}.$$

La même formule donnerait

(38) $$\Theta \leqq \left(\frac{n}{4}\right)^{\frac{n-1}{2}},$$

si, η étant nul, on attribuait aux divers coefficients $\alpha, \beta, \gamma, \ldots$ des valeurs numériques comprises entre les limites o et $\frac{1}{2}$.

Le cas où, dans le polynôme $f(\rho)$, les coefficients $\alpha, \beta, \gamma, \ldots, \eta$ se réduisent, aux signes près, à des nombres entiers, mérite une attention spéciale. Lorsqu'un polynôme $f(\rho)$ à coefficients entiers est le produit de deux autres polynômes de même espèce $\varphi(\rho)$, $\chi(\rho)$, chacun de ces derniers est appelé diviseur du polynôme $f(\rho)$; et, comme l'équation

$$f(\rho) = \varphi(\rho)\chi(\rho)$$

entraine la suivante

$$f(\rho^l) = \varphi(\rho^l)\chi(\rho^l),$$

quelle que soit la valeur du nombre entier l, il est clair que, si $\varphi(\rho)$ est diviseur de $f(\rho)$, $\varphi(\rho^l)$ sera diviseur de $f(\rho^l)$. Si $f(\rho)$ se réduit à un nombre entier k, on aura encore

$$f(\rho^l) = k;$$

et, par suite, on peut affirmer que, si un polynôme radical $\varphi(\rho)$ à coefficients entiers est diviseur de k, le polynôme $\varphi(\rho^l)$ sera pareillement diviseur de k, quel que soit l.

Observons encore que, en vertu de l'équation identique

$$\alpha^n + \beta^n = (\alpha + \beta)(\alpha + \beta\rho)\ldots(\alpha + \beta\rho^{n-1}),$$

qui subsiste pour une valeur quelconque du nombre entier et impair n, le rapport

$$\frac{\alpha^n + 6^n}{\alpha + 6}$$

représentera la factorielle correspondante à chacun des binômes radicaux

$$\alpha + 6\rho, \quad \alpha + 6\rho^2, \quad \ldots, \quad \alpha + 6\rho^{n-1}.$$

Donc tout binôme radical de la forme

$$\alpha + 6\rho^l$$

sera un diviseur de ce rapport, quelle que soit la valeur entière de l. Or, comme on réduit le rapport dont il s'agit à l'unité, quand on pose

$$\alpha = 6 = 1,$$

et au nombre n, quand on pose

$$\alpha = -6 = 1,$$

nous pouvons affirmer que tout binôme radical de la forme

$$1 + \rho^l$$

est un diviseur de l'unité, et tout binôme radical de la forme

$$1 - \rho^l,$$

un diviseur du nombre entier n.

Remarquons encore, avant de terminer ce paragraphe, que, dans le cas où les coefficients α, 6, γ, ... sont entiers, on peut de la formule (6) déduire le quadruple de la factorielle Θ, sous une forme semblable à celles sous lesquelles nous avons présenté, dans un précédent Mémoire, des entiers dont chacun est le quadruple d'une puissance d'un nombre premier. Ainsi, par exemple, n étant un nombre premier, si l'on nomme r une racine primitive de l'équivalence

$$(39) \qquad x^{n-1} \equiv 1 \quad (\text{mod. } n),$$

l'équation (6) donnera

$$(40) \qquad \Theta = F(\rho)\, F(\rho^r),$$

la valeur de $F(\rho)$ étant de la forme

$$F(\rho) = \mathfrak{a} + \mathfrak{b}(\rho + \rho^{r^2} + \ldots + \rho^{r^{n-3}}) + \mathfrak{c}(\rho^r + \rho^{r^3} + \ldots + \rho^{r^{n-2}}),$$

et $\mathfrak{a}$, $\mathfrak{b}$, $\mathfrak{c}$ étant des coefficients qui seront entiers en même temps que α, $\mathcal{C}$, γ, ... Par suite, si l'on pose

$$(41) \qquad \Delta = \rho - \rho^r + \rho^{r^2} - \rho^{r^3} + \ldots - \rho^{r^{n-2}}$$

et

$$(42) \qquad A = 2\mathfrak{a} - \mathfrak{b} - \mathfrak{c}, \qquad B = \mathfrak{b} - \mathfrak{c},$$

on aura

$$(43) \qquad 4\Theta = A^2 - B^2\Delta^2.$$

Comme on aura d'ailleurs

$$(44) \qquad \Delta^2 = (-1)^{\frac{n-1}{2}} n,$$

l'équation (43) donnera

$$(45) \qquad 4\Theta = A^2 - (-1)^{\frac{n-1}{2}} n B^2.$$

On aura donc

$$(46) \qquad 4\Theta = A^2 - nB^2,$$

si n est de la forme $4l + 1$, et

$$(47) \qquad 4\Theta = A^2 + nB^2,$$

si n est de la forme $4l + 3$.

A l'aide des formules précédentes, il est facile de prouver que, si n est de la forme $4l + 3$, l étant positif, Θ ne pourra se réduire à l'unité sans que cette réduction entraîne la condition $B = 0$. En effet, lorsque Θ se réduit à l'unité, la formule (47) donne

$$(48) \qquad nB^2 = 4 - A^2.$$

Or, n étant, par hypothèse, un nombre premier de la forme $4l + 3$, on ne pourra vérifier l'équation (48) qu'en supposant, ou

(49) $$A = 1, \quad n = 3$$

ou

(50) $$A = 2, \quad B = 0.$$

On pourrait demander encore sous quelles conditions la factorielle Θ peut se réduire au nombre premier n supposé de la forme $4l + 3$. Or, si cette réduction a lieu, la formule (47) donnera

$$n(4 - B^2) = A^2.$$

Donc alors A sera de la forme nC, C étant choisi de manière à vérifier l'équation

$$4 - B^2 = nC^2;$$

et par conséquent, si A ne s'évanouit pas avec C, il faudra que l'on ait

$$n = 3, \quad B = 1, \quad C = 1, \quad A = 3.$$

Donc Θ ne pourra se réduire à n, à moins que l'on n'ait $A = 0$ ou $n = 3$.

Le polynôme $f(\rho)$, déterminé par l'équation (4), renferme généralement n termes. Considérons maintenant le cas où, plusieurs des coefficients venant à s'évanouir, le nombre des termes est réduit à l. Si chacun des coefficients restants offre une valeur numérique inférieure à $\frac{1}{2}$ on aura

$$s_2 \leq \frac{l}{4},$$

et la formule (36) donnera

(51) $$\Theta \leq \left(\frac{n}{n-1}\,\frac{l}{4}\right)^{\frac{n-1}{2}}.$$

En vertu de cette dernière formule, Θ sera inférieur à l'unité, si l'on suppose $l = 2$, n étant supérieur à l'unité, ou $l = 3$, n étant supérieur à 3.

On verra, dans un autre article, les avantages que présente, pour la solution des deux problèmes précédemment indiqués, l'emploi de quelques-unes des formules que nous venons d'établir.

359.

THÉORIE DES NOMBRES. — *Mémoire sur de nouvelles formules relatives à la théorie des polynômes radicaux, et sur le dernier théorème de Fermat* (suite).

C. R., T. XXIV, p. 516 (29 mars 1847).

Lorsqu'on veut faire servir à la démonstration du dernier théorème de Fermat la considération des polynômes complexes, on a deux problèmes distincts à résoudre. D'abord, comme l'a fort bien remarqué M. Liouville, on doit faire voir qu'un produit de polynômes complexes ne peut être décomposé en facteurs premiers que d'une seule manière; puis, en supposant ce principe établi, on doit en déduire le théorème de Fermat. Les observations de M. Liouville et celles que j'ai insérées moi-même dans le *Compte rendu* de la dernière séance prouvent la nécessité d'attaquer ces deux problèmes. Je commencerai par m'occuper du premier. Après quelques recherches, je suis parvenu à le ramener à une question de maximum, ainsi qu'on le verra dans le paragraphe suivant.

§ II. — *Sur la décomposition d'un polynôme radical en deux parties, dont l'une corresponde à une factorielle plus petite que l'unité.*

Supposons que, ρ étant une racine primitive de l'équation binôme

$$x^n = 1, \tag{1}$$

on pose

$$f(\rho) = \alpha + 6\rho + \gamma\rho^2 + \ldots + \eta\rho^{n-1}, \tag{2}$$

α, 6, γ, ..., η étant des coefficients réels. Si ces coefficients s'évanouissent tous, à l'exception du premier, le polynôme radical $f(\rho)$ sera réduit à une quantité réelle α, et la factorielle correspondante au même polynôme sera représentée par α^m, m étant le nombre des entiers inférieurs à n, et premiers à n. Alors aussi le polynôme $f(\rho)$, réduit à la quantité réelle α, pourra être décomposé en deux parties, dont la première soit entière, et dont la seconde corresponde à un module compris entre les limites o, 1, par conséquent à une factorielle inférieure à l'unité. Il y a plus : en augmentant ou diminuant de l'unité, s'il est nécessaire, la première partie, on pourra toujours faire en sorte que le module de la seconde partie devienne inférieur à $\frac{1}{2}$, et la factorielle correspondante à $\frac{1}{2^m}$. Voyons maintenant s'il sera possible d'arriver à des résultats du même genre, dans le cas où les coefficients 6, γ, ... cessent de s'évanouir tous à la fois, et si, dans ce cas encore, le polynôme $f(\rho)$ pourra être décomposé en deux parties, dont la première soit un autre polynôme à coefficients entiers, mais tellement choisis que la factorielle correspondante à la seconde partie devienne inférieure à l'unité.

Soient

$$1, \quad a, \quad b, \quad \ldots, \quad h$$

les entiers inférieurs et premiers à n. Posons, comme dans le § I,

$$f(\rho) = re^{p\sqrt{-1}}, \qquad f(\rho^a) = r_a e^{p_a\sqrt{-1}}, \qquad \ldots,$$

r, r_a, ... étant les modules des polynômes $f(\rho)$, $f(\rho^a)$, ...

Enfin, soit

$$\Theta = F(\alpha, 6, \gamma, \ldots, \eta) = rr_a \ldots r_h = r^2 r_a^2 \ldots \tag{3}$$

la factorielle relative au polynôme radical $f(\rho)$, et concevons que, dans la formule (3), on attribue aux coefficients

$$\alpha, \quad 6, \quad \gamma, \quad \ldots, \quad \eta$$

des accroissements entiers, positifs ou négatifs, représentés par

$$\Delta\alpha, \quad \Delta 6, \quad \Delta\gamma, \quad \ldots, \quad \Delta\eta. \tag{4}$$

La factorielle Θ prendra un accroissement correspondant $\Delta\Theta$, et, parmi les diverses valeurs de $\Theta + \Delta\Theta$, il y en aura généralement une qui sera inférieure à toutes les autres. Nommons T cette plus petite valeur. La question qu'il s'agit de résoudre consiste évidemment à savoir si l'on aura toujours

$$(5) \qquad \mathrm{T} < 1.$$

Nous observerons d'abord que, en choisissant d'une manière convenable les accroissements attribués aux coefficients α, β, γ, ..., η, on peut abaisser la valeur numérique de chacun de ces coefficients au-dessous de $\frac{1}{2}$, et par conséquent la somme s_2 de leurs carrés au-dessous du nombre $\frac{1}{4}l$, l étant le nombre de ceux des coefficients qui ne sont pas alors réduits à zéro. D'ailleurs, en vertu de la formule (36) du paragraphe précédent, la valeur de Θ est toujours inférieure à $\left(\frac{ns_2}{n-1}\right)^{\frac{n-1}{2}}$. Donc, en opérant comme on vient de le dire, on obtiendra une valeur de $\Theta + \Delta\Theta$, qui vérifiera la condition

$$\Theta + \Delta\Theta < \left(\frac{n}{n-1}\frac{l}{4}\right)^{\frac{n-1}{2}},$$

et l'on aura encore, à plus forte raison,

$$(6) \qquad \mathrm{T} < \left(\frac{n}{n-1}\frac{l}{4}\right)^{\frac{n-1}{2}}.$$

D'ailleurs, le second membre de la formule (6) est égal ou inférieur à l'unité, quand on suppose $l = 2$, n étant supérieur à l'unité, ou $l = 3$, n étant supérieur à 3. Donc la condition (5) se vérifiera toujours, quand le polynôme $f(\rho)$, réduit si l'on veut à sa plus simple expression, renfermera deux termes seulement, n étant supérieur à l'unité, ou trois termes, n étant supérieur à 3. Il y a plus : en s'appuyant sur la formule (31) du § I, on prouvera assez facilement qu'on peut, à la condition (6), substituer la suivante

$$(7) \qquad \mathrm{T} < \left(\frac{n-1}{n}\frac{l}{4}\right)^{\frac{n-1}{2}},$$

et que, en conséquence, la condition (5) se vérifie encore quand le polynôme $f(\rho)$ renferme quatre termes au plus, quelle que soit d'ailleurs la valeur de n.

Supposons maintenant que, dans l'équation (3), les coefficients

$$\alpha, \quad \beta, \quad \gamma, \quad \ldots, \quad \eta$$

reçoivent précisément les valeurs pour lesquelles la factorielle $\Theta + \Delta\Theta$ atteint sa plus petite valeur T, en sorte que cette plus petite valeur corresponde à des valeurs nulles des accroissements

$$\Delta\alpha, \quad \Delta\beta, \quad \Delta\gamma, \quad \ldots, \quad \Delta\eta,$$

et, par conséquent, à une valeur nulle de $\Delta\Theta$. L'équation

$$(8) \qquad \Delta\Theta = 0,$$

qui sera vérifiée quand on aura $\Theta = T$, se trouvera généralement remplacée, lorsque les accroissements $\Delta\alpha$, $\Delta\beta$, ..., $\Delta\eta$, ou du moins quelques-uns d'entre eux, cesseront de s'évanouir, par la formule

$$(9) \qquad \Delta\Theta > 0.$$

D'ailleurs, si, comme dans le § I, on nomme Θ_α, ou Θ_β, ou Θ_γ, ... la nouvelle valeur que prend Θ, quand on y fait croître α, ou β, ou γ, ... de l'unité, la valeur de $\Delta\Theta$, correspondante à cette hypothèse, sera représentée par la différence $\Theta_\alpha - \Theta$, ou $\Theta_\beta - \Theta$, ..., ou $\Theta_\eta - \Theta$. Donc la formule (9) comprendra les suivantes :

$$(10) \qquad \Theta_\alpha - \Theta > 0, \qquad \Theta_\beta - \Theta > 0, \qquad \ldots, \qquad \Theta_\eta - \Theta > 0.$$

Pareillement, si l'on nomme $\Theta_{-\alpha}$, ou $\Theta_{-\beta}$, ou $\Theta_{-\gamma}$, ... la nouvelle valeur que prend Θ quand on y fait décroître α, ou β, ou γ de l'unité, la formule (9) donnera encore

$$(11) \qquad \Theta_{-\alpha} - \Theta > 0, \qquad \Theta_{-\beta} - \Theta > 0, \qquad \ldots, \qquad \Theta_{-\eta} - \Theta > 0.$$

Mais, en vertu de ce qui a été dit dans le paragraphe précédent, les divers termes de la suite

$$\Theta_\alpha, \quad \Theta_\beta, \quad \ldots, \quad \Theta_\eta$$

seront les diverses valeurs que reçoit le produit Ω déterminé par la formule

$$(12)\qquad \Omega = [1 + 2r\cos(p-\omega) + r^2][1 + 2r_a\cos(p_a - a\omega) + r_a^2]\ldots,$$

quand on prend successivement pour valeurs de ω les divers termes de la progression arithmétique

$$(13)\qquad 0,\quad \varpi,\quad 2\varpi,\quad 3\varpi,\quad \ldots,\quad (n-1)\varpi,$$

la valeur de ϖ étant

$$(14)\qquad \varpi = \frac{2\pi}{n}.$$

Pareillement les divers termes de la suite

$$\Theta_{-\alpha},\quad \Theta_{-\beta},\quad \ldots,\quad \Theta_{-\eta}$$

seront les diverses valeurs que reçoit le produit $\Omega_{,}$ déterminé par la formule

$$(15)\qquad \Omega_{,} = [1 - 2r\cos(p-\omega) + r^2][1 - 2r_a\cos(p_a - a\omega) + r_a^2]\ldots,$$

lorsqu'on attribue successivement à ω les n valeurs dont il s'agit. Donc les formules (10) et (11) seront vérifiées si l'on a

$$(16)\qquad \Omega - \Theta > 0,\qquad \Omega_{,} - \Theta > 0$$

pour l'une quelconque des valeurs de ω comprises dans la progression (13).

En résumé, la valeur T de Θ, pour laquelle la condition (9) sera remplie, quelles que soient les valeurs entières attribuées aux accroissements

$$\Delta\alpha,\quad \Delta\beta,\quad \ldots,\quad \Delta\eta,$$

vérifiera constamment les formules (16). Cela posé, concevons que, pour un système donné de valeurs des coefficients α, β, γ, ..., η, on nomme Π le plus petit des termes compris dans les deux suites

$$\Theta_{\alpha},\quad \Theta_{\beta},\quad \ldots,\quad \Theta_{\eta},$$
$$\Theta_{-\alpha},\quad \Theta_{-\beta},\quad \ldots,\quad \Theta_{-\eta},$$

Il sera en même temps le plus petit des nombres qui représenteront les diverses valeurs de Ω, $\Omega_{,}$ correspondantes aux divers termes de la progression (13); et la condition (5) sera toujours remplie, si, pour des valeurs quelconques attribuées aux coefficients α, β, γ, ..., η, par conséquent aux modules r, r_a, r_b, ... et aux angles p, p_a, p_b, ..., la factorielle

(17) $$\Theta = r^2 r_a^2 r_b^2, \quad \ldots$$

est constamment inférieure à l'unité, lorsqu'elle vérifie la formule

(18) $$\Theta \leqq \Pi,$$

ou, ce qui revient au même, la formule

(19) $$\Theta = \theta \Pi,$$

θ désignant un nombre compris entre les limites 0, 1.

Observons, à présent, que si l'on pose

$$\alpha = 0, \quad \beta = 0, \quad \gamma = 0, \quad \ldots, \quad \eta = 0,$$

les polynômes

$$f(\rho), \quad f(\rho^a), \quad \ldots, \quad f(\rho^h)$$

s'évanouiront tous avec leurs modules. On aura donc alors

$$r = 0, \quad r_a = 0, \quad \ldots, \quad r_h = 0$$

et

$$\Theta = 0 < 1;$$

par conséquent, la condition (5) sera vérifiée. Alors aussi les formules (12) et (15) donneront

$$\Omega = \Omega_{,} = 1,$$

et par suite on aura

$$\Pi = 1.$$

Supposons maintenant que les coefficients

$$\alpha, \quad \beta, \quad \gamma, \quad \ldots, \quad \eta,$$

cessant d'être nuls, acquièrent de très petites valeurs numériques qui soient entre elles dans les rapports donnés, et posons

$$(20)\qquad \rho^2 = r^2 + r_a^2 + \ldots + r_h^2;$$

on aura sensiblement, pour de très petites valeurs de ρ,

$$\Omega = 1 + 2[r\cos(p-\omega) + r_a\cos(p_a - a\omega) + \ldots],$$
$$\Omega_, = 1 - 2[r\cos(p-\omega) + r_a\cos(p_a - a\omega) + \ldots],$$

lorsque l'angle ω sera choisi de manière que la somme

$$r\cos(p-\omega) + r_a\cos(p_a - a\omega) + \ldots$$

ne s'évanouisse pas. Donc alors, des deux quantités Ω, $\Omega_,$, la plus petite sera inférieure à l'unité, et l'on aura

$$\Pi < 1.$$

Alors aussi la valeur de Θ, tirée de la formule (17), sera très petite, par conséquent inférieure à l'unité; et, comme Π différera peu de l'unité, cette valeur de Θ vérifiera certainement la condition (18), ou, ce qui revient au même, la condition (19).

Supposons enfin que les coefficients

$$\alpha,\quad 6,\quad \gamma,\quad \ldots,\quad \eta$$

continuent à varier, par degrés insensibles, avec les arguments

$$r,\quad r_a,\quad r_b,\quad \ldots,$$

et les modules

$$p,\quad p_a,\quad p_b,\quad \ldots,$$

et que, en conséquence de cette variation, la valeur de ρ croisse indéfiniment. Quand la valeur de Θ, donnée par la formule (17), vérifiera la condition (18), on aura, d'une part,

$$(21)\qquad \theta\Pi = r^2 r_a^2 r_b^2,\quad \ldots,$$

θ étant un nombre inférieur à l'unité; et, d'autre part,

$$\Theta < 1,$$

tant que l'unité surpassera la valeur commune des deux membres de la formule (21), et, par suite, la valeur du produit

$$r r_a r_b \ldots .$$

Donc, en vertu de ce qui a été dit plus haut, la condition (5) sera toujours remplie, si l'unité surpasse la plus grande valeur de $\theta\Pi$ que l'on puisse déduire de la formule (21), en y faisant croître les modules

$$r, \quad r_a, \quad r_b, \quad \ldots$$

par degrés insensibles à partir de zéro, et en supposant

$$\theta < 1.$$

Il y a plus : il est facile de s'assurer que cette plus grande valeur de $\theta\Pi$ correspond précisément à

$$\theta = 1.$$

Donc le premier des problèmes qu'il s'agissait de résoudre se trouve ramené, comme nous l'avons dit, à une question de maximum, savoir à celle dont voici l'énoncé :

PROBLÈME. — *Soit* Π *la plus petite des valeurs que fournissent pour* Ω *et pour* $\Omega_{,}$ *les formules* (12) *et* (15), *quand on y substitue successivement à la place de* ω *les divers termes de la progression* (13). *Concevons d'ailleurs que les modules*

$$r, \quad r_a, \quad r_b, \quad \ldots,$$

d'abord réduits à zéro, varient, par degrés insensibles, avec les arguments

$$p, \quad p_a, \quad p_b, \quad \ldots,$$

de manière à vérifier l'équation

$$\Pi = r^2 r_a^2 r_b^2 \ldots . \tag{22}$$

On propose de rechercher la plus grande des valeurs que pourra prendre, dans cette hypothèse, la fonction Π, *et d'examiner si cette plus grande valeur est inférieure à l'unité.*

On peut remarquer d'ailleurs que la plus grande des valeurs de Π sera précisément la limite supérieure à laquelle pourra s'élever, sans la dépasser jamais, la quantité représentée par la lettre T dans la formule (5).

Le problème étant réduit à ces termes, donnons maintenant, en quelques mots, une idée succincte des procédés qui peuvent en fournir la solution.

Comme nous l'avons déjà remarqué, les diverses valeurs de ω, comprises dans la progression (13), représentent des arcs dont les extrémités sont les sommets d'un polygone régulier de n côtés inscrit au cercle. Par une conséquence nécessaire, les arcs, que représenteront les diverses valeurs de $p - \omega$ et même de $\pi + p - \omega$ correspondantes aux diverses valeurs de ω, auront encore pour extrémités, lorsque le nombre n sera pair, les sommets d'un polygone régulier de n côtés. Mais, si n est impair, les extrémités des arcs correspondants aux diverses valeurs de $p - \omega$ seront distinctes des extrémités des arcs correspondants aux diverses valeurs de $\pi + p - \omega$; et les extrémités de ces deux espèces d'arcs marqueront les sommets d'un polygone régulier de $2n$ côtés. Il est aisé d'en conclure que, pour un système donné de valeurs des modules

$$r, \quad r_a, \quad r_b, \quad \ldots,$$

Π sera inférieur au produit

$$\left(1 - 2r\cos\frac{\pi}{n} + r^2\right)(1 + r_a)^2(1 + r_b)^2\ldots,$$

si n est un nombre pair, et au produit

$$\left(1 - 2r\cos\frac{\pi}{2n} + r^2\right)(1 + r_a)^2(1 + r_b)^2\ldots,$$

si n est un nombre impair. Par suite aussi, lorsqu'on fera croître les modules

$$r, \quad r_a, \quad b_b, \quad \ldots,$$

supposés d'abord réduits à zéro, par degrés insensibles, la valeur de Π, fournie par l'équation (22), ne pourra devenir supérieure à celle que détermineront les formules

$$(23)\qquad \left(1 - 2r\cos\frac{\pi}{n} + r^2\right)(1+r)^{m-2} = r^m, \qquad \Pi = r^m,$$

si n est un nombre pair, ou les formules

$$(24)\qquad \left(1 - 2r\cos\frac{\pi}{2n} + r^2\right)(1+r)^{m-2} = r^m, \qquad \Pi = r^m,$$

si n est un nombre impair.

Si, pour fixer les idées, on suppose $n = 4$, on aura

$$m = 2;$$

et, comme ρ sera une racine primitive de l'équation

$$x^4 = 1,$$

on aura encore

$$\rho^2 + 1 = 0, \qquad \rho = \pm\sqrt{-1},$$

$$\Theta = (\alpha + 6\rho)(\alpha + 6\rho^3) = \alpha^2 + 6^2.$$

Alors aussi les formules (23) donneront

$$(25)\qquad \begin{cases} 1 - r\sqrt{2} = 0, & r = \dfrac{1}{\sqrt{2}}, \\ \Pi = \dfrac{1}{2}; \end{cases}$$

et la quantité T elle-même ne pourra surpasser la limite supérieure $\frac{1}{2}$, que cette quantité atteindra effectivement, si dans la factorielle

$$\Theta = \alpha^2 + 6^2$$

on pose

$$\alpha = \pm\frac{1}{2} \quad \text{et} \quad 6 = \pm\frac{1}{2}.$$

Supposons maintenant $n = 3$, on aura

$$m = 2,$$

et les formules (24) donneront

$$(26)\qquad \left\{\begin{aligned} &1 - 2r\cos\frac{\pi}{6} = 0, \qquad r = \frac{1}{\sqrt{3}},\\ &\Pi = \frac{1}{3}. \end{aligned}\right.$$

Par conséquent, la quantité Π et la quantité T elle-même auront pour limite supérieure la fraction $\frac{1}{3}$, qu'elles ne dépasseront jamais.

Il importe d'observer que la première des équations (23) peut être présentée sous la forme

$$(27)\qquad \left[(1-r)^2 + \left(2\sin\frac{\pi}{2n}\right)^2 r\right](1+r)^{m-2} - r^m = 0.$$

Or, dans cette dernière équation, le premier membre sera réduit à l'unité, si l'on pose $r = 0$; et, si l'on fait passer r, par degrés insensibles, de la valeur $r = 0$ à la valeur $r = 1$, le premier membre passera de la valeur 1 à la valeur

$$2^m\left(\sin\frac{\pi}{2n}\right)^2 - 1$$

qui sera négative, si l'on a

$$(28)\qquad \sin\frac{\pi}{2n} < \left(\frac{1}{2}\right)^{\frac{m}{2}},$$

et, à plus forte raison, si l'on a

$$(29)\qquad \frac{\pi}{2n} < \left(\frac{1}{2}\right)^{\frac{m}{2}}.$$

Cela posé, il est clair que, si la condition (28) ou (29) est remplie, l'équation (27) offrira une racine positive comprise entre les limites 0 et 1. Il est vrai qu'une autre racine positive sera comprise entre les limites 1 et ∞. Mais de ces deux racines ce sera la plus petite, comprise entre les limites 0 et 1, qui, substituée dans l'équation

$$\Pi = r^m,$$

fournira une limite supérieure à la valeur maximum de Π. On doit en conclure que, si la condition (28) ou (29) se vérifie, n étant un nombre pair, la valeur maximum de Π sera inférieure à l'unité, et qu'alors la condition (5) sera toujours remplie.

Pareillement on conclura des formules (24) que, n étant un nombre impair, la condition (5) se vérifiera toujours, si l'on a

$$\sin\frac{\pi}{4n} < \left(\frac{1}{2}\right)^{\frac{m}{2}} \tag{30}$$

et, à plus forte raison, si l'on a

$$\frac{\pi}{4n} < \left(\frac{1}{2}\right)^{\frac{m}{2}}. \tag{31}$$

Si l'on prend successivement pour n les nombres pairs

$$4,\quad 6,\quad 8,\quad 10,\quad 12,\quad 14,$$

on trouvera, pour valeurs correspondantes de m, les nombres

$$2,\quad 2,\quad 4,\quad 4,\quad 4,\quad 6,$$

et les valeurs correspondantes du produit

$$2n\left(\frac{1}{2}\right)^{\frac{m}{2}}$$

seront les nombres

$$4,\quad 6,\quad 4,\quad 5,\quad 6,\quad \frac{7}{2},$$

qui sont tous supérieurs à $\pi = 3,1415\ldots$. Donc alors la formule (29) sera vérifiée, et l'on pourra en dire autant de la condition (5).

Si l'on prend successivement pour n les nombres impairs

$$3,\quad 5,\quad 7,\quad 9,\quad 15,$$

on trouvera, pour valeurs correspondantes de m, les nombres

$$2,\quad 4,\quad 6,\quad 6,\quad 8,$$

et les valeurs correspondantes du produit

$$4n\left(\frac{1}{2}\right)^{\frac{m}{2}}$$

seront les nombres

$$6,\quad 5,\quad \frac{7}{2},\quad \frac{9}{2},\quad \frac{15}{4},$$

qui tous surpassent le nombre π. Donc alors la condition (31) sera vérifiée, et l'on pourra en dire autant de la formule (5).

Il est donc déjà démontré que la condition (5) se vérifie pour tout nombre entier n qui ne surpasse pas le nombre 10, et même pour $n = 12$, ainsi que pour $n = 14$ et pour $n = 15$.

Lorsque le nombre n est égal à 11 ou à 13, et lorsqu'il surpasse 15, les formules (23) et (24) ne fournissent plus le moyen de prouver que T reste toujours inférieur à l'unité. Mais on ne doit pas en conclure que la condition (5) cesse d'être remplie. Il y a plus : on est conduit à penser qu'elle doit l'être encore, par les raisons que je vais indiquer.

Lorsque le nombre n est très grand, un point quelconque de la circonférence décrite avec le rayon 1 est toujours très voisin de l'un des sommets d'un polygone régulier de n côtés, ou de $2n$ côtés, inscrit à cette circonférence, et par conséquent très voisin de l'extrémité de l'un des arcs représentés par les divers termes de la progression (13). Alors, assujettir l'angle ω à demeurer compris parmi les termes de cette progression, c'est, à peu de chose près, le laisser entièrement arbitraire. D'ailleurs si, dans la fonction Ω ou $\Omega_{\prime}$, on laisse l'angle ω entièrement arbitraire, la plus petite valeur Π de Ω ou de Ω' sera une fonction entière des modules r, r_a, r_b, ..., ainsi que des arguments p, p_a, p_b, ...; et alors la valeur maximum de Π, déterminée à l'aide du Calcul différentiel, sera, comme je le prouverai dans un autre article, représentée par la fraction

$$\left(\frac{1}{2}\right)^{\frac{m}{2}}.$$

Or cette dernière fraction, qui peut être considérée comme la valeur approchée du maximum de Π correspondant au cas où l'on prend pour ω un terme de la progression (13), sera très petite, par conséquent très inférieure à l'unité, quand le nombre n sera supérieur à 10; d'où il est naturel de conclure que la quantité dont elle représente une valeur approchée sera encore inférieure à l'unité. Toutefois, comme les raisons que je viens d'énoncer ne suffisent pas pour constater en toute rigueur l'existence de la condition (5) dans tous les cas possibles, je me propose de revenir encore sur cet objet dans un autre Mémoire, et de compléter ainsi la solution du problème dont je viens de m'occuper.

La formule (5), une fois établie pour un nombre donné n, devient la base fondamentale de la théorie des polynômes complexes ou radicaux, qui renferment les racines de l'équation $x^n = 1$, et permet de résoudre avec une grande facilité des problèmes relatifs aux résidus quadratiques, cubiques, etc., ainsi qu'une multitude de questions de nombres. En partant de cette formule et en faisant usage de la méthode suivie par M. Dirichlet, dans le Mémoire que j'ai déjà cité, on obtient facilement la *décomposition des polynômes radicaux* ou complexes en *facteurs premiers*, c'est-à-dire en facteurs radicaux, dont chacun n'ait pour diviseurs que lui-même et les diviseurs de l'unité; puis l'on étend à ces polynômes et à ces facteurs les théorèmes que l'on démontre en Arithmétique pour les nombres entiers. On reconnaît, par exemple, que *tout diviseur premier du produit de deux polynômes radicaux doit nécessairement diviser l'un des facteurs*, et que, *si un polynôme radical étant élevé à une puissance du degré n, on décompose cette puissance d'une manière quelconque en facteurs premiers entre eux, chaque facteur sera nécessairement une autre puissance du degré n, ou du moins le produit d'une telle puissance par un diviseur de l'unité*. On reconnaît enfin que, *si, n étant un nombre premier, $\varphi(\rho)$ est un facteur premier d'un nombre premier p, les seuls facteurs premiers de p seront les termes de la suite*

$$\varphi(\rho),\quad \varphi(\rho^2),\quad \ldots,\quad \varphi(\rho^{n-1}),$$

et les produits de ces termes par les diviseurs de l'unité. Ces mêmes termes seront, comme il est aisé de le voir, premiers entre eux, lorsque le nombre p sera de la forme $nl+1$, et alors leur produit sera précisément égal à p. Mais si le nombre premier p se réduit au nombre premier n, supposé impair, ses facteurs premiers, représentés par les termes de la suite

$$1-\rho,\quad 1-\rho^2,\quad \ldots,\quad 1-\rho^{n-1},$$

cesseront d'être premiers entre eux, puisque l'un quelconque de ces termes est le produit d'un autre arbitrairement choisi par un diviseur de l'unité.

360.

Théorie des nombres. — *Mémoire sur de nouvelles formules relatives à la théorie des polynômes radicaux, et sur le dernier théorème de Fermat* (suite).

C. R., T. XXIV, p. 578 (5 avril 1847).

Lorsqu'une fois on a établi, pour un nombre donné n, la théorie de la décomposition des polynômes radicaux, formés avec les puissances d'une racine $n^{\text{ième}}$ de l'unité, en facteurs premiers, on peut déduire immédiatement de cette théorie une multitude de conséquences dignes de remarque. Je vais en indiquer quelques-unes dans le paragraphe suivant.

§ III. — *Conséquences diverses de la décomposition des polynômes radicaux en facteurs premiers.*

Soit n un nombre premier impair; soit encore ρ une racine imaginaire, par conséquent primitive, de l'équation

$$x^n - 1 = 0, \tag{1}$$

et supposons établie la théorie de la décomposition des polynômes radicaux formés, avec cette racine, en facteurs premiers. Le nombre premier n pourra être décomposé en facteurs radicaux à l'aide de l'équation identique

$$n = (1-\rho)(1-\rho^2)\dots(1-\rho^{n-1}). \tag{2}$$

Mais ces facteurs ne seront pas premiers entre eux. Au contraire, tous seront divisibles par l'un quelconque d'entre eux, les quotients étant des diviseurs de l'unité; car, si l'on nomme $\varphi(\rho)$ le quotient qu'on obtient en divisant $1-\rho^h$ par $1-\rho^k$, h et k étant deux termes quelconques de la suite

$$1,\quad 2,\quad 3,\quad \dots,\quad n-1,$$

on aura évidemment

$$\varphi(\rho)\varphi(\rho^2)\dots\varphi(\rho^{n-1}) = \frac{(1-\rho^h)(1-\rho^{2h})\dots(1-\rho^{(n-1)h})}{(1-\rho^k)(1-\rho^{2k})\dots(1-\rho^{(n-1)k})},$$

par conséquent

$$\varphi(\rho)\varphi(\rho^2)\dots\varphi(\rho^{n-1}) = \frac{n}{n} = 1.$$

On peut observer encore que, en vertu de la formule (2), on aura

$$n = (1-\rho)^{n-1}\psi(\rho), \tag{3}$$

$\psi(\rho)$ étant un polynôme radical à coefficients entiers, équivalent au produit des rapports

$$\frac{1-\rho^2}{1-\rho} = 1+\rho,$$

$$\frac{1-\rho^3}{1-\rho} = 1+\rho+\rho^2,$$

$$\dots\dots\dots\dots,$$

$$\frac{1-\rho^{n-1}}{1-\rho} = 1+\rho+\rho^2+\dots+\rho^{n-2}.$$

Il est d'ailleurs évident que, dans la formule (2), chaque facteur sera premier, c'est-à-dire non décomposable en deux facteurs qui ne diviseraient pas l'unité; car une telle décomposition entraînerait la décomposition du nombre n lui-même en deux facteurs distincts de l'unité, ce qui est impossible. Donc $1-\rho$ est un facteur premier de n, et la formule (3) fournit la proposition suivante :

THÉORÈME I. — *n étant un nombre premier impair, et ρ une racine primitive de l'équation*

$$x^n - 1 = 0,$$

le nombre n sera le produit de la $(n-1)^{ième}$ puissance du facteur radical et premier $1-\rho$, par un diviseur de l'unité.

Soit maintenant r une racine primitive de l'équivalence

$$x^{n-1} \equiv 1 \quad (\text{mod. } n). \tag{4}$$

Nommons $\varpi(\rho)$ un diviseur radical de l'unité, et prenons

$$\Pi(\rho) = \varpi(\rho)\varpi(\rho^2)\ldots\varpi(\rho^{n-1});$$

on aura

$$1 = \Pi(\rho)\Pi(\rho^r). \tag{5}$$

Si d'ailleurs on pose, pour abréger,

$$\Delta = \rho - \rho^r + \rho^{r^2} - \ldots - \rho^{r^{n-2}}, \tag{6}$$

on trouvera

$$\Pi(\rho) = \frac{A + B\Delta}{2}, \qquad \Pi(\rho^r) = \frac{A - B\Delta}{2}, \tag{7}$$

A, B désignant deux quantités entières, et la valeur de Δ^2 étant

$$\Delta^2 = (-1)^{\frac{n-1}{2}} n. \tag{8}$$

Par conséquent la formule (5) donnera

$$4 = A^2 - (-1)^{\frac{n-1}{2}} n B^2. \tag{9}$$

Si n est de la forme $4l + 3$, l étant supérieur à zéro, on aura nécessairement (*voir* la page 253)

$$A = \pm 2, \qquad B = 0,$$

et, par suite,

$$\Pi(\rho) = \Pi(\rho^r) = \pm 1. \tag{10}$$

Si n était égal à 3, on pourrait avoir encore

$$A = \pm B = \pm 1,$$

et, par suite,

$$\Pi(\rho) = \pm \rho^{\pm 1}, \qquad \Pi(\rho') = \pm \rho^{\mp 1}. \tag{11}$$

Soit maintenant p un nombre premier de la forme $nl + 1$. L'équivalence

$$x^{p-1} - 1 \equiv 0 \quad (\text{mod}. p) \tag{12}$$

aura, comme l'on sait, pour racines les divers termes de la progression arithmétique

$$1, \quad 2, \quad 3, \quad \ldots, \quad p-1;$$

et l'on en conclut aisément que l'équivalence

$$x^n - 1 \equiv 0 \quad (\text{mod}. p) \tag{13}$$

offrira toujours n racines, représentées par les divers termes d'une certaine progression géométrique

$$1, \quad t, \quad t^2, \quad t^3, \quad \ldots, \quad t^{n-1}.$$

Toutes ces racines, à l'exception du premier terme 1 de la progression, pourront être considérées comme primitives, et la racine t en particulier rendra, non seulement la différence $t^n - 1$, mais aussi le rapport

$$\frac{t^n - 1}{t - 1} = t^{n-1} + t^{n-2} + \ldots + t + 1,$$

divisible par p. Posons, en conséquence,

$$\frac{t^n - 1}{t - 1} = p\text{P}. \tag{14}$$

P sera un nombre entier, et l'on aura identiquement

$$(t - \rho)(t - \rho^2)\ldots(t - \rho^{n-1}) = p\text{P}. \tag{15}$$

Le premier membre de la formule (15) étant le produit de facteurs binômes dont aucun n'est divisible par p, il suit immédiatement de cette formule que p sera décomposable en facteurs radicaux. Cela posé, nommons $\varphi(\rho)$ un facteur radical et premier de p. Il divisera l'un des facteurs

$$t-\rho,\quad t-\rho^2,\quad \ldots,\quad t-\rho^{n-1}.$$

Admettons, pour fixer les idées, qu'il divise $t-\rho$, et nommons $\chi(\rho)$ le quotient correspondant. On aura

$$(16)\qquad \left\{\begin{array}{l} t-\rho \quad\;\; =\varphi(\rho)\,\chi(\rho),\\ t-\rho^2 \quad =\varphi(\rho^2)\,\chi(\rho^2),\\ \ldots\ldots\ldots\ldots\ldots\ldots\ldots,\\ t-\rho^{n-1}=\varphi(\rho^{n-1})\,\chi(\rho^{n-1}); \end{array}\right.$$

puis on en conclura, en désignant par h, k deux termes distincts de la suite 1, 2, 3, ..., $n-1$,

$$(17)\qquad \rho^h-\rho^k=\varphi(\rho^h)\,\chi(\rho^h)-\varphi(\rho^k)\,\chi(\rho^k).$$

Or il résulte de la formule (17) que les deux facteurs

$$\varphi(\rho^h),\quad \varphi(\rho^k)$$

seront premiers entre eux; car, s'ils ne l'étaient pas, ils offriraient un commun diviseur qui diviserait tout à la fois le nombre p et la différence $\rho^h-\rho^k$, sans être diviseur de l'unité. Mais la différence

$$\rho^h-\rho^k=\rho^h(1-\rho^{k-h})$$

correspond, ainsi que le binôme $1-\rho^{k-h}$, à la factorielle n; donc le diviseur commun devrait diviser les deux nombres premiers n et p, sans être diviseur de l'unité, ce qui est impossible. Donc, si $\varphi(\rho)$ est un facteur premier de p, deux termes quelconques de la suite

$$\varphi(\rho),\quad \varphi(\rho^2),\quad \ldots,\quad \varphi(\rho^{n-1})$$

seront premiers entre eux; et, puisque chacun d'eux divisera le nombre premier p, leur produit ou la factorielle correspondante à $\varphi(\rho)$ divisera encore ce nombre dont elle ne pourra différer, en sorte qu'on aura

$$(18)\qquad p=\varphi(\rho)\,\varphi(\rho^2)\ldots\varphi(\rho^{n-1}).$$

Ajoutons que les seuls facteurs premiers de p seront évidemment les termes dont il s'agit et les produits de ces termes par les diviseurs de l'unité. On peut donc énoncer la proposition suivante :

Théorème II. — *Soient n un nombre premier impair, ρ une racine primitive de l'équation*

$$x^n - 1 = 0,$$

et p un nombre premier impair de la forme $nl + 1$. Le nombre p sera décomposable en n facteurs radicaux et premiers entre eux, dont on ne pourra faire varier les formes qu'en les multipliant respectivement par des diviseurs de l'unité tellement choisis, que le produit de tous ces diviseurs se réduise à l'unité.

Concevons à présent que l'on désigne par A, B deux nombres entiers quelconques, ou même deux polynômes radicaux formés avec les racines de l'équation (1). On aura

$$(19) \qquad A^n + B^n = (A + B)(A + B\rho)\ldots(A + B\rho^{n-1}),$$

par conséquent

$$(20) \qquad \frac{A^n + B^n}{A + B} = (A + B\rho)(A + B\rho^2)\ldots(A + B\rho^{n-1}).$$

Cela posé, considérons en particulier deux des facteurs binômes compris dans le second membre de la formule (19), par exemple les facteurs

$$A + B\rho^h, \quad A + B\rho^k,$$

h, k étant deux termes distincts de la suite $1, 2, \ldots, n-1$. Tout diviseur commun de ces deux facteurs devra diviser leur différence

$$B(\rho^h - \rho^k);$$

donc il devra diviser ou B et par suite A, ou le binôme radical $\rho^h - \rho^k$ et par suite le nombre n. On peut donc énoncer la proposition suivante :

Théorème III. — A *et* B *étant deux nombres entiers ou même deux polynômes radicaux arbitrairement choisis, tout polynôme qui divisera deux des facteurs binômes du rapport*

$$\frac{A^n + B^n}{A + B},$$

c'est-à-dire deux termes de la suite

$$(21)\qquad A + B\rho, \quad A + B\rho^2, \quad \ldots, \quad A + B\rho^{n-1},$$

sera nécessairement ou un diviseur de n, ou un diviseur commun de A et de B.

Soient maintenant, s'il est possible, A, B, C trois quantités entières qui vérifient la formule

$$(22)\qquad A^n + B^n + C^n = 0.$$

Si $A + B$ est premier à n, on pourra en dire autant de

$$A + B\rho^h = A + B - B(1 - \rho^h),$$

h étant un nombre entier quelconque, et alors chacun des termes de la suite (20) sera le produit de la $n^{\text{ième}}$ puissance d'un certain polynôme radical $\varphi(\rho)$ par un diviseur de l'unité. Donc, en nommant $\varpi(\rho)$ ce diviseur, on aura

$$(23)\qquad A + B\rho = \varpi(\rho)\,[\varphi(\rho)]^n,$$

et l'on doit ajouter que la formule (23) continuera de subsister quand on y remplacera ρ par l'un quelconque des termes de la progression géométrique

$$\rho, \quad \rho^2, \quad \ldots, \quad \rho^{n-1}.$$

Si $A + B$ cessait d'être premier à n, alors, dans la formule (23), $\varpi(\rho)$ serait, non plus un diviseur de l'unité, mais un diviseur de n.

Si maintenant on pose

$$(24)\qquad \Phi(\rho) = \varphi(\rho)\,\varphi(\rho^{r^2}) \ldots \varphi(\rho^{r^{m-1}}),$$

r étant une racine primitive de l'équivalence (4); si d'ailleurs on nomme $\Pi(\rho)$, $F(\rho)$ ce que devient $\Phi(\rho)$ quand on remplace la fonction $\varphi(\rho)$ par $\varpi(\rho)$ ou par $A + B\rho$, on tirera de la formule (23)

$$(25) \qquad F(\rho) = \Pi(\rho)[\Phi(\rho)]^n, \qquad F(\rho^r) = \Pi(\rho^r)[\Phi(\rho^r)]^n;$$

et chacune des fonctions $F(\rho)$, $F(\rho^r)$ sera la moitié d'une expression de la forme

$$\mathrm{a} \pm \mathrm{b}\Delta,$$

a, b étant deux quantités entières, et la valeur de Δ étant donnée par l'équation (6). Ces mêmes fonctions sont précisément celles dont la considération a fourni les démonstrations connues du dernier théorème de Fermat pour certaines valeurs spéciales de n, et, en particulier, pour $n = 3$ ou 5. Effectivement, lorsqu'on pose $n = 3$, par exemple, on peut déduire immédiatement des formules (25) une démonstration qui coïncide, au fond, avec celle qu'Euler a donnée. Mais il reste à voir quelles sont les conséquences auxquelles peut conduire la considération des fonctions $F(\rho)$, $F(\rho^r)$, lorsqu'on attribue à n des valeurs différentes de celles pour lesquelles on était déjà parvenu à démontrer le dernier théorème de Fermat. C'est ce que j'examinerai dans un autre article.

Comme je l'ai déjà remarqué, la théorie précédente s'appuie sur la formule (5) du § II. J'examinerai, dans les paragraphes suivants, les objections qui peuvent s'élever contre la démonstration donnée de cette formule quand le nombre n est considérable. On verra que, pour rendre rigoureuses cette démonstration et les conséquences déduites de la formule, il suffit, dans certains cas, de prendre pour Θ le module même du polynôme radical $f(\rho)$, et de substituer partout ce module à la factorielle que Θ représentait auparavant.

361.

Théorie des nombres. — *Mémoire sur de nouvelles formules relatives à la théorie des polynômes radicaux, et sur le dernier théorème de Fermat* (suite).

C. R., T. XXIV, p. 633 (12 avril 1847).

Comme je l'ai remarqué dans l'avant-dernière séance, lorsqu'on veut faire servir à la démonstration du dernier théorème de Fermat la considération des polynômes complexes ou radicaux, formés avec les diverses puissances d'une racine $n^{\text{ième}}$ de l'unité, on a deux problèmes à résoudre. Le premier, et le plus important, puisqu'il suffit de le résoudre pour établir sur des bases solides la théorie générale des polynômes dont il s'agit, consiste à faire voir qu'un produit de ces polynômes ne peut être décomposé en facteurs premiers que d'une seule manière, ou bien encore, que tout polynôme radical peut être décomposé en deux parties, dont l'une offre seulement des coefficients entiers, tandis que l'autre correspond à une factorielle plus petite que l'unité. J'ai attaqué ce dernier problème dans le § II de ce Mémoire, et j'en ai ramené la solution, dans le cas le plus général, à une question de maximum. J'ai depuis obtenu, pour résoudre le même problème, une nouvelle méthode, qui me paraît offrir de grands avantages sur celle que j'ai développée dans l'avant-dernière séance. Cette nouvelle méthode ramène la solution, non plus à la recherche de la valeur maximum de la plus petite entre diverses fonctions données, mais, au contraire, à la recherche de la plus petite des valeurs maxima de ces fonctions considérées isolément, ou égalées entre elles deux à deux. L'analyse dont je me sers, et qui semble digne de l'attention des géomètres, offre cela de remarquable, que le module du polynôme radical donné se trouve éliminé du calcul, aussi bien que les modules des polynômes *associés*, que l'on déduit du premier en remplaçant une racine de l'unité par une autre. Les conditions auxquelles il s'agit de satisfaire ne renferment plus que les arguments de ces divers polynômes. D'ailleurs, ces conditions sont très simples et se réduisent à celles que je vais énoncer.

Soient n un nombre entier quelconque, ρ une racine primitive de l'équation binôme

$$x^n = 1 \tag{1}$$

et

$$f(\rho) = \alpha + 6\rho + \gamma\rho^2 + \ldots + \eta\rho^{n-1} \tag{2}$$

un polynôme radical à coefficients entiers, formé avec les racines de cette équation. Soient encore

$$1, \quad a, \quad b, \quad \ldots, \quad n-b, \quad n-a, \quad n-1 \tag{3}$$

les entiers inférieurs à n et premiers à n, et m le nombre de ces entiers. Nommons

$$p, \quad p_a, \quad p_b, \quad \ldots$$

les arguments des polynômes

$$f(\rho), \quad f(\rho^a), \quad f(\rho^b), \quad \ldots.$$

Enfin, prenons

$$\varpi = \frac{2\pi}{n}; \tag{4}$$

et, en désignant par ω l'un quelconque des termes de la progression arithmétique

$$0, \quad \varpi, \quad 2\varpi, \quad \ldots, \quad (n-1)\varpi, \tag{5}$$

posons

$$\left\{\begin{aligned} P &= 2^{\frac{m}{2}} \sin\frac{p-\omega}{2} \sin\frac{p_a - a\omega}{2} \cdots, \\ P' &= 2^{\frac{m}{2}} \cos\frac{p-\omega}{2} \cos\frac{p_a - a\omega}{2} \cdots, \end{aligned}\right. \tag{6}$$

les facteurs trigonométriques que renferme le second membre de chacune des formules (6) étant en nombre égal à $\frac{m}{2}$, c'est-à-dire en nombre égal à celui des termes qui, dans la suite (3), sont inférieurs à $\frac{1}{2}n$.

Ma nouvelle méthode réduit le problème qu'il s'agissait de résoudre à la recherche de la plus petite entre les valeurs numériques des produits P, P' et à cette proposition, que, pour des valeurs données quelconques des arguments p, p_a, ..., la plus petite entre les valeurs numériques de P ou de P' qui correspondent aux divers termes de la progression (5) ne surpasse pas l'unité.

Outre la méthode que je viens d'indiquer, j'ai encore obtenu divers théorèmes assez curieux, dont quelques-uns se trouvent déjà énoncés dans les Mémoires que j'ai présentés dernièrement à l'Académie. L'un de ces théorèmes, que M. Lamé paraît avoir rencontré de son côté, détermine, pour le cas particulier où le nombre n est 3 ou 5, la forme générale des diviseurs de l'unité. Je prouve aussi très facilement que la différence entre la $n^{\text{ième}}$ puissance d'un polynôme radical à coefficients entiers et la somme des coefficients de ce polynôme est toujours divisible par n, lorsque n est un nombre premier impair. Il en résulte immédiatement que la différence entre les puissances $n^{\text{ièmes}}$ de deux polynômes associés est divisible par n; et cette dernière proposition comprend elle-même, comme cas particulier, un théorème énoncé par M. Lamé, relativement aux polynômes qu'il appelle *conjugués directs*.

Voici la démonstration très simple du théorème qui se rapporte à la $n^{\text{ième}}$ puissance d'un polynôme radical à coefficients entiers. Supposons toujours ce polynôme déterminé par la formule (2). Si on l'élève à la $n^{\text{ième}}$ puissance, et si l'on admet que n soit un nombre premier impair, on aura évidemment

$$[f(\rho)]^n = \alpha^n + \beta^n + \gamma^n + \ldots + \eta^n + n\,\psi(\rho), \tag{7}$$

$\psi(\rho)$ étant un nouveau polynôme radical à coefficients entiers. D'ailleurs, en vertu d'un théorème connu, si l'on pose

$$\varsigma = \alpha + \beta + \gamma + \ldots + \eta$$

et

$$\varsigma_n = \alpha^n + \beta^n + \gamma^n + \ldots + \eta^n,$$

la différence

$$\varsigma_n - \varsigma$$

sera divisible par n. En d'autres termes, on aura

$$(8) \qquad \varsigma_n = \varsigma + nl,$$

l étant une quantité entière. Donc, en posant, pour abréger,

$$l + \psi(\rho) = \varpi(\rho),$$

on aura

$$(9) \qquad [f(\rho)]^n = \varsigma + n\varpi(\rho),$$

$\varpi(\rho)$ étant un polynôme radical à coefficients entiers. L'équation (9) devant subsister quand on y remplace ρ par l'un quelconque des termes de la suite

$$1, \quad \rho, \quad \rho^2, \quad \rho^3, \quad \ldots, \quad \rho^{n-1},$$

on en conclut que, si h et k représentent deux quelconques des nombres

$$0, \quad 1, \quad 2, \quad 3, \quad \ldots, \quad n-1,$$

la différence

$$[f(\rho^h)]^n - [f(\rho^k)]^n$$

sera divisible par n. Ainsi la différence entre la n^{ieme} puissance de deux polynômes radicaux associés est toujours divisible par n, et, par conséquent, elle est divisible par $(1-\rho)^{n-1}$.

362.

Théorie des nombres. — *Mémoire sur de nouvelles formules relatives à la théorie des polynômes radicaux, et sur le dernier théorème de Fermat* (suite).

C. R., T. XXIV, p. 661 (19 avril 1847).

§ IV. — *Sur la plus petite des factorielles qui correspondent à un polynôme radical, dans lequel chaque coefficient peut être augmenté ou diminué arbitrairement d'une ou de plusieurs unités.*

La lettre n représentant un nombre entier quelconque, soit

$$1, \quad a, \quad b, \quad \ldots, \quad n-b, \quad n-a, \quad n-1$$

la suite des entiers inférieurs et premiers à n. Nommons m le nombre de ces entiers,

$$1, \quad a, \quad b, \quad \ldots$$

étant ceux d'entre eux qui ne surpassent pas $\frac{n}{2}$. Soient d'ailleurs ρ une racine positive de l'équation

$$(1) \qquad x^n = 1,$$

et $F(\rho)$ un polynôme radical à coefficients réels, généralement représenté par une fonction entière de ρ, du degré $n-1$. Enfin, nommons $f(\rho)$ le reste qu'on obtient, quand du polynôme radical $F(\rho)$ on retranche un autre polynôme de même espèce, mais à coefficients entiers; et supposons ce dernier polynôme tellement choisi que la factorielle Θ correspondante au reste $f(\rho)$ soit la plus petite possible. Θ sera égal ou inférieur aux diverses factorielles qui pourront correspondre au polynôme $F(\rho)$, quand on y fera croître ou décroître arbitrairement chaque coefficient d'une ou de plusieurs unités. Donc, si, en désignant par k l'un quelconque des nombres entiers

$$0, \quad 1, \quad 2, \quad \ldots, \quad n-1,$$

on nomme

$$\Theta_k \quad \text{ou} \quad \Theta'_k$$

ce que devient la factorielle Θ, lorsque, dans le polynôme $f(\rho)$, on fait croître ou décroître de l'unité le coefficient de ρ^k, on aura, non seulement

$$(2) \qquad \Theta \leqq \Theta_k,$$

mais encore

$$(3) \qquad \Theta \leqq \Theta'_k;$$

et, pour établir sur des bases solides la théorie des polynômes radicaux, il suffira, d'après ce qui a été dit dans les précédents paragraphes, de prouver que les conditions (2) et (3), quand elles se vérifient quel que soit k, entraînent la suivante :

$$(4) \qquad \Theta < 1.$$

Soient maintenant r, r_a, r_b, ... les modules, et p, p_a, p_b, ... les arguments des polynômes radicaux

$$\mathfrak{f}(\rho), \quad \mathfrak{f}(\rho^a), \quad \mathfrak{f}(\rho^b), \quad \ldots.$$

Les polynômes

$$\mathfrak{f}(\rho^{n-1}), \quad \mathfrak{f}(\rho^{n-a}), \quad \mathfrak{f}(\rho^{n-b}), \quad \ldots,$$

dont les modules seront encore r, r_a, r_b, ..., auront pour arguments les angles $-p$, $-p_a$, $-p_b$, ...; et par suite on aura, non seulement

$$(5) \qquad \Theta = r^2 r_a^2 r_b^2, \quad \ldots,$$

mais aussi

$$(6) \quad \begin{cases} \Theta_k = [1 + 2r\cos(p - k\varpi) + r^2][1 + 2r_a\cos(p_a - ak\varpi) + r_a^2]\ldots, \\ \Theta'_k = [1 - 2r\cos(p - k\varpi) + r^2][1 - 2r_a\cos(p_a - ak\varpi) + r_a^2]\ldots, \end{cases}$$

la valeur de ϖ étant

$$(7) \qquad \varpi = \frac{2\pi}{n}.$$

Cela posé, concevons que les coefficients des diverses puissances de ρ, étant d'abord nuls dans le polynôme $\mathfrak{f}(\rho)$, viennent à varier, et que, par suite, les valeurs des modules

$$r, \quad r_a, \quad r_b, \quad \ldots$$

varient elles-mêmes, par degrés insensibles, à partir de zéro. La valeur de Θ variera en même temps que les modules r, r_a, r_b, ..., et ne pourra, tant que la condition (2) ou (3) sera remplie, dépasser une certaine limite supérieure. Nommons Λ_k ou Λ'_k cette limite, qui, pour certaines valeurs de k, pourra devenir infinie. Il est clair que les formules (2) et (3), quand elles se vérifieront pour toutes les valeurs entières de k, entraîneront la formule (4), si pour une ou plusieurs des valeurs de k on a, ou

$$(8) \qquad \Lambda_k < 1$$

ou

$$(9) \qquad \Lambda'_k < 1.$$

Il en résulte que, dans la théorie des polynômes radicaux, la question fondamentale sera résolue, si l'on parvient à établir, au moins pour certaines valeurs de k, ou la formule (8), ou la formule (9). Occupons-nous maintenant de ce dernier problème.

D'abord on reconnaîtra aisément que, si Λ_k n'est pas infini, il sera un maximum commun de Θ et de Θ_k. Alors les valeurs de $r, r_a, r_b, \ldots$, correspondantes à la valeur Λ_k de Θ, satisferont à l'équation

$$\Theta_k - \Theta = 0, \tag{10}$$

et, de plus, vérifieront les formules

$$d\Theta = 0, \qquad d^2\Theta < 0 \tag{11}$$

pour toutes les valeurs de dr, dr_a, dr_b, ... qui rempliront la condition

$$d\Theta_k = d\Theta. \tag{12}$$

Par suite, lorsque Θ atteindra la valeur maximum Λ_k, on aura

$$\frac{D_r\Theta_k}{D_r\Theta} = \frac{D_{r_a}\Theta_k}{D_{r_a}\Theta} = \frac{D_{r_b}\Theta_k}{D_{r_b}\Theta} = \ldots. \tag{13}$$

Soit maintenant $\frac{1}{2}\theta$ la valeur commune des rapports que renferme l'équation (13). On aura, eu égard à la formule (10),

$$\frac{1}{2}\theta = \frac{D_r\Theta_k}{D_r\Theta} = \frac{D_r 1\Theta_k}{D_r 1\Theta},$$

par conséquent

$$\frac{1}{2}\theta = \frac{r^2 + r\cos(p - k\varpi)}{1 + 2r\cos(p - k\varpi) + r^2} = \frac{r_a^2 + r_a\cos(p_a - ak\varpi)}{1 + 2r_a\cos(p_a - ak\varpi) + r_a^2} = \ldots; \tag{14}$$

puis, en posant, pour abréger, $z = 1 - \theta$, on tirera de l'équation (14)

$$z = \frac{1 - r^2}{1 + 2r\cos(p - k\varpi) + r^2} = \frac{1 - r_a^2}{1 + 2r_a\cos(p_a - ak\varpi) + r_a^2} = \ldots. \tag{15}$$

En vertu de la formule (14) ou (15), les modules r, r_a, r_b, ... et, par suite, la différence $\Theta_k - \Theta$ deviendront fonctions de la seule inconnue z

dont la valeur sera déterminée par l'équation (10). D'ailleurs cette équation, résolue par rapport à ε, fournira, non seulement les valeurs de cette inconnue qui correspondront à un maximum commun de Θ et de Θ_k, mais encore celles qui correspondront à un minimum commun des fonctions Θ, Θ_k supposées égales entre elles. Seulement, dans le cas du minimum, la seconde des formules (11) devra être remplacée par la suivante :

$$d^2\Theta > 0. \tag{16}$$

Enfin, si les deux fonctions Θ, Θ_k, dont le rapport est l'unité pour des valeurs infinies de r, r_a, r_b, ..., ne peuvent, quand on les égale l'une à l'autre, s'abaisser simultanément au-dessous d'un certain minimum, cette circonstance indiquera que Λ_k n'est pas infini.

Observons à présent que, pour une valeur positive de ε, la formule (15) fournira toujours des valeurs positives des binômes $1 - r$, $1 - r_a$, $1 - r_b$, ..., par conséquent des valeurs de r, r_a, r_b, ... et de Θ inférieures à l'unité. Au contraire, pour une valeur négative de ε, la formule (15) fournira toujours des valeurs négatives de $1 - r$, $1 - r_a$, $1 - r_b$, ..., par conséquent des valeurs de r, r_a, r_b, ... et de Θ supérieures à l'unité. Enfin, comme il est aisé de le faire voir, une racine réelle ε de l'équation (10) ne pourra vérifier la seconde des formules (11), que si elle est positive et supérieure à l'unité. Donc la condition (8) sera certainement remplie pour toute valeur finie de Λ_k. On prouvera de même que la condition (9) sera remplie pour toute valeur finie de Λ'_k. Il reste donc seulement à prouver que, parmi les valeurs de Λ_k, Λ'_k, quelques-unes demeurent finies. La question, réduite à ces termes, peut être facilement résolue de plusieurs manières. Je me bornerai à indiquer les suivantes.

Premièrement, de ce qui a été dit plus haut, il résulte que Λ_k sera fini, si l'équation (10), résolue par rapport à ε, offre une ou plusieurs racines réelles inférieures à l'unité. Or c'est précisément ce qui aura lieu, si la fonction $\Theta_k - \Theta$, étant positive pour $\varepsilon = 1$, devient négative pour $\varepsilon = 0$. Mais, en posant

$$\varepsilon = 0,$$

on tirera de la formule (15)

$$r = r_a = r_b = \ldots = 1,$$

puis des formules (5), (6),

$$\Theta = 1$$

et

(17) $$\Theta_k = P_k^2,$$

la valeur de P_k étant

(18) $$P_k = 2^{\frac{m}{2}} \cos\frac{p - k\varpi}{2} \cos\frac{p_a - ak\varpi}{2} \cdots.$$

Donc, alors, on trouvera

$$\Theta_k - \Theta = P_k^2 - 1.$$

Cela posé, la différence $\Theta_k - \Theta$ sera négative pour $z = 0$, et ordinairement positive pour $z = 1$, si l'on a

(19) $$P_k^2 < 1.$$

Donc la valeur de A_k sera ordinairement finie, si la quantité P_k, déterminée par l'équation (18), offre une valeur numérique inférieure à l'unité.

En raisonnant de la même manière, on prouve encore que la valeur de A'_k sera ordinairement finie, si l'unité surpasse la valeur de Θ'_k déterminée par les deux équations

(20) $$\Theta'_k = P'^2_k,$$

(21) $$P'_k = 2^{\frac{m}{2}} \sin\frac{p - k\varpi}{2} \sin\frac{p_a - ak\varpi}{2} \cdots,$$

ou, ce qui revient au même, si la quantité P'_k, déterminée par la formule (21), offre une valeur numérique inférieure à l'unité.

En définitive, on prouve que la question fondamentale, relative à la théorie des polynômes radicaux, sera résolue si, pour une ou plusieurs valeurs entières du nombre k, l'un des produits P_k, P'_k offre une valeur numérique inférieure à l'unité, quels que soient d'ailleurs les arguments p, p_a, p_b, ..., dont le nombre est égal à $\frac{m}{2}$. La démonstration de ce dernier théorème peut d'ailleurs se déduire de la considération des rapports $\frac{1}{P_k}$, $\frac{1}{P'_k}$, comme nous le prouverons dans un autre article.

Mais, pour résoudre complètement la question principale, il n'est même pas nécessaire de recourir à la considération des produits P_k et P'_k; on pourrait à cette considération substituer, par exemple, celle des produits

$$\mathfrak{P} = \Theta_0 \Theta_1 \ldots \Theta_{n-1}, \qquad \mathfrak{P}' = \Theta'_0 \Theta'_1 \ldots \Theta'_{n-1}.$$

Si, pour fixer les idées, on suppose que n soit premier et impair, on aura

$$\mathfrak{P} = (1 + 2r^n \cos np + r^{2n})(1 + 2r_a^n \cos np_a + r_a^{2n})\ldots,$$
$$\mathfrak{P}' = (1 - 2r^n \cos np + r^{2n})(1 - 2r_a^n \cos np_a + r_a^{2n})\ldots,$$

et il suffira d'observer que les rapports

$$\frac{\mathfrak{P}}{\Theta^n}, \quad \frac{\mathfrak{P}'}{\Theta^n}$$

ne peuvent, pour des valeurs infiniment grandes des modules r, r_a, ..., r_b, rester l'un et l'autre supérieurs à l'unité.

363.

Analyse mathématique. — *Mémoire sur les maxima et minima conditionnels.*

C. R., T. XXIV, p. 757 (3 mai 1847).

Pour résoudre certains problèmes, il est quelquefois nécessaire de déterminer, non pas le maximum ou le minimum absolu d'une fonction de plusieurs variables indépendantes, mais la plus grande ou la plus petite valeur que cette fonction peut acquérir sous des conditions données. On doit spécialement remarquer le cas où ces conditions s'expriment par des inégalités, en sorte que d'autres fonctions des mêmes variables soient assujetties à ne pas dépasser certaines limites. Comme je l'ai observé dans mes précédents Mémoires, c'est précisément à une question de ce genre qu'on se trouve conduit dans la théorie des polynômes radicaux. J'ai cherché s'il ne serait pas possible d'obtenir une méthode générale qui pût être facilement appliquée à tous les problèmes de cette nature. Celle que je vais exposer dans ce Mémoire me paraît digne de fixer un moment l'attention des géomètres.

Je me bornerai, aujourd'hui, à établir les principes généraux sur lesquels je m'appuie et les formules qui s'en déduisent; dans un autre article, je donnerai l'application de ces formules à la théorie des polynômes radicaux.

Soient

$$s, \quad u, \quad v, \quad w, \quad \ldots$$

des fonctions données de n variables $x, y, z, \ldots$, et proposons-nous de trouver la plus grande valeur ς que puisse acquérir la fonction s quand les variables $x, y, z, \ldots$ sont assujetties à vérifier les conditions

$$(1) \qquad u \leqq 0, \quad v \leqq 0, \quad w \leqq 0, \quad \ldots,$$

dont le nombre est inférieur ou égal à n. Les valeurs de $x, y, z, \ldots$, qui correspondront à la valeur ς de s, pourront, ou ne vérifier aucune des équations

$$(2) \qquad u = 0, \quad v = 0, \quad w = 0, \quad \ldots,$$

ou vérifier une ou plusieurs de ces mêmes équations. Dans le premier cas, ς sera un *maximum absolu* de s, que l'on pourra déterminer, abstraction faite des conditions (1), sauf à s'assurer plus tard que ces conditions sont remplies. Dans le second cas, ς sera un *maximum conditionnel* de s. Voyons maintenant comment on pourra déterminer ces divers maxima, soit absolus, soit conditionnels.

Désignons, à l'aide de la caractéristique Δ, des accroissements infiniment petits, simultanément attribués aux variables et aux fonctions données. Lorsque $x, y, z, \ldots$ auront acquis des valeurs correspondantes à un maximum absolu de s, on aura

$$\Delta s < 0, \tag{3}$$

quels que soient les accroissements infiniment petits Δx, Δy, Δz, ... La formule (3) suffira, comme on le sait, pour déterminer complètement les valeurs de x, y, z, ... On devra ensuite examiner si ces valeurs satisfont aux conditions

$$u < 0, \quad v < 0, \quad w < 0, \quad \ldots. \tag{4}$$

Cherchons maintenant les maxima conditionnels de s correspondants à des valeurs de x, y, z, ... qui vérifient une seule des équations (2), par exemple l'équation

$$u = 0. \tag{5}$$

Alors on aura

(6) $\Delta s < 0$ pour toutes les valeurs de Δx, Δy, Δz, ... qui vérifieront les conditions $\Delta u \leqq 0$.

D'ailleurs, ces dernières formules, jointes à l'équation (5), suffiront, comme nous l'expliquerons tout à l'heure, pour déterminer complètement les valeurs de x, y, z, ... On devra ensuite examiner si ces valeurs satisfont aux conditions

$$v < 0, \quad w < 0, \quad \ldots. \tag{7}$$

Cherchons encore les maxima conditionnels de s correspondants à des valeurs de x, y, z, ... qui vérifient deux des formules (2), par exemple les équations

$$u = 0, \quad v = 0. \tag{8}$$

Alors on aura

(9) $\Delta s < 0$ pour toutes les valeurs de Δx, Δy, Δz, ... qui vérifieront les conditions $\Delta u \leqq 0, \quad \Delta v \leqq 0.$

D'ailleurs, ces dernières formules, jointes aux équations (8), suffiront, comme on le verra, pour déterminer complètement les valeurs de $x, y, z, \ldots$. On devra ensuite examiner si ces valeurs de $x, y, z, \ldots$ satisfont aux conditions

(10) $$w < 0, \quad \ldots.$$

On obtiendra, de la même manière, les formules qui devront être vérifiées, lorsque s acquerra un maximum conditionnel correspondant à des valeurs de $x, y, z, \ldots$, liées entre elles par trois, quatre, cinq, ... des équations (2). Il ne reste plus qu'à développer les formules (3), ou (6), ou (9), ..., en considérant d'une manière spéciale le cas que l'on rencontre le plus fréquemment, savoir, le cas où s, u, v, w, ... sont des fonctions continues de $x, y, z, \ldots$.

Supposons d'abord que les valeurs des variables $x, y, z, \ldots$ correspondent à un maximum absolu de s. Alors ces variables étant indépendantes entre elles, si l'on nomme ι une quantité infiniment petite, on pourra supposer

$$\Delta x = \iota\, dx, \qquad \Delta y = \iota\, dy, \qquad \Delta z = \iota\, dz, \qquad \ldots,$$

et l'on aura

$$\Delta s = \iota\, ds + \frac{\iota^2}{2} d^2 s + \ldots.$$

Cela posé, la formule (1) donnera

$$\iota\, ds + \frac{\iota^2}{2} d^2 s + \ldots < 0,$$

quel que soit le signe de ι, et, par conséquent,

(11) $$ds = 0, \qquad d^2 s < 0,$$

quels que soient $dx, dy, dz, \ldots$. Comme on aura d'ailleurs

$$ds = \mathrm{D}_x s\, dx + \mathrm{D}_y s\, dy + \mathrm{D}_z s\, dz + \ldots,$$

la première des formules (11) donnera

(12) $$\mathrm{D}_x s = 0, \qquad \mathrm{D}_y s = 0, \qquad \mathrm{D}_z s = 0, \qquad \ldots.$$

Si les valeurs de $x, y, z, \ldots$, tirées de ces dernières équations, faisaient évanouir $d^2 s$, il faudrait, comme l'on sait, recourir à la considération des différentielles de s, d'un ordre supérieur au second.

Supposons, en second lieu, que les valeurs de $x, y, z, \ldots$ correspondent à un maximum conditionnel de s, pour lequel se vérifie la formule (5). Alors x pourra être considéré comme fonction de y, $z, \ldots$; et si, en désignant par ι une quantité infiniment petite, on pose

$$\Delta y = \iota\, dy, \qquad \Delta z = \iota\, dz, \qquad \ldots,$$

on aura

$$\Delta x = \iota\, dx + \frac{\iota^2}{2} d^2 x + \ldots,$$

$$\Delta s = \iota\, ds + \frac{\iota^2}{2} d^2 s + \ldots,$$

$$\Delta u = \iota\, du + \frac{\iota^2}{2} d^2 u + \ldots.$$

Alors aussi les formules (6) donneront, d'une part,

$$(13) \qquad ds = 0, \qquad d^2 s < 0$$

pour toutes les valeurs de $dx, dy, dz, \ldots$ propres à vérifier la condition

$$(14) \qquad du = 0,$$

et, d'autre part,

$$(15) \qquad \iota\, ds < 0$$

pour toutes les valeurs de $dx, dy, dz, \ldots$ propres à vérifier la condition

$$(16) \qquad \iota\, du < 0.$$

Si l'on combine par voie d'addition la première des formules (13) avec la formule (14) multipliée par un facteur indéterminé λ, on trouvera

$$(17) \qquad ds + \lambda\, du = 0$$

ou, ce qui revient au même,

$$(\mathrm{D}_x s + \lambda \mathrm{D}_x u)\, dx + (\mathrm{D}_y s + \lambda \mathrm{D}_y u)\, dy + \ldots = 0.$$

Or, en choisissant le facteur λ de manière à faire disparaître, dans la dernière formule, le coefficient de dx, on obtiendra une équation qui devra subsister, quels que soient dy, dz, ... On aura donc alors

$$(18) \qquad \mathrm{D}_x s + \lambda \mathrm{D}_x u = 0, \qquad \mathrm{D}_y s + \lambda \mathrm{D}_y u = 0, \qquad \ldots.$$

Ces dernières formules, jointes à l'équation (5), détermineront complètement x, y, z, ... et λ. D'ailleurs, x, y, z, ..., λ étant ainsi déterminés, l'équation (17) subsistera, non plus seulement pour les valeurs particulières de dx, dy, dz, ..., qui vérifieront la condition (14), mais pour toutes les valeurs possibles de dx, dy, dz, ... Donc alors la formule (15) sera réduite à

$$-\lambda\, du < 0;$$

et cette dernière condition, devant être vérifiée pour toutes les valeurs de dx, dy, dz, ... qui satisferont à l'équation (14), donnera

$$(19) \qquad \lambda < 0.$$

Il est bon d'observer que, dans la seconde des formules (13), on peut, eu égard aux formules (14) et (19), supposer la valeur de $d^2 s$ déterminée par l'équation

$$(20) \qquad \left\{ \begin{aligned} d^2 s = {} & (\mathrm{D}_x^2 s + \lambda \mathrm{D}_x^2 u)\, dx^2 + (\mathrm{D}_y^2 s + \lambda \mathrm{D}_y^2 u)\, dy^2 + \ldots \\ & + 2(\mathrm{D}_x \mathrm{D}_y s + \lambda \mathrm{D}_x \mathrm{D}_y u)\, dx\, dy + \ldots. \end{aligned} \right.$$

Donc, non seulement on peut remplacer la seconde des formules (13) par la suivante

$$(21) \qquad d^2 s + \lambda\, d^2 u < 0,$$

que l'on en déduit immédiatement, eu égard à l'équation (14); mais, de plus, le premier membre de l'équation (21) se réduit à une fonction homogène de dx, dy, dz, ..., savoir, à celle avec laquelle il coïncide dans le cas où les variables x, y, z, ... deviennent indépendantes les unes des autres.

Supposons, en troisième lieu, que les valeurs de $x, y, z, \ldots$ correspondent à un minimum conditionnel de s pour lequel se vérifient les formules (8). Alors x, y pourront être considérés comme fonctions de $z, \ldots$. Alors aussi les formules (9) donneront, d'une part,

$$ds = 0, \qquad d^2 s < 0 \tag{22}$$

pour toutes les valeurs de $dx, dy, dz, \ldots$ propres à vérifier les conditions

$$du = 0, \qquad dv = 0, \tag{23}$$

et, d'autre part,

$$\iota\, ds < 0 \tag{24}$$

pour toutes les valeurs de $dx, dy, dz, \ldots$ propres à vérifier les conditions

$$\iota\, du < 0, \qquad \iota\, dv < 0, \tag{25}$$

l'un des signes $<$ pouvant être ici remplacé par le signe $=$. Cela posé, en raisonnant comme ci-dessus, on déduira aisément des formules précédentes, non seulement l'équation

$$ds + \lambda\, du + \mu\, dv = 0, \tag{26}$$

à laquelle on pourra satisfaire, quels que soient $dx, dy, dz, \ldots$, si l'on choisit convenablement les facteurs indéterminés λ, μ, mais encore, en supposant les facteurs λ, μ choisis comme on vient de le dire,

$$\mathrm{D}_x s + \lambda\, \mathrm{D}_x u + \mu\, \mathrm{D}_x v = 0, \qquad \mathrm{D}_y s + \lambda\, \mathrm{D}_y u + \mu\, \mathrm{D}_y v = 0, \qquad \ldots, \tag{27}$$

$$\lambda < 0, \qquad \mu < 0. \tag{28}$$

Ajoutons qu'à la seconde des formules (22) on pourra substituer la suivante

$$d^2 s + \lambda\, d^2 u + \mu\, d^2 v < 0, \tag{29}$$

dont le premier membre se réduira, en vertu des formules (27), à une fonction homogène de $dx, dy, dz, \ldots$.

On obtiendra, de la même manière, les formules correspondantes à un maximum conditionnel de s pour lequel se vérifieront trois, quatre, cinq, ... des équations (2).

Le cas où s doit être un minimum peut être ramené à celui que nous venons de traiter, par la simple substitution de $-s$ à s. Il est clair, en effet, que, si s devient un minimum, $-s$ deviendra un maximum, et réciproquement.

Lorsqu'on applique les principes ici établis au problème traité dans la séance du 19 avril, on arrive aux conclusions déjà énoncées, que la condition (8) ou (9) de la page 281 est remplie pour toute valeur finie de Λ_k ou de Λ'_k. Mais on reconnaît en même temps que, pour obtenir la solution complète du problème, il est nécessaire de joindre à la considération des deux maxima Λ_k, Λ'_k celle du maximum commun des trois factorielles Θ, Θ_k, Θ'_k. C'est là, au reste, un point sur lequel je me propose de revenir prochainement.

364.

Analyse mathématique. — *Mémoire sur les lieux analytiques.*

C. R., T. XXIV, p. 885 (24 mai 1847).

Considérons plusieurs variables x, y, z, ... et diverses fonctions explicites u, v, w, ... de ces mêmes variables. A chaque système de valeurs des variables x, y, z, ... correspondra généralement une valeur déterminée de chacune des fonctions u, v, w, ... Si d'ailleurs les variables x, y, z, ... sont au nombre de deux ou trois seulement, elles pourront être censées représenter les coordonnées rectangulaires d'un point situé dans un plan ou dans l'espace, et par suite chaque système de valeurs des variables pourra être censé correspondre à un point déterminé. Enfin, si les variables x, y, ou x, y, z, sont assujetties à certaines conditions représentées par certaines inégalités, les divers systèmes de valeurs de x, y, z, pour lesquels ces conditions seront remplies, correspondront à divers points d'un certain lieu; et les lignes ou les surfaces qui limiteront ce lieu dans le plan dont il s'agit, ou dans l'espace, seront représentées par les équations dans lesquelles se transforment les inégalités données quand on y remplace le signe $<$ ou $>$ par le signe $=$.

Concevons maintenant que le nombre des variables $x, y, z, \ldots$ devienne supérieur à trois. Alors chaque système des valeurs de $x, y, z, \ldots$ déterminera ce que nous appellerons un *point analytique*, dont ces variables seront les *coordonnées*, et, à ce point, répondra une certaine valeur de chaque fonction de $x, y, z, \ldots$. De plus, si les diverses variables sont assujetties à diverses conditions représentées par des inégalités, les systèmes des valeurs de $x, y, z, \ldots$, pour lesquels ces conditions seront remplies, correspondront à divers points analytiques dont l'ensemble formera ce que nous appellerons un *lieu analytique*. Ce lieu sera d'ailleurs limité par des enveloppes analytiques dont les équations seront celles auxquelles se réduisent les inégalités données quand on y remplace le signe $<$ ou $>$ par le signe $=$.

Nous appellerons encore *droite analytique* un système de *points analytiques* dont les diverses coordonnées s'exprimeront à l'aide de fonctions linéaires données de l'une d'entre elles. Enfin, la *distance* de deux points analytiques sera la racine carrée de la somme des carrés des différences entre les coordonnées correspondantes de ces deux points.

La considération des points et des lieux analytiques fournit le moyen d'éclaircir un grand nombre de questions délicates, et spécialement celles qui se rapportent à la théorie des polynômes radicaux. Elle confirme et laisse subsister, non seulement les formules et propositions établies dans les Mémoires que j'ai présentés en 1830, et qui ont été publiés, soit dans le *Bulletin* de M. de Férussac, soit dans le *Recueil des Mémoires de l'Académie*, mais encore les formules et propositions que renferme mon Mémoire du 15 mars de cette année, sur les racines des équations algébriques à coefficients entiers, et même celles que contient le Mémoire présenté dans la séance du

22 mars et dans les suivantes, et relatif à la théorie des polynômes radicaux, sauf toutefois quelques modifications que je vais indiquer.

Soit ρ une racine primitive de l'équation

$$x^n = 1;$$

soit, de plus, $f(\rho)$ un polynôme radical et à coefficients réels, représenté par une fonction linéaire des diverses puissances de ρ. La méthode du plus grand commun diviseur de deux polynômes radicaux à coefficients entiers et, par suite, la théorie des polynômes radicaux, pourront être complètement établies pour une valeur donnée du nombre n, s'il est prouvé que le polynôme $f(\rho)$ peut toujours être décomposé en deux parties, dont l'une soit un polynôme radical à coefficients entiers, et dont l'autre corresponde à une factorielle Θ plus petite que l'unité, les coefficients demeurant finis. Il y a plus : quand il s'agira de fonder la méthode et la théorie en question, on pourra, conformément à l'observation que j'ai faite dans la séance du 5 avril, prendre pour Θ, non plus la factorielle, mais le module même du polynôme $f(\rho)$, et substituer partout ce module à la factorielle que Θ représentait auparavant; en conséquence, il suffira de prouver que le polynôme $f(\rho)$ peut toujours être décomposé en deux parties, dont l'une soit un polynôme radical à coefficients entiers, et dont l'autre offre un module inférieur à l'unité, les coefficients demeurant finis.

Or, en premier lieu, il résulte des principes exposés dans les divers paragraphes de mon dernier Mémoire, et spécialement dans le § II, page 256, que la décomposition dont il s'agit pourra être effectuée pour un polynôme radical composé de trois ou quatre termes au plus. Pour des polynômes radicaux composés d'un nombre quelconque de termes, la même décomposition a été réduite à la solution d'un problème de maximum ou de minimum. Mais cette réduction suppose (page 256) que, parmi les diverses valeurs que peut acquérir Θ quand on fait croître ou décroître d'une ou de plusieurs unités les coefficients renfermés dans le polynôme $f(\rho)$, il y en a une inférieure à toutes les autres, et produite par des valeurs finies de ces coefficients. C'est ce qui aura lieu, par exemple, si, n étant égal à 3, le polynôme $f(\rho)$ se réduit, comme on peut alors le supposer, à un binôme de la forme $\alpha + \text{ϐ}\rho$. C'est ce qui aura encore lieu toutes les fois que Θ deviendra infiniment grand pour des valeurs infinies des coefficients renfermés dans le polynôme $f(\rho)$. Mais on conçoit que cette dernière condition pourrait n'être pas remplie, et alors la solution du second problème n'entraînerait pas nécessairement la solution du premier.

Comme je le montrerai dans un prochain article, la considération des lieux analytiques est éminemment propre à guider le calculateur au milieu des difficultés que je viens de signaler.

Dans la dernière séance, M. Liouville a parlé de travaux de M. Kummer, relatifs aux polynômes complexes. Le peu qu'il en a dit me persuade que les conclusions auxquelles M. Kummer est arrivé sont, au moins en partie, celles auxquelles je me trouve conduit moi-même par les considérations précédentes. Si M. Kummer a fait faire à la question quelques pas de plus, si même il était parvenu à lever tous les obstacles, j'applaudirais le premier au succès de ses efforts; car ce que nous devons surtout désirer, c'est que les travaux de tous les amis de la Science concourent à faire connaître et à propager la vérité.

365.

Théorie des nombres. — *Sur la décomposition d'un polynôme radical à coefficients réels en deux parties, dont la première est un polynôme radical à coefficients entiers, et dont la seconde offre un module plus petit que l'unité.*

C. R., T. XXIV, p. 943 (31 mai 1847).

Simple énoncé.

366.

THÉORIE DES NOMBRES. — *Mémoire sur diverses propositions relatives à la théorie des nombres.*

C. R., T. XXIV, p. 996 (7 juin 1847).

Des propositions diverses, relatives à la théorie des nombres, peuvent se déduire du théorème fondamental que renferme mon Mémoire du 15 mars dernier, et qui s'y trouve énoncé dans les termes suivants :

THÉORÈME. — *Supposons que, X étant une fonction entière de x à coefficients entiers, l'équation*

$$X = 0$$

soit irréductible; si une seule racine x de cette équation vérifie une autre équation algébrique, et à coefficients entiers,

$$\varphi(x) = 0,$$

alors la fonction $\varphi(x)$ sera divisible algébriquement par la fonction X. Donc, si, dans cette dernière, le coefficient de la plus haute puissance de x se réduit à l'unité, on aura

$$\varphi(x) = X\,\psi(x),$$

$\psi(x)$ désignant encore une fonction entière de x, à coefficients entiers.

Ce théorème conduit surtout à des résultats dignes de remarque, dans le cas où les racines de l'équation

$$X = 0$$

peuvent être exprimées par des fonctions entières

$$x_1, \quad x_2, \quad \ldots$$

d'une première racine x. Alors, en effet, si l'on prend pour $\chi(x)$ le produit de fonctions entières et semblables des diverses racines, et si les diverses fonctions sont à coefficients entiers, le produit $\chi(x)$, quand on prendra pour x la racine en question, se trouvera réduit à un nombre entier I, et par suite la différence

$$\chi(x) - I$$

sera divisible algébriquement par X. Donc, par suite, si l'on attribue à x une valeur entière qui rende X divisible par I, le produit $\chi(x)$ sera lui-même divisible par I.

Supposons maintenant que l'on désigne par y une fonction entière des diverses racines x, x_1, x_2, ..., et soient

$$y, \quad y_1, \quad y_2, \quad \ldots$$

les valeurs distinctes que peut prendre y en vertu d'échanges opérés entre les racines dont il s'agit. Alors les termes de la suite

$$y, \quad y_1, \quad y_2, \quad \ldots$$

seront les diverses racines d'une équation nouvelle, et rien n'empêchera de prendre pour $\chi(x)$ le produit de fonctions semblables des divers termes de cette nouvelle suite. Alors aussi on obtiendra encore des propositions analogues à celles que je viens d'énoncer.

Ces diverses propositions, et les conséquences qui s'en déduisent, comprennent, comme cas particuliers, ainsi qu'on le verra dans mon Mémoire, celles qui se rapportent à la théorie des polynômes radicaux, et spécialement celles que renferme un beau Mémoire de M. Kummer, présenté à l'Académie par notre confrère M. Liouville, dans une des précédentes séances.

Parmi les théorèmes auxquels je suis parvenu, et qui sont relatifs à la théorie des équations binômes, je citerai les suivants :

Soient n un nombre premier impair, I un nombre entier quelconque, et g, h deux facteurs entiers dont le produit soit égal à $n-1$, en sorte qu'on ait

$$n - 1 = gh.$$

Soient, de plus, ρ une racine primitive de l'équation

$$(1) \qquad x^n = 1,$$

r une racine primitive de l'équivalence

$$(2) \qquad x^n \equiv 1 \quad (\text{mod. } l),$$

et s une racine primitive de l'équivalence

$$(3) \qquad x^{n-1} \equiv 1 \quad (\text{mod. } n).$$

Enfin, supposons qu'après avoir partagé les racines imaginaires de l'équation (1) en h périodes, dont chacune comprenne g racines diverses, on nomme

$$\rho_0, \quad \rho_1, \quad \ldots, \quad \rho_{h-1}$$

les h sommes dont chacune est formée avec les racines comprises dans une même période, en sorte qu'on ait

$$(4) \qquad \rho_k = \rho^{s^k} + \rho^{s^{h+k}} + \rho^{s^{2h+k}} + \ldots + \rho^{s^{(g-1)h+k}},$$

et posons

$$(5) \qquad X_k = (x - \rho^{s^k})(x - \rho^{s^{h+k}})\ldots(x - \rho^{s^{(g-1)h+k}}).$$

Si l'on représente par $f(\rho)$ le polynôme radical et du degré $n-1$, auquel on peut réduire une fonction entière des sommes

$$\rho_0, \quad \rho_1, \quad \ldots, \quad \rho_{h-1},$$

la différence

$$f(x) - f(\rho)$$

sera divisible algébriquement par la fonction X_0, et la différence

$$f(x) - f(\rho^{s^k})$$

par la fonction X_k.

De plus, si l'on représente par r_k ce que devient ρ_k quand on remplace ρ par r dans le second membre de la formule (2), les divers termes de la suite

$$r_0, \quad r_1, \quad \ldots, \quad r_{h-1}$$

représenteront h racines distinctes de l'équivalence

$$(6) \qquad X_k \equiv 1 \quad (\text{mod. } l),$$

et le produit

$$(7) \qquad [\mathfrak{f}(r) - \mathfrak{f}(\rho)][\mathfrak{f}(r) - \mathfrak{f}(\rho^s)]\ldots[\mathfrak{f}(r) - \mathfrak{f}(\rho^{s^{h-1}})]$$

sera divisible par l.

Il est bon d'observer que, dans le cas où l est un nombre composé, en sorte qu'on ait

$$l = p^\lambda q^\mu, \quad \ldots,$$

$p, q, \ldots$ étant des nombres premiers, et $\lambda, \mu, \ldots$ des nombres entiers, les racines de l'équivalence (2) sont en nombre égal à

$$n^m,$$

m étant le nombre des facteurs premiers $p, q, \ldots$. Mais, parmi ces racines se trouvent des racines primitives, dont chacune doit être élevée au moins à la $n^{\text{ième}}$ puissance, quand on veut la transformer en une puissance équivalente à l'unité suivant le module n. Ajoutons que, si l'on nomme r une de ces racines primitives, les divers termes de la suite

$$1, \quad r, \quad r^2, \quad \ldots, \quad r^{n-1}$$

représenteront n racines distinctes de l'équivalence (2).

Dans un autre article, je reviendrai sur ce sujet, et je comparerai les résultats auxquels je suis conduit, dans la théorie des polynômes radicaux, avec ceux qu'a obtenus M. Kummer.

367.

Théorie des nombres. — *Sur la décomposition d'un nombre entier en facteurs radicaux.*

C. R., T. XXIV, p. 1022 (14 juin 1847).

Soient n, $\mathcal{N}$ deux nombres entiers quelconques; soient encore

$$1, \quad a, \quad b, \quad \ldots, \quad n-b, \quad n-a, \quad n-1$$

les entiers inférieurs à n, mais premiers à n, et m le nombre de ces entiers. Enfin, soit ρ une racine primitive de l'équation

$$(1) \qquad x^n = 1,$$

et supposons le nombre entier $\mathfrak{N}$ décomposé d'une manière quelconque en facteurs radicaux, en sorte qu'on ait

$$(2) \qquad \mathfrak{N} = \varphi(\rho)\,\chi(\rho)\,\psi(\rho)\ldots\varpi(\rho),$$

$\varphi(\rho)$, $\chi(\rho)$, $\psi(\rho)$, ..., $\varpi(\rho)$ étant des polynômes radicaux à coefficients entiers. Si parmi ces polynômes plusieurs se réduisaient à des diviseurs de l'unité, c'est-à-dire à des polynômes auxquels correspondrait la factorielle 1, leur produit serait encore un diviseur de l'unité; et, par conséquent, on pourra toujours admettre que, parmi les divers facteurs compris dans le second membre de la formule, un seul, $\varpi(\rho)$, est diviseur de l'unité. On pourrait même, si l'on voulait, se débarrasser entièrement de ce facteur, en le réunissant à l'un des autres par voie de multiplication.

Soient maintenant

$$\mathrm{a}, \quad \mathrm{b}, \quad \mathrm{c}, \quad \ldots$$

les nombres entiers qui représentent les facteurs premiers et distincts de n, en sorte qu'on ait

$$(3) \qquad n = \mathrm{a}^\alpha \mathrm{b}^\beta \mathrm{c}^\gamma, \quad \ldots$$

les exposants α, β, γ, ... étant eux-mêmes entiers; et posons

$$(4) \qquad X = \frac{(x^n - 1)\left(x^{\frac{n}{\mathrm{ab}}} - 1\right)\left(x^{\frac{n}{\mathrm{ac}}} - 1\right)\ldots\left(x^{\frac{n}{\mathrm{bc}}} - 1\right)\ldots}{\left(x^{\frac{n}{\mathrm{a}}} - 1\right)\left(x^{\frac{n}{\mathrm{b}}} - 1\right)\left(x^{\frac{n}{\mathrm{c}}} - 1\right)\ldots\left(x^{\frac{n}{\mathrm{abc}}} - 1\right)\ldots}.$$

Les racines primitives de l'équation (1) pourront être représentées par les divers termes de la suite

$$(5) \qquad \rho, \quad \rho^a, \quad \rho^b, \quad \ldots, \quad \rho^{-a}, \quad \rho^{-b}, \quad \rho^{-1},$$

et seront précisément les m racines de l'équation irréductible

$$(6) \qquad X = 0.$$

Cela posé, concevons que la lettre caractéristique N, placée devant un polynôme radical à coefficients entiers, indique le nombre entier qui représente la factorielle correspondante à ce même polynôme, en sorte qu'on ait généralement

$$(7)\qquad N\varphi(\rho)=\varphi(\rho)\,\varphi(\rho^a)\,\varphi(\rho^b)\ldots\varphi(\rho^{-b})\,\varphi(\rho^{-a})\,\varphi(\rho^{-1}).$$

Comme l'équation (2) continuera de subsister, quand on y remplacera la racine primitive ρ par l'un quelconque des m termes de la série (ρ), on tirera de cette équation

$$(8)\qquad \mathfrak{N}^m=N\varphi(\rho)\,N\chi(\rho)\,N\psi(\rho)\ldots N\varpi(\rho).$$

De plus, $\varpi(\rho)$ étant le seul diviseur de l'unité compris dans le second membre de la formule (2), on aura

$$(9)\qquad N\varpi(\rho)=1,$$

tandis que les factorielles

$$N\varphi(\rho),\quad N\chi(\rho),\quad N\psi(\rho),\quad \ldots$$

représenteront des nombres entiers distincts de l'unité, dont le produit, en vertu de la formule (8), devra être égal à $\mathfrak{N}^m$. Si d'ailleurs on nomme

$$p,\quad q,\quad \ldots$$

les entiers qui représentent des facteurs premiers et distincts de $\mathfrak{N}$, en sorte qu'on ait

$$(10)\qquad \mathfrak{N}=p^\lambda q^\mu\ldots$$

la formule (8) donnera définitivement

$$(11)\qquad p^{\lambda m}q^{\mu m}\ldots=N\varphi(\rho)\,N\chi(\rho)\,N\psi(\rho)\ldots;$$

et comme chacune des factorielles comprises dans le second membre de cette dernière équation sera un nombre entier distinct de l'unité, il est clair que le nombre de ces factorielles, ou, ce qui revient au même, le nombre des facteurs de $\mathfrak{N}$ qui ne divisent pas l'unité ne pourra surpasser le nombre total des facteurs du produit $p^{\lambda m} q^{\mu m} \dots$, c'est-à-dire le nombre

$$(\lambda + \mu + \dots) m.$$

En conséquence, on peut énoncer la proposition suivante :

Théorème I. — *Supposons un nombre entier quelconque $\mathfrak{N}$ décomposé d'une manière quelconque en facteurs radicaux. Ceux de ces facteurs qui ne seront pas diviseurs de l'unité seront en nombre inférieur ou tout au plus égal au nombre total des facteurs entiers et premiers de $\mathfrak{N}^m$, ou, ce qui revient au même, au produit du nombre total des facteurs premiers de $\mathfrak{N}$ par le nombre m des entiers inférieurs et premiers à n.*

Corollaire. — Il suit évidemment du théorème I que, si l'on parvient à décomposer un nombre premier en facteurs radicaux, puis ces facteurs en d'autres de même forme, et ainsi de suite, on arrivera bientôt à des facteurs radicaux premiers, un *facteur premier* étant celui qui ne peut se décomposer en deux autres dont aucun ne soit diviseur de l'unité.

Revenons maintenant à l'équation (2). En vertu d'un théorème fondamental énoncé dans la séance du 15 mars (*voir* le théorème III de la page 233), cette équation entraînera la suivante

$$\mathfrak{N} = \varphi(x)\chi(x)\psi(x)\dots\varpi(x) + \mathcal{A}\,\mathrm{f}(x), \tag{12}$$

$\mathrm{f}(x)$ étant une fonction entière de x à coefficients entiers. D'autre part, si les nombres n et $\mathfrak{N}$ sont tels qu'on puisse satisfaire à l'équivalence

$$x^n - 1 \equiv 0 \quad (\text{mod. } \mathfrak{N}), \tag{13}$$

toute racine primitive r de cette équivalence vérifiera certainement la formule

$$\mathcal{A} \equiv 0 \quad (\text{mod. } \mathfrak{N}), \tag{14}$$

ainsi qu'on peut le conclure de l'équation (4). Donc alors la formule (12) donnera

$$\varphi(r)\chi(r)\psi(r)\dots\varpi(r) \equiv 0 \quad (\text{mod. } \mathfrak{N}). \tag{15}$$

Mais, d'autre part, l'équation (7), que l'on peut écrire comme il suit

$$N\varphi(\rho) = \varphi(\rho)\varphi(\rho^a)\ldots\varphi(\rho^{n-a})\varphi(\rho^{n-1}),$$

entraînera la formule

$$(16)\qquad N\varphi(\rho) = \varphi(x)\varphi(x^a)\ldots\varphi(x^{n-a})\varphi(x^{n-1}) + Xf(x),$$

$f(x)$ étant encore une fonction entière de x à coefficients entiers. Donc, en remplaçant x par r, et ayant égard à l'équivalence (14), on trouvera

$$(17)\qquad N\varphi(\rho) \equiv \varphi(r)\varphi(r^a)\ldots\varphi(r^{n-a})\varphi(r^{n-1});$$

puis, en substituant $\varpi(\rho)$ à $\varphi(\rho)$, et ayant égard à l'équation (9), on obtiendra la formule

$$(18)\qquad 1 \equiv \varpi(r)\varpi(r^a)\ldots\varpi(r^{n-a})\varpi(r^{n-1}) \qquad (\text{mod. } \mathfrak{M}),$$

en vertu de laquelle les nombres $\mathfrak{M}$ et $\varpi(r)$ seront nécessairement premiers entre eux. Donc la formule (15) donnera simplement

$$(19)\qquad \varphi(r)\chi(r)\psi(r)\ldots \equiv 0 \qquad (\text{mod. } \mathfrak{M}),$$

et l'on pourra énoncer la proposition suivante :

Théorème I. — *Supposons le nombre $\mathfrak{M}$ décomposé en facteurs radicaux formés avec la racine primitive ρ de l'équation*

$$x^n = 1,$$

et la décomposition effectuée, comme on peut toujours l'admettre, de manière que parmi ces facteurs radicaux, l'un, au plus, divise l'unité. Si l'on nomme

$$\varphi(\rho),\quad \chi(\rho),\quad \psi(\rho),\quad \ldots$$

les facteurs de $\mathfrak{M}$ qui ne divisent pas l'unité; si d'ailleurs les nombres n, $\mathfrak{M}$ sont tels, que l'on puisse satisfaire par des valeurs entières de x à l'équivalence

$$x^n \equiv 1 \qquad (\text{mod. } \mathfrak{M}),$$

toute racine primitive r de cette équivalence rendra le produit

$$\varphi(r)\chi(r)\psi(r)\ldots$$

divisible par $\mathfrak{M}$.

Corollaire. — Si $\mathfrak{M}$ se réduit à un nombre premier p, la formule (19) entraînera l'une des suivantes :

$$(20)\qquad \varphi(r)\equiv 0,\quad \chi(r)\equiv 0,\quad \psi(r)=0,\quad \ldots \quad (\text{mod}.\, p).$$

Les propositions et formules précédentes fournissent immédiatement, quand n est réduit à un nombre premier impair, plusieurs des résultats auxquels est parvenu M. Kummer.

Lorsqu'en supposant n premier et impair, on pose, dans la formule (16),

$$x = 1,$$

la fonction

$$X = \frac{x^n - 1}{x - 1}$$

se réduit précisément au nombre n, et, par suite, la formule (16) donne

$$(21)\qquad N\varphi(\rho)\equiv[\varphi(1)]^{n-1}\quad (\text{mod}.\, n).$$

Cette dernière équivalence, étant combinée avec un théorème connu de Fermat, entraîne, ainsi que M. Kummer l'a remarqué, la proposition suivante :

Théorème III. — *Lorsque n est un nombre premier impair, la factorielle correspondante au polynôme radical* $\varphi(\rho)$ *est équivalente à l'unité, suivant le module n, excepté dans le cas où* $\varphi(1)$ *est divisible par n, et, dans ce dernier cas, elle devient divisible elle-même par n.*

Observons encore que, si n est un nombre premier et impair, l'équation (7) pourra être présentée, non seulement sous la forme

$$(22)\qquad N\varphi(\rho)=\varphi(\rho)\varphi(\rho^2)\ldots\varphi(\rho^{n-1}),$$

mais encore sous la forme

$$(23)\qquad N\varphi(\rho)=\varphi(\rho)\varphi(\rho^s)\varphi(\rho^{s^2})\ldots\varphi(\rho^{s^{n-2}}),$$

s étant une racine primitive de l'équivalence

$$(24) \qquad x^{n-1} \equiv 1 \pmod{n}.$$

Soient, dans cette même hypothèse, g, h deux entiers liés entre eux par l'équation

$$n - 1 = gh,$$

et posons

$$(25) \qquad \Phi(\rho) = \varphi(\rho)\varphi(\rho^{s^h})\varphi(\rho^{s^{2h}})\ldots\varphi(\rho^{s^{(g-1)h}}).$$

L'équation (23) donnera

$$(26) \qquad \mathrm{N}\varphi(\rho) = \Phi(\rho)\Phi(\rho^s)\ldots\Phi(\rho^{s^{h-1}}).$$

Ajoutons que, si les deux premiers des facteurs renfermés dans le second membre de la formule (25) deviennent égaux, tous ces facteurs seront égaux les uns aux autres, et que, par suite, $\varphi(\rho)$ sera une fonction symétrique de

$$\rho, \quad \rho^{s^h}, \quad \rho^{s^{2h}}, \quad \ldots, \quad \rho^{s^{(g-1)h}}.$$

Alors aussi les formules (25), (26) donneront

$$(27) \qquad \Phi(\rho) = [\varphi(\rho)]^g,$$

$$(28) \qquad \mathrm{N}\varphi(\rho) = [\varphi(\rho)\varphi(\rho^s)\ldots\varphi(\rho^{s^{h-1}})]^g,$$

et le produit

$$\varphi(\rho)\varphi(\rho^s)\ldots\varphi(\rho^{s^{h-1}})$$

sera réduit à un nombre entier. Il y a plus : on reconnaîtra facilement que si, dans la suite

$$\varphi(\rho), \quad \varphi(\rho^2), \quad \ldots, \quad \varphi(\rho^{n-1}),$$

plusieurs termes deviennent égaux, ces termes sont de la forme de ceux que comprend le second membre de la formule (25), et l'on en conclura immédiatement, avec M. Kummer, que la factorielle $\mathrm{N}\varphi(\rho)$ prendra la forme indiquée par l'équation (28).

Supposons maintenant que p soit un nombre premier de la forme

$nx + 1$. Soit encore θ une racine primitive de l'équation

(29) $$x^p = 1,$$

t une racine primitive de l'équivalence

(30) $$x^{p-1} \equiv 1 \quad (\text{mod.}\, p);$$

et, en désignant par k, l, ... des nombres entiers quelconques, prenons

(31) $$\Theta_k = \theta + \rho^k \theta^t + \rho^{2k} \theta^{t^2} + \ldots + \rho^{(p-2)k} \theta^{t^{p-2}}.$$

On aura (*voir* les Mémoires insérés dans le *Bulletin* de M. de Férussac, de 1829, et dans le Tome XVII des *Mémoires de l'Académie des Sciences*),

(32) $$\Theta_k \Theta_l = R_{k,l} \Theta_{k+l},$$

$R_{k,l}$ étant un polynôme radical à coefficients entiers; et, si l'on pose

$$R_{k,l} = f(\rho),$$

on aura encore

(33) $$p = f(\rho) f(\rho^{-1}),$$

pourvu que les entiers k, l et $k+l$ soient premiers à n. Or, en vertu de la formule (33), tout nombre premier de la forme $nx + 1$ sera décomposable en facteurs radicaux. Mais on doit observer que, dans la formule (33), $f(\rho)$, $f(\rho^{-1})$ ne seront pas généralement des facteurs premiers de p. Dans tous les cas, si l'on décompose chaque facteur non premier de p en facteurs nouveaux, et si l'on pousse la décomposition aussi loin que possible, on finira par obtenir des facteurs premiers de p. Soit $\varphi(\rho)$ un de ces facteurs premiers, en sorte que l'on ait

(34) $$p = \varphi(\rho) \chi(\rho),$$

$\chi(\rho)$ étant un nouveau polynôme à coefficients entiers. L'équation (34) continuera de subsister, quand on y remplacera ρ par l'un quelconque des termes de la suite

$$\rho, \quad \rho^2, \quad \rho^3, \quad \ldots, \quad \rho^{n-1}.$$

Donc p aura pour facteur premier l'un quelconque des termes de la suite

$$\varphi(\rho),\quad \varphi(\rho^2),\quad \ldots,\quad \varphi(\rho^{n-1});$$

et, comme on tirera de la formule (34),

$$(35)\qquad p^{n-1} = \mathrm{N}\,\varphi(\rho)\,\mathrm{N}\,\chi(\rho),$$

$\mathrm{N}\,\varphi(\rho)$ ne pourra être qu'un diviseur de p^{n-1}, c'est-à-dire p ou une puissance de p. En désignant par p^λ cette puissance, on aura

$$(36)\qquad p^\lambda = \mathrm{N}\,\varphi(\rho)\,\varphi(\rho^2)\ldots\varphi(\rho^{n-1}).$$

Au reste, si le nombre n est tel, que les théorèmes relatifs à la décomposition des nombres entiers en facteurs premiers subsistent, quand on substitue des facteurs entiers aux facteurs radicaux, alors, en raisonnant comme dans un précédent Mémoire (*voir* la séance du 5 avril, page 272), on prouvera : 1° que les facteurs

$$\varphi(\rho),\quad \varphi(\rho^2),\quad \ldots,\quad \varphi(\rho^{n-1})$$

seront premiers entre eux ; 2° que leur produit ou la factorielle $\mathrm{N}\,\varphi(\rho)$ divisera le nombre p dont elle ne pourra différer. Donc alors le nombre λ devra se réduire à l'unité dans la formule (36) qui coïncidera elle-même avec la formule (18) de la page 272, en sorte qu'on trouvera

$$(37)\qquad p = \mathrm{N}\,\varphi(\rho) = \varphi(\rho)\,\varphi(\rho^2)\ldots\varphi(\rho^{n-1}).$$

Alors aussi (*voir* la séance du 22 mars dernier, page 252), on aura nécessairement

$$(38)\qquad 4p = A^2 - (-1)^{\frac{n-1}{2}} B^2,$$

A, B étant deux nombres entiers. Mais il n'est pas toujours possible de choisir A, B de manière à vérifier cette dernière équation. Si, pour fixer les idées, on prenait $n = 23$, $p = 47$, l'équation (38) donnerait

$$188 = A^2 + 23B^2,$$

et ne pourrait se vérifier que pour des valeurs de B^2 positives et inférieures à

$$\frac{188}{23} = 8\frac{4}{23},$$

par conséquent pour des valeurs de B positives et inférieures à 3. Or, comme en attribuant successivement à B les valeurs 1 et 2, on obtient pour valeurs correspondantes de la différence

$$188 - 23B^2,$$

les deux nombres 165, 96, dont aucun n'est un carré parfait, nous devons conclure, avec M. Kummer, que les théorèmes relatifs à la décomposition des nombres entiers en facteurs premiers ne s'appliquent pas aux polynômes radicaux, pour des valeurs quelconques de n, et cessent, par exemple, d'être applicables, quand on suppose $n = 23$.

Il reste à examiner ce que devient la formule (36) quand elle ne se réduit pas à la formule (37), et à montrer le parti qu'on peut tirer alors des principes établis dans la précédente séance. C'est ce que nous verrons dans un autre article.

368.

Théorie des nombres. — *Mémoire sur les facteurs modulaires des fonctions entières d'une ou de plusieurs variables.*

C. R., T. XXIV, p. 1117 (28 juin 1847).

Les formules que l'on désigne en Algèbre sous le nom d'*équations* se trouvent remplacées, dans la théorie des nombres, par ce qu'on a nommé des *équivalences* ou des *congruences* relatives à un module donné. On sait que le nombre des racines réelles d'une équation ne peut surpasser son degré, et l'on peut en dire autant du nombre des racines réelles d'une équivalence, lorsque le module est un nombre premier. On sait encore que le premier membre d'une équation algébrique à coefficients réels est toujours décomposable en facteurs réels du premier ou du second degré, dans le cas même où cette équation n'offre pas de racines réelles, et que cette décomposition, quand le nombre des facteurs est le plus grand possible, ne peut s'effectuer que d'une seule manière. Il importait de voir s'il existait des propositions analogues pour les premiers membres des équivalences algébriques, dont, jusqu'à ce jour, on a cessé généralement de s'occuper, quand leurs racines réelles venaient à disparaître. Telle est la question que j'ai voulu approfondir, et que je suis effectivement parvenu à résoudre, comme on le verra dans le présent Mémoire. Je me bornerai, dans cet article, à indiquer sommairement les principaux résultats de mes recherches, le Mémoire devant être prochainement publié dans mes *Exercices d'Analyse et de Physique mathématique*.

Soient x, y, z, ... diverses variables et n un module entier quelconque. Deux fonctions entières de x, y, z, ..., à coefficients entiers, seront dites *équivalentes* entre elles, suivant le *module* n, lorsque, pour des valeurs entières quelconques de x, y, z, ..., la différence de ces deux fonctions sera divisible par n. Lorsqu'une fonction sera équivalente au produit de plusieurs autres, chacune de ces dernières sera ce que j'appellerai un diviseur ou facteur *modulaire* de la première. Un facteur modulaire sera *irréductible* lorsqu'il ne pourra être décomposé en facteurs du même genre. Considérons en particulier une fonction $\mathrm{f}(x)$ de la seule variable x, cette fonction étant toujours entière et à coefficients entiers. Si le module n est un nombre premier, alors, d'après un théorème connu de Fermat, on aura pour une valeur entière quelconque de x,

$$x^n \equiv x \quad (\text{mod. } n); \tag{1}$$

et, par suite, dans une équivalence de la forme

$$\mathrm{f}(x) \equiv 0, \tag{2}$$

le degré du premier membre pourra toujours être abaissé au-dessous de n. Cet abaissement étant effectué, le nombre des racines réelles de l'équivalence (2) ne pourra surpasser le degré de cette équivalence.

Donc l'équivalence ne pourra subsister pour une valeur entière quelconque de x, et une fonction $f(x)$, d'un degré inférieur à n, ne pourra être équivalente à zéro, qu'autant que chacun des coefficients compris dans $f(x)$ sera équivalent à zéro, c'est-à-dire divisible par n.

Si le module n cesse d'être un nombre premier, en sorte qu'on ait

$$n = p^\lambda q^\mu \ldots, \tag{3}$$

$p, q, \ldots$ désignant les facteurs premiers de n; si d'ailleurs on nomme N l'indicateur maximum correspondant au module n, tout nombre entier x premier à n vérifiera la formule

$$x^N \equiv 1 \pmod{n}. \tag{4}$$

Par suite, si l'on nomme ω le plus grand des exposants $\lambda, \mu, \ldots$, un nombre entier quelconque x vérifiera la formule

$$x^{N+\omega} \equiv x \pmod{n}. \tag{5}$$

Donc alors, dans l'équivalence (2), le degré de $f(x)$ pourra toujours être abaissé au-dessous de la limite $N+\omega$, qui, elle-même, est inférieure au module n.

Revenons maintenant au cas où le module n est un nombre premier, le degré de $f(x)$ étant, comme on peut le supposer, inférieur à n. Alors, en s'aidant de quelques formules établies dans le premier Volume des *Exercices de Mathématiques*, page 160 ([1]), on arrive aux propositions suivantes :

THÉORÈME I. — *Le module n étant un nombre premier, une fonction de $f(x)$ à coefficients entiers ne peut être décomposée que d'une seule manière en facteurs modulaires irréductibles, dans chacun desquels le coefficient de la plus haute puissance de x peut être supposé réduit à l'unité.*

THÉORÈME II. — *Les mêmes choses étant posées que dans le théorème précédent, concevons que la fonction $f(x)$ soit équivalente au produit de plusieurs facteurs modulaires $\varphi(x)$, $\chi(x)$, $\psi(x)$, ..., en sorte qu'on ait*

$$f(x) \equiv \varphi(x)\chi(x)\psi(x)\ldots \pmod{n}. \tag{6}$$

([1]) *OEuvres de Cauchy*, S. II, T. VI, p. 202.

Si l'on désigne par $\varpi(x)$ *un facteur modulaire irréductible, ce dernier ne pourra diviser* $f(x)$ *sans diviser l'un des facteurs* $\varphi(x)$, $\chi(x)$, $\psi(x)$, ...

Théorème III. — *Les mêmes choses étant posées que dans les théorèmes précédents, nommons*

$$\alpha,\ 6,\ \gamma,\ \dots$$

les racines réelles ou imaginaires de l'équation algébrique

$$\varpi(x) = 0, \tag{7}$$

qu'on obtient en égalant à zéro le facteur modulaire et irréductible, représenté par le facteur $\varpi(x)$. *La fonction* $f(x)$ *sera ou ne sera pas divisible par* $\varpi(x)$, *suivant que la condition*

$$f(\alpha)\, f(6)\, f(\gamma) \dots \equiv 0 \pmod{n} \tag{8}$$

sera ou ne sera pas satisfaite.

Théorème IV. — *Tout commun diviseur modulaire de deux fonctions entières* $f(x)$, $F(x)$ *divise nécessairement leur plus grand commun diviseur.*

Pour montrer une application de ces principes, supposons $n = 19$, et

$$f(x) = x^5 - 1.$$

Puisque, en prenant pour x un nombre entier quelconque, on aura

$$x^{19} - x \equiv 0 \pmod{p},$$

et que le plus grand commun diviseur modulaire des deux binômes

$$x^{19} - x, \quad x^5 - 1$$

sera le plus grand commun diviseur algébrique $x - 1$, l'équivalence

$$x^5 - 1 \equiv 0$$

n'aura qu'une seule racine réelle, savoir, l'unité; et la fonction

$$x^5 - 1 = (x - 1)(x^4 + x^3 + x^2 + x + 1)$$

n'aura qu'un seul diviseur linéaire du premier degré, savoir $x - 1$. Donc, en vertu du théorème I, le facteur modulaire

$$x^4 + x^3 + x^2 + x + 1$$

sera ou un facteur irréductible, ou le produit de deux facteurs irréductibles du second degré. Cette dernière hypothèse est la véritable : on a, en effet,

$$x^4 + x^3 + x^2 + x + 1 = (x^2 - 4x + 1)(x^2 + 5x + 1) + 19x$$

et, par conséquent,

$$x^4 + x^3 + x^2 + x + 1 \equiv (x^2 - 4x + 1)(x^2 + 5x + 1) \quad (\text{mod. } 19).$$

369.

Analyse algébrique. — *Mémoire sur une nouvelle théorie des imaginaires, et sur les racines symboliques des équations et des équivalences.*

C. R., T. XXIV, p. 1120 (28 juin 1847).

Préliminaires.

Les géomètres, surtout ceux qui s'efforcent de contribuer aux progrès des Sciences mathématiques, ont été quelquefois accusés de parler une langue qui n'a pas toujours l'avantage de pouvoir être facilement comprise, et de fonder des théories sur des principes qui manquent de clarté. Si une théorie pouvait encourir ce reproche, c'était assurément la théorie des imaginaires, telle qu'elle était généralement enseignée dans les Traités d'Algèbre. C'est pour ce motif qu'elle avait spécialement fixé mon attention dans l'Ouvrage que j'ai publié, en 1821, sous le titre d'*Analyse algébrique*, et qui avait précisément pour but de donner aux méthodes toute la rigueur que l'on exige en Géométrie, de manière à ne jamais recourir aux raisons tirées de la généralité de l'Algèbre. Pour remédier à l'inconvénient signalé, j'avais considéré les équations imaginaires comme des formules symboliques, c'est-à-dire comme des formules qui, prises à la lettre et interprétées d'après les conventions généralement établies, sont inexactes ou n'ont pas de sens, mais desquelles on peut déduire des résultats exacts en modifiant et altérant, selon des règles fixes, ou ces formules, ou les symboles qu'elles renferment. Cela posé, il n'y avait plus nulle nécessité de se mettre l'esprit à la torture pour chercher à découvrir ce que pouvait représenter le signe symbolique $\sqrt{-1}$, auquel les géomètres allemands substituent la lettre i. Ce signe ou cette lettre était, si je puis ainsi m'exprimer, un outil, un instrument de calcul dont l'introduction dans les formules permettait d'arriver plus rapidement à la solution très réelle de questions que l'on avait posées. Mais il est évident que la théorie des imaginaires deviendrait beaucoup plus claire encore et beaucoup plus facile à saisir, qu'elle pourrait être mise à la portée de toutes les intelligences, si l'on parvenait à réduire les expressions imaginaires, et la lettre i elle-même, à n'être plus que des quantités réelles. Quoiqu'une telle réduction parût invraisemblable et même impossible au premier abord, j'ai néanmoins essayé de résoudre ce singulier problème, et, après quelques tentatives, j'ai été assez heureux pour réussir. Le principe sur lequel je m'appuie semble d'autant plus digne d'attention qu'il peut être appliqué même à la théorie des nombres, dans laquelle il conduit à des résultats qui méritent d'être remarqués. Entrons maintenant dans quelques détails.

§ I. — *Sur les équations symboliques et sur leurs racines. Application à la théorie des imaginaires.*

Les deux lettres l, m désignant deux nombres entiers, les notations admises par les géomètres offrent plusieurs moyens d'exprimer que ces deux nombres, divisés par un troisième n, fournissent le même reste, ou, en d'autres termes, que l est *équivalent* à m suivant le *module* n. Ainsi, en particulier, on peut écrire, avec M. Gauss,

$$l \equiv m \quad (\text{mod. } n). \tag{1}$$

Pareillement, étant donnés deux polynômes $\varphi(x)$, $\chi(x)$ dont chacun soit une fonction entière de la variable x, si l'on veut exprimer que ces deux polynômes fournissent le même reste, quand on les divise algébriquement par un troisième $\varpi(x)$, ou, en d'autres termes, que $\varphi(x)$ est équivalent à $\chi(x)$ suivant le module $\varpi(x)$, on pourra écrire, comme on l'a déjà fait (*voir* le Mémoire de M. Kummer inséré dans le Journal de M. Crelle, XXXe Volume, 2e Cahier),

$$(2) \qquad \varphi(x) \equiv \chi(x) \quad [\text{mod. } \varpi(x)].$$

Mais il est clair que, à l'équivalence (2), on pourrait substituer l'équation

$$(3) \qquad \mathrm{R}\,\varphi(x) = \mathrm{R}\,\chi(x),$$

si l'on désignait à l'aide de la *lettre caractéristique* R, placée devant une fonction entière de x, le reste qu'on obtient quand on divise cette fonction par $\varpi(x)$. Alors aussi, en nommant $\mathrm{f}(x)$ une fonction entière divisible exactement par $\varpi(x)$, on aurait

$$(4) \qquad \mathrm{R}\,\mathrm{f}(x) = 0.$$

Ce n'est pas tout. Au lieu de placer une lettre caractéristique R devant une fonction entière $\varphi(x)$, pour indiquer le reste qu'on obtient quand on divise cette fonction par $\varpi(x)$, on pourrait convenir que l'on se servira, pour cette indication, d'une *lettre symbolique* substituée à la variable x, dans la fonction elle-même. Soit i cette lettre symbolique. La seule présence de la lettre i, substituée à x dans une fonction entière $\varphi(x)$, indiquera que, avant de poser dans cette fonction $x = i$, on doit la réduire au reste de sa division par $\varpi(x)$, et alors la formule (3) pourra s'écrire comme il suit :

$$(5) \qquad \varphi(i) = \chi(i),$$

tandis que la formule (4), qui suppose la fonction $\mathrm{f}(x)$ divisible par $\varpi(x)$, donnera

$$(6) \qquad \mathrm{f}(i) = 0.$$

Comme la plus simple des fonctions divisibles par le diviseur $\varpi(x)$ est ce diviseur lui-même, la plus simple des équations symboliques de la forme (6) sera

$$(7) \qquad \varpi(i) = 0.$$

Si la fonction $f(x)$ n'a pas $\varpi(x)$ pour diviseur, alors, en nommant $\Pi(x)$ le quotient, et $\psi(x)$ le reste qu'on obtient en divisant $f(x)$ par $\varpi(x)$, on aura

$$(8) \qquad f(x) = \Pi(x)\,\varpi(x) + \psi(x);$$

par conséquent

$$(9) \qquad f(i) = \Pi(i)\,\varpi(i) + \psi(i),$$

et, eu égard à la formule (7),

$$(10) \qquad f(i) = \psi(i).$$

Mais il importe d'observer que, si l'équation (9) se réduit à la formule symbolique (10), cela tient uniquement à la convention adoptée, suivant laquelle on doit, dans le second membre de l'équation (9), effacer le terme qui renferme $\varpi(x)$, dès que l'on substitue i à x. Si, après cette substitution, $\varpi(i)$ se réduit à zéro, c'est en vertu de la convention dont il s'agit, i pouvant d'ailleurs être numériquement égal à une quantité réelle quelconque, qui, prise pour valeur de x, pourra fournir pour $\varpi(x)$ une valeur très différente de zéro.

Pour nous rapprocher, autant que possible, du langage algébrique généralement admis dans la théorie des imaginaires, nous dirons que i est une *racine symbolique* de l'équation *caractéristique*

$$(11) \qquad \varpi(x) = 0,$$

et même de l'équation

$$(12) \qquad f(x) = 0$$

quand $f(x)$ sera divisible par $\varpi(x)$: mais au mot *racine symbolique* nous n'attacherons pas l'idée d'une valeur de x pour laquelle $\varpi(x)$ ou

$f(x)$ devienne numériquement égal à zéro; et, tandis que les racines réelles d'une équation algébrique en x, par exemple de l'équation (12), devront annuler le premier membre $f(x)$, une racine symbolique i de la même équation devra faire évanouir, non pas $f(x)$, mais le reste de la division de $f(x)$ par un certain diviseur $\varpi(x)$, et même faire évanouir ce reste, quel que soit x.

Lorsque, $\varpi(x)$ étant du degré n par rapport à la variable x, $f(x)$ représente une fonction entière quelconque de x, le reste $\psi(x)$, qu'on obtient en divisant $f(x)$ par $\varpi(x)$, est généralement de la forme

$$\psi(x) = a_0 + a_1 x + a_2 x^2 + \ldots + a_{n-1} x^{n-1}, \tag{13}$$

a_0, a_1, ..., a_{n-1} désignant des quantités constantes; et pour que ce reste s'évanouisse, quel que soit x, il faut que l'on ait

$$a_0 = 0, \quad a_1 = 0, \quad a_2 = 0, \quad \ldots, \quad a_{n-1} = 0. \tag{14}$$

Donc alors la formule (6), ou

$$f(i) = 0,$$

que l'on peut réduire à

$$\psi(i) = 0 \tag{15}$$

ou, ce qui revient au même, à

$$a_0 + a_1 i + a_2 i^2 + \ldots + a_{n-1} i^{n-1} = 0, \tag{16}$$

entraîne les conditions (14). Donc l'équation symbolique (6) ou (16) équivaut, en réalité, à ces conditions, exprimées par n équations distinctes. On arriverait à la même conclusion, en observant que, dans l'équation (16), la lettre symbolique i représente une quantité réelle indéterminée, à laquelle on peut attribuer telle valeur que l'on voudra. Or, en posant $i = 0$, on tire de la formule (16)

$$a_0 = 0;$$

et comme, en vertu de cette dernière condition, l'équation (16) peut être réduite à

$$a_1 i + a_2 i^2 + \ldots + a_{n-1} i^{n-1} = 0,$$

on aura encore, i restant arbitraire,

$$a_1 + a_2 i + \ldots + a_{n-1} i^{n-2} = 0.$$

Si maintenant on pose de nouveau $i = 0$, on obtiendra la condition

$$a_1 = 0;$$

et, en continuant de même, on finira par déduire de l'équation (16) chacune des conditions (14).

Une théorie nouvelle et rigoureuse des formules et des équations imaginaires se déduit immédiatement des principes généraux que nous venons d'exposer. Pour obtenir cette nouvelle théorie, il suffit de réduire le diviseur $\varpi(x)$ au facteur binôme $x^2 + 1$, et, par conséquent, de prendre pour point de départ cette convention fondamentale, que la lettre *symbolique* i, substituée à la lettre x dans une fonction entière $f(x)$, indiquera la valeur que reçoit, non pas cette fonction $f(x)$, mais le reste de la division algébrique de $f(x)$ par $x^2 + 1$, quand on attribue à x la valeur particulière i. Cette convention étant adoptée, on aura, en supposant $f(x)$ divisible par $x^2 + 1$,

$$f(i) = 0. \tag{17}$$

Alors aussi la quantité indéterminée i sera une racine *symbolique* de l'équation

$$f(x) = 0, \tag{18}$$

qui sera réduite à

$$x^2 + 1 = 0, \tag{19}$$

si l'on suppose $f(x) = x^2 + 1$. Il est vrai que la formule (18) pourrait ne pas avoir de racines réelles, et que, effectivement, elle n'en a point quand elle se réduit à l'équation (19), attendu que, pour toute valeur réelle de x, le premier membre de cette équation acquiert une valeur très différente de zéro, et supérieure à l'unité. Mais, suivant la remarque déjà faite, dire que i est *racine symbolique* d'une équation *caractéristique* en x du degré n, ce n'est pas dire que cette équation est satisfaite quand on prend i pour valeur de x, c'est-à-dire seulement que la substitution de i à x dans une fonction entière $f(x)$ de la variable x indique le reste qu'on obtient quand, après avoir décomposé cette fonction en deux parties, dont l'une soit du degré $n-1$, et dont l'autre ait pour facteur le premier membre de l'équation caractéristique, on a soin, avant de poser $x=i$, d'effacer la seconde partie, comme si le premier membre de l'équation caractéristique devenait nul pour une valeur de x égale à i. Dans le cas particulier qui nous occupe maintenant, l'équation caractéristique se réduit à la formule (19), et la formule symbolique

$$i^2+1=0 \tag{20}$$

exprime simplement que zéro est le reste de la division de x^2+1 par le premier membre x^2+1 de l'équation caractéristique ou, ce qui revient au même, le reste de la division de i^2+1 par i^2+1. Alors aussi, pour exprimer que deux fonctions entières $\varphi(x)$, $\chi(x)$, étant divisées par x^2+1, fournissent le même reste, on écrira

$$\varphi(i)=\chi(i). \tag{21}$$

Supposons, pour fixer les idées, que $\varphi(x)$, divisé par x^2+1, donne pour reste $a+bx$, et que $\chi(x)$, divisé par x^2+1, donne pour reste $c+dx$, les quatre lettres a, b, c, d désignant des quantités constantes. La formule (21) pourra être réduite à

$$a+bi=c+di; \tag{22}$$

et, comme elle devra se vérifier, quel que soit i, elle entraînera les deux équations

$$a=c, \qquad b=d, \tag{23}$$

dont on obtiendra la première en posant $i=0$.

La formule (21) est ce qu'on a nommé une *équation imaginaire*. La lettre symbolique i, renfermée dans cette équation, doit être considérée, d'après la théorie nouvelle, comme une quantité réelle, mais indéterminée, à laquelle on pourra donner telle valeur que l'on voudra, et même une valeur nulle, quand on posera $x=i$ dans les fonctions $\varphi(x)$ et $\chi(x)$, après avoir réduit chacune de ces fonctions au reste de sa division par x^2+1. Ajoutons que toute équation imaginaire pouvant être ramenée à la forme (22) sera toujours décomposable, comme l'équation (22), en deux équations réelles, dont aucune ne renfermera plus la lettre i.

Comme, en vertu de la formule (20), on aura

$$i^2 = -1, \qquad i^4 = -i^2 = 1,$$

et, par suite, en nommant m un nombre entier quelconque,

$$\begin{array}{ll} i^{4m} = 1, & i^{4m+1} = i, \\ i^{4m+2} = i^2 = -1, & i^{4m+3} = i^3 = -i, \end{array}$$

il en résulte que, si la fonction $\mathrm{f}(x)$ est déterminée par une équation de la forme

$$\mathrm{f}(x) = a_0 + a_1 x + a_2 x^2 + a_3 x^3 + a_4 x^4 + \ldots,$$

on aura

$$\mathrm{f}(i) = a_0 - a_2 + a_4 - \ldots + (a_1 - a_3 + \ldots) i.$$

Cela posé, il est facile de voir ce que deviendront les équations algébriques dans lesquelles entre une variable x, quand on les transformera en équations symboliques, en substituant à la variable x la racine symbolique i de l'équation imaginaire

$$i^2 + 1 = 0.$$

Ainsi, en particulier, les équations algébriques

$$(a+bx)(c+dx) = ac + bdx^2 + (ad+bc)x,$$
$$(a-bx)(c-dx) = ac + bdx^2 - (ad+bc)x,$$

desquelles on tire

$$(a^2 - b^2x^2)(c^2 - d^2x^2) = (ac + bdx^2)^2 - (ad+bc)^2 x^2,$$

fourniront, quand on y remplacera x par i, les équations imaginaires

$$(24)\qquad \left\{ \begin{array}{l} (a+bi)(c+di) = ac - bd + (ad+bc)i, \\ (a-bi)(c-di) = ac - bd - (ad+bc)i \end{array} \right.$$

et

$$(25)\qquad (a^2+b^2)(c^2+d^2) = (ac-bd)^2 + (ad+bc)^2.$$

Si, dans la dernière, on réduit a, b, c, d à des nombres entiers, on obtiendra immédiatement le théorème connu, suivant lequel deux nombres entiers, dont chacun est la somme de deux carrés, donnent encore pour produit une somme de deux carrés. De plus, si dans la première des équations (24) on pose

$$a = \cos\alpha, \qquad b = \sin\alpha, \qquad c = \cos\beta, \qquad d = \sin\beta,$$

on obtiendra la formule connue

$$(26) \qquad (\cos\alpha + i\sin\alpha)(\cos\beta + i\sin\beta) = \cos(\alpha+\beta) + i\sin(\alpha+\beta),$$

de laquelle on passera immédiatement au théorème de Moivre, compris dans l'équation

$$(27) \qquad (\cos\alpha + i\sin\alpha)^n = \cos n\alpha + i\sin n\alpha.$$

D'ailleurs, quand on voudra décomposer une équation imaginaire, par exemple l'une quelconque des formules (24), (26), (27), en deux équations réelles, on ne devra pas oublier de réduire d'abord chaque membre à la forme linéaire $a + bi$. Sous cette condition, la formule (27) fournit immédiatement les valeurs connues de $\cos n\alpha$ et de $\sin n\alpha$ exprimées en fonctions entières de $\cos\alpha$ et de $\sin\alpha$.

§ II. — *Application des principes ci-dessus exposés à la théorie des nombres.*

Les principes exposés dans le § I, après avoir fourni le moyen d'établir une théorie claire et précise des équations imaginaires, peuvent encore être appliqués avec avantage à la théorie des équivalences. Seulement, dans cette théorie, ce que nous avons nommé l'*équation caractéristique* en x devient une équation ou une équivalence algébrique à coefficients entiers; et une *racine symbolique* i de cette formule caractéristique est une indéterminée à laquelle on peut attribuer définitivement, non plus une valeur réelle quelconque, mais une valeur entière arbitrairement choisie. Ajoutons que, s'il s'agit d'équivalences relatives à un module premier p, le coefficient de la plus haute puissance de x dans la formule caractéristique pourra toujours être supposé réduit à l'unité.

Je développerai, dans les *Exercices d'Analyse et de Physique mathématiques*, la théorie des racines symboliques des équivalences. Je me bornerai, pour l'instant, à énoncer quelques-unes des propositions remarquables auxquelles mes recherches m'ont conduit.

THÉORÈME I. — *Le module p étant un nombre premier, nommons* $\varpi(x)$ *un facteur modulaire irréductible, et i une racine symbolique de l'équivalence*

$$(1) \qquad \varpi(x) \equiv 0 \quad (\text{mod.}\, p).$$

Soient d'ailleurs

$$\varphi(x), \quad \chi(x), \quad \psi(x), \quad \ldots$$

des fonctions entières de x à coefficients entiers. Si la formule

$$(2) \qquad \varphi(i)\,\chi(i)\,\psi(i)\ldots \equiv 0 \quad (\text{mod.}\, p)$$

se vérifie, elle entraînera l'une des suivantes :

$$(3) \qquad \varphi(i) \equiv 0, \quad \chi(i) \equiv 0, \quad \psi(i) \equiv 0, \quad \ldots \quad (\text{mod.}\, p).$$

THÉORÈME II. — *Le module p étant toujours un nombre premier,* $\varpi(x)$ *étant un facteur modulaire irréductible, et i une racine symbolique de l'équivalence* (1), *nommons* $\mathrm{f}(x, i)$ *une fonction entière de x et de i, qui n'offre que des coefficients entiers, et qui soit du degré n par rapport à x, n pouvant être un nombre entier quelconque inférieur à p. Soient d'ailleurs*

$$(4) \qquad i_0, \quad i_1, \quad i_2, \quad \ldots, \quad i_{n-1}$$

n fonctions entières de i, dont chacune, prise pour valeur de x, vérifie la formule

$$(5) \qquad \mathrm{f}(x, i) \equiv 0 \quad (\text{mod.}\, p),$$

aucune fonction entière de i ne pourra remplir cette même condition sans devenir équivalente à l'un des termes de la suite (4).

THÉORÈME III. — *Les mêmes choses étant posées que dans le théorème précédent, si l'on peut décomposer la fonction* $f(x, i)$ *en facteurs modulaires symboliques de même forme qu'elle, en sorte qu'on ait*

$$(6) \qquad f(x, i) \equiv \varphi(x, i)\chi(x, i)\psi(x, i)\ldots \pmod{p},$$

chacun de ces facteurs sera équivalent au produit de plusieurs des facteurs linéaires

$$(7) \qquad x - i_0, \quad x - i_1, \quad \ldots, \quad x - i_{n-1},$$

multipliés par un nombre entier.

Ce qui semble mériter une attention particulière, ce sont les applications que l'on peut faire des théorèmes ici énoncés aux équivalences binômes, c'est-à-dire aux équivalences de la forme

$$(8) \qquad x^n - 1 \equiv 0 \pmod{p},$$

lorsque $p - 1$ n'est pas divisible par n. Considérons spécialement le cas où le facteur irréductible $\varpi(x)$, étant un diviseur modulaire de $x^n - 1$, ne divise jamais $x^m - 1$, quand on prend pour m un entier inférieur à n. Alors i sera ce que j'appelle une *racine symbolique primitive* de l'équivalence (8), et l'on déduira des théorèmes déjà énoncés la proposition suivante :

THÉORÈME IV. — *Le module p étant un nombre premier, et n un nombre entier qui ne divise pas* $p - 1$, *nommons i une racine symbolique primitive de l'équivalence* (8). *Cette équivalence aura pour racines les divers termes de la suite*

$$1, \quad i, \quad i^2, \quad \ldots, \quad i^{n-1};$$

en sorte qu'on aura

$$x^n - 1 \equiv (x-1)(x-i)\ldots(x-i^{n-1}).$$

On peut aussi établir la proposition suivante :

THÉORÈME V. — *Les mêmes choses étant posées que dans le théorème IV, nommons s une racine primitive de l'équivalence*

$$(9) \qquad x^{n-1} \equiv 1 \pmod{n},$$

et g, h deux nombres entiers qui vérifient la condition

$$n - 1 = gh.$$

Si l'on pose

$$(10) \qquad X_k = (x - i^{s^k})(x - i^{s^{h+k}})\dots(x - i^{s^{(g-1)h+k}}),$$

X_k sera un facteur modulaire, non symbolique, c'est-à-dire indépendant de i, quand la condition

$$(11) \qquad p^g \equiv 1 \quad (\text{mod. } n)$$

sera vérifiée; et alors tout diviseur modulaire, non symbolique, de $x^n - 1$ sera de la forme X_k.

Exemple. — Si, pour fixer les idées, on suppose $x = 5$, $p = 19$, i sera une racine primitive symbolique de la formule

$$x^5 - 1 \equiv 0 \quad (\text{mod.} 19),$$

et le binôme

$$x^5 - 1$$

aura pour facteurs modulaires du second degré les deux trinômes

$$x^2 - 4x + 1, \quad x^2 + 5x + 1,$$

qui seront équivalents aux deux produits

$$(x - i)(x - i^4), \quad (x - i^2)(x - i^3).$$

Dans un autre article, je montrerai comment le théorème V se lie à quelques propositions démontrées par M. Kummer, dans le Volume XXX du Journal de M. Crelle.

370.

Théorie des nombres. — *Mémoire sur les racines primitives des équivalences binômes correspondantes à des modules quelconques, premiers ou non premiers, et sur les grands avantages que présente la considération de ces racines, dans les questions de nombres, surtout en fournissant le moyen d'établir la théorie nouvelle des* INDICES MODULAIRES *des polynômes radicaux.*

C. R., T. XXV, p. 6 (5 juillet 1847).

Simple énoncé.

371.

Théorie des nombres. — *Mémoire sur les racines des équivalences correspondantes à des modules quelconques premiers ou non premiers, et sur les avantages que présente l'emploi de ces racines dans la théorie des nombres.*

C. R., T. XXV, p. 37 (12 juillet 1847).

Les équivalences relatives à des modules premiers ne sont pas les seules qui puissent être employées avec avantage dans la théorie des nombres, et l'on peut établir, pour les équivalences relatives à des modules quelconques, des propositions générales, entre lesquelles on doit surtout distinguer celles qui se rapportent aux équivalences binômes. En effet, comme on le verra dans ce Mémoire, la considération des racines des équivalences binômes à modules quelconques est éminemment utile dans la recherche des propriétés les plus importantes des polynômes radicaux. Pour abréger, je me bornerai à indiquer succinctement les résultats les plus remarquables auxquels je suis parvenu, me réservant de publier bientôt les développements de ce travail dans les *Exercices d'Analyse et de Physique mathématiques.*

§ I. — *Sur les équivalences relatives à des modules quelconques premiers ou non premiers.*

Parmi les théorèmes qui se rapportent à des équivalences de forme quelconque, on doit distinguer le suivant, qu'il est facile de démontrer, et qui subsiste, quel que soit le module.

THÉORÈME I. — *Les lettres m, n, I désignant trois nombres entiers quelconques, nommons* $f(x)$ *une fonction entière de x, du degré n et à coefficients entiers. Soient d'ailleurs*

$$r_0, \quad r_1, \quad \ldots, \quad r_{m-1}$$

m racines DISTINCTES *de l'équivalence*

$$f(x) \equiv 0 \quad (\text{mod. I}), \tag{1}$$

c'est-à-dire m racines qui, divisées par le module I, *fournissent des restes distincts. Si les différences entre les racines r_0, r_1, ..., r_{m-1} ont toutes pour valeurs numériques des nombres premiers à* I, *la formule* (1) *entraînera la suivante*

$$f(x) \equiv (x - r_0)(x - r_1)\ldots(x - r_{m-1})\,F(x) \quad (\text{mod. I}), \tag{2}$$

$F(x)$ *étant une nouvelle fonction entière et à coefficients entiers, dont le degré sera égal ou inférieur à $n - m$.*

En supposant successivement $m = n$ et $m > n$, on déduit immédiatement du théorème I les deux propositions suivantes :

THÉORÈME II. — *Soient* $f(x)$ *une fonction entière de x, du degré n, et*

$$r_0, \quad r_1, \quad \ldots, \quad r_{n-1}$$

n racines distinctes de l'équivalence

$$f(x) \equiv 0 \quad (\text{mod. I});$$

si les différences entre ces racines sont des nombres premiers à I, *on aura*

$$f(x) \equiv k(x - r_0)(x - r_1)\ldots(x - r_{n-1}) \quad (\text{mod. I}), \tag{3}$$

k désignant une constante dont la valeur sera

$$(4) \qquad k \equiv (-1)^n \frac{f(0)}{r_0 r_1 \ldots r_{n-1}} \qquad (\text{mod. I}).$$

THÉORÈME III. — *Soient $f(x)$ une fonction entière de x, du degré n, et*

$$r_0, \quad r_1, \quad \ldots, \quad r_{m-1}$$

m racines distinctes de l'équivalence

$$(1) \qquad f(x) \equiv 0 \qquad (\text{mod. I});$$

si, les différences entre ces racines étant des nombres premiers à I, on a

$$m > n,$$

l'équivalence (1) subsistera, quel que soit n.

Il est bon d'observer que si, r étant une racine quelconque de l'équivalence (1), on attribue à θ une valeur entière quelconque, les deux quantités

$$r, \quad r + \theta I$$

ne seront pas deux racines distinctes, puisque ces deux quantités, divisées par I, fourniront le même reste. Néanmoins, si l'on substitue successivement ces deux quantités à la place de x, dans le rapport

$$\frac{f(x)}{I},$$

les deux valeurs entières que recevra ce rapport, savoir

$$\frac{f(r)}{I}, \quad \frac{f(r+\theta I)}{I},$$

pourront n'être pas équivalentes suivant le module I. En effet, la seconde de ces deux valeurs, divisée par I, fournira le même reste que l'expression

$$\frac{f(r)}{I} + \theta f'(r),$$

et cette expression pourra devenir équivalente, suivant le module I, à un nombre entier quelconque, si $f'(r)$ est premier à I. Il y a plus : pour que l'expression dont il s'agit devienne équivalente, suivant le module I, à un entier donné l, il suffira que la fonction

$$\frac{l - \frac{f(r)}{I}}{f'(r)},$$

étant réduite à sa plus simple expression, acquière un dénominateur premier à I. En conséquence, on peut énoncer la proposition suivante :

Théorème IV. — *Soient r une racine quelconque de l'équivalence*

$$f(x) \equiv 0 \qquad (\text{mod. } I),$$

et l un nombre entier donné. Si le rapport

$$\frac{l - \frac{f(r)}{I}}{f'(r)},$$

étant réduit à sa plus simple expression, acquiert un dénominateur qui soit premier au module I, *alors il suffira de poser*

$$\theta \equiv \frac{l - \frac{f(r)}{I}}{f'(r)} \qquad (\text{mod. } I), \tag{5}$$

puis de faire croître r de θI *dans le rapport*

$$\frac{f(r)}{I},$$

pour que ce rapport devienne équivalent à l, suivant le module I.

En réduisant l à zéro, on déduira du théorème IV la proposition suivante :

Théorème V. — *Soit r une racine quelconque de l'équivalence*

$$f(x) \equiv 0 \qquad (\text{mod. } I).$$

Si le rapport

$$\frac{f(r)}{I f'(r)},$$

étant réduit à sa plus simple expression, acquiert un dénominateur qui soit premier à I, *alors il suffira de prendre*

$$(6)\qquad \theta \equiv -\frac{f(r)}{I\,f'(r)} \qquad (\text{mod. } I),$$

puis de faire croître r de θI, *pour que*

$$x = r + \theta I$$

devienne une racine de l'équivalence

$$f(x) \equiv 0 \qquad (\text{mod. } I^2).$$

Ajoutons que la condition énoncée sera toujours satisfaite, si $f'(r)$ est premier à I.

On établira de la même manière le théorème plus général dont voici l'énoncé :

Théorème VI. — *Soit r une racine de l'équivalence*

$$f(x) \equiv 0 \qquad (\text{mod. } I);$$

les valeurs de r', r'', r''', ..., *qui seront déterminées à l'aide des formules*

$$(7)\qquad \theta \equiv -\frac{f(r)}{I\,f'(r)} \quad (\text{mod. } I), \qquad r' = r + \theta I,$$

$$(8)\qquad \theta' \equiv -\frac{f'(r')}{I^2\,f'(r')} \quad (\text{mod. } I), \qquad r'' = r' + \theta' I^2,$$

$$\ldots\ldots\ldots, \qquad \ldots\ldots, \qquad \ldots\ldots,$$

s'il est possible d'y satisfaire, seront respectivement racines des équivalences

$$(9)\qquad f(x) \equiv 0 \qquad (\text{mod. } I^2),$$

$$(10)\qquad f(x) \equiv 0 \qquad (\text{mod. } I^3),$$

$$\ldots\ldots \qquad \ldots\ldots;$$

et seront même, pour ces équivalences, les seules racines correspondantes à la racine r de l'équivalence (1). *Ajoutons que l'on pourra toujours satisfaire aux formules* (7) *et* (8), *si* $f'(r)$ *est premier à* I.

On peut encore déduire du théorème V la proposition suivante :

THÉORÈME VII. — *Soient* $\mathrm{f}(x)$, $\mathrm{F}(x)$ *deux fonctions entières de* x, *à coefficients entiers, et* r *une racine quelconque de l'équivalence*

$$\mathrm{f}(x) \equiv 0 \qquad (\mathrm{mod.}\, \mathrm{I}).$$

Supposons d'ailleurs que l'on ait, pour une valeur entière quelconque de x,

$$(11) \qquad \mathrm{F}(x) \equiv 0.$$

Si $\mathrm{f}'(r)$ *est premier à* I, *alors, en supposant la valeur de* θ *déterminée par l'équation* (6), *on aura*

$$(12) \qquad \frac{\mathrm{F}(r)}{\mathrm{I}} + \theta\,\mathrm{F}'(r) \equiv 0 \qquad (\mathrm{mod.}\, \mathrm{I}).$$

Dans le cas où le module I se réduit à un nombre premier p, et où l'on connaît n racines

$$r_0, \quad r_1, \quad \ldots, \quad r_{n-1}$$

de l'équivalence (1), alors, en supposant que cette équivalence n'est pas une de celles qui subsistent pour toute valeur entière de x, et que les différentes racines

$$r_0, \quad r_1, \quad \ldots, \quad r_{n-1}$$

sont distinctes les unes des autres, on tire de la formule (3), jointe à la formule (1),

$$(13) \qquad (x - r_0)(x - r_1)\ldots(x - r_{n-1}) \equiv 0 \qquad (\mathrm{mod.}\, p);$$

et, comme p ne peut diviser le produit

$$(x - r_0)(x - r_1)\ldots(x - x_{n-1})$$

sans diviser l'un de ses facteurs, la formule (13) entraîne évidemment la proposition suivante :

THÉORÈME VIII. — *Si le module* I *se réduit à un nombre premier* p, *et si l'équivalence*

$$(14) \qquad \mathrm{f}(x) \equiv 0 \qquad (\mathrm{mod.}\, p),$$

étant de degré n, n'est pas une de celles qui subsistent pour toute valeur de x, cette équivalence ne pourra pas offrir plus de n racines distinctes.

Du théorème VIII, joint au VI, on déduit encore le suivant :

THÉORÈME IX. — *Si le module* I *se réduit à une puissance entière p^λ d'un nombre premier p, et si l'équivalence*

$$(15) \qquad f(x) \equiv 0 \pmod{p^\lambda},$$

étant du degré n, n'est pas une de celles qui subsistent pour toute valeur entière de x, cette équivalence n'offrira pas plus de n racines distinctes.

Enfin, on établira sans peine la proposition suivante :

THÉORÈME X. — *Concevons que, le module* I *étant décomposé en facteurs premiers, on nomme p, q, ... ceux de ces facteurs qui sont inégaux, et posons, en conséquence,*

$$(16) \qquad I = p^\lambda q^\mu \ldots,$$

λ, μ, ... étant des nombres entiers. Si l'on désigne par r' une racine de l'équivalence

$$f(x) \equiv 0 \pmod{p^\lambda},$$

par r'' une racine de l'équivalence

$$f(x) \equiv 0 \pmod{p^\mu},$$
$$\ldots\ldots \qquad \ldots\ldots,$$

alors, au système des racines

$$r', \quad r'', \quad \ldots$$

correspondra une seule racine r de l'équivalence

$$f(x) \equiv 0 \pmod{I};$$

et, pour obtenir cette dernière racine, il suffira de chercher le nombre qui, divisé par p^λ, ou par q^μ, ..., donnera pour reste, dans le premier cas, r', dans le second cas, r''; etc. Par suite, si l'on nomme n le degré de f(x), et ι le nombre des facteurs premiers inégaux, p, q, ... du module I, *le nombre des racines distinctes de la formule* (1) *sera égal ou inférieur à n^ι.*

§ II. — Applications diverses des principes exposés dans le premier paragraphe.

Pour ne pas trop allonger cet article, je me bornerai à indiquer ici quelques-uns des résultats auxquels on arrive quand on applique les principes ci-dessus exposés aux équivalences binômes et à la théorie des polynômes radicaux.

Considérons d'abord une équivalence binôme relative à un module quelconque et de la forme

$$x^n - 1 \equiv 0 \quad (\text{mod. } I). \tag{1}$$

On satisfera toujours à cette équivalence en posant $x = 1$. Si on la vérifie encore en posant $x = r$, elle aura pour racine chacun des termes de la suite

$$1, \quad r, \quad r^2, \quad \ldots, \quad r^{n-1},$$

et tous ces termes seront autant de racines distinctes, si $r^l - 1$ est premier à I, pour toute valeur de l inférieure à n. Alors r sera ce que j'appellerai une *racine primitive* de l'équivalence donnée.

Concevons maintenant que, le module I étant décomposé en facteurs premiers $p, q, \ldots$, on ait

$$I = p^\lambda q^\mu \ldots. \tag{2}$$

Si les facteurs $p, q, \ldots$ sont tous de la forme $nx + 1$, on pourra trouver des nombres

$$r', \quad r'', \quad \ldots$$

propres à représenter des racines primitives des équivalences

$$\left\{ \begin{array}{ll} x^n - 1 \equiv 0 & (\text{mod. } p^\lambda), \\ x^n - 1 \equiv 0 & (\text{mod. } q^\mu), \\ \ldots\ldots\ldots & \ldots\ldots\ldots; \end{array} \right. \tag{3}$$

et alors, pour chaque système de valeurs de r', r'', on obtiendra une racine primitive r de la formule (1), en cherchant un nombre qui, divisé par p^λ, par q^μ, ..., donne pour reste, dans le premier cas, r', dans le second cas, r'', ... Si, au contraire, les facteurs p, q ne sont pas tous de la forme $nx+1$, quelques-unes des équivalences (3) cesseront d'offrir des racines primitives réelles, et il en sera de même de la formule (1).

Soit maintenant ρ une racine primitive de l'équation

$$x^n - 1 = 0. \tag{4}$$

On pourra former avec les puissances de cette racine des polynômes radicaux à coefficients entiers et construire les factorielles correspondantes. Cela posé, en supposant d'abord ces factorielles décomposables en facteurs premiers de la forme $nx+1$, et, en prenant pour n un nombre premier et impair, on déduira des principes exposés dans le § I les propositions suivantes :

Théorème I. — *Soient n un nombre entier quelconque, r une racine primitive de la formule* (1), *et* I *un module décomposable en facteurs premiers qui soient tous de la forme $nx+1$. Soit encore ρ une racine primitive de l'équation*

$$x^n - 1 = 0, \tag{4}$$

et supposons

$$\mathrm{I} = \varphi(\rho)\chi(\rho),$$

$\varphi(\rho)$, $\chi(\rho)$ étant deux polynômes radicaux à coefficients entiers. Enfin, l étant l'un quelconque des nombres

$$1,\quad 2,\quad \ldots,\quad n-1,$$

désignons par γ_l le plus grand commun diviseur des deux quantités

$$\mathrm{I},\quad \varphi(r^l),$$

et par γ'_l le plus grand commun diviseur des deux quantités

$$\mathrm{I},\quad \chi(r^l).$$

On aura, pour chacune des valeurs de l,

$$\gamma_l\gamma'_l = \mathrm{I}.$$

THÉORÈME II. — *n étant un nombre entier quelconque, soient ρ une racine primitive de l'équation* (4), *et* $f(\rho)$, $F(\rho)$ *deux fonctions entières de ρ à coefficients entiers. Soient encore* A, B *les factorielles correspondantes aux deux polynômes radicaux $f(\rho)$, $F(\rho)$, en sorte que l'on ait*

$$(5) \qquad A = N f(\rho), \qquad B = N F(\rho),$$

et nommons I *l'un quelconque, par exemple le plus petit des nombres qui sont divisibles à la fois par* A *et* B; *puis, en supposant le nombre* I *décomposable en facteurs premiers qui soient tous de la forme $nx + 1$, nommons r une racine primitive de l'équivalence* (1). *Concevons enfin que, l étant l'un quelconque des nombres*

$$1, \quad 2, \quad 3, \quad \ldots, \quad n-1,$$

l'on nomme c_l le plus grand commun diviseur des entiers

$$I, \quad f(r^l),$$

et C_l le plus grand commun diviseur des entiers

$$I, \quad F(r^l).$$

Si $F(\rho)$ *est divisible par* $f(\rho)$, *alors aussi C_l sera toujours divisible par c_l; et réciproquement, si C_l est toujours divisible par c_l,* $F(\rho)$ *sera divisible par* $f(\rho)$.

THÉORÈME III. — *Les mêmes choses étant posées que dans le théorème précédent, si l'on a constamment $C_l = c_l$, le rapport de* $F(\rho)$ *à* $f(\rho)$ *sera un diviseur radical de l'unité.*

Dans un autre article, nous montrerons comment ces derniers théorèmes peuvent être généralisés à l'aide de la considération des racines symboliques des équivalences binômes.

372.

THÉORIE DES NOMBRES. — *Mémoire sur la décomposition des nombres entiers en facteurs radicaux.*

C. R., T. XXV, p. 46 (12 juillet 1847).

J'ai remarqué, dans le précédent Mémoire, que la considération des racines primitives des équivalences binômes à modules quelconques, premiers ou non premiers, est éminemment utile, quand on se propose de découvrir les propriétés générales des polynômes radicaux. Mais, en cherchant à tirer parti de cette remarque, je ne m'attendais pas que mes recherches me conduiraient à des méthodes de solution directes pour l'une des questions les plus épineuses de la théorie des nombres, je veux dire pour la décomposition des nombres entiers en facteurs radicaux. C'est pourtant ce qui est arrivé. L'importance de ce résultat me donne lieu d'espérer que les géomètres voudront bien encore accueillir, avec leur bienveillance accoutumée, le nouveau travail que j'ai l'honneur de présenter aujourd'hui à l'Académie.

Les méthodes de solution que j'ai obtenues se fondent sur la considération des *indices modulaires* des polynômes radicaux. Pour les bien comprendre, il est donc nécessaire d'expliquer en premier lieu en quoi consistent ces indices. Entrons, à ce sujet, dans quelques détails.

§ I. — *Sur les indices modulaires des polynômes radicaux.*

Soient

n un nombre entier quelconque;
I un module entier quelconque;
r une racine primitive de l'équivalence

$$x^n - 1 \equiv 0 \quad (\text{mod. I}), \tag{1}$$

en sorte que $r^l - 1$ soit premier à I, tant que l'on a $l < 1$. Alors on aura, quel que soit n,

$$(2) \qquad x^n - 1 \equiv (x-1)(x-r)\ldots(x-r^{n-1}) \qquad (\text{mod. } I).$$

Soient maintenant

$$1, \quad a, \quad b, \quad \ldots, \quad n-b, \quad n-a, \quad n-1$$

les entiers inférieurs à n, mais premiers à n; et nommons m le nombre de ces entiers. Enfin, posons

$$(3) \qquad I = p^\lambda q^\mu \ldots,$$

p, q étant les facteurs premiers et inégaux de q, et soit ι le nombre de ces facteurs. Le nombre total des racines de l'équivalence (1) sera n^ι, et le nombre de ses racines primitives sera m^ι. D'ailleurs, r étant l'une de ces racines primitives, les termes de la suite

$$(4) \qquad 1, \quad r, \quad r^2, \quad \ldots, \quad r^{n-1}$$

représenteront n racines distinctes, et les termes de la suite

$$(5) \qquad r, \quad r^a, \quad r^b, \quad \ldots, \quad r^{n-b}, \quad r^{n-a}, \quad r^{n-1},$$

m racines primitives de l'équivalence (1). Ajoutons que ces dernières représenteront encore les m racines primitives de chacune des équivalences

$$(6) \qquad x^n - 1 \equiv 0 \quad (\text{mod. } p^\lambda), \qquad x^n - 1 \equiv 0 \quad (\text{mod. } q^\mu), \qquad \ldots,$$

ou même de chacune des équivalences

$$(7) \qquad x^n - 1 \equiv 0 \quad (\text{mod. } p), \qquad x^n - 1 \equiv 0 \quad (\text{mod. } q), \qquad \ldots.$$

Il en résulte que, pour obtenir une racine primitive r de l'équivalence (1), il suffit de chercher un nombre qui, divisé par p^λ, par q^μ, ..., donne successivement pour restes

$$r', \quad r'', \quad \ldots,$$

r', r'', ... étant des racines primitives des formules (6) dont la solution se déduit immédiatement de celles des formules (7).

Ainsi chaque racine primitive r de la formule (1) correspond à un système déterminé de racines primitives des formules (7), et chacune de ces dernières racines pourrait même être représentée par r.

Par conséquent, le nombre n étant donné, si l'on forme une Table qui offre des valeurs de r, relatives à des valeurs du module I représentées par des nombres premiers pour lesquels on puisse satisfaire à l'équivalence (1), les valeurs de r, relatives à des modules composés pour lesquels se vérifiera la même équivalence, seront complètement déterminées par la seule condition de correspondre aux valeurs inscrites dans la Table, et pourront être censées former avec celles-ci un système unique de valeurs de r relatives aux divers modules premiers ou non premiers. Dans ce qui suit, nous supposerons que les diverses racines primitives relatives à divers modules font toujours partie d'un semblable système; en sorte qu'on pourrait les réduire toutes à un seul et même nombre, si l'on prenait pour module le plus petit nombre qui se laisse diviser en même temps par tous les modules que l'on considère.

Soient maintenant ρ une racine primitive de l'équation

$$x^n - 1 = 0, \tag{8}$$

et $f(\rho)$ un polynôme radical formé avec les puissances de cette racine. Alors, r étant une racine primitive de l'équivalence (1) relative au module I, le plus grand commun diviseur des deux nombres

$$I \quad \text{et} \quad f(r)$$

sera ce que nous appellerons l'*indice modulaire* correspondant à l'indice I. Si l'on introduit dans ce module de nouveaux facteurs, l'indice dont il s'agit pourra seulement croître, mais sans jamais dépasser une certaine limite, qui dépendra de la forme du polynôme $f(\rho)$, et que nous nommerons l'*indice maximum*. Si A représente un nombre entier dont $f(\rho)$ soit diviseur, l'indice maximum ne différera pas de l'indice modulaire qu'on obtiendra en posant $I = A$. Enfin, si l'on nomme Θ la factorielle correspondante au polynôme $f(\rho)$, en sorte qu'on ait

$$\Theta = N f(\rho) = f(\rho) f(\rho^a) \ldots f(\rho^{n-a}) f(\rho^{n-1}), \tag{9}$$

on pourra évidemment réduire A à Θ; par conséquent, l'indice maximum ne différera pas de l'indice modulaire qu'on obtiendra en prenant pour module le nombre Θ.

On peut établir, pour les indices modulaires, un grand nombre de propositions remarquables, entre lesquelles je citerai les suivantes :

THÉORÈME I. — *Soient m et* I *deux entiers quelconques dont le second ait pour facteurs les nombres premiers et inégaux p, q, ..., élevés à certaines puissances, en sorte qu'on ait*

$$\mathrm{I} = p^{\lambda} q^{\mu} \ldots.$$

Soit, d'ailleurs, ρ *une racine primitive de l'équation*

$$x^n = 1.$$

Enfin, soit $f(\rho)$ *un polynôme radical, à coefficients entiers, formé avec les puissances de* ρ. *L'indice modulaire du polynôme* $f(\rho)$, *pour le module* I, *sera le produit des indices modulaires du même polynôme correspondants aux modules* p^{λ}, q^{μ}, ...

THÉORÈME II. — *Les mêmes choses étant posées que dans le théorème précédent, si un nombre entier* A *est le produit de plusieurs polynômes radicaux*

$$\varphi(\rho), \quad \chi(\rho), \quad \psi(\rho), \quad \ldots,$$

en sorte qu'on ait

$$\mathrm{A} = \varphi(\rho)\,\chi(\rho)\,\psi(\rho), \quad \ldots, \tag{10}$$

et si l'on suppose le module I *égal à* A, *ou à un multiple de* A, *alors, en nommant*

$$c, \quad c', \quad c'', \quad \ldots$$

les indices modulaires des polynômes

$$\varphi(\rho), \quad \chi(\rho), \quad \psi(\rho), \quad \ldots,$$

on aura encore

$$\mathrm{A} = c c' c'' \ldots. \tag{11}$$

Théorème III. — *Supposons que le polynôme radical* $f(\rho)$, *à coefficients entiers, ait été décomposé en plusieurs facteurs radicaux* $\varphi(\rho)$, $\chi(\rho)$, $\psi(\rho)$, ..., *en sorte qu'on ait*

$$f(\rho) = \varphi(\rho)\,\chi(\rho)\,\psi(\rho)\ldots, \tag{12}$$

et nommons

$$C, \quad c, \quad c', \quad c'', \quad \ldots$$

les indices MODULAIRES MAXIMA *des polynômes*

$$f(\rho), \quad \varphi(\rho), \quad \chi(\rho), \quad \psi(\rho), \quad \ldots;$$

on aura

$$C = cc'c''\ldots. \tag{13}$$

Théorème IV. — *Soit l un quelconque des entiers inférieurs à n et premiers à n. Si, pour chacune des m valeurs de l, l'indice maximum du polynôme* $f(\rho^l)$ *est divisible par un certain nombre entier k, le polynôme* $f(\rho)$ *sera divisible par k.*

Théorème V. — *Soit l un quelconque des entiers inférieurs à n et premiers à n. Soient, de plus,* $f(\rho)$, $\varphi(\rho)$ *deux polynômes radicaux, à coefficients entiers, et nommons*

$$C_l, \quad c_l$$

les indices MODULAIRES MAXIMA *des polynômes*

$$f(\rho^l), \quad \varphi(\rho^l).$$

Si, pour chacune des m valeurs de l, l'indice C_l *est divisible par l'indice* c_l, *le polynôme* $f(\rho)$ *sera divisible par* $\varphi(\rho)$; *et réciproquement, si* $f(\rho)$ *est divisible par* $\varphi(\rho)$, *l'indice* C_l *sera divisible par* c_l.

Théorème VI. — *Les mêmes choses étant posées que dans le théorème précédent, si l'on a, pour chacune des m valeurs de l,*

$$C_l = c_l,$$

le rapport des deux polynômes $f(\rho)$, $\varphi(\rho)$ *sera un diviseur de l'unité. Réciproquement, si ce rapport est un diviseur de l'unité, on aura*

$$C_l = c_l.$$

II. — *Sur la décomposition des nombres entiers en facteurs radicaux.*

Soient n un nombre entier quelconque, ρ une racine imaginaire de l'équation

(1) $$x^n - 1 = 0,$$

et $f(\rho)$ un polynôme radical, à coefficients entiers, formé avec les puissances de ρ. Soient encore

$$1, \quad a, \quad b, \quad \ldots, \quad n-b, \quad n-a, \quad n-1$$

les entiers inférieurs à n, mais premiers à n, et m le nombre de ces entiers. Enfin, désignons par Θ la factorielle

$$\mathrm{N}\,f(\rho) = f(\rho)\,f(\rho^a)\,f(\rho^b)\ldots f(\rho^{n-b})\,f(\rho^{n-a})\,f(\rho^{n-1}),$$

correspondante au polynôme $f(\rho)$. L'équation

(2) $$\Theta = \mathrm{N}\,f(\rho)$$

fournira immédiatement la valeur du nombre entier Θ, quand on connaîtra la valeur de $f(\rho)$. Mais le problème inverse, qui consiste à trouver la valeur de $f(\rho)$, en supposant connue la valeur de Θ, est tout à la fois une des questions les plus difficiles et les plus importantes de la théorie des nombres. Après quelques recherches, je suis parvenu à obtenir, pour la solution de ce problème, de nouvelles méthodes que je vais indiquer en peu de mots.

Observons d'abord que, en vertu de l'équation du degré m, à laquelle satisfait toute racine primitive ρ de la formule (1), un polynôme radical $f(\rho)$, à coefficients entiers, pourra toujours être réduit à un polynôme du degré $m - 1$, ou, ce qui vaudra mieux encore, à un polynôme du degré m, qui n'offrira pas de terme indépendant de ρ, et qui sera en conséquence de la forme

(3) $$f(\rho) = a_1\rho + a_2\rho^2 + \ldots + a_m\rho^m.$$

Dans ce qui va suivre, nous supposerons cette réduction toujours effectuée.

Observons encore que, si l'on nomme $\varphi(\rho)$ un polynôme radical quelconque réduit à la forme (3), en sorte qu'on ait

$$\varphi(\rho) = c_1\rho + c_2\rho^2 + \ldots + c_m\rho^m,$$

$c_1, c_2, \ldots, c_m$ étant des constantes déterminées, l'équation

$$\varphi(\rho) = 0 \tag{4}$$

entraînera toujours les m équations

$$c_1 = 0, \quad c_2 = 0, \quad \ldots, \quad c_m = 0. \tag{5}$$

Ce dernier principe est précisément celui qui fournit la solution de la question proposée. Entrons à ce sujet dans quelques détails.

D'abord la question qui nous occupe pourra être aisément résolue, pour une valeur quelconque de Θ, si elle peut être résolue dans le cas où l'on remplace Θ par l'un quelconque de ses facteurs premiers. En conséquence, il suffira d'examiner le cas où Θ se réduit à un nombre premier p. Alors la formule (2) deviendra

$$p = \mathrm{N}\,\mathrm{f}(\rho), \tag{6}$$

$\mathrm{f}(\rho)$ étant toujours de la forme qu'indique l'équation (3); et si, en nommant l un quelconque des entiers inférieurs à n, mais premiers à n, on pose généralement

$$p_l = \mathrm{f}(\rho^l),$$

la formule (6) donnera

$$p = p_1 p_a p_b \ldots p_{n-b} p_{n-a} p_{n-1}. \tag{7}$$

Cela posé, le problème à résoudre se réduira évidemment à trouver les valeurs des m coefficients

$$a_1, \quad a_2, \quad a_3, \quad \ldots, \quad a_{m-2}, \quad a_{m-1}, \quad a_m \tag{8}$$

compris dans la fonction $\mathrm{f}(\rho)$; et l'on peut ajouter qu'il sera facile d'obtenir ces valeurs, si l'on parvient à déterminer celles des m facteurs radicaux

$$(9)\qquad p_1,\quad p_a,\quad p_b,\quad \ldots,\quad p_{n-b},\quad p_{n-a},\quad p_{n-1}.$$

Ce que nous avons à faire, c'est donc de chercher à établir des équations desquelles on puisse déduire les valeurs des coefficients a_0, a_1, ..., a_m, ou des facteurs radicaux p_1, p_a, p_b, ..., p_{n-b}, p_{n-a}, p_{n-1}. Or évidemment la formule (6) ou (7) ne fournit qu'une seule des équations demandées. Mais la question pourra être résolue à l'aide des considérations suivantes.

La suite des nombres

$$1,\quad a,\quad b,\quad \ldots,\quad n-b,\quad n-a,\quad n-1$$

étant décomposée en deux autres suites, dont la première soit de la forme

$$1,\quad a,\quad b,\quad \ldots,$$

et la seconde de la forme

$$n-1,\quad n-a,\quad n-b,\quad \ldots,$$

prenons

$$(10)\qquad F(\rho) = p_1 p_a p_b \ldots,$$

on aura

$$(11)\qquad F(\rho^{-1}) = p_{n-1} p_{n-a} p_{n-b} \ldots,$$

et la formule (7) donnera

$$(12)\qquad p = F(\rho)\,F(\rho^{-1}).$$

Or supposons que, par une méthode quelconque, l'on soit parvenu à déterminer la valeur de $F(\rho)$. L'équation (10) ou (11), étant de la forme (4), entraînera, en vertu du principe énoncé plus haut, des équations analogues aux formules (5); et de ces équations se déduiront les valeurs des coefficients a_1, a_2, ..., a_m, qui, eu égard à la nature du problème, seront généralement en nombre infini. On devra seulement choisir a, b, ..., de manière que le nombre des valeurs de a_1, a_2, ..., a_m, renfermées entre des limites quelconques, soit le plus petit possible. La question se trouve donc réduite à la détermination de l'une des valeurs de $F(\rho)$ ou de $F(\rho^{-1})$, qui vérifient l'équation (10) ou (11), quand les nombres a, b, ... remplissent la condition que nous venons d'énoncer. D'ailleurs cette détermination peut s'effectuer à l'aide de méthodes déjà connues, lorsqu'on peut effectivement satisfaire au problème par des valeurs entières de a_1, a_2, ..., a_m, ce qui suppose que le nombre premier p est de la forme $nx+1$. Dans le cas spécial où p se réduit précisément à l'unité, on a, comme l'a prouvé M. Kummer,

$$F(\rho)=\pm\rho^l, \tag{13}$$

l pouvant être un nombre entier quelconque. Ajoutons que, si p est un nombre premier de la forme $nx+1$, mais différant de l'unité, on pourra trouver des valeurs convenables de la fonction $F(\rho)$ ou $F(\rho^{-1})$, à l'aide des théorèmes établis dans mes précédents Mémoires (*voir* le *Bulletin* de M. de Férussac de 1829, et le Tome XVII des *Mémoires de l'Académie*) [1]. On pourra d'ailleurs, à l'aide de la théorie des indices modulaires établis dans le précédent paragraphe, déterminer facilement les valeurs des nombres 1, a, b, ... ou $n-1$, $n-a$, $n-b$, ..., qui correspondront à une valeur donnée de $F(\rho)$ ou de $F(\rho^{-1})$.

Au reste, à la recherche des valeurs des coefficients a_1, a_2, ..., a_m, on peut, avec avantage, comme on l'a déjà dit, substituer la recherche des facteurs radicaux p_1, p_a, ..., p_{n-a}, p_{n-1}, en se servant des diverses formes que prend l'équation (10) quand on y remplace ρ par l'un quelconque des termes de la suite

$$\rho,\quad \rho^a,\quad \rho^b,\quad \ldots,\quad \rho^{n-b},\quad \rho^{n-a},\quad \rho^{n-1}.$$

Pour donner un exemple de ce genre de calcul, supposons, en particulier, $n=5$. Alors on aura

$$p=p_1 p_2 p_3 p_4; \tag{14}$$

et, à l'aide des méthodes exposées dans mes précédents Mémoires, on pourra déterminer la valeur de chacun des quatre produits

$$p_1 p_2,\quad p_2 p_4,\quad p_3 p_1,\quad p_4 p_3.$$

[1] *OEuvres de Cauchy*, S. II, T. II, et S. I, T. III.

Supposons que l'on ait effectivement calculé la valeur $F(\rho)$ du produit $p_1 p_2$. Alors on aura

$$(15)\quad p_1 p_2 = F(\rho), \qquad p_2 p_4 = F(\rho^2), \qquad p_3 p_1 = F(\rho^3), \qquad p_4 p_3 = F(\rho^4);$$

puis on en conclura

$$(16)\quad (p_1 + p_4)p_2 = F(\rho) + F(\rho^2), \qquad (p_1 + p_4)p_3 = F(\rho^3) + F(\rho^4);$$

et comme, en supposant les fonctions $f(\rho)$, $F(\rho)$ réduites à la forme qu'indique l'équation (3), on aura

$$f(1) + f(\rho) + f(\rho^2) + f(\rho^3) + f(\rho^4) = 0,$$
$$F(1) + F(\rho) + F(\rho^2) + F(\rho^3) + F(\rho^4) = 0,$$

il est clair que, si l'on pose, pour abréger,

$$u = -f(1), \qquad c = -F(1),$$

on aura, non seulement

$$p_1 + p_2 + p_3 + p_4 = u,$$

mais encore, en vertu des formules (16),

$$(p_1 + p_4)(p_2 + p_3) = c.$$

Cela posé, les sommes $p_1 + p_4$, $p_2 + p_3$ seront les deux racines x_1, x_2 de l'équation

$$(17)\qquad x^2 - ux + c = 0.$$

Ces deux sommes devant d'ailleurs être des fonctions entières de

$$\rho + \rho^4, \quad \rho^2 + \rho^3,$$

le carré de leur différence devra être de la forme $5v^2$, v étant un nombre entier; et, comme la formule (17) donnera

$$(x_1 - x_2)^2 = 4u^2 - c,$$

il est clair que les nombres entiers u, v devront satisfaire à l'équation indéterminée

$$(18)\qquad 4u^2 - 5v^2 = c.$$

Cette dernière équation étant résolue, on connaîtra les valeurs de $p_1 + p_4$, $p_2 + p_3$; puis, à l'aide des formules (16), les valeurs de p_2, p_3, desquelles on déduira immédiatement les valeurs de p_1, p_2.

Dans un autre article, je développerai les principes que je viens d'établir, et je montrerai, d'une part, comment on peut les généraliser et les étendre par la considération des racines symboliques, au cas même où les équivalences binômes n'offrent pas de racines réelles, d'autre part, comment on peut éviter la résolution d'équivalences analogues à la formule (17). Enfin, je comparerai les résultats de mon analyse avec ceux qu'a obtenus M. Kummer.

373.

THÉORIE DES NOMBRES. — *Mémoire sur les indices modulaires des polynômes radicaux que fournissent les puissances et produits des racines de la résolvante d'une équation binôme.*

C. R., T. XXV, p. 93 (19 juillet 1847).

On sait que la résolution d'une équation algébrique peut toujours être réduite à la résolution d'une autre équation que Lagrange appelle la *résolvante*. On sait encore que, si l'équation algébrique donnée est une équation binôme, il suffira de multiplier entre elles les racines de la résolvante, pour voir apparaître certains polynômes radicaux. Plusieurs géomètres, entre autres MM. Gauss et Jacobi, ont déjà signalé des propriétés remarquables de ces polynômes dont je me suis occupé moi-même dans divers Mémoires (*voir* en particulier le *Bulletin des Sciences* de M. de Férussac, année 1829) (1).

Mais d'autres résultats, dignes de remarque, se présentent immédiatement, quand on applique la théorie des indices modulaires aux polynômes dont il s'agit. C'est ce que l'on verra dans le nouveau

(1) *OEuvres de Cauchy*, S. II, T. II.

Mémoire dont je me bornerai à donner ici une idée en quelques mots.

Soient p un nombre premier impair, et n un diviseur entier de $p-1$, en sorte qu'on ait

$$p-1=n\varpi.$$

Soient encore θ une racine primitive de l'équation binôme

$$(1)\qquad x^p=1,$$

t une racine primitive de l'équivalence

$$(2)\qquad x^{p-1}\equiv 1 \quad (\text{mod.}\, p),$$

ρ une racine primitive de l'équation

$$(3)\qquad x^n=1,$$

et

$$r=t^\varpi$$

une racine primitive de l'équivalence

$$(4)\qquad x^n\equiv 1 \quad (\text{mod.}\, p).$$

Enfin, soient h, k, l des nombres entiers quelconques, et posons

$$(5)\qquad \Theta_h=\theta+\rho^h\theta^t+\rho^{2h}\theta^{t^2}+\ldots+\rho^{(p-2)h}\theta^{t^{p-2}}.$$

Les diverses valeurs de Θ_h correspondantes aux diverses valeurs de h et de n seront autant de racines de la résolvante de l'équation (1). On aura, d'ailleurs : 1° si h est divisible par n,

$$(6)\qquad \Theta_h=\Theta_0=-1;$$

2° si $k-h$ est divisible par n,

$$(7)\qquad \Theta_k=\Theta_h;$$

3° si $k+h$ est divisible par n,

$$(8)\qquad \Theta_h\Theta_k=\Theta_h\Theta_{-h}=(-1)^{\varpi h}p.$$

De plus, si l'on pose

$$(9)\qquad R_{h,k} = \frac{\Theta_h \Theta_k}{\Theta_{h+k}},$$

on aura : 1° en supposant ou h, ou k, ou h et k divisibles par n,

$$(10)\qquad R_{h,k} = R_{h,0} = R_{0,k} = R_{0,0} = -1;$$

2° en supposant h, k non divisibles par n, et $h+k$ divisible par n,

$$(11)\qquad R_{h,k} = R_{h,-k} = -(-1)^{\varpi h} p;$$

3° en supposant h, k et $h+k$ non divisibles par n,

$$(12)\qquad R_{h,k} R_{-h,-k} = p.$$

Ajoutons que l'on aura, en supposant les nombres h, k, l non divisibles par n, et la somme $h+k+l$ divisible par n,

$$(13)\qquad (-1)^{\varpi l} R_{h,k} = (-1)^{\varpi k} R_{h,l} = (-1)^{\varpi h} R_{k,l};$$

puis, en supposant la somme $k+2h$ divisible par n,

$$(14)\qquad R_{h,k} = (-1)^{\varpi h} R_{h,h}.$$

En vertu de la formule (10) ou (11), $R_{h,k}$ offrira une valeur entière toutes les fois que $h+k$ sera divisible par n. Mais, si cette condition n'est pas remplie, alors $R_{h,k}$ sera un polynôme radical, et l'on aura

$$(15)\qquad R_{h,k} = \mathfrak{a}_0 + \mathfrak{a}_1 \rho + \mathfrak{a}_2 \rho^2 + \ldots + \mathfrak{a}_{n-1} \rho^{n-1},$$

$\mathfrak{a}_0$, $\mathfrak{a}_1$, $\mathfrak{a}_2$, ..., $\mathfrak{a}_{n-1}$ étant des nombres entiers qui vérifieront la formule

$$(16)\qquad \mathfrak{a}_0 + \mathfrak{a}_1 + \mathfrak{a}_2 + \ldots + \mathfrak{a}_{n-1} = p - 2.$$

D'ailleurs ces nombres entiers pourront être facilement déterminés pour une valeur donnée de t, ou, ce qui revient au même, pour une valeur donnée de

$$r = t^{\varpi},$$

à l'aide d'équivalences relatives au module r (*voir* l'article inséré en 1829 dans le *Bulletin* déjà cité).

Concevons maintenant que l'on pose

$$(17)\qquad S_h = \frac{\Theta_1^h}{\Theta_h};$$

on aura : 1° en supposant $h = 0$ et $h = 1$,

$$(18)\qquad S_0 = -1, \qquad S_1 = 1;$$

2° en supposant h divisible par n,

$$(19)\qquad S_h = -\Theta_1^h,$$

et, en particulier,

$$(20)\qquad S_n = -\Theta_1^n.$$

On aura encore

$$(21)\qquad R_{h,k} = \frac{S_{h+k}}{S_h S_k}$$

ou, ce qui revient au même,

$$(22)\qquad S_{h+k} = R_{h,k} S_h S_k;$$

puis on en conclura, en remplaçant k par $n-h$, ou par $nk-h$,

$$(23)\qquad S_n = -(-1)^{\varpi h} p S_h S_{n-h},$$

et, plus généralement,

$$(24)\qquad S_{nk} = -(-1)^{\varpi h} p S_h S_{nk-h}.$$

Enfin, on tirera des formules (18) et (22)

$$(25)\qquad S_h = R_{1,1} R_{1,2} \ldots R_{1,h-1}.$$

A l'aide de cette dernière formule, jointe à l'équation (21), on déterminera aisément, pour des valeurs quelconques de h et de k, les valeurs de S_h et de $R_{h,k}$, quand on connaîtra celles des polynômes radicaux

$$(26)\qquad R_{1,1}, \quad R_{1,2}, \quad \ldots, \quad R_{1,n-1},$$

et même, eu égard à l'équation (24), quand on connaîtra les valeurs de $R_{1,h}$ correspondantes à des valeurs de h positives et inférieures à $\frac{n}{2}$.

Il est bon d'observer que, si dans la formule (22), on remplace k par nk, on en tirera

$$S_{nk+h} = -S_{nk} S_h = \Theta_1^{nk} S_h. \tag{27}$$

Dans le cas où n est un nombre impair, $\varpi = \frac{p-1}{n}$ est un nombre pair; et par suite les formules (8) et (24) donnent

$$\Theta_h \Theta_{-h} = p, \tag{28}$$

$$S_{nk} = -p S_h S_{nk-h}. \tag{29}$$

Alors aussi on tire des formules (13) et (14) : 1° en supposant h, k, l non divisibles par n, et la somme $h+k+l$ divisible par n,

$$R_{h,k} = R_{h,l} = R_{k,l}; \tag{30}$$

2° en supposant la somme $k+2h$ divisible par n,

$$R_{h,k} = R_{h,h}. \tag{31}$$

Alors, enfin, on pourra déterminer, pour des valeurs quelconques de h et k, les valeurs de S_h et $R_{h,k}$, quand on connaîtra les termes de la suite

$$R_{1,1},\quad R_{2,2},\quad \ldots,\quad R_{n-1,n-1}, \tag{32}$$

ou même, eu égard à la formule

$$R_{h,h} R_{n-h,n-h} = p, \tag{33}$$

les termes de la suite

$$R_{1,1},\quad R_{2,2},\quad \ldots,\quad R_{\frac{n-1}{2},\frac{n-1}{2}}. \tag{34}$$

En effet, pour réaliser cette détermination, il suffira de recourir aux formules que nous allons indiquer.

Concevons que, pour abréger, on écrive R_h au lieu de $R_{h,h}$. On tirera de la formule (22), en y posant $k = h$,

$$(35) \qquad S_{2h} = R_h S_h^2,$$

puis on en conclura, en désignant par ι un nombre entier quelconque,

$$(36) \qquad S_{2^\iota h} = R_{2^{\iota-1}h} R_{2^{\iota-2}h}^2 \dots R_h^{2^{\iota-1}} S_h^{2^\iota}.$$

Or, de cette dernière équation, jointe aux formules (27), (29), on tirera : 1° en supposant $2^\iota - 1$ divisible par n,

$$(37) \qquad S_{(2^\iota-1)h} = -R_{2^{\iota-1}h} R_{2^{\iota-2}h}^2 \dots R_h^{2^{\iota-1}} S_h^{2^\iota-1}.$$

2° en supposant $2^\iota + 1$ divisible par n,

$$(38) \qquad S_{(2^\iota+1)h} = -p R_{2^{\iota-1}h} R_{2^{\iota-2}h}^2 \dots R_h^{2^{\iota-1}} S_h^{2^\iota+1}.$$

Les formules (36), (37), (38) suffisent à la détermination de S_h, quand on a calculé R_h pour toute valeur entière et positive de h inférieure à $\frac{1}{2}n$.

Si, pour fixer les idées, on suppose que ι soit racine de l'équivalence

$$x^{n-1} \equiv 1 \qquad (\text{mod. } n),$$

alors, en posant

$$h = 1, \qquad \iota = \frac{n-1}{2}, \qquad 2^\iota + 1 = n\lambda,$$

on tirera de la formule (38)

$$(39) \qquad \Theta_1^{n\lambda} = p R_{2^{\iota-1}} R_{2^{\iota-2}}^2 \dots R_1^{2^{\iota-1}};$$

puis, en laissant à ι une valeur quelconque, et posant $h = 1$, on tirera de la formule (36)

$$(40) \qquad S_{2^\iota} = R_{2^{\iota-1}} R_{2^{\iota-2}}^2 \dots R_1^{2^{\iota-1}}.$$

Enfin, de cette dernière, jointe à l'équation (27) et à la formule (39), on déduira la valeur de S_h correspondante à une valeur quelconque de h.

En s'appuyant sur les diverses formules que nous venons d'établir, on peut aisément calculer les indices modulaires des polynômes radicaux représentés par

$$R_{h,k} \quad \text{et par} \quad \Theta_h^n.$$

Ainsi, par exemple, on établira les propositions suivantes :

Théorème I. — *Pour obtenir l'indice* modulaire maximum *du polynôme $R_{h,k}$ correspondant à la racine primitive r^l de l'équivalence* (4), *il suffit de chercher les plus petits nombres positifs qui soient équivalents, suivant le module n, aux produits hk, hl. Si la somme de ces deux nombres est inférieure à n, l'indice cherché sera le nombre p. Il se réduira simplement à l'unité dans le cas contraire.*

Exemple. — L'indice modulaire de $R_{1,1}$ correspondant à la racine primitive r^l est p, ou l'unité, suivant que l est inférieur ou non à $\frac{n}{2}$.

Théorème II. — *L'indice modulaire maximum de Θ_h^n correspondant à la racine primitive r^l de la formule* (4) *est le plus petit des nombres équivalents, suivant le module n, au produit*

$$-hl.$$

Exemple. — L'indice modulaire maximum de Θ_1^n correspondant à la racine primitive r^l de la formule (4) est $n - l$.

Ainsi que nous l'expliquerons dans un autre article, le théorème II s'accorde avec l'un de ceux qu'a obtenus M. Kummer.

En vertu des formules (13) et (14), ou (30) et (31), le nombre total des valeurs de $R_{h,k}$, qui sont distinctes (abstraction faite des signes), et représentées par des polynômes radicaux, se réduit, quand n est impair, à $\frac{n^2+3}{6}$ ou bien à $\frac{n^2-1}{6}$; et, quand n est pair, à $\frac{n^2}{6}$, ou bien à $\frac{n^2-4}{6}$, suivant que n est divisible ou non divisible par 3.

Ainsi, par exemple, pour $n = 5$, les valeurs distinctes de $R_{h,k}$, représentées par des polynômes radicaux, seront au nombre de quatre, savoir :

$$R_{1,1}=R_{1,4},\qquad R_{2,2}=R_{2,1},\qquad R_{3,3}=R_{3,4},\qquad R_{4,4}=R_{4,1},$$

ou, plus simplement,

$$R_1,\quad R_2,\quad R_3,\quad R_4.$$

Pour $n=7$, les valeurs distinctes de $R_{h,k}$, représentées par des polynômes radicaux, seront au nombre de huit, savoir :

$$R_1,\quad R_2,\quad R_3,\quad R_4,\quad R_5,\quad R_6$$

et

$$R_{1,2}=R_{1,1}=R_{3,4},\qquad R_{6,5}=R_{6,3}=R_{5,3}.$$

Dans un prochain article, je montrerai le parti qu'on peut tirer de cette remarque pour décomposer $R_{h,k}$, et, par suite, le nombre p en facteurs radicaux.

374.

Analyse mathématique. — *Mémoire sur l'application de la nouvelle théorie des imaginaires aux diverses branches des Sciences mathématiques.*

C. R., T. XXV, p. 129 (26 juillet 1847).

La nouvelle théorie des imaginaires que j'ai présentée à l'Académie dans l'une des précédentes séances offre le double avantage de faire complètement disparaître l'une des plus grandes difficultés qu'offrait l'étude de l'Algèbre, et de s'appliquer avec un égal succès aux diverses branches des Sciences mathématiques. Pour mettre cette vérité dans tout son jour, je me bornerai ici à quelques exemples.

On dit, en Algèbre, qu'une équation du degré n a toujours n racines réelles ou imaginaires. Cette proposition acquiert un sens facile à saisir dans la nouvelle théorie, et s'énonce alors dans les termes suivants :

$\mathrm{f}(x)$ *étant une fonction entière de* x, *si l'on pose* $x=a+bi$, a, b, i *étant des quantités réelles, on pourra toujours choisir* a *et* b *de manière que le reste de la division de* $\mathrm{f}(a+bi)$ *par* i^2+1 *s'évanouisse, quelle que* *soit la valeur réelle de i. Si d'ailleurs la fonction $f(x)$ est du degré n, le nombre des systèmes de valeurs de a et b qui rempliront la condition indiquée sera précisément égal à n.*

Ajoutons que les racines réelles de l'équation

$$f(x) = 0$$

seront évidemment les valeurs de a qui correspondront à des valeurs nulles de b.

En Trigonométrie, le théorème de Moivre peut s'énoncer dans les termes suivants :

Si l'on divise la $n^{ième}$ puissance de $\cos\alpha + i\sin\alpha$ par i^2+1, le reste de la division sera $\cos n\alpha + i\sin n\alpha$.

Appliquée à des questions des nombres, la nouvelle théorie transforme une racine ρ de l'unité qui entre dans un polynôme radical $f(\rho)$ à coefficients entiers en une quantité indéterminée; et, si cette racine est du degré n, la lettre n désignant un nombre premier, on n'a même plus besoin de prouver que l'équation

$$f(\rho) = 0$$

entraîne la suivante

$$f(x) = \frac{x^n - 1}{x - 1} F(x),$$

$F(x)$ désignant encore une fonction entière à coefficients entiers. Car la première équation n'a plus d'autre sens que celui qu'elle acquiert quand on la transforme en la seconde. Alors aussi tous les théorèmes établis dans mes précédents Mémoires deviennent faciles à saisir; et toutes les formules auxquelles je suis parvenu subsistent pour des valeurs réelles quelconques des quantités que désignent dans ces formules les lettres ρ et θ, pourvu que l'on réduise les deux membres de chaque formule aux restes que l'on obtient quand on divise ces deux membres par les facteurs binômes

$$\rho^n - 1 \quad \text{et} \quad \theta^p - 1.$$

Enfin, la nouvelle théorie des imaginaires fait encore disparaître les difficultés que l'on rencontrait, en Géométrie, quand on voulait étendre la démonstration de certaines propriétés des figures au cas où certaines lignes, certains points, cessent d'être réels. La loi de continuité, dont un de nos honorables confrères, M. Poncelet, a fait dans ses Ouvrages des applications si élégantes et si dignes de remarque, prend alors une signification précise. Seulement chacune des lignes droites ou courbes, que l'on appelait *imaginaires*, se trouve remplacée par un système de lignes de même nature, qui changent de forme avec la valeur variable d'un paramètre indéterminé. Il en résulte que, en Géométrie, les solutions imaginaires résolvent toujours des questions plus générales que celles que l'on avait posées. Rendons cette méthode plus sensible par un exemple.

Soient

$$\mathrm{f}(x,y)=0, \qquad \mathrm{F}(x,y)=0 \tag{1}$$

les équations de deux courbes réelles dont on cherche les points communs. Si elles ne se coupent pas, on pourra du moins satisfaire aux équations données par des valeurs imaginaires de la forme

$$x=\alpha+\beta i, \qquad y=\gamma+\delta i,$$

ou, pour parler plus exactement, on pourra choisir les quantités réelles α, β, γ, δ de manière que l'on ait, quelle que soit la valeur réelle de i,

$$\mathrm{f}(\alpha+\beta i, \gamma+\delta i)=(1+i^2)\mathrm{I},$$
$$\mathrm{F}(\alpha+\beta i, \gamma+\delta i)=(1+i^2)\mathrm{J},$$

I, J étant des fonctions entières et déterminées de i. Cela posé, les solutions imaginaires des équations proposées feront connaître les points d'intersection de deux courbes quelconques, représentées par deux équations de la forme

$$\mathrm{f}(x,y)=(1+i^2)\mathrm{I}, \qquad \mathrm{F}(x,y)=(1+i^2)\mathrm{J}; \tag{2}$$

et si une combinaison linéaire des équations (1) produit une troisième équation

$$\varphi(x,y)=0, \tag{3}$$

qui représente une courbe réelle, cette troisième courbe renfermera toujours les points d'intersection des courbes représentées par les équations (2), quelle que soit d'ailleurs la valeur réelle attribuée au paramètre i.

Supposons, pour nous borner à un cas très simple, que les équations (1) représentent deux cercles, et soient de la forme

$$(4) \qquad (x-a)^2+y^2=r^2, \qquad (x+a)^2+y^2=r^2.$$

En les combinant entre elles par voie de soustraction, on obtiendra une troisième équation

$$(5) \qquad x=0,$$

qui représentera la droite d'intersection des deux cercles, dans le cas où ils se couperont, c'est-à-dire lorsqu'on aura $a<r$. Si a devient supérieur à r, les valeurs imaginaires

$$(6) \qquad x=0, \qquad y=\pm(a^2-r^2)^{\frac{1}{2}}i,$$

qui sont censées vérifier les équations (4), satisferont en réalité aux suivantes

$$(x-a)^2+y^2=r^2+(a^2-r^2)(1+i^2),$$
$$(x+a)^2+y^2=r^2+(a^2-r^2)(1+i^2);$$

et ces dernières représenteront, quel que soit i, deux cercles qui se couperont suivant la droite représentée par l'équation (5).

375.

Théorie des nombres. — *Mémoire sur diverses propositions relatives à la théorie des nombres.*

C. R., T. XXV, p. 132 (26 juillet 1847).

La théorie des indices modulaires ne fournit pas seulement divers moyens de décomposer les nombres entiers en facteurs radicaux, elle permet encore d'établir avec facilité un grand nombre de propositions qui paraissent propres à intéresser les géomètres, et qui, jointes à plusieurs autres, peuvent être utilement employées pour la démonstration du dernier théorème de Fermat. Afin de ne point dépasser les bornes prescrites aux articles qui doivent être insérés dans les *Comptes rendus*, je me bornerai aujourd'hui à donner une idée de ces diverses propositions, en annonçant celles qui semblent mériter d'être particulièrement remarquées.

THÉORÈME I. — *Soit, comme nous l'admettrons généralement ici, n un nombre premier impair. Soit encore ρ une racine primitive de l'équation*

$$x^n = 1, \tag{1}$$

et nommons $f(\rho)$ *un polynôme radical à coefficients entiers, formé avec les puissances de* ρ. *Si* $f(\rho)$ *est divisible par* $1-\rho$, *on aura*

$$f(1) \equiv 0 \pmod{n}, \tag{2}$$

et réciproquement, si cette dernière condition est satisfaite, $f(\rho)$ *sera divisible par* $1-\rho$.

THÉORÈME II. — *Supposons le polynôme radical* $f(\rho)$ *décomposable en deux facteurs de même espèce* $\varphi(\rho)$, $\chi(\rho)$, *en sorte qu'on ait*

$$f(\rho) = \varphi(\rho)\,\chi(\rho). \tag{3}$$

Si $f(\rho)$ *est divisible par* $(1-\rho)^l$, *l étant un nombre entier quelconque, alors*

$$\varphi(\rho), \quad \chi(\rho)$$

seront respectivement divisibles par deux expressions de la forme

$$(1-\rho)^h, \quad (1-\rho)^k,$$

h, k étant deux nombres entiers, dont l'un pourra être nul, et dont la somme sera l.

THÉORÈME III. — *Soit toujours*

$$f(\rho) = \varphi(\rho)\,\chi(\rho).$$

Si l'on a

$$(4)\qquad \mathfrak{f}(\rho) \equiv 0 \quad (\text{mod. } n),$$

sans avoir en même temps

$$(5)\qquad \chi(1) \equiv 0 \quad (\text{mod. } n),$$

on aura nécessairement

$$(6)\qquad \varphi(\rho) \equiv 0 \quad (\text{mod. } n).$$

Théorème IV. — *Si, en posant*

$$(7)\qquad X = \frac{x^n - 1}{x - 1},$$

on désigne par $X^{(l)}$ *la dérivée de* X *de l'ordre* l, *on aura, pour* $x = 1$,

$$(8)\qquad X \equiv 0, \quad X' \equiv 0, \quad \ldots, \quad X^{(n-2)} \equiv 0 \quad (\text{mod. } n).$$

Nota. — Pour établir ce dernier théorème, il suffit de différentier $n - 2$ fois, par rapport à x, l'équation (7), réduite à la forme

$$x^n - 1 = X(x - 1),$$

et de poser ensuite

$$x = 1.$$

Théorème V. — *Supposons que,* $\mathfrak{f}(x)$ *étant une fonction entière de* x, *on pose successivement*

$$(9)\qquad \mathfrak{f}_1(x) = x\,\mathfrak{f}'(x), \quad \mathfrak{f}_2(x) = x\,\mathfrak{f}'_1(x), \quad \ldots.$$

Alors, en prenant

$$\mathfrak{f}(x) = \varphi(x^h),$$

on aura, pour toute valeur entière de m,

$$\mathfrak{f}_m(x) = h^m \varphi_m(x^h);$$

et en prenant

$$\mathfrak{f}(x) = \varphi(x)\,\chi(x),$$

on aura

$$\mathfrak{f}_m(x) = \varphi(x)\,\chi_m(x) + \frac{m}{1}\,\varphi_1(x)\,\chi_{m-1}(x) + \ldots + \varphi_m(x)\,\chi(x).$$

Théorème VI. — *Si le polynôme radical* $f(\rho)$, *à coefficients entiers, est tel que l'on ait*

$$(10)\qquad f(\rho) \equiv 0 \pmod{n},$$

on aura encore

$$(11)\qquad f(1) \equiv 0,\quad f_1(1) \equiv 0,\quad f_2(1) \equiv 0,\quad \ldots,\quad f_{n-2}(1) \equiv 0 \pmod{n}.$$

Théorème VII. — *Si le polynôme radical* $f(\rho)$, *à coefficients entiers, est tel que l'on ait*

$$(12)\qquad \varphi(\rho) - \varphi(\rho^{-1}) \equiv 0 \pmod{n},$$

on aura encore

$$(13)\qquad \varphi_1(1) \equiv 0,\quad \varphi_3(1) \equiv 0,\quad \ldots,\quad \varphi_{n-2}(1) \equiv 0 \pmod{n};$$

et si, dans le même cas, on pose

$$(14)\qquad \frac{\varphi_i(x)}{\varphi(x)} = \Phi_i(x),$$

alors, en supposant $\varphi(1)$ *non divisible par n, on aura*

$$(15)\qquad \Phi_1(1) \equiv 0,\quad \Phi_3(1) \equiv 0,\quad \ldots,\quad \Phi_{n-2}(1) \equiv 0 \pmod{n}.$$

Considérons maintenant en particulier un binôme radical u, qui soit une fonction linéaire de ρ, sans être divisible par un nombre entier, en sorte qu'on ait

$$u = a + b\rho,$$

a, b étant des entiers premiers entre eux; et posons généralement, pour une valeur entière quelconque de l,

$$(16)\qquad u_l = a + b\rho^l.$$

Enfin, soit

$$(17)\qquad I = N(a + b\rho)$$

le nombre entier qui représente la factorielle correspondante au binôme $a + b\rho$. Ce nombre ne pourra, comme l'on sait, avoir pour facteurs premiers d'autres entiers que le nombre n et des nombres premiers de la forme $nx + 1$. A cette proposition déjà connue, j'ajoute les théorèmes suivants :

Théorème VIII. — *Supposons que, le nombre l étant l'un quelconque des termes de la suite*

$$1, \quad 2, \quad 3, \quad \ldots, \quad n-1,$$

on nomme a_l un autre de ces termes, choisi de manière à vérifier la condition

$$(18) \qquad la_l \equiv 1 \pmod{n},$$

et posons

$$(19) \qquad \varphi(\rho) = \rho^{\mu} u_{a_1} u_{a_2} \ldots u_{a_{\frac{n-1}{2}}},$$

l'exposant μ étant un nombre entier. Soit, d'ailleurs, $F(\rho)$ un polynôme radical à coefficients entiers. Si, le nombre $a + b$ étant premier à n, le nombre I, déterminé par l'équation (17), est une puissance entière du degré n, on pourra choisir l'exposant μ et le polynôme $F(\rho)$ de manière à vérifier la formule

$$(20) \qquad \frac{\varphi(\rho^{-1})}{\varphi(\rho)} = \left[\frac{F(\rho^{-1})}{F(\rho)}\right]^n,$$

et, par conséquent, la suivante :

$$(21) \qquad \varphi(\rho^{-1}) - \varphi(\rho) \equiv 0 \pmod{n}.$$

Théorème IX. — *Les mêmes choses étant posées que dans le théorème précédent, nommons s une racine primitive de l'équation*

$$(22) \qquad x^{n-1} \equiv 1 \pmod{n}.$$

Soient d'ailleurs a_h l'un quelconque des nombres

$$a_1, \quad a_2, \quad \ldots, \quad a_{\frac{n-1}{2}},$$

et a_k celui d'entre ces mêmes nombres qui vérifie la condition

$$(23)\qquad a_k \equiv \pm s^m a_h.$$

Enfin posons

$$(24)\qquad \alpha_{h,m} = \pm 1 \equiv \frac{s^m a_h}{a_k},$$

et soit ω la valeur numérique de la résultante formée avec les divers termes du tableau

$$(25)\qquad \begin{cases} \alpha_{1,1}, & \alpha_{1,2}, & \ldots, & \alpha_{1,\frac{n-1}{2}}, \\ \alpha_{2,1}, & \alpha_{2,2}, & \ldots, & \alpha_{2,\frac{n-1}{2}}, \\ \ldots, & \ldots, & \ldots, & \ldots\ldots, \\ \alpha_{\frac{n-1}{2},1}, & \alpha_{\frac{n-1}{2},2}, & \ldots, & \alpha_{\frac{n-1}{2},\frac{n-1}{2}}, \end{cases}$$

termes dont chacun se réduit, au signe près, à l'unité. On pourra choisir l'exposant ν de manière que, pour une valeur quelconque du nombre entier l, l'expression $\left(\rho^{-2\nu}\frac{u_{-l}}{u_l}\right)^\omega$ se réduise à la $n^{\text{ième}}$ puissance d'un rapport de la forme $\frac{\mathfrak{F}(\rho^{-1})}{\mathfrak{F}(\rho)}$, et que l'on ait, par suite,

$$(\rho^\nu u_l)^\omega - (\rho^{-\nu} u_{-l})^\omega \equiv 0 \qquad (\text{mod. } n).$$

Si l'on attribue successivement à n les valeurs

$$3,\quad 5,\quad 7,\quad 11,\quad 13,\quad \ldots,$$

on pourra réduire les valeurs correspondantes de ω aux nombres

$$1,\quad 2,\quad 2,\quad 6,\quad 10,\quad \ldots.$$

Dans un prochain article, j'expliquerai comment ces diverses propositions peuvent être appliquées à la démonstration du dernier théorème de Fermat.

376.

Théorie des nombres. — *Mémoire sur diverses propositions relatives à la théorie des nombres* (suite).

C. R., T. XXV, p. 177 (2 août 1847).

Aux propositions énoncées dans le *Compte rendu* de la précédente séance, il est utile d'en joindre plusieurs autres que je suis parvenu à démontrer, et que je vais indiquer en peu de mots.

Théorème I. — *Soient n, p deux nombres premiers impairs, dont le second soit de la forme $nx+1$. Soient, de plus, ρ une racine primitive de l'équation*

$$x^n = 1; \tag{1}$$

t une racine primitive de l'équivalence

$$x^{p-1} \equiv 1 \quad (\text{mod.}\, p); \tag{2}$$

puis, en admettant que les entiers h, k, $h+k$ soient premiers à n, posons

$$R_{h,k} = S\rho^{\alpha h + 6k}, \tag{3}$$

la somme qu'indique le signe S *s'étendant à toutes les valeurs entières de α comprises dans la suite*

$$1, \quad 2, \quad 3, \quad \ldots, \quad p-2,$$

et 6 désignant, dans la même suite, le terme qui vérifie l'équivalence

$$t^\alpha + t^6 \equiv 1 \quad (\text{mod.}\, p).$$

On aura

$$p = R_{h,k} R_{-h,-k}; \tag{4}$$

puis, en posant $k=h$, et écrivant, pour abréger, R_h au lieu de $R_{h,h}$, on trouvera

$$p = R_h R_{-h}. \tag{5}$$

D'ailleurs, R_h *et* $R_{h,k}$ *seront des polynômes radicaux, dans chacun desquels les coefficients des diverses puissances de* ρ *fourniront une somme égale à* $p-2$. *Enfin, si l'on pose*

(6) $$r = t^{\frac{p-1}{n}},$$

r sera une racine primitive de l'équivalence

$$x^n \equiv 1 \pmod{p},$$

et l'indice modulaire maximum de R_1, *correspondant à la racine primitive* r^l, *sera, ou le nombre p, ou l'unité, suivant que le nombre l sera inférieur ou non à* $\frac{n}{2}$.

De ce premier théorème, on peut déduire la proposition suivante :

Théorème II. — *Faisons*

(7) $$u = a + b\rho,$$

a, b *étant deux nombres entiers premiers entre eux, dont la somme ne soit pas divisible par n; et supposons que la factorielle*

(8) $$I = N(a + b\rho),$$

correspondante au binôme radical $a + b\rho$, *ait pour facteurs premiers les entiers p, q, ..., en sorte qu'on ait*

(9) $$I = p^\lambda q^\mu \ldots.$$

Concevons d'ailleurs que, l étant l'un quelconque des entiers

$$1, \quad 2, \quad 3, \quad \ldots, \quad n-1,$$

on nomme a_l *un autre de ces entiers choisi de manière à vérifier la condition*

(10) $$la_l \equiv 1 \pmod{n}.$$

Enfin, soit r celle des racines de l'équivalence

(11) $$x^n \equiv 1 \pmod{I},$$

qui vérifie la condition

$$(12) \qquad a + br \equiv 0 \pmod{I},$$

et nommons R_1, R'_1, ... *les diverses valeurs de* R_1 *qui correspondent* (*voir* le théorème I) *à la racine r et aux divers modules p, q, ...; on aura*

$$(13) \qquad u_{a_1} u_{a_2} \ldots u_{a_{\frac{n-1}{2}}} = R_1^{\lambda} R_1'^{\mu} \ldots \varpi(\rho),$$

$\varpi(\rho)$ *étant un diviseur de l'unité, qui se réduira, au signe près, à une puissance entière de* ρ.

Corollaire. — Si le nombre I est une puissance entière du degré n, le produit

$$R_1^{\lambda} R_1'^{\mu} \ldots$$

sera de la forme $[F(\rho)]^n$, $F(\rho)$ étant une fonction entière de ρ, à coefficients entiers, et l'on obtiendra la proposition suivante :

Théorème III. — *Les mêmes choses étant posées que dans le théorème II, si le nombre* I *se réduit à une puissance du* $n^{ième}$ *degré, on aura*

$$(14) \qquad u_{a_1} u_{a_2} \ldots u_{a_{\frac{n-1}{2}}} = [F(\rho)]^n \varpi(\rho),$$

$F(\rho)$ *étant une fonction entière à coefficients entiers, et* $\varpi(\rho)$ *un diviseur de l'unité, qui se réduira, au signe près, à une puissance entière de* ρ. *Si d'ailleurs on pose, pour abréger,*

$$(15) \qquad v_l = \frac{u_{-l}}{u_l}, \qquad V = \frac{F(\rho^{-1})}{F(\rho)},$$

et si l'on observe que le rapport

$$\frac{\varpi(\rho^{-1})}{\varpi(\rho)}$$

sera une puissance entière de ρ, *on trouvera*

$$(16) \qquad v_{a_1} v_{a_2} \ldots v_{a_{\frac{n-1}{2}}} = V^n \rho^{\iota},$$

ι *désignant un nombre entier.*

Corollaire I. — Comme, en supposant toujours a + b et, par suite, I non divisibles par n, on aura

$$(17) \qquad V^n \equiv 1 \pmod{n},$$

la formule (16) entraînera la suivante

$$(18) \qquad v_{a_1} v_{a_2} \dots v_{a_{\frac{n-1}{2}}} \equiv 1 \pmod{n},$$

qui coïncide avec la formule (21) de la page 358. De plus, si a_h étant l'un quelconque des termes de la suite

$$a_1, \quad a_2, \quad \dots, \quad a_{\frac{n-1}{2}},$$

et a_k celui d'entre ces mêmes termes qui satisfait à l'équivalence

$$(19) \qquad a_k \equiv \pm s^m a_h \pmod{n},$$

on désigne par $\alpha_{h,m}$ celle des deux quantités $+1$, -1 qui vérifie la condition

$$\alpha_{h,m} \equiv \frac{s^m a_h}{a_k};$$

alors, en nommant ω la valeur numérique de la résultante

$$S\left(\pm \alpha_{1,1} \alpha_{2,2} \dots \alpha_{\frac{n-1}{2}, \frac{n-1}{2}}\right),$$

on déduira de l'équation (16) une autre équation de la forme

$$(20) \qquad v_l^{\omega} = \varphi^n \rho^{x},$$

x étant un nombre entier, et φ étant de la forme

$$(21) \qquad \varphi = \frac{\mathcal{F}(\rho^{-1})}{\mathcal{F}(\rho)}.$$

Enfin, comme on aura

$$(22) \qquad \varphi^n \equiv 1 \pmod{n},$$

on trouvera encore

$$c_\gamma^\omega \equiv \rho^\alpha \qquad (\text{mod. } n),$$

et l'on sera ainsi ramené au théorème IX de la page 358. Ajoutons que la valeur de ω, déterminée par la formule

$$(23) \qquad \omega = \pm S\left(\alpha_{1,1}\,\alpha_{2,2}\ldots\alpha_{\frac{n-1}{2},\frac{n-1}{2}}\right),$$

n'est pas toujours la plus petite de celles que l'on peut adopter dans la formule (20), et que, en attribuant successivement à n les valeurs

$$3, \quad 5, \quad 7, \quad 11, \quad 13, \quad \ldots,$$

on peut réduire les valeurs correspondantes de ω aux nombres

$$1, \quad 2, \quad 2, \quad 6, \quad 10, \quad \ldots.$$

Corollaire II. — Des seules propositions énoncées dans cet article et dans le précédent, on peut déjà déduire diverses conséquences relatives au dernier théorème de Fermat. Il en résulte, par exemple, que, pour démontrer l'impossibilité de résoudre l'équation

$$\mathrm{a}^n + \mathrm{b}^n + \mathrm{c}^n = 0$$

par des entiers premiers entre eux et premiers à n, il suffit de s'assurer que la somme

$$1 + 2^{n-4} + 3^{n-4} + \ldots + \left(\frac{n-1}{2}\right)^{n-4}$$

n'est pas divisible par n, ou bien encore que ω est un nombre premier à n. On voit donc combien il importe de déterminer la valeur du nombre ω, ou du moins le reste qu'on obtient en divisant ω par n. On y parvient à l'aide d'une méthode qui permet de résoudre facilement une classe très étendue d'équations linéaires, et que je vais indiquer en peu de mots.

Soient données, entre n inconnues

$$x, \quad y, \quad z, \quad \ldots, \quad u, \quad v,$$

n équations linéaires de la forme

$$(24)\quad \begin{cases} a_0 x + a_1 y + a_2 z + \ldots + a_{n-2} u + a_{n-1} v = k_0, \\ a_1 x + a_2 y + a_3 z + \ldots + a_{n-1} u + a_0 v = k_1, \\ a_2 x + a_3 y + a_4 z + \ldots + a_0 u + a_1 v = k_2, \\ \ldots\ldots\ldots\ldots\ldots\ldots\ldots\ldots\ldots\ldots, \\ a_{n-1} x + a_0 y + a_1 z + \ldots + a_{n-3} u + a_{n-2} v = k_{n-1}, \end{cases}$$

et posons, pour abréger,

$$(25)\quad x + y + z + \ldots + u + v = s.$$

On observera d'abord que, des formules (24) combinées entre elles par voie d'addition, on tire

$$(26)\quad s = \frac{k_0 + k_1 + \ldots + k_{n-1}}{a_0 + a_1 + \ldots + a_{n-1}}.$$

Pour trouver ensuite les valeurs des diverses inconnues

$$x,\quad y,\quad z,\quad \ldots,\quad u,\quad v,$$

on multipliera les formules (24), avant de les ajouter entre elles, par les divers termes de la progression géométrique

$$1,\quad \rho,\quad \rho^2,\quad \ldots,\quad \rho^{n-1},$$

ρ étant une racine primitive de l'équation

$$x^n = 1;$$

et l'on trouvera ainsi

$$(27)\quad x + \rho^{-1} y + \rho^{-2} z + \ldots + \rho^{-n+1} u = \frac{k_0 + k_1\rho + k_2\rho_2 + \ldots + k_{n-1}\rho^{n-1}}{a_0 + a_1\rho + a_2\rho^2 + \ldots + a_{n-1}\rho^{n-1}}.$$

Donc, si l'on pose, pour abréger,

$$\frac{k_0 + k_1\rho + k_2\rho^2 + \ldots + k_{n-1}\rho^{n-1}}{a_0 + a_1\rho + a_2\rho^2 + \ldots + a_{n-1}\rho^{n-1}} = A_0 + A_1\rho^{-1} + A_2\rho^{-2} + \ldots + A_{n-1}\rho^{-n+1},$$

on aura

$$(28)\quad x = A_0 + C,\qquad y = A_1 + C,\qquad z = A_2 + C,\qquad \ldots,\qquad u = A_{n-1} + C,$$

C étant une quantité dont la valeur se déduira aisément de l'équation (26), puisque, en vertu des formules (28), on aura

$$(29)\qquad nC = s - A_0 - A_1 - A_2 - \ldots - A_{n-1}.$$

377.

THÉORIE DES NOMBRES. — *Mémoire sur diverses propositions relatives à la théorie des nombres* (suite).

C. R., T. XXV, p. 242 (9 août 1847).

Les propositions énoncées dans le précédent article, et les formules qu'il contient, sont relatives au cas où le nombre désigné par la lettre n est un nombre premier impair. Mais on peut généraliser encore ces formules, et en particulier celles qui se rapportent à la résolution d'une classe très étendue d'équations linéaires.

Effectivement, supposons que, n étant un nombre entier quelconque, on se propose de résoudre les formules (24) de la page 365. Pour obtenir la valeur de l'une quelconque des inconnues, de x par exemple, il suffira évidemment de combiner entre elles, par voie d'addition, ces mêmes formules, respectivement multipliées par certains facteurs

$$\xi_0, \quad \xi_1, \quad \ldots, \quad \xi_{n-1},$$

ces facteurs étant assujettis à vérifier les conditions

$$(1)\qquad \left\{\begin{array}{l} a_0\xi_0 \quad + a_1\xi_1 + \ldots + a_{n-1}\xi_{n-1} = \omega, \\ a_1\xi_0 \quad + a_2\xi_1 + \ldots + a_0 \quad \xi_{n-1} = 0, \\ \ldots\ldots\ldots\ldots\ldots\ldots\ldots\ldots\ldots, \\ a_{n-1}\xi_0 + a_0\xi_1 + \ldots + a_{n-2}\xi_{n-1} = 0, \end{array}\right.$$

dans lesquelles ω peut être un nombre quelconque arbitrairement choisi. Or soit ρ une racine primitive de l'équation

$$(2)\qquad x^n = 1.$$

Les conditions (1) entraîneront avec elles la formule

$$(3)\qquad \omega = (a_0 + a_1\rho + \ldots + a_{n-1}\rho^{n-1})(\xi_0 + \xi_1\rho^{-1} + \ldots + \xi_{n-1}\rho^{-n+1}),$$

et même cette dernière formule continuera de subsister, quand on y remplacera ρ par l'une quelconque des puissances de ρ, c'est-à-dire, en d'autres termes, par l'une quelconque des racines de l'équation (2). Réciproquement, si la formule (3) subsiste quand on y remplace ρ par une quelconque des racines de l'équation (2), alors les facteurs

$$\xi_0, \quad \xi_1, \quad \ldots, \quad \xi_{n-1}$$

satisferont certainement aux conditions (1). D'ailleurs, si l'on pose, pour abréger,

$$(4)\qquad \mathrm{f}(\rho) = a_0 + a_1\rho + \ldots + a_{n-1}\rho^{n-1},$$

la formule (3) donnera

$$(5)\qquad \xi_0 + \xi_1\rho^{-1} + \ldots + \xi_{n-1}\rho^{-n+1} = \frac{\omega}{\mathrm{f}(\rho)};$$

et, si la formule (3) subsiste quand on y remplace ρ par ρ^m, m étant un nombre entier quelconque, on aura encore

$$(6)\qquad \xi_0 + \xi_1\rho^{-m} + \ldots + \xi_{n-1}\rho^{m(-n+1)} = \frac{\omega}{\mathrm{f}(\rho^m)}.$$

Or, si dans la formule (6) on remplace successivement le nombre m par les divers termes de la suite

$$(7)\qquad 0, \quad 1, \quad 2, \quad \ldots, \quad n-1,$$

les équations ainsi trouvées donneront

$$(8)\qquad \xi_l = \frac{1}{n} \mathop{\mathrm{S}}_{m=0}^{m=n-1} \frac{\omega}{\mathrm{f}(\rho^m)} \rho^{ml},$$

l étant l'un quelconque des entiers inférieurs à n, et le signe S indiquant la somme des valeurs du produit

$$\frac{\omega}{f(\rho^m)}\rho^{ml}$$

correspondantes aux diverses valeurs de m.

Les valeurs de

$$\xi_0, \quad \xi_1, \quad \ldots, \quad \xi_{n-1},$$

fournies par l'équation (8), satisfont, quel que soit ω, aux conditions (1); et par suite, s'il s'agit seulement de résoudre les équations (24) de la page 365, on pourra prendre $\omega = 1$. Mais, dans certains problèmes, les valeurs des inconnues doivent être entières, et l'on peut demander, par exemple, de vérifier les formules (1) par des valeurs entières de

$$\xi_0, \quad \xi_1, \quad \ldots, \quad \xi_{n-1}, \quad \omega,$$

dans le cas où les coefficients $a_0, a_1, \ldots, a_{n-1}$ ont eux-mêmes des valeurs entières. Or je suis parvenu à démontrer que, pour satisfaire à cette dernière condition, il suffit de prendre

$$\omega = f(1)\,f(\rho)\,f(\rho^2)\ldots f(\rho^{n-1}). \tag{9}$$

378.

Théorie des nombres. — *Mémoire sur l'emploi des racines de l'unité pour la résolution des divers systèmes d'équations linéaires.*

C. R., T. XXV, p. 285 (23 août 1847).

J'ai montré, dans les précédentes séances, comment on peut faire servir les racines de l'unité à la résolution de certains systèmes d'équations linéaires; mais les équations que j'ai indiquées ne sont pas les seules qui puissent être ainsi résolues. D'autres, qui ne sont pas moins dignes d'attention, jouissent encore de la même propriété.

Ajoutons que les unes et les autres se résolvent en nombres entiers, sous des conditions qui méritent d'être remarquées. C'est ce que l'on verra dans le Mémoire que j'ai l'honneur de présenter à l'Académie. Je me bornerai ici à en extraire quelques propositions fondamentales, le Mémoire lui-même devant être prochainement publié dans les *Exercices d'Analyse et de Physique mathématique.*

Je commence par établir la proposition suivante :

THÉORÈME. — *Soit*

$$f(x) = x^m + c_1 x^{m-1} + c_2 x^{m-2} + \ldots + c_{m-1} x + c_m$$

une fonction entière du degré m, dans laquelle le coefficient de la plus haute puissance de x se trouve réduit à l'unité. Supposons d'ailleurs les m racines de l'équation

$$(1) \qquad f(x) = 0$$

partagées en deux groupes $\alpha, \beta, \gamma, \ldots; \lambda, \mu, \nu, \ldots$. Soit enfin

$$U = F(\lambda, \mu, \nu, \ldots)$$

une fonction des racines $\lambda, \mu, \nu, \ldots$, symétrique, entière, et à coefficients entiers. On pourra transformer U en une fonction entière des racines $\alpha, \beta, \gamma, \ldots$, et des coefficients $c_1, c_2, \ldots, c_m$, qui, étant elle-même à coefficients entiers, sera symétrique par rapport aux racines $\alpha, \beta, \gamma, \ldots$.

Nota. — Pour démontrer ce théorème, il suffit d'observer : 1° que, $\alpha, \beta, \gamma, \ldots$ étant racines de l'équation (1), on pourra diviser algébriquement $f(x)$ par le produit $(x-\alpha)(x-\beta)(x-\gamma)\ldots$; 2° que, si l'on nomme $\mathfrak{f}(x)$ le quotient ainsi obtenu, $\mathfrak{f}(x)$ sera une fonction entière de x, dans laquelle la plus haute puissance de x se trouvera multipliée par l'unité, les autres puissances de x étant respectivement multipliées par des fonctions entières de $c_1, c_2, \ldots, c_{m-1}; \alpha, \beta, \gamma, \ldots$, qui seront à coefficients entiers, et symétriques par rapport aux racines $\alpha, \beta, \gamma, \ldots$; 3° que $\lambda, \mu, \nu, \ldots$ seront précisément les diverses racines de l'équation $\mathfrak{f}(x) = 0$.

Soit maintenant n un nombre entier quelconque, et considérons le système des équations

$$(2)\quad \begin{cases} a_0 x + a_1 y + a_2 z + \ldots + a_{n-2} u + a_{n-1} v = k_0, \\ a_1 x + a_2 y + a_3 z + \ldots + a_{n-1} u - a_0 v = k_1, \\ \ldots\ldots\ldots\ldots\ldots\ldots\ldots\ldots\ldots\ldots, \\ a_{n-1} x - a_0 y - a_1 z - \ldots - a_{n-3} u - a_{n-2} v = k_{n-1}, \end{cases}$$

que l'on déduit des formules (24) de la page 365, en changeant, dans la deuxième, la troisième, la quatrième, ... formule, les signes du dernier, puis des deux derniers, puis des trois derniers, ... termes. Pour obtenir la valeur de l'une quelconque des inconnues, de x par exemple, il suffira évidemment de combiner entre elles, par voie d'addition les formules (2) respectivement multipliées par certains facteurs ξ_0, ξ_1, ..., ξ_{n-1}, ces facteurs étant assujettis à vérifier les conditions

$$(3)\quad \begin{cases} a_0 \xi_0 + a_1 \xi_1 + a_2 \xi_2 + \ldots + a_{n-2} \xi_{n-2} + a_{n-1} \xi_{n-1} = \omega, \\ a_1 \xi_0 + a_2 \xi_1 + a_3 \xi_2 + \ldots + a_{n-1} \xi_{n-2} - a_0 \xi_{n-1} = 0, \\ \ldots\ldots\ldots\ldots\ldots\ldots\ldots\ldots\ldots\ldots, \\ a_{n-1} \xi_0 - a_0 \xi_1 - a_1 \xi_2 - \ldots - a_{n-3} \xi_{n-2} - a_{n-2} \xi_{n-1} = 0, \end{cases}$$

dans lesquelles ω peut être un nombre entier quelconque arbitrairement choisi. Or, soit ρ une racine primitive de l'équation

$$(4)\quad x^{2n} = 1,$$

les conditions (3) entraîneront avec elles la formule

$$(5)\quad \omega = (a_0 + a_1 \rho + a_2 \rho^2 + \ldots + a_{n-1} \rho^{n-1})(\xi_0 + \xi_1 \rho^{-1} + \xi_2 \rho^{-2} + \ldots + \xi_{n-1} \rho^{-n+1}),$$

et même cette dernière formule continuera de subsister quand on y remplacera ρ par l'une quelconque des puissances impaires de ρ, c'est-à-dire, en d'autres termes, par l'une quelconque des racines de l'équation

$$(6)\quad x^n = -1.$$

Réciproquement, si la formule (5) subsiste quand on y remplace ρ par l'une quelconque des racines de l'équation (6), alors les facteurs ξ_0, $\xi_1, \xi_2, \ldots, \xi_{n-1}$ satisferont certainement aux conditions (3). D'ailleurs, si l'on pose, pour abréger, $f(\rho) = a_0 + a_1\rho + a_2\rho^2 + \ldots + a_{n-1}\rho^{n-1}$, la formule (5) donnera

$$(7) \qquad \xi_0 + \xi_1\rho^{-1} + \xi_2\rho^{-2} + \ldots + \xi_{n-1}\rho^{-n+1} = \frac{\omega}{f(\rho)};$$

et si, dans cette dernière, on remplace ρ par ρ^m, m étant un nombre impair quelconque, on aura

$$(8) \qquad \xi_0 + \xi_1\rho^{-m} + \xi_2\rho^{-2m} + \ldots + \xi_{n-1}\rho^{-(n-1)m} = \frac{\omega}{f(\rho^m)},$$

puis on en conclura

$$(9) \qquad \xi_l = \frac{1}{n}\,\mathrm{S}\,\frac{\omega}{f(\rho^m)}\,\rho^{ml},$$

l étant l'un quelconque des entiers inférieurs à n, et le signe S indiquant la somme des valeurs du produit $\frac{\omega}{f(\rho^m)}\rho^{ml}$, correspondantes aux diverses valeurs impaires de m comprises dans la suite $1, 3, 5, \ldots, 2n-1$.

Les valeurs de $\xi_0, \xi_1, \xi_2, \ldots, \xi_{n-1}$ fournies par l'équation (9) satisfont, quel que soit ω, aux conditions (3); et par suite, s'il s'agit seulement de résoudre les équations (2), on pourra prendre $\omega = 1$. Mais, dans certains problèmes, les valeurs des inconnues doivent être entières, et l'on peut demander, par exemple, de vérifier les formules (3) par des valeurs entières de $\xi_0, \xi_1, \xi_2, \ldots, \xi_{n-1}, \omega$. Or il résulte du théorème énoncé au commencement de cet article, que, pour satisfaire à cette dernière condition, il suffira de prendre

$$(10) \qquad \omega = f(\rho)\,f(\rho^3)\ldots f(\rho^{2n-1}).$$

Les formules précédentes fournissent le moyen de calculer aisément le nombre entier désigné par ω dans la séance du 2 août dernier.

379.

PHYSIQUE MATHÉMATIQUE. — *Note sur la polarisation chromatique.*

C. R., T. XXV, p. 331 (30 août 1847).

Un des savants les plus distingués de l'Allemagne, M. d'Ettingshausen, étant venu ces jours derniers à Paris, et m'ayant dit quelques mots au sujet de ses recherches sur la théorie de la lumière, je lui parlai aussi des miennes, et j'ajoutai que les *Comptes rendus* renfermaient seulement une faible partie des résultats contenus dans les Mémoires que j'avais présentés à l'Académie sur l'Analyse ou sur les applications de l'Analyse à la Physique. Je citai, à cette occasion, le Mémoire du 8 mars dernier, sur les corps considérés comme des systèmes de molécules dont chacune est elle-même un système d'atomes, et mes Mémoires plus anciens, relatifs à la polarisation chromatique. Alors, M. d'Ettingshausen me témoigna le désir de me voir publier immédiatement au moins les parties les plus importantes de ces Mémoires, surtout les deux dernières pages d'un manuscrit, que j'ai mis sous ses yeux, et qui avait été paraphé par l'un de MM. les Secrétaires perpétuels, avec l'indication d'une seule date, deux fois reproduite, celle du 22 avril 1844. Comme ces deux pages, dont chacune porte le paraphe de M. Arago, sont relatives à un objet dont M. d'Ettingshausen s'est aussi occupé de son côté, et dont il s'occupe encore, je me bornerai à les transcrire, sans y changer un seul mot.

Équations différentielles de la polarisation chromatique.

Les équations différentielles des mouvements infiniment petits d'un système de molécules sollicitées par des forces d'attraction ou de répulsion mutuelle sont de la forme

$$D_t^2 \xi = S[m(x + \Delta\xi) f(r + \rho)], \quad \ldots \tag{1}$$

[*voir* les *Exercices d'Analyse*, tome I, page 3 ([1])], la valeur de ρ étant sensiblement

$$\rho = \frac{\mathrm{x}\,\Delta\xi + \mathrm{y}\,\Delta\eta + \mathrm{z}\,\Delta\zeta}{r}.$$

Si l'on veut obtenir la polarisation chromatique, il suffira d'ajouter aux seconds membres des équations (1) des termes de la forme

$$(2)\qquad \mathrm{S}\{m[\mathrm{z}(\mathrm{y}+\Delta\eta)-\mathrm{y}(\mathrm{z}+\Delta\zeta)]\,f(r)\} = \mathrm{S}[m(\mathrm{z}\,\Delta\eta - \mathrm{y}\,\Delta\zeta)\,f(r)], \qquad \ldots.$$

En effet, si l'on pose

$$(3)\qquad \frac{\xi}{\mathrm{A}} = \frac{\eta}{\mathrm{B}} = \frac{\zeta}{\mathrm{C}} = e^{ux+vy+wz-st},$$

de semblables termes deviendront

$$(4)\qquad (\mathrm{BD}_w - \mathrm{CD}_v)\mathrm{K}, \quad \ldots,$$

K désignant une fonction de u, v, w, ...; et il suffira de supposer K fonction de $k^2 = u^2 + v^2 + w^2$, pour réduire les expressions (4) à la forme

$$(5)\qquad (w\mathrm{B} - v\mathrm{C})\frac{\mathrm{D}_k\mathrm{K}}{k} = (w\mathrm{B} - v\mathrm{C})\mathrm{G}, \qquad \ldots,$$

G étant fonction de k.

Il est important d'observer que le produit

$$(6)\qquad m[\mathrm{z}(\mathrm{y}+\Delta\eta)-\mathrm{y}(\mathrm{z}+\Delta\zeta)\,f(r)$$

représente la projection sur l'axe des x d'une force perpendiculaire au plan qui passe par les droites OA, O'A', dont la première est menée, dans l'état d'équilibre, de la molécule $\mathfrak{m}$ qui coïncide avec le point (x, y, z), à une molécule voisine m qui coïncide avec le point $(x+\mathrm{x}, y+\mathrm{y}, z+\mathrm{z})$, et dont la seconde est ce que devient la première, quand on passe de l'état d'équilibre à l'état varié. De plus, la force, dont l'expression (6) est la projection, est proportionnelle, d'une part, au produit des droites OA, O'A' par le sinus de l'angle compris entre elles; d'autre part, à une fonction $f(r)$ de la distance r.

[1] *OEuvres de Cauchy*, S. II, T. XI.

Il reste à savoir si, en attribuant aux molécules des corps des formes déterminées et des mouvements de rotation très petits, on obtiendra, pour les mouvements infiniment petits, des équations de même forme que celles auxquelles conduit la supposition que nous venons d'énoncer.

Le produit des droites OA, O'A' est sensiblement proportionnel à r^2. Donc la force dont nous avons parlé se réduit au produit d'une fonction de r par le sinus de l'angle compris entre les deux droites.

380.

Astronomie. — *Mémoire sur la détermination des orbites des planètes et des comètes.*

C. R., T. XXV, p. 401 (20 septembre 1847).

Les nouvelles méthodes que j'ai données pour la détermination des orbites et des mouvements des corps célestes ne sont pas, il importe de le remarquer, des théories purement spéculatives; et si, d'une part, elles peuvent contribuer au progrès de l'Analyse mathématique, d'autre part, elles offrent des moyens de calcul qui s'appliquent utilement à la solution des grands problèmes de l'Astronomie. Déjà, dans de précédents Mémoires, j'ai déduit des résultats numériques de la méthode par laquelle j'étais parvenu à déterminer, dans la théorie des mouvements planétaires, les perturbations d'un ordre élevé, et j'ai fait voir que l'on pouvait retrouver ainsi la grande inégalité découverte par M. Le Verrier dans le mouvement de Pallas. J'avais promis de montrer aussi, sur un exemple, les avantages que présentent mes formules pour la détermination des orbites des planètes et des comètes. En cédant aujourd'hui au vœu de plusieurs savants qui réclament l'accomplissement de cette promesse, je suis heureux de penser que je fournirai ainsi aux astronomes, et, en particulier, à mes honorables confrères du Bureau des Longitudes, un moyen facile de fixer avec une grande précision les éléments des orbites des petites planètes récemment découvertes par divers observateurs. Entrons maintenant dans quelques détails.

Pour déterminer aussi exactement qu'on le peut les éléments de l'orbite d'une planète à une époque donnée, en les déduisant d'observations astronomiques, il convient de résoudre successivement deux problèmes bien distincts l'un de l'autre. Le premier consiste à développer les quantités variables, spécialement la longitude et la latitude de la planète, suivant les puissances du temps mesuré à partir de l'époque donnée. Le second problème consiste à substituer les coefficients des premiers termes des développements dont il s'agit, dans des formules simples desquelles on puisse aisément déduire des distances de la planète au Soleil et à la Terre, et, par suite, les divers éléments de l'orbite cherchée. Le premier problème peut être aisément résolu à l'aide de la méthode d'interpolation que j'ai proposée dans un Mémoire publié en 1833, et réimprimé dans le Journal de M. Liouville ([1]). Comme je l'ai remarqué, cette méthode offre de nombreux avantages qui permettent d'arriver promptement et sûrement aux développements cherchés. En effet, elle substitue à la recherche des divers termes du développement de l'une quelconque des quantités variables la recherche d'une certaine espèce de différences finies de divers ordres, représentées par des fonctions linéaires des valeurs observées de la variable, ou des différences déjà calculées. Or ces fonctions linéaires sont faciles à former, attendu que dans chacune d'elles chaque coefficient se réduit, au signe près, à l'unité; et d'ailleurs elles sont précisément celles qui offrent les moindres chances d'erreurs possibles. Ce n'est pas tout : la méthode dont il s'agit peut faire concourir à la solution du problème un nombre quelconque d'observations dont les résultats sont combinés entre eux par voie d'addition et de soustraction seulement; et le calcul, loin de se compliquer.

([1]) *Œuvres de Cauchy*, S. II, T. II.

tandis que l'on avance, devient d'autant plus simple, qu'il est appliqué à la recherche de différences finies d'un ordre plus élevé. Ajoutons que la méthode, fournissant elle-même la preuve de la justesse des opérations effectuées, ne permet pas au calculateur de commettre la faute la plus légère, sans qu'il s'en aperçoive presque immédiatement, et que le calcul s'arrête de lui-même à l'instant où l'on atteint le degré d'exactitude auquel on pouvait espérer de parvenir. Remarquons enfin que les divers termes des développements cherchés peuvent être aisément déduits des différences finies dont nous venons de parler, et de la détermination de certains nombres dont les valeurs dépendent uniquement des époques auxquelles les observations ont été faites. Si le calculateur connaît ces époques sans connaître les observations elles-mêmes, il peut immédiatement calculer les nombres dont il s'agit, et achever ainsi, chose singulière, la partie la plus laborieuse de tout son calcul.

Les premiers termes des développements des variables étant calculés, comme on vient de le dire, et déduits d'observations dont je supposerai le nombre égal ou supérieur à quatre, on connaîtra les dérivées des trois premiers ordres de chaque quantité variable, différentiée par rapport au temps, ou plutôt leurs valeurs correspondantes à l'époque donnée; et il ne restera plus qu'à substituer ces valeurs dans des formules simples desquelles on puisse aisément tirer les éléments de l'orbite avec les distances qui séparent le Soleil et la Terre de l'astre observé. Remarquons d'ailleurs que ce dernier problème ne serait pas complètement déterminé, si le nombre des observations n'était pas au moins égal à quatre, deux orbites distinctes l'une de l'autre pouvant satisfaire à trois observations données. L'hypothèse admise est donc celle qu'il convenait d'adopter. Or, dans cette hypothèse, si l'on prend pour inconnues les distances de l'astre observé à la Terre et au Soleil, on déterminera facilement les valeurs de ces deux inconnues à l'aide des opérations très simples que je vais indiquer.

1° Une équation linéaire déterminera immédiatement le cube de la distance r de l'astre au Soleil, et, par suite, cette distance elle-même.

Mais, comme cette première équation renferme des dérivées du troisième ordre, dont les valeurs se déterminent avec moins de précision que celles des dérivées du premier et du second ordre, la distance calculée pourra n'être pas rigoureusement exacte, et il conviendra de lui faire subir une correction dont nous parlerons tout à l'heure.

2° Lorsqu'on aura déterminé approximativement, comme on vient de le dire, la distance r de l'astre au Soleil, une seconde équation linéaire, qui renferme des dérivées du premier et du second ordre, fournira une valeur approchée de la distance r' de l'astre à la Terre. Ajoutons que cette dernière distance sera déterminée avec une plus grande précision, si on la déduit de la résolution du triangle rectiligne qui a pour sommets les centres de la Terre, du Soleil et de l'astre observé, c'est-à-dire, en d'autres termes, si on la déduit de la résolution d'une équation du second degré qui renferme seulement, avec les distances cherchées, deux constantes relatives à la position de la Terre et deux angles fournis par l'observation.

3° Lorsqu'on aura déterminé approximativement, ainsi qu'on vient de l'expliquer, les valeurs des deux inconnues r, r', alors, pour obtenir des valeurs plus exactes, il suffira d'appliquer la méthode d'approximation linéaire ou newtonienne à la résolution simultanée des deux équations desquelles se déduit la distance r' de la Terre à l'astre observé. En effet, il importe de le remarquer, la méthode d'approximation newtonienne s'applique, avec la plus grande facilité, à l'évaluation rigoureuse, non seulement d'une seule inconnue déterminée par une seule équation, mais encore de deux, trois, ... inconnues, déterminées par deux, trois, ... équations, lorsque déjà l'on possède des valeurs approchées de ces inconnues. D'ailleurs, les deux équations auxquelles on appliquera la méthode dont il s'agit ne renferment aucune dérivée du troisième ordre, mais seulement des dérivées du premier et du second ordre, qui, par aucun moyen, ne sauraient être bannies entièrement du calcul. Donc, en définitive, si l'on applique la méthode newtonienne à ces mêmes équations, après avoir déterminé les valeurs approchées de r et r' à l'aide de l'équation du second degré, jointe à l'équation linéaire qui renferme des dérivées du troisième ordre, on obtiendra, sans aucun tâtonnement et par un calcul très rapide, les distances de l'astre observé au Soleil et à la Terre, avec une exactitude égale ou même supérieure à celle que produisent les laborieux calculs dans lesquels on fait usage de trois observations seulement.

Pour vérifier ces conclusions sur un exemple qui pût les rendre évidentes à tous les yeux, j'ai appliqué la méthode que je viens d'exposer au calcul des distances qui séparaient Mercure du Soleil et de la Terre, le 16 août 1842, à l'instant de son passage au méridien, en déduisant les distances des seules observations faites les 14, 15, 16, 17 et 18 août, à l'Observatoire de Paris. Les valeurs que j'ai obtenues, en prenant pour unité la distance de la Terre au Soleil, sont, à très peu près, comme on le verra dans ce Mémoire, 0,32 et 1,30. Ces valeurs, qui se trouveront très légèrement modifiées si, comme il est aisé de le faire, on a égard à l'aberration et à la parallaxe, coïncident effectivement, lorsqu'on néglige le chiffre des millièmes, avec celles que fournissent les Tables astronomiques.

Je ferai, en terminant, une dernière remarque.

Lorsqu'on appliquera la nouvelle méthode à des astres pour lesquels les perturbations du mouvement elliptique ou parabolique ne deviendront sensibles qu'au bout d'un temps considérable, il sera très avantageux de faire concourir à la détermination des éléments de l'orbite un grand nombre d'observations, quand même les époques de ces observations seraient assez éloignées les unes des autres. On obtiendra ainsi des valeurs beaucoup plus exactes des éléments des orbites, sans augmenter beaucoup le travail du calculateur; car il n'y aura de changés que les nombres fournis par les formules d'interpolation; et comme on l'a vu, les fonctions linéaires dont ces formules supposent la formation se composent simplement des diverses valeurs des quantités variables, ou de leurs différences des divers ordres, combinées entre elles par voie d'addition ou de soustraction.

§ I. — *Méthode d'interpolation.*

Soit t le temps compté à partir d'une époque fixe. Une fonction u de t, supposée continue dans le voisinage de cette époque, sera développable, du moins entre certaines limites, suivant les puissances ascendantes de t; et, si l'on pose

$$(1) \qquad u = a + bt + c\frac{t^2}{1.2} + d\frac{t^3}{1.2.3} + \ldots,$$

les coefficients a, b, c, d, ... représenteront les diverses valeurs de la fonction et de ses dérivées des divers ordres, à l'époque dont il s'agit. Si, d'ailleurs, des observations faites avec soin fournissent diverses valeurs particulières de u correspondantes à des valeurs positives, nulle, ou négatives de t, on pourra aisément déduire de la méthode d'interpolation, que j'ai donnée en 1833 ([1]), les valeurs des coefficients a, b, c, ... Entrons à ce sujet dans quelques détails.

Supposons, pour plus de commodité, que l'époque à partir de laquelle se mesure le temps soit celle de l'une des observations. La valeur a de u sera fournie par cette observation même; et, si l'on pose $v = u - a$, on aura

$$(2) \qquad v = bt + c\frac{t^2}{2} + d\frac{t^3}{2.3} + \ldots.$$

Supposons d'ailleurs que, $f(v)$ étant une fonction de t qui s'évanouisse avec t, on désigne par St la somme des valeurs numériques de t relatives aux observations diverses; puis par $S\,f(t)$ la somme des valeurs correspondantes de $f(t)$, chacune de ces dernières valeurs étant prise avec le signe $+$, ou avec le signe $-$, suivant qu'elle correspond à une valeur positive ou négative de t; et représentons par $\Delta f(t)$ une espèce de différence finie de $f(t)$, déterminée par le système des deux formules

$$(3) \qquad \alpha = \frac{t}{St},$$

$$(4) \qquad \Delta f(t) = f(t) - \alpha S\,f(t).$$

([1]) *Œuvres de Cauchy*, S. II, T. II.

Si, dans la seconde de ces formules, on remplace successivement $f(t)$ par $\frac{t^2}{2}$ et par v, on en tirera

$$(5)\qquad \Delta\frac{t^2}{2}=\frac{t^2}{2}-\alpha S\frac{t^2}{2},$$

$$(6)\qquad \Delta v = v - \alpha S v.$$

Supposons encore que l'on désigne par $S'\Delta\frac{t^2}{2}$ la somme des valeurs numériques de $\Delta\frac{t^2}{2}$, relatives aux diverses observations; puis par $S'\Delta f(t)$ la somme des valeurs correspondantes de $\Delta f(t)$, chacune de ces dernières valeurs étant prise avec le signe $+$, ou avec le signe $-$, suivant qu'elle correspond à une valeur positive ou négative de $\Delta\frac{t^2}{2}$; et représentons par $\Delta^2 f(t)$ une espèce de différence finie du second ordre, déterminée par le système des deux formules

$$(7)\qquad 6=\frac{\Delta\frac{t^2}{2}}{S'\Delta\frac{t^2}{2}},$$

$$(8)\qquad \Delta^2 f(t)=\Delta f(t)-6S'\Delta f(t).$$

Enfin, concevons que, en continuant de la sorte, on détermine successivement les valeurs des variables α, 6, γ, ..., à l'aide des formules

$$(9)\qquad \alpha=\frac{t}{St},\qquad 6=\frac{\Delta\frac{t^2}{2}}{S'\Delta\frac{t^2}{2}},\qquad \gamma=\frac{\Delta^2\frac{t^3}{2.3}}{S''\Delta^2\frac{t^3}{2.3}},\qquad \ldots,$$

chacun des signes S, S', S'', ... indiquant la somme des valeurs numériques de la quantité variable qu'il précède, et les différences finies

$$\Delta\frac{t^2}{2},\quad \Delta^2\frac{t^3}{2.3},\quad \ldots$$

étant déterminées elles-mêmes par les équations

$$(10)\qquad \Delta\frac{t^2}{2}=\frac{t^2}{2}-\alpha S\frac{t^2}{2},\qquad \Delta^2\frac{t^3}{2.3}=\Delta\frac{t^3}{2.3}-6S'\Delta^2\frac{t^3}{2.3},\qquad \ldots.$$

Il est facile de voir que les quantités Δv, $\Delta^2 v$, $\Delta^3 v$, ..., déterminées par le système des formules

$$(11) \qquad \Delta v = v - \alpha S v, \qquad \Delta^2 v = \Delta v - 6 S' \Delta v, \qquad \Delta^3 v = \Delta^2 v - \gamma S'' \Delta^2 v, \qquad \ldots,$$

représenteront des espèces de différences finies de divers ordres de la fonction v, qui s'évanouiront toutes, si $u = v + a$ se réduit à une fonction linéaire de t; toutes, à l'exception de la première, si u se réduit à une fonction de t entière et du second degré; toutes, à l'exception des deux premières, si u se réduit à une fonction de t entière et du troisième degré, etc.

Ce principe étant admis, supposons les diverses observations faites à des époques assez voisines les unes des autres pour que, le temps étant compté à partir de l'une d'entre elles, quelques termes du développement de u, par exemple les quatre ou cinq premiers termes, restent seuls sensibles. Alors le calcul numérique des valeurs de Δv, $\Delta^2 v$, $\Delta^3 v$, ..., correspondantes aux diverses observations, ne tardera pas à fournir des quantités qui seront sensiblement nulles, et qui pourront être négligées, eu égard au degré d'approximation que l'on peut espérer d'atteindre, par exemple des quantités qui seront comparables aux erreurs d'observation. Or il est clair qu'on devra dès lors s'arrêter, sans chercher à pousser plus loin le calcul des différences finies

$$\Delta v, \quad \Delta^2 v, \quad \Delta^3 v, \quad \ldots.$$

Il est clair aussi qu'en réduisant à zéro la première de ces différences, qui sera de l'ordre des quantités que l'on néglige, on réduira le système des formules (11) à un petit nombre d'équations qui, jointes aux formules (9) et à l'équation

$$(12) \qquad u = a + v,$$

fourniront immédiatement la valeur de u développée en une série ordonnée suivant les puissances ascendantes de t.

Il importe d'observer que, si le calculateur connaît les époques des observations sans connaître les observations elles-mêmes, il pourra immédiatement déduire des formules (9) et (10) les valeurs des variables α, 6, γ, ..., correspondantes aux observations diverses, et, par suite, les valeurs générales de ces variables exprimées en fonctions entières de t. Observons encore que l'exactitude de ces premières observations pourra être aisément constatée, attendu que, en vertu des formules (4) et (8), les valeurs de Δt, $\Delta^2 t^2$, $\Delta^3 t^3$, ..., correspondantes à chaque observation, devront être rigoureusement nulles. Observons enfin que, dans les formules (9), (10), on peut, sans inconvénient, supprimer les diviseurs numériques, et remplacer en conséquence ces formules par les équations

$$(13)\qquad \alpha = \frac{t}{St}, \qquad 6 = \frac{\Delta t^2}{S'\Delta t^2}, \qquad \gamma = \frac{\Delta^2 t^3}{S''\Delta^2 t^3}, \qquad \ldots,$$

$$(14)\qquad \Delta t^2 = t^2 - \alpha S t^2, \qquad \Delta^2 t^3 = \Delta t^3 - 6 S \Delta t^3, \qquad \ldots.$$

On pourra même, sans altérer les valeurs de α, 6, γ, ..., remplacer les diverses valeurs de t par des quantités qui leur soient sensiblement proportionnelles. Cette remarque permet de calculer très facilement les valeurs de α, 6, γ, ..., qui répondraient à des observations équidistantes.

Si, pour fixer les idées, on veut déduire le développement de u de cinq observations équidistantes, le temps étant compté à partir de l'époque de l'observation moyenne, on pourra remplacer les cinq valeurs de t par les cinq termes de la progression arithmétique -2, -1, 0, 1, 2. Alors les valeurs des quantités variables t, t^2, t^3, t^4 et de leurs différences finies s'évanouiront pour l'observation moyenne, tandis que ces mêmes valeurs, et celles de α, 6, γ, δ, seront fournies, pour les quatre autres observations, par le Tableau suivant :

Valeurs de...	t $-2;\ -1;\ 1;\ 2$	t^2 $4;\ 1;\ 1;\ 4$	t^3 $-8;\ -1;\ 1;\ 8$	t^4 $16;\ 1;\ 1;\ 16$
	$St = 6$	$St^2 = 0$	$St^3 = 18$	$St^4 = 0$
Valeurs de α.	$-\frac{1}{3};\ -\frac{1}{6};\ \frac{1}{6};\ \frac{1}{3}$			
Valeurs de...	αSt $-2;\ -1;\ 1;\ 2$	αSt^2 $0;\ 0;\ 0;\ 0$	αSt^3 $-6;\ -3;\ 3;\ 6$	αSt^4 $0;\ 0;\ 0;\ 0$
Valeurs de...	Δt $0;\ 0;\ 0;\ 0$	Δt^2 $4;\ 1;\ 1;\ 4$	Δt^3 $-2;\ 2;\ -2;\ 2$	Δt^4 $16;\ 1;\ 1;\ 16$
		$S'\Delta t^2 = 10$	$S'\Delta t^3 = 0$	$S'\Delta t^4 = 34$
Valeurs de β.	....	$0,4;\ 0,1;\ 0,1;\ 0,4$		
Valeurs de...	....	$\beta S'\Delta t^2$ $4;\ 1;\ 1;\ 4$	$\beta S'\Delta t^3$ $0;\ 0;\ 0;\ 0$	$\beta S'\Delta t^4$ $13,6;\ 3,4;\ 3,4;\ 13,6$
Valeurs de...	....	$\Delta^2 t^2$ $0;\ 0;\ 0;\ 0$	$\Delta^2 t^3$ $-2;\ 2;\ -2;\ 2$	$\Delta^2 t^4$ $2,4;\ -2,4;\ -2,4;\ 2,4$
Valeurs de...	....	....	$S''\Delta^2 t^3 = 8$	$S''\Delta^2 t^4 = 0$
Valeurs de γ.	....	....	$-\frac{1}{4};\ \frac{1}{4};\ -\frac{1}{4};\ \frac{1}{4}$	
Valeurs de...	....	....	$\gamma S''\Delta^2 t^3$ $-2;\ 2;\ -2;\ 2$	$\gamma S''\Delta^2 t^4$ $0;\ 0;\ 0;\ 0$
Valeurs de...	....	....	$\Delta^2 t^3$ $0;\ 0;\ 0;\ 0$	$\Delta^2 t^4$ $2,4;\ -2,4;\ -2,4;\ 2,4$
Valeurs de...	....	....	....	$S'''\Delta^3 t^4 = 9,6$
Valeurs de δ.	....	....	....	$\frac{1}{4};\ -\frac{1}{4};\ -\frac{1}{4};\ \frac{1}{4}$

Après avoir ainsi déterminé les valeurs particulières de α, 6, γ, δ, relatives à chaque observation, il suffira, pour obtenir les valeurs générales des mêmes variables exprimées en fonction de t, de recourir aux formules (13) et (14), desquelles on tirera

$$t = 6\alpha, \qquad t^2 = 10 6, \qquad t^3 = 18\alpha + 8\gamma, \qquad t^4 = 34 6 + 9,6\delta$$

et, par suite,

$$\alpha = \frac{t}{6}, \qquad 6 = \frac{t^2}{10}, \qquad \gamma = \frac{t^3 - 3t}{8}, \qquad \delta = \frac{5t^4 - 17t^2}{48}.$$

Ces dernières équations, jointes aux formules (11) et (12), seront celles qui serviront à déduire, de cinq observations équidistantes, les valeurs de

$$D_t u, \quad D_t^2 u, \quad D_t^3 u, \quad D_t^4 u,$$

correspondantes à l'époque de l'observation moyenne, lorsque les différences finies de u, du cinquième ordre, seront de l'ordre des quantités que l'on néglige, et comparables, par exemple, aux erreurs d'observation.

Remarquons, en terminant ce paragraphe, que, si les époques des observations ne sont pas rigoureusement, mais sensiblement équidistantes, les valeurs de α, 6, γ, δ, ..., calculées comme on vient de le dire, devront seulement subir de très légères corrections, qu'il sera facile de déterminer.

§ II. — *Formules pour la détermination des orbites des planètes et des comètes.*

Prenons pour origine des coordonnées le centre du Soleil, pour plan des x, y le plan de l'écliptique, pour demi-axes des x et y positifs les droites menées de l'origine aux premiers points du Bélier et du Cancer, et pour demi-axe des z positifs la perpendiculaire élevée sur le plan de l'écliptique, du côté du pôle boréal. Soient d'ailleurs

x, y, z les coordonnées de l'astre observé ;
r la distance de cet astre au Soleil ;

ι la distance du même astre à la Terre;
ρ la projection de cette distance sur le plan de l'écliptique;
φ, θ la longitude et la latitude géocentriques de l'astre;
x, y les coordonnées de la Terre;
R la distance de la Terre au Soleil;
ϖ la longitude de la Terre.

Enfin, prenons pour unité de distance le demi grand axe de l'orbite terrestre, et nommons K la force attractive du Soleil à l'unité de distance. On aura, en supposant les observations renfermées dans un intervalle de temps assez petit pour que les perturbations restent insensibles,

$$(1)\quad x = \mathrm{x} + \iota\cos\varphi\cos\theta, \qquad y = \mathrm{y} + \iota\sin\varphi\cos\theta, \qquad z = \iota\sin\theta, \qquad \rho = \iota\cos\theta,$$

$$(2)\quad \mathrm{x} = \mathrm{R}\cos\varpi, \qquad \mathrm{y} = \mathrm{R}\sin\varpi, \qquad \mathrm{z} = 0$$

et

$$(3)\quad \mathrm{D}_t^2 x + \frac{\mathrm{K}}{r^3}x = 0, \qquad \mathrm{D}_t^2 y + \frac{\mathrm{K}}{r^3}y = 0, \qquad \mathrm{D}_t^2 z + \frac{\mathrm{K}}{r^3}z = 0,$$

$$(4)\quad \mathrm{D}_t^2 \mathrm{x} + \frac{\mathrm{K}}{\mathrm{R}^3}\mathrm{x} = 0, \qquad \mathrm{D}_t^2 \mathrm{y} + \frac{\mathrm{K}}{\mathrm{R}^3}\mathrm{y} = 0,$$

et, en posant

$$\Theta = l\tang\theta,$$

on tirera des formules précédentes

$$(5)\quad \mathrm{D}_t\rho = \mathrm{A}\rho, \qquad \mathrm{D}_t^2\rho + \frac{\mathrm{K}}{r^3}\rho = \mathrm{B}\rho, \qquad \frac{\mathrm{K}}{r^3} - \frac{\mathrm{K}}{\mathrm{R}^3} = \mathrm{C}\rho,$$

les valeurs de A, B, C étant déterminées par les équations

$$(6)\quad \begin{cases} \mathrm{C}\mathrm{x} + [\mathrm{B} - (\mathrm{D}_t\varphi)^2]\cos\varphi - (\mathrm{D}_t^2\varphi + 2\mathrm{A}\,\mathrm{D}_t\varphi)\sin\varphi = 0, \\ \mathrm{C}\mathrm{y} + [\mathrm{B} - (\mathrm{D}_t\varphi)^2]\sin\varphi + (\mathrm{D}_t^2\varphi + 2\mathrm{A}\,\mathrm{D}_t\varphi)\cos\varphi = 0, \end{cases}$$

$$(7)\quad \mathrm{B} + 2\mathrm{A}\,\mathrm{D}_t\Theta + \mathrm{D}_t^2\Theta + (\mathrm{D}_t\Theta)^2 = 0.$$

D'ailleurs, la première des formules (5) donnera

$$(8)\quad \mathrm{D}_t^2\rho = (\mathrm{A}^2 + \mathrm{D}_t\mathrm{A})\rho;$$

et de celle-ci, jointe aux deux dernières des formules (5) et à l'équation $\rho = \text{ɩ} \cos\theta$, on tirera

$$\frac{K}{r^3} = B - A^2 - D_t A, \tag{9}$$

$$\text{ɩ} = \frac{K}{C\cos\theta}\left(\frac{1}{r^3} - \frac{1}{R^3}\right). \tag{10}$$

Ajoutons que, si, pour abréger, l'on pose $\psi = \varphi - \varpi$, $\upsilon = \cot\psi$, on aura, en vertu des formules (6) et (7),

$$\left\{\begin{aligned} & A = -\frac{\mu}{2\nu}, \qquad D_t A = -\frac{A\, D_t \nu + \frac{1}{2} D_t \mu}{\nu}, \\ & B = (D_t\varphi)^2 - \upsilon\, D_t^2\varphi - 2A\upsilon\, D_t\varphi \\ & \quad = -D_t^2\Theta - (D_t\Theta)^2 - 2A\, D_t\Theta, \\ & CR = \frac{(D_t\varphi)^2 - B}{\cos\psi} = \frac{D_t^2\varphi + 2A\, D_t\varphi}{\sin\psi}, \end{aligned}\right. \tag{11}$$

les valeurs de μ, ν, $D_t\mu$, $D_t\nu$ étant

$$\left\{\begin{aligned} & \mu = D_t^2\Theta + (D_t\Theta)^2 + (D_t\varphi)^2 - \upsilon\, D_t^2\varphi, \\ & \nu = D_t\Theta - \upsilon\, D_t\varphi, \end{aligned}\right. \tag{12}$$

$$\left\{\begin{aligned} & D_t\mu = D_t^3\Theta + 2D_t\Theta\, D_t^2\Theta + 2D_t\varphi\, D_t^2\varphi - \upsilon\, D_t^3\varphi - D_t\upsilon\, D_t^2\varphi, \\ & D_t\nu = D_t^2\Theta - \upsilon\, D_t^2\varphi - D_t\upsilon\, D_t\varphi. \end{aligned}\right. \tag{13}$$

Quant à la valeur de $D_t\upsilon$, elle sera évidemment

$$D_t\upsilon = -\frac{D_t\psi}{\sin^2\psi} = \frac{D_t\varpi - D_t\varphi}{\sin^2\psi}. \tag{14}$$

Observons enfin que, en vertu des formules (1) et (2), on aura

$$r^2 = R^2 + 2R\text{ɩ}\cos\theta\cos\psi + \text{ɩ}^2 \tag{15}$$

ou, ce qui revient au même,

$$r^2 = R^2 + 2k\text{ɩ} + \text{ɩ}^2, \tag{16}$$

la valeur de k étant

$$k = R\cos\theta\cos\psi. \tag{17}$$

On pourrait d'ailleurs déduire directement la formule (16) de cette seule considération, que les trois longueurs r, ɩ, R sont les trois côtés du triangle dont les sommets coïncident avec les centres de l'astre observé de la Terre et du Soleil, et que, dans ce même triangle, le côté R projeté sur la base ι donne pour projection la longueur représentée par k.

On peut aisément, des formules qui précèdent, déduire sans aucun tâtonnement, et avec une très grande exactitude, les distances d'un astre observé à la Terre et au Soleil, et, par suite, les éléments de son orbite. Pour y parvenir, on tirera d'abord de l'équation (9) la distance r de l'astre au Soleil. On calculera ensuite la distance ι de l'astre à la Terre, en déterminant une première valeur approchée de ι, à l'aide de l'équation (10), puis une seconde qui sera généralement plus exacte, à l'aide de l'équation (16), dans laquelle les constantes R et k sont immédiatement fournies par le mouvement de la Terre, et par les données de l'observation.

Après avoir obtenu, comme on vient de le dire, les valeurs approchées des distances ι et r, on corrigera ces valeurs en ayant de nouveau recours : 1° à l'équation (10), que l'on présentera sous la forme

$$\frac{1}{r^3} = \frac{1}{R^3} + \frac{C\cos\theta}{K}\iota, \tag{18}$$

et de laquelle on tirera une nouvelle valeur de r; 2° à l'équation (16), de laquelle on tirera une nouvelle valeur de ι. On pourra d'ailleurs obtenir immédiatement, et pour l'ordinaire, à l'aide d'une seule opération, des valeurs très approchées de r et de ι, en partant des premières valeurs calculées, et en appliquant la méthode de correction linéaire ou newtonienne au système des deux équations (16) et (18). Si l'on nomme δr, $\delta\iota$ les corrections que devront subir les valeurs d'abord trouvées de r et de ι, on aura, en vertu des formules (16) et (18),

$$r\,\delta r - (k+\iota)\,\delta\iota = \mathfrak{a}, \qquad \frac{3}{r^4}\delta r + \frac{C\cos\theta}{K}\delta\iota = \mathfrak{b}, \tag{19}$$

les valeurs de $\mathfrak{a}$, $\mathfrak{b}$ étant données par les formules

$$2\mathfrak{a} = R^2 + 2k\iota + \iota^2 - r^2, \qquad \mathfrak{b} = \frac{1}{r^3} - \frac{1}{R^3} - \frac{C\cos\theta}{K}\iota,$$

et par conséquent les valeurs de $\delta\imath$ et δr seront

$$(20)\qquad \delta\imath = \frac{\mathfrak{b}r - \frac{3}{r^4}\mathfrak{a}}{\frac{\mathrm{C}r\cos\theta}{\mathrm{K}} + \frac{3}{r^4}(k+\imath)}, \qquad \delta r = \frac{\mathfrak{a} - (k+\imath)\delta\imath}{r}.$$

§ III. — *Application des formules précédentes à la détermination des distances de Mercure à la Terre et au Soleil.*

Cinq observations, faites à l'Observatoire de Paris, les 14, 15, 16, 17 et 18 août 1842, ont fourni diverses valeurs de la longitude et de la latitude géocentriques de Mercure. Les heures de ces observations, comptées à partir de minuit, étaient

$$11^{h}27^{m}17^{s},\quad 11^{h}31^{m}32^{s},\quad 11^{h}35^{m}46^{s},\quad 11^{h}39^{m}58^{s},\quad 11^{h}44^{m}8^{s}.$$

Les longitudes géocentriques, ou les valeurs de φ fournies par les cinq observations, étaient

$$131^{\circ}25'43'',2,\quad 133^{\circ}25'42'',1,\quad 135^{\circ}26'22'',9,\quad 137^{\circ}27'37'',9,\quad 139^{\circ}29'8''.$$

Les latitudes géocentriques, ou les valeurs de θ fournies par les cinq observations, étaient

$$1^{\circ}21'24'',\quad 1^{\circ}27'27'',\quad 1^{\circ}32'33'',5,\quad 1^{\circ}36'49'',9,\quad 1^{\circ}40'13'',8.$$

Les longitudes héliocentriques de la Terre, ou les valeurs de ϖ correspondantes aux heures des cinq observations, étaient

$$-38^{\circ}47'53'',1,\quad -37^{\circ}50'1'',8,\quad -36^{\circ}52'9'',8,\quad -35^{\circ}54'16'',6,\quad -34^{\circ}56'22'',2.$$

Enfin, les logarithmes de la distance de la Terre au Soleil, ou les valeurs de lR correspondantes aux mêmes époques, étaient

$$0,0054131,\quad 0,0053283,\quad 0,0052424,\quad 0,0051553,\quad 0,0050668.$$

Or, en partant de ces données, en prenant d'ailleurs pour origine du temps l'époque de l'observation moyenne, et en posant, comme dans le § II, $\Theta = \mathrm{l}\tang\theta$, on tire de la méthode exposée dans le § I, les valeurs suivantes de φ, Θ, développées en séries ordonnées selon les puissances ascendantes de t,

$$\varpi = -36^\circ 52' 9'',8 + 57' 42'',7\, t + 1'',1 \frac{t^2}{2} + 0'',2 \frac{t^3}{6},$$

$$\varphi = 135^\circ 26' 22'',9 + 2^\circ 0' 39''\, t + 35'',3 \frac{t^2}{2} - 13'',4 \frac{t^3}{6} - 11'',9 \frac{t^4}{24},$$

$$\Theta = -3,614492 + 0,050475\, t - 0,011377 \frac{t^2}{2} + 0,002117 \frac{t^3}{6} - 0,002273 \frac{t^4}{24}.$$

Les coefficients de $t, \frac{t^2}{2}, \frac{t^3}{6}, \frac{t^4}{24}$, dans ces trois formules, sont précisément les dérivées des divers ordres des variables ϖ, φ, Θ. Ainsi, par exemple, la première formule donne $D_t \varpi = 57' 42'',7$, $D_t^2 \varpi = 1'',1$, $D_t^3 \varpi = 0'',2$. Cela posé, il résulte de la formule (9) du § II que, le 16 août 1842, la distance de Mercure au Soleil était approximativement 0,30. A la même époque, la distance $\imath$ de Mercure à la Terre était approximativement, en vertu de la formule (10) du § II, 1,67, et, plus exactement, en vertu de la formule (16) du même paragraphe, 1,27. Or, en corrigeant les valeurs approchées $r = 0,30$, $\imath = 1,27$, à l'aide des formules (18) et (16) du § II, et en appliquant à ces formules la méthode de correction linéaire ou newtonienne, on trouve, dans une première approximation, $r = 0,3196$, $\imath = 1,2911$. Ces valeurs de r, $\imath$, qui se trouvent légèrement modifiées lorsqu'on tient compte de l'aberration et de la parallaxe, sont, en effet, très peu différentes des véritables valeurs de r et de $\imath$, à l'époque dont il s'agit.

381.

ASTRONOMIE. — *Second Mémoire sur la détermination des orbites des planètes et des comètes.*

C. R., T. XXV, p. 475 (4 octobre 1847).

La nouvelle méthode que j'ai présentée pour la détermination des orbites des planètes et des comètes offre deux parties bien distinctes.

Je commence par développer, à l'aide de mes nouvelles formules d'interpolation, les quantités variables, spécialement la longitude et la latitude géocentriques de l'astre observé, suivant les puissances ascendantes du temps; puis je substitue les coefficients des premiers termes des développements obtenus dans des équations qui déterminent les distances de l'astre au Soleil et à la Terre, la distance au Soleil étant d'abord fournie par la résolution d'une équation du premier degré. Le second de ces deux problèmes se résout promptement sans aucune difficulté, et fournirait les valeurs rigoureuses des distances cherchées, si les valeurs des coefficients trouvés étaient exactes elles-mêmes. C'est donc à rendre la détermination de ces coefficients aussi facile et aussi exacte qu'il est possible, que l'on doit surtout s'attacher.

D'un autre côté, les facilités que les nouvelles formules d'interpolation présentent pour la détermination dont il s'agit se trouvent considérablement augmentées quand on emploie cinq observations équidistantes, ou même plus généralement cinq observations, dont quatre, prises deux à deux, sont symétriquement placées de part et d'autre de l'observation moyenne. Alors, en effet, la partie la plus considérable du travail, savoir la formation de certains nombres qui dépendent uniquement des époques auxquelles les observations ont été faites, est complètement supprimée, ces nombres pouvant être immédiatement fournis par un Tableau semblable à celui de la page 383, comme on le verra ci-après.

On simplifierait donc notablement la solution du problème, si l'on pouvait ramener le cas général au cas particulier dont nous venons de parler. Or un moyen très simple d'y parvenir, et d'augmenter en même temps la précision du calcul, consiste à déduire d'abord des observations données les valeurs particulières des variables correspondantes à des époques équidistantes, ou, du moins, à des époques symétriquement placées de part et d'autre d'une époque moyenne. La formule d'interpolation de Lagrange, dont on ne tirerait qu'avec beaucoup de peine les valeurs générales des variables, développées en séries ordonnées suivant les puissances ascendantes du temps, est, au contraire, éminemment propre à fournir par logarithmes les valeurs particulières dont il est question. D'ailleurs, une valeur particulière correspondante à une époque donnée pourra se déduire, de diverses manières, d'observations faites à des époques voisines et combinées entre elles deux à deux, ou trois à trois, ... Si les diverses combinaisons ne fournissent pas exactement la même valeur, on pourra prendre une moyenne entre les divers résultats trouvés, et l'on obtiendra ainsi une valeur particulière qui sera généralement beaucoup plus exacte que les valeurs immédiatement données par les observations elles-mêmes.

Formules relatives au système de cinq observations, dont quatre, prises deux à deux, sont symétriquement placées de part et d'autre d'une observation moyenne.

Prenons pour unité l'intervalle de temps qui séparera l'observation moyenne des deux observations les plus voisines. Soit d'ailleurs n l'intervalle de temps qui séparera l'observation moyenne des observations extrêmes. En construisant un Tableau semblable à celui de la page 383, on obtiendra, pour les nombres désignés par α, 6, γ, δ, les valeurs suivantes :

Valeurs de α.....	$-\frac{n}{2n+2}$,	$-\frac{1}{2n+2}$,	$\frac{1}{2n+2}$,	$\frac{n}{2n+2}$,
» 6.....	$\frac{n^2}{2n^2+2}$,	$\frac{1}{2n^2+2}$,	$\frac{1}{2n^2+2}$,	$\frac{n^2}{2n^2+2}$,
» γ.....	$-\frac{1}{4}$,	$\frac{1}{4}$,	$-\frac{1}{4}$,	$\frac{1}{4}$,
» δ.....	$\frac{1}{4}$,	$-\frac{1}{4}$,	$-\frac{1}{4}$,	$\frac{1}{4}$.

Ajoutons que les valeurs générales de α, 6, γ, δ, exprimées en fonction de t, seront

$$\alpha = \frac{t}{2(n+1)},\qquad 6 = \frac{t^2}{2(n^2+1)},\qquad \gamma = \frac{t^3-(n^2-n+1)t}{4n(n-1)},$$
$$\delta = \frac{(n^2+1)t^4-(n^4+1)t^2}{4n^2(n^2-1)}.$$

Si l'on pose en particulier $n = 2$, on retrouvera le Tableau et les formules dont j'ai fait usage dans la détermination des distances de Mercure au Soleil et à la Terre, savoir, le Tableau et les formules des pages 383 et 384.

Si l'on posait, au contraire, $n = 3$, les valeurs particulières de α, 6, γ, δ seraient les suivantes :

Valeurs de α......	$-\frac{3}{8}$,	$-\frac{1}{8}$,	$\frac{1}{8}$,	$\frac{3}{8}$,
» 6......	$\frac{9}{20}$,	$\frac{1}{20}$,	$\frac{1}{20}$,	$\frac{9}{20}$,
» γ......	$-\frac{1}{4}$,	$\frac{1}{4}$,	$-\frac{1}{4}$,	$\frac{1}{4}$,
» δ......	$\frac{1}{4}$,	$-\frac{1}{4}$,	$-\frac{1}{4}$,	$\frac{1}{4}$,

tandis que les valeurs générales de α, 6, γ, δ seraient

$$\alpha = \frac{t}{8}, \qquad 6 = \frac{t^2}{20}, \qquad \gamma = \frac{t^3 - 7t}{24}, \qquad \delta = \frac{10t^4 - 81t^2}{288}.$$

Enfin, si l'on avait $n = 4$, les valeurs particulières de α, 6, γ, δ seraient les suivantes :

Valeurs de α....	$-0,4$,	$-0,1$,	$0,1$,	$0,4$,
» 6.....	$\frac{8}{17}$,	$\frac{1}{34}$,	$\frac{1}{34}$,	$\frac{8}{17}$,
» γ.....	$-\frac{1}{4}$,	$\frac{1}{4}$,	$-\frac{1}{4}$,	$\frac{1}{4}$,
» δ......	$\frac{1}{4}$,	$-\frac{1}{4}$,	$-\frac{1}{4}$,	$\frac{1}{4}$,

tandis que les valeurs générales de α, 6, γ, δ seront

$$\alpha = \frac{t}{10}, \qquad 6 = \frac{t^2}{34}, \qquad \gamma = \frac{t^3 - 13t}{48}, \qquad \delta = \frac{17t^4 - 257t^2}{960}.$$

Les valeurs particulières et générales de α, 6, γ, δ étant ainsi connues, on obtiendra sans peine les développements cherchés des variables en séries ordonnées suivant les puissances ascendantes du temps. Ainsi, en particulier, pour obtenir la longitude géocentrique φ de l'astre observé, développée en une semblable série, il suffira de joindre à la valeur de φ, donnée par l'observation moyenne, la valeur de $\Delta\varphi$ déterminée par la formule

$$\Delta\varphi = \alpha S\,\Delta\varphi + 6 S'\,\Delta^2\varphi + \gamma S''\,\Delta^3\varphi + \delta S'''\,\Delta^4\varphi,$$

dans laquelle on substituera les valeurs générales de α, 6, γ, δ. D'ailleurs les valeurs numériques des sommes

$$S\,\Delta\varphi,\quad S'\,\Delta^2\varphi,\quad S''\,\Delta^3\varphi,\quad S'''\,\Delta^4\varphi$$

seront fournies avec celles des différences

$$\Delta\varphi,\quad \Delta^2\varphi,\quad \Delta^3\varphi,\quad \Delta^4\varphi$$

par un nouveau Tableau analogue à celui de la page 383; et pour constater l'exactitude des nombres renfermés dans ce nouveau Tableau, il suffira de s'assurer qu'ils satisfont, comme ils doivent le faire, aux conditions

$$S\,\Delta^2\varphi = 0,\qquad S'\,\Delta^3\varphi = 0,\qquad S''\,\Delta^4\varphi = 0.$$

En opérant comme on vient de le dire, on pourra, dans les développements des variables, conserver les termes proportionnels aux quatre premières puissances du temps. Les calculs deviendraient plus simples, si l'on négligeait les termes proportionnels à la troisième et à la quatrième puissance, ce qui permettrait de se borner à faire usage de trois observations seulement. Alors, en effet, γ et δ disparaîtraient. Mais alors aussi on obtiendrait, pour l'ordinaire, une précision beaucoup moins grande dans les résultats du calcul.

Observons encore que les termes fournis par la formule d'interpolation de Lagrange, appliqués à la détermination de valeurs particulières des variables, seront tous très petits, et, par conséquent, très faciles à calculer, si l'on s'arrange de manière que ces valeurs particulières correspondent à des époques peu éloignées de quelques-unes des observations données.

382.

ASTRONOMIE. — *Note sur l'application des formules établies dans les précédentes séances, à la détermination des orbites des petites planètes.*

C. R., T. XXV, p. 531 (18 octobre 1847).

Les formules que j'ai données dans le Mémoire du 20 septembre, pour la détermination des orbites des corps célestes, ont été appliquées, dans ce Mémoire, au calcul des distances de Mercure à la Terre et au Soleil. Il importait de montrer, par un nouvel exemple, les avantages que présentent les mêmes formules, surtout la nouvelle méthode d'interpolation, quand on les applique à des astres plus éloignés du Soleil, et spécialement aux petites planètes. Dans ce dessein, j'ai cherché les distances qui séparaient, à l'époque du 12 juillet, le Soleil et la Terre de la nouvelle planète de M. Hencke, en partant de sept positions de cette planète, transmises par M. Yvon Villarceau à M. Faye, qui a eu l'obligeance de me les communiquer. En appliquant la méthode d'interpolation aux sept observations à la fois, j'ai obtenu des différences quatrièmes qui, se succédant sans aucune loi, devaient probablement dépendre des erreurs d'observation, et que l'on faisait effectivement disparaître en supposant chacune de ces erreurs égale ou inférieure à 3 secondes sexagésimales. Il en résultait que, dans les développements de la longitude et de la latitude de l'astre observé en séries ordonnées suivant les puissances ascendantes du temps, on pouvait négliger les termes proportionnels à la quatrième puissance du temps. Cette circonstance, très favorable à la précision des calculs, n'aurait pas été aussi bien établie, si je m'étais borné à faire usage de cinq observations seulement; quoique alors, comme je m'en suis assuré, on pût obtenir, en limitant chaque développement à trois termes, des valeurs suffisamment exactes pour les deux premiers coefficients. J'ai voulu savoir aussi ce qui arriverait si, en laissant de côté les deux observations extrêmes, on se bornait à déduire de trois des cinq autres les coefficients du temps et de son carré, et il s'est trouvé que, dans ce cas, le coefficient du carré du temps pouvait varier du simple au double, dans le passage d'une époque à une époque voisine. Ces considérations peuvent faire mieux apprécier encore les avantages d'une méthode qui, non seulement permet de faire concourir sans beaucoup de peine un nombre assez considérable d'observations à la détermination des coefficients cherchés, mais qui, de plus, sert à reconnaître dans les nombres fournis par les observations les erreurs probables de ces observations mêmes.

En opérant comme je viens de le dire, j'ai reconnu que, à l'époque du 12 juillet, la nouvelle planète de M. Hencke était séparée du Soleil et de la Terre par des distances que représentaient sensiblement les nombres 2,46 et 1,58. Cette conclusion s'accorde d'ailleurs avec ce qu'a trouvé M. Yvon Villarceau (*voir* la séance du 13 septembre). Je joins ici le résultat de mes calculs.

Les sept observations que j'ai prises pour point de départ ont été faites à Berlin les 5, 9, 11, 12, 13, 15 et 21 juillet. Les époques de ces observations, comptées à partir du commencement de juillet; les longitudes et latitudes correspondantes de la planète observée, ou les valeurs de φ et de θ; enfin les longitudes héliocentriques correspondantes de la Terre, ou les valeurs de ϖ, étaient celles qu'indique le Tableau suivant :

Époques des observations.	φ.	θ.	ϖ.
Juillet 5,39515....	256°. 8'.52",0	18°.41'. 8",7	283°. 9'. 6",1
9,40045....	255.23.43,1	18.11.34,0	286.58.15,9
11,44948....	255. 2.56,0	17.55.36,2	288.55.32,3
12,47867....	254.53.17,9	17.47.26,6	289.54.27,1
13,45512....	254.44.24,1	17.39.25,2	290.50.21,3
15,44091. ..	254.27.44,1	17.23.12,1	292.44. 3,0
21,54714....	253.47. 1,6	16.31. 8,4	298.33.46,4

De plus, le logarithme de la distance de la Terre au Soleil, à l'époque de l'observation moyenne indiquée par le nombre 12,47867, était 0,0071186. En partant de ces données, et en conservant les notations adoptées dans le Mémoire du 20 septembre, en prenant d'ailleurs pour origine du temps t l'époque de l'observation moyenne, et en désignant par Θ le logarithme népérien de $\tang\theta$, j'ai déduit de ma nouvelle méthode d'interpolation les développements de φ, ϖ, Θ, ou plutôt de $\Delta\varphi$, $\Delta\varpi$, $\Delta\Theta$, et j'ai trouvé :

$$\Delta\varphi = -554'',77\,t + 24'',764\frac{t^2}{2} + 0'',290\frac{t^3}{6},$$

$$\Delta\varpi = 3434'',75\,t + 0'',32392\frac{t^2}{2} - 0'',0161\frac{t^3}{6},$$

$$\Delta\Theta = -0,008037\,t - 0,00016052\frac{t^2}{2} + 0,00000565\frac{t^3}{6}.$$

Les valeurs de $\Delta^4\varphi$, $\Delta^4\Theta$, fournies par le calcul, pouvaient être attribuées aux erreurs d'observation. Ainsi, en particulier, les valeurs de $\Delta^4\varphi$ étaient

$$0'',3,\quad 1'',7,\quad -5'',9,\quad 0'',\quad -3'',9,\quad -0'',4,\quad 0'',3,$$

et se réduisaient aux quantités

$$2'',4,\quad 3'',8,\quad -3'',8,\quad 2'',1,\quad -1'',8,\quad 1'',7,\quad 2'',4,$$

si l'on admettait une erreur de $2'',1$ dans la valeur de φ fournie par l'observation moyenne. Pareillement, les valeurs de $\Delta^4\theta$, fournies par le calcul, étaient

$$-0'',4,\quad -4'',0,\quad -3'',3,\quad 0'',\quad -7'',5,\quad 0'',4,\quad -0'',4,$$

et se réduisaient aux quantités

$$3'',1,\quad -0'',5,\quad 0'',2,\quad 3'',5,\quad -4'',\quad 3'',9,\quad 3'',1,$$

si l'on admettait une erreur de $3'',5$ sur la valeur de θ fournie par l'observation moyenne. Cela posé, les formules (9), (10) de la page 386, c'est-à-dire les équations

$$\frac{K}{r^3} = B - A^3 - D_t A, \tag{1}$$

$$\iota = \frac{K}{C\cos\theta}\left(\frac{1}{r^3} - \frac{1}{R^3}\right), \tag{2}$$

étant appliquées à la détermination des distances r et $\mathfrak{r}$, qui, à l'époque du 12 juillet, séparaient le Soleil et la Terre de l'astre observé, m'ont donné sensiblement, la première

$$\frac{K}{r^3} = 0,0000,$$

et la seconde

$$\mathfrak{r} = 1,70.$$

En substituant cette valeur approchée de $\mathfrak{r}$ dans la formule (16) de la page 386, c'est-à-dire dans l'équation

$$(3) \qquad r^2 = R^2 + 2k\mathfrak{r} + \mathfrak{r}^2,$$

j'en ai tiré approximativement

$$r = 2,576,$$

et alors la formule (2) m'a donné

$$\mathfrak{r} = 1,598.$$

Cette dernière valeur de $\mathfrak{r}$ est déjà très approchée de la véritable. Son logarithme

$$0,2036$$

est, à $\frac{1}{10000}$ près, le nombre obtenu par M. Yvon Villarceau (*voir* la séance du 13 septembre).

Je ferai ici une remarque importante. Lorsqu'on trouve à très peu près, comme dans l'exemple précédent,

$$\frac{K}{r^3} = 0,$$

cela indique seulement que $\frac{K}{r^3}$ est très petit, ou de l'ordre des quantités comparables aux erreurs d'observation. Dans le même cas, ce n'est plus la valeur de $\frac{1}{r^3}$, mais la valeur de $\mathfrak{r}$ qui se trouve déterminée approximativement par une équation du premier degré, savoir, par l'équation (2), réduite à la forme

$$(4) \qquad \mathfrak{r} = -\frac{K}{CR^3 \cos\theta}.$$

Remarquons encore que si l'on pose, pour abréger,

$$(5) \qquad s = \text{r} + k,$$

les équations (3) et (2) deviendront

$$(6) \qquad r^2 = s^2 + l^2, \qquad s = h - \frac{g}{r^3},$$

les constantes g, h, l^2 étant déterminées par les formules

$$l^2 = R^2 - k^2, \qquad g = -\frac{K}{C\cos\theta}, \qquad h = k + \frac{g}{R^3}.$$

D'ailleurs, si l'on élimine s entre les formules (6), on en tirera l'équation

$$(7) \qquad r^2 - l^2 - \left(h - \frac{g}{r^3}\right)^2 = 0.$$

Or, si l'on différentie le premier membre de cette dernière équation par rapport à r, on obtiendra, pour équation dérivée, la formule

$$r - \frac{3g}{r^4}\left(h - \frac{g}{r^3}\right) = 0,$$

que l'on peut réduire à l'équation trinôme

$$(8) \qquad r^8 - 3ghr^3 + 3g^2 = 0.$$

Cette dernière admettant seulement deux racines positives, il est aisé d'en conclure que l'équation (7) offre seulement trois racines positives. L'une de ces trois racines est $r = R$. Les deux autres ont pour limites les racines de l'équation trinôme, qui peuvent être aisément calculées à l'aide de méthodes connues. Par suite aussi, dans l'équation (7), les deux racines positives et distinctes de R seront toujours faciles à déterminer.

Au reste, si l'on se bornait à déterminer, comme on vient de le dire, les deux racines positives de l'équation (7), distinctes de R, on ne pourrait dire *a priori* laquelle de ces racines répond à l'astre observé. On n'aura point cet inconvénient à craindre, en suivant la méthode ci-dessus exposée, puisque, après avoir obtenu, à l'aide d'une équation du premier degré, une première valeur approchée de r ou de $\imath$, on pourra en déduire immédiatement, à l'aide de la méthode linéaire appliquée à la résolution des deux équations (6), de nouvelles valeurs généralement très exactes des deux distances r et $s = \imath + k$, et, par conséquent, de nouvelles valeurs de r et de $\imath$. En opérant ainsi pour la planète de M. Hencke, j'ai trouvé

$$r = 2,471, \qquad s = 2,376, \qquad \imath = 1,583.$$

Je terminerai par une dernière remarque. En parcourant tout récemment, d'après l'indication de M. Walz, un ancien Volume des *Annales de Mathématiques* (années 1811 et 1812), j'y ai rencontré un Mémoire de M. Gergonne, dans lequel il ramenait déjà la détermination de l'orbite d'un astre à une équation du premier degré. Seulement l'inconnue, dans cette équation, était, non plus la distance r ou $\imath$, mais l'une des coordonnées rectangulaires de l'astre observé.

383.

Analyse mathématique. — *Méthode générale pour la résolution des systèmes d'équations simultanées.*

C. R., T. XXV, p. 536 (18 octobre 1847).

Etant donné un système d'équations simultanées qu'il s'agit de résoudre, on commence ordinairement par les réduire à une seule, à l'aide d'éliminations successives, sauf à résoudre définitivement, s'il se peut, l'équation résultante. Mais il importe d'observer : 1° que, dans un grand nombre de cas, l'élimination ne peut s'effectuer en aucune manière; 2° que l'équation résultante est généralement très compliquée, lors même que les équations données sont assez simples. Pour ces deux motifs, on conçoit qu'il serait très utile de connaître une méthode générale qui pût servir à résoudre directement un système d'équations simultanées. Telle est celle que j'ai obtenue, et dont je vais dire ici quelques mots. Je me bornerai pour l'instant à indiquer les principes sur lesquels elle se fonde, me proposant de revenir avec plus de détails sur le même sujet, dans un prochain Mémoire.

Soit d'abord

$$u = \mathrm{f}(x, y, z)$$

une fonction de plusieurs variables $x, y, z, \ldots$, qui ne devienne jamais négative et qui reste continue, du moins entre certaines limites. Pour trouver les valeurs de $x, y, z, \ldots$ qui vérifieront l'équation

$$(1) \qquad u = 0,$$

il suffira de faire décroître indéfiniment la fonction u, jusqu'à ce qu'elle s'évanouisse. Or soient

$$\mathrm{x}, \quad \mathrm{y}, \quad \mathrm{z}, \quad \ldots$$

des valeurs particulières attribuées aux variables $x, y, z, \ldots$; u la valeur correspondante de u; $\mathrm{X}, \mathrm{Y}, \mathrm{Z}, \ldots$ les valeurs correspondantes de $\mathrm{D}_x u$, $\mathrm{D}_y u$, $\mathrm{D}_z u, \ldots$, et $\alpha, \beta, \gamma, \ldots$ des accroissements très petits attribués aux valeurs particulières $\mathrm{x}, \mathrm{y}, \mathrm{z}, \ldots$. Quand on posera

$$x = \mathrm{x} + \alpha, \qquad y = \mathrm{y} + \beta, \qquad z = \mathrm{z} + \gamma, \qquad \ldots,$$

on aura sensiblement

$$(2) \qquad u = \mathrm{f}(\mathrm{x} + \alpha, \mathrm{y} + \beta, \ldots) = \mathrm{u} + \alpha\mathrm{X} + \beta\mathrm{Y} + \gamma\mathrm{Z} + \ldots.$$

Concevons maintenant que, θ étant une quantité positive, on prenne

$$\alpha = -\theta\mathrm{X}, \qquad \beta = -\theta\mathrm{Y}, \qquad \gamma = -\theta\mathrm{Z}, \qquad \ldots.$$

La formule (2) donnera sensiblement

$$(3) \qquad \mathrm{f}(\mathrm{x} - \theta\mathrm{X}, \mathrm{y} - \theta\mathrm{Y}, \mathrm{z} - \theta\mathrm{Z}, \ldots) = \mathrm{u} - \theta(\mathrm{X}^2 + \mathrm{Y}^2 + \mathrm{Z}^2 + \ldots).$$

Il est aisé d'en conclure que la valeur Θ de u, déterminée par la formule

$$(4) \qquad \Theta = \mathrm{f}(\mathrm{x} - \theta\mathrm{X}, \mathrm{y} - \theta\mathrm{Y}, \mathrm{z} - \theta\mathrm{Z}, \ldots),$$

deviendra inférieure à u, si θ est suffisamment petit. Si, maintenant, θ vient à croître, et si, comme nous l'avons supposé, la fonction $f(x, y, z, \ldots)$ est continue, la valeur Θ de u décroîtra jusqu'à ce qu'elle s'évanouisse, ou du moins jusqu'à ce qu'elle coïncide avec une valeur minimum, déterminée par l'équation à une seule inconnue

$$(5) \qquad D_\theta \Theta = 0.$$

Il suffira donc, ou de résoudre cette dernière équation, ou du moins d'attribuer à θ une valeur suffisamment petite, pour obtenir une nouvelle valeur de u inférieure à u. Si la nouvelle valeur de u n'est pas un minimum, on pourra en déduire, en opérant toujours de la même manière, une troisième valeur plus petite encore; et, en continuant ainsi, on trouvera successivement des valeurs de u de plus en plus petites, qui convergeront vers une valeur minimum de u. Si la fonction u, qui est supposée ne point admettre de valeurs négatives, offre des valeurs nulles, elles pourront toujours être déterminées par la méthode précédente, pourvu que l'on choisisse convenablement les valeurs de x, y, z, ...

Il est bon d'observer que, si la valeur particulière de u représentée par u est déjà très petite, on pourra ordinairement en déduire une autre valeur Θ beaucoup plus petite, en égalant à zéro le second membre de la formule (3) et en substituant la valeur qu'on obtiendra ainsi pour θ, savoir

$$(6) \qquad \theta = \frac{\mathrm{u}}{X^2 + Y^2 + Z^2 + \ldots},$$

dans le second membre de la formule (4).

Supposons maintenant que les inconnues $x, y, z, \ldots$ doivent satisfaire, non plus à une seule équation, mais à un système d'équations simultanées

$$(7) \qquad u = 0, \qquad v = 0, \qquad w = 0, \qquad \ldots,$$

dont le nombre pourra même surpasser celui des inconnues. Pour ramener ce dernier cas au précédent, il suffira de substituer au système (7) l'équation unique

$$(8) \qquad u^2 + v^2 + w^2 + \ldots = 0.$$

Quand, à l'aide de la méthode que nous venons d'indiquer, on aura déterminé des valeurs déjà très approchées des inconnues $x, y, z, \ldots,$ on pourra, si l'on veut, obtenir de nouvelles approximations très rapides à l'aide de la méthode linéaire ou newtonienne, dont j'ai fait mention dans le Mémoire du 20 septembre.

On peut tirer des principes ici exposés un parti très avantageux pour la détermination de l'orbite d'un astre, en les appliquant, non plus aux équations différentielles, mais aux équations finies qui représentent le mouvement de cet astre, et en prenant pour inconnues les éléments mêmes de l'orbite. Alors les inconnues sont au nombre de six. Mais le nombre des équations à résoudre est plus considérable, quelques-unes d'entre elles servant à définir des fonctions implicites des inconnues; et d'ailleurs le nombre des équations croît avec le nombre des observations que l'on veut faire concourir à la solution du problème. Ajoutons que les seuls nombres qui entrent dans les équations à résoudre sont les longitudes, latitudes, etc., fournies par les observations elles-mêmes. Or ces longitudes, latitudes, etc. sont toujours plus exactes que leurs dérivées relatives au temps, qui entrent dans les équations différentielles. Donc, après avoir obtenu à l'aide des équations différentielles, ainsi que nous l'avons expliqué dans les précédents Mémoires, des valeurs approchées des inconnues, on pourra, en partant de ces valeurs approchées et en résolvant, comme nous venons de le dire, les équations finies du mouvement de l'astre, obtenir une précision très grande dans les résultats du calcul.

384.

ASTRONOMIE. — *Mémoire sur le degré d'exactitude avec lequel on peut déterminer les orbites des planètes et des comètes.*

C. R., T. XXV, p. 572 (25 octobre 1847).

§ I. — *Considérations générales.*

En partant des formules dont je me suis servi dans mes précédents Mémoires, pour calculer les distances de Mercure et d'Hébé au Soleil et à la Terre, et en se servant d'observations faites dans un intervalle de temps pendant lequel les perturbations du mouvement d'un astre resteraient insensibles, on pourrait déterminer exactement l'orbite de cet astre, si l'on parvenait à obtenir les développements de la longitude et de la latitude géocentrique du même astre suivant les puissances ascendantes du temps t, ou du moins les coefficients des termes qui, dans ces développements, renferment des puissances du temps inférieures à la quatrième. C'est à former ces coefficients que servent les méthodes d'interpolation. D'ailleurs, les résultats fournis par ces méthodes sembleraient devoir être d'autant plus exacts, que le nombre des observations employées est plus considérable. C'est pourtant ce qui n'arrive pas toujours, et l'on doit faire à ce sujet une remarque importante. Les anciennes méthodes d'interpolation, par exemple les méthodes de Lagrange et de Laplace, ne peuvent faire concourir à la détermination des coefficients des quatre premiers termes de chaque développement un nombre n d'observations supérieur à quatre, que sous la condition d'introduire dans le développement cherché toutes les puissances du temps d'un degré inférieur à n. Or cette condition est très peu favorable à la précision des calculs, attendu que les erreurs d'observation peuvent occasionner, dans la détermination du coefficient d'une puissance de t, des erreurs d'autant plus grandes que cette puissance est d'un degré plus élevé. Il en résulte que, dans le cas assez ordinaire où le développement d'une variable pourrait, dans l'intervalle de temps qui sépare les observations extrêmes, être sensiblement réduit à ses quatre premiers termes, les termes suivants, sensiblement nuls, paraîtraient souvent acquérir des valeurs considérables, si, en faisant usage de la méthode d'interpolation de Lagrange ou de Laplace, on voulait faire servir à la détermination des coefficients des quatre premiers termes plus de quatre observations. Il y a plus : la détermination du coefficient de t^2, et surtout du coefficient de t^3, effectuée à l'aide de ces méthodes, sera souvent très peu exacte, non seulement lorsqu'on fera usage de quatre observations seulement, mais aussi quand ce nombre des observations deviendra supérieur à quatre. Au contraire, dans le cas dont il s'agit, une nouvelle méthode d'interpolation pourra faire concourir avec avantage à la détermination des quatre premiers termes du développement d'une variable plus de quatre observations distinctes, pourvu que l'on ait soin de s'arrêter à l'instant où le calcul fournira des différences comparables aux erreurs d'observation.

Nous avons ici supposé que, dans le développement d'une variable, les termes proportionnels à la quatrième puissance du temps et à des puissances supérieures étaient sensiblement nuls, au moins dans l'intervalle de temps qui sépare l'une de l'autre les deux observations extrêmes. Cette circonstance, qui assure l'exactitude des résultats obtenus, se trouvera indiquée, *a posteriori*, avec un grand degré de probabilité, lorsqu'en suivant une méthode quelconque d'interpolation, par exemple la méthode de Lagrange ou de Laplace, on aura déterminé à l'aide de quatre observations les quatre premiers coefficients, si le développement trouvé représente ces quatre observations et toutes les observations intermédiaires, avec assez d'exactitude pour que les différences entre les valeurs observées et les valeurs calculées de la variable soient comparables aux erreurs d'observation. La même circonstance se trouvera encore indiquée, *a posteriori*, avec beaucoup de probabilité, si, en faisant concourir par la nouvelle méthode toutes les observations données à la détermination des quatre premiers coefficients, on trouve, pour les différences quatrièmes, ou pour les différences d'un ordre moindre, des valeurs numériques comparables aux erreurs que les observations comportent. Enfin, la circonstance dont il s'agit peut être indiquée, *a priori*, dans beaucoup de cas, par un calcul dont je vais donner une idée en peu de mots.

L'expérience prouve que, pour des astres dont la lumière est très faible, des erreurs d'observation de quatre ou cinq secondes sexagésimales ne dépassent point les limites du possible, ni même du probable. Donc, si l'on cherche les développements des variables, spécialement de la longitude et de la latitude géocentriques d'un astre en séries ordonnées suivant les puissances ascendantes du temps, il sera parfaitement inutile de conserver, dans ces développements, les termes dont l'omission entraînerait au plus une erreur de quatre ou cinq secondes. D'ailleurs, les termes d'un rang élevé, dans les développements de la longitude et de la latitude d'un astre, seront ordinairement des quantités du même ordre que les termes de même rang dans le développement de l'anomalie vraie; et, dans ce dernier développement, une limite supérieure au coefficient de la quatrième puissance, ou d'une puissance plus élevée du temps, peut être déterminée approximativement par diverses méthodes, pour des astres plus éloignés de nous que le Soleil, surtout si l'excentricité n'est pas très voisine de l'unité. Donc, pour de tels astres, on pourra calculer approximativement une limite supérieure à l'intervalle de temps qui séparera l'observation moyenne de chacune des observations extrêmes, quand ces trois observations seront assez voisines l'une de l'autre pour que l'omission des termes proportionnels à la quatrième puissance, ou à des puissances plus élevées, produise seulement une erreur de quatre ou cinq secondes. Après avoir calculé cette limite, et choisi arbitrairement l'observation moyenne à partir de laquelle se comptera le temps, on devra choisir encore les autres observations en nombre égal ou supérieur à trois, de manière que chacune d'elles soit séparée de l'observation moyenne par un intervalle inférieur, ou tout au plus égal à la limite dont il s'agit. Si cette condition ne peut être remplie, alors, pour obtenir une valeur suffisamment exacte du coefficient du cube du temps, on serait obligé d'admettre dans le développement cherché des termes proportionnels à la quatrième puissance du temps. On pourrait d'ailleurs calculer, toujours à l'aide du même procédé, une limite supérieure à l'intervalle de temps qui devrait séparer les observations extrêmes de l'observation moyenne, afin que l'erreur occasionnée dans le développement de la variable par l'omission des termes proportionnels à la cinquième puissance du temps, et à des puissances plus élevées, ne dépassât point quatre ou cinq secondes sexagésimales.

Remarquons enfin que, après avoir fixé, d'une part, le nombre de celles des observations données qui devront concourir à la détermination du développement cherché; d'autre part, le nombre des termes de ce même développement, on pourra, si ce dernier nombre ne surpasse pas quatre ou cinq, se borner à pousser l'évaluation du coefficient de chacun des termes conservés jusqu'à un chiffre décimal tel, que l'omission du chiffre suivant, à l'époque de chacune des observations extrêmes, occasionne tout au plus, dans la valeur du terme dont il s'agit, une erreur d'une seconde.

En opérant comme on vient de le dire, on rendra beaucoup plus facile l'application des méthodes d'interpolation, même des plus exactes, et, en particulier, de celle que j'ai proposée à la détermination des orbites des astres. Car ce qui allongeait surtout les calculs, c'était la détermination d'une multitude de chiffres inutiles qu'on y introduisait, parce qu'on ne savait pas bien se rendre compte à l'avance de l'influence que les erreurs d'observation pouvaient exercer sur les résultats fournis par une méthode d'interpolation donnée. Les principes que je viens d'indiquer, et que je vais développer dans le paragraphe suivant, permettront aux astronomes de se former une idée juste de cette influence, et de choisir, en connaissance de cause, la méthode qui conduira plus promptement ou plus sûrement aux solutions demandées.

§ II. — *Des erreurs occasionnées dans les développements de la longitude et de la latitude géocentriques d'un astre par les erreurs d'observation.*

Supposons que, l'époque d'une certaine observation astronomique étant prise pour origine du temps t, on veuille développer, suivant les puissances ascendantes de t, la longitude et la latitude géocentriques de l'astre observé, en ne conservant dans chaque développement que les termes sensibles, et négligeant ceux dont l'omission ne produirait qu'une erreur de quatre ou cinq secondes sexagésimales, c'est-à-dire une erreur comparable aux erreurs que comportent les observations. Supposons encore que, par un moyen quelconque, on soit parvenu à connaître d'avance le nombre n des termes qui doivent être conservés, outre le premier, et qui dans chaque développement doivent suivre ce premier terme indépendant de t. Il est clair que si, d'une part, les termes négligés, et, d'autre part, les erreurs d'observation se réduisaient rigoureusement à zéro, on pourrait obtenir les valeurs exactes des termes conservés, en faisant concourir à la détermination de leurs coefficients, à l'aide d'une méthode d'interpolation quelconque, les observations données, pourvu que le nombre de ces observations fût au moins égal à $n+1$.

Supposons maintenant que, les termes négligés étant toujours nuls, les erreurs d'observation ne soient pas nulles. Alors le polynôme que l'on obtiendra, en faisant servir à la détermination du coefficient cherché une méthode quelconque d'interpolation, se composera de deux parties, dont la première sera le développement cherché, la seconde partie étant ce que devient ce même développement quand on remplace les valeurs particulières données de la variable par les erreurs dont ces valeurs particulières se trouvent affectées en vertu des observations mêmes. Cela posé, concevons que l'observation dont l'époque sert d'origine au temps étant placée vers le milieu de l'intervalle qui sépare les observations extrêmes, on la désigne sous le nom d'observation *moyenne*. Nommons m le nombre des observations distinctes de l'observation moyenne, et

$$t_1, \quad t_2, \quad \ldots, \quad t_m$$

les valeurs positives ou négatives de t qui correspondent à ces dernières observations. Soit d'ailleurs φ la variable dont le développement est censé pouvoir être exactement représenté par les $n+1$ premiers termes d'un polynôme du degré n; soient φ_0 la valeur de φ correspondante à l'observation moyenne, et $\Delta\varphi = \varphi - \varphi_0$ la différence de φ à φ_0. Soient encore

$$\varepsilon_1, \quad \varepsilon_2, \quad \ldots, \quad \varepsilon_m$$

les erreurs dont se trouvent affectées, en vertu des observations données, les diverses valeurs de $\Delta\varphi$, et dont chacune pourra être double de l'erreur que comporte une seule observation, l'erreur de l'observation moyenne et celle de l'une quelconque des autres pouvant avoir été commises en sens contraires. Enfin, nommons ε l'excès du polynôme que représente le développement de la variable φ, déduit d'une certaine méthode d'interpolation sur la véritable valeur de φ. Alors ε sera précisément le polynôme que l'on déduira de la même méthode d'interpolation, en prenant

$$\varepsilon_1, \quad \varepsilon_2, \quad \ldots, \quad \varepsilon_m$$

pour les valeurs de ε correspondantes aux époques

$$t_1, \quad t_2, \quad \ldots, \quad t_m.$$

Or il est clair que la méthode d'interpolation employée fournira un développement de φ plus ou moins exact, suivant que les limites extrêmes, positive et négative, entre lesquelles restera comprise la valeur du polynôme ε, seront plus ou moins resserrées. D'ailleurs, le degré du polynôme ε sera le nombre m des observations distinctes de l'observation moyenne, si la méthode employée est celle de Lagrange ou de Laplace; et, dans l'un et l'autre cas, les divers termes dont se composera le développement de ε offriront précisément les mêmes valeurs. Donc, pour juger du degré d'exactitude que fourniront ces deux methodes, il suffira d'examiner ce que donnera la formule d'interpolation de Lagrange. Entrons, à ce sujet, dans quelques détails.

La valeur de ε, déterminée par la formule d'interpolation de Lagrange, se composera de m termes respectivement proportionnels aux valeurs particulières de ε. On aura effectivement

$$\varepsilon = \varepsilon_1 T_1 + \varepsilon_2 T_2 + \ldots + \varepsilon_m T_m, \tag{1}$$

$T_1, T_2, \ldots, T_m$ étant des fonctions de t, dont chacune sera déterminée par une équation de la forme

$$T_1 = \frac{t(t-t_2)\ldots(t-t_m)}{t_1(t_1-t_2)\ldots(t_1-t_m)}. \tag{2}$$

Cela posé, les valeurs numériques des coefficients

$$T_1, \quad T_2, \quad \ldots, \quad T_m$$

et, par suite, la valeur numérique de ε, pourraient devenir très considérables, si l'on faisait correspondre la valeur de t à une époque située en dehors de l'intervalle compris entre les observations extrêmes. Admettons maintenant la supposition contraire, et nommons δ la limite des erreurs d'observation que l'on peut évaluer à quatre ou cinq secondes sexagésimales.

Si les observations données et distinctes de l'observation moyenne sont au nombre de deux, alors t_1, t_2 seront affectées de signes contraires, et l'on aura

$$\varepsilon = \varepsilon_1 T_1 + \varepsilon_2 T_2,$$

$$T_1 = \frac{t(t-t_2)}{t_1(t_1-t_2)}, \qquad T_2 = \frac{t(t-t_1)}{t_2(t_2-t_1)},$$

$$T_1 + T_2 = -\frac{t(t-t_1-t_2)}{t_1 t_2}.$$

Donc, si, les quantités t_1, t_2 étant affectées du même signe, les valeurs numériques des quantités ε_1, ε_2 atteignaient la limite 2δ, on aura

$$\varepsilon = \pm \frac{t(t-t_1-t_2)}{t_1 t_2} 2\delta.$$

Cette dernière valeur de ε pourra devenir considérable pour une valeur de t comprise entre t_1, t_2, par exemple pour $t = \frac{t_1 + t_2}{2}$, si la valeur numérique de l'un des rapports $\frac{t_1}{t_2}$, $\frac{t_2}{t_1}$ est supérieure à $3 + 2\sqrt{2}$. Si, pour fixer les idées, on suppose $t_1 = -10t_2$, la valeur trouvée de ε deviendra

$$\varepsilon = \pm \frac{121}{40} 2\delta;$$

et par suite, si l'on pose $\delta = 5''$, on aura sensiblement $\varepsilon = \pm 30''$. Donc, lorsque les observations données ne sont pas équidistantes, la valeur de ε, déterminée par la formule d'interpolation de Lagrange ou de Laplace, peut, même dans le cas où l'on fait usage de trois observations seulement, et pour une époque intermédiaire entre celles des observations données, dépasser notablement les limites des erreurs d'observation.

L'inconvénient que nous venons de signaler devient plus grave encore, dans le cas précisément où l'on cherche à obtenir des résultats plus exacts en faisant concourir à la solution du problème un plus grand nombre d'observations. Pour le démontrer, considérons un cas qui se présentera souvent dans la pratique. Supposons qu'un ciel couvert de nuages ait interrompu, pendant un certain laps de temps, une série d'observations astronomiques, séparées l'une de l'autre par un intervalle d'un jour environ, et reprises dès que le ciel est redevenu serein. Alors il est facile de voir que la valeur numérique de ε pourra devenir très notablement supérieure aux erreurs d'observation. C'est ce qui arrivera, par exemple, si l'on emploie, outre l'observation moyenne, six observations dont les époques soient représentées par les nombres

$$-8, \quad -7, \quad -6, \quad 1, \quad 2, \quad 3.$$

Alors, en attribuant à t la valeur -3 comprise entre les valeurs données, on trouvera, en suivant une méthode quelconque d'interpolation, par exemple la méthode de Lagrange ou de Laplace, et en faisant concourir toutes les observations à la détermination de ε,

$$\varepsilon = \frac{3}{11}\varepsilon_1 - \frac{15}{14}\varepsilon_2 + \frac{25}{21}\varepsilon_3 - \frac{75}{14}\varepsilon_4 + 3\varepsilon_5 - \frac{20}{33}\varepsilon_6.$$

Donc si, l'observation moyenne étant exacte, les erreurs des autres observations sont chacune de 5 secondes, mais alternativement positives et négatives, on aura sensiblement

$$\varepsilon = \pm 57'',5.$$

Mais si l'on a des raisons de croire que, dans le développement de la variable cherchée, on peut négliger sans erreur sensible les termes proportionnels à la quatrième puissance du temps ou à des puissances plus élevées, et si alors on fait concourir toutes les observations, par ma nouvelle méthode, à la détermination de ε, alors on obtiendra une valeur de ε comparable aux erreurs d'observation, et l'on trouvera, en particulier, pour $t = -3$, non plus $\varepsilon = \pm 57'',5$, mais seulement $\varepsilon = \pm 2''$.

Dans ce qui précède, nous avons spécialement considéré les valeurs de ε correspondantes à des époques intermédiaires entre celles des observations extrêmes. Si l'on employait des valeurs de t correspondantes à des époques qui fussent situées en dehors des observations extrêmes, sans en être même très éloignées, les valeurs numériques de ε et, par suite, les erreurs commises dans la valeur d'une variable φ, pourraient devenir très considérable. Ainsi, par exemple, si la variable φ représente la longitude géocentrique de la nouvelle planète Hébé, à l'époque du 12 juillet, et si l'on fait servir à la détermination de φ quatre des sept observations rappelées dans la séance précédente, en suivant une méthode quelconque d'interpolation, alors on trouvera : 1° en joignant à l'observation du 12 août les quatre suivantes :

$$\Delta\varphi = -561'',44\,t + 30'',62\,\frac{t^2}{2} - 1'',164\,\frac{t^3}{6};$$

2° en joignant à l'observation du 12 août les trois précédentes :

$$\Delta\varphi = -544'',49\,t + 35'',22\,\frac{t^2}{2} + 3'',45\,\frac{t^3}{6}.$$

Ici la différence entre les valeurs de φ est énorme; et cette différence, représentée, au signe près, par le polynôme

$$16'',95\,t + 4'',60\frac{t^2}{2} + 4'',614\frac{t^3}{6},$$

s'élève déjà jusqu'à $917'',4$ pour $t = 9{,}06847$, c'est-à-dire à l'époque de la dernière observation.

385.

Analyse mathématique. — *Application des formules que fournit la nouvelle méthode d'interpolation à la résolution d'un système d'équations linéaires approximatives, et, en particulier, à la correction des éléments de l'orbite d'un astre.*

C. R., T. XXV, p. 650 (8 novembre 1847).

Étant donné un système d'équations approximatives et linéaires dont le nombre est égal ou supérieur à celui des inconnues, supposons que l'on veuille déterminer par un calcul facile, et avec une grande exactitude, s'il est possible, les valeurs de ces inconnues. Pour remplir ces deux conditions à la fois, il suffira de recourir aux formules que fournit ma nouvelle méthode d'interpolation. A l'aide de ces formules, on pourra éliminer successivement, de chacune des équations données, la première, la seconde, la troisième, ... inconnue; et lorsque toutes les inconnues auront été éliminées, à l'exception d'une seule, une valeur approchée de cette dernière sera fournie par chacune des équations restantes. Ajoutons que les diverses valeurs approchées de la dernière inconnue seront égales entre elles, si le nombre des équations données est précisément le nombre des inconnues, mais différeront généralement les unes des autres dans le cas contraire. Observons, enfin, que la méthode en question fournira, entre les diverses valeurs approchées de chaque inconnue, une moyenne qui pourra être adoptée avec une grande confiance.

Les considérations précédentes pourront être utilement appliquées à la correction des éléments de l'orbite d'un astre. Entrons à ce sujet dans quelques détails.

Lorsque, en suivant la marche indiquée dans le Mémoire du 20 septembre, on a déterminé approximativement les distances d'un astre au Soleil et à la Terre, on peut en déduire immédiatement, à l'aide de formules très simples, les six éléments de l'orbite de cet astre. Toutefois, il importe de le remarquer, en vertu des calculs effectués et des formules dont il s'agit, les éléments de l'orbite dépendent, non seulement des longitudes et latitudes géocentriques de l'astre observé, mais encore de leurs dérivées du premier et du second ordre. Si, pour augmenter l'exactitude des résultats, on veut que les éléments de l'orbite soient finalement déterminés à l'aide des formules qui ne renferment aucune dérivée, il suffira de recourir aux équations finies du mouvement de l'astre observé. Ces dernières, transformées en équations approximatives, deviendront linéaires par rapport aux corrections des six éléments, et pourront alors se résoudre comme il a été dit ci-dessus. D'ailleurs, le nombre des équations à résoudre dépendra du nombre des observations données. Chaque observation fournissant deux équations linéaires entre les corrections des six éléments, trois observations pourront, à la rigueur, suffire au calcul des corrections cherchées; mais celles-ci seront mieux déterminées si l'on fait concourir à leur détermination un nombre d'observations plus considérable.

§ I. — *Formules générales pour la résolution d'un système d'équations approximatives et linéaires.*

Soient données, entre n inconnues $x, y, z, \ldots$, des équations linéaires et approximatives

$$(1)\qquad \left\{\begin{array}{l} ax + by + cz + \ldots = k, \\ a_{\prime}x + b_{\prime}y + c_{\prime}z + \ldots = k_{\prime}, \\ a_{\prime\prime}x + b_{\prime\prime}y + c_{\prime\prime}z + \ldots = k_{\prime\prime}, \\ \ldots\ldots\ldots\ldots\ldots\ldots \end{array}\right.$$

en nombre égal ou supérieur à celui des inconnues. Pour déduire de ces équations, par une méthode facile à suivre, et avec une grande exactitude, s'il est possible, les valeurs de x, y, z, ..., il suffira de recourir à la méthode que nous allons indiquer.

Désignons par $\mathrm{S}a$ la somme des valeurs numériques des termes de la suite a, $a_{,}$, $a_{,,}$, ..., et par $\mathrm{S}b$ la somme des termes de la suite b, $b_{,}$, $b_{,,}$, ..., pris chacun avec le signe + ou avec le signe −, selon que le terme correspondant de la suite a, $a_{,}$, $a_{,,}$, ... est positif ou négatif. Soient encore $\mathrm{S}c$, ... ou $\mathrm{S}k$ ce que devient $\mathrm{S}b$, quand à la suite b, $b_{,}$, $b_{,,}$, ... on substitue la suite c, $c_{,}$, $c_{,,}$, ..., ou la suite k, $k_{,}$, $k_{,,}$, ... On tirera des formules (1)

$$x\mathrm{S}a + y\mathrm{S}b + z\mathrm{S}c + \ldots = \mathrm{S}k. \tag{2}$$

Soient maintenant $\alpha = \frac{a}{\mathrm{S}a}$, $\alpha_{,} = \frac{a_{,}}{\mathrm{S}a}$, ..., et posons

$$\begin{array}{llll}
\Delta b = b - \alpha\,\mathrm{S}b, & \Delta c = c - \alpha\,\mathrm{S}c, & \ldots, & \Delta k = k - \alpha\,\mathrm{S}k,\\
\Delta b_{,} = b_{,} - \alpha_{,}\mathrm{S}b, & \Delta c_{,} = c_{,} - \alpha_{,}\mathrm{S}c, & \ldots, & \Delta k_{,} = k_{,} - \alpha_{,}\mathrm{S}k,\\
\ldots\ldots\ldots, & \ldots\ldots\ldots, & \ldots, & \ldots\ldots\ldots
\end{array}$$

Si, de la première, ou de la seconde, ou de la troisième, ... des formules (1), on retranche la formule (2), après avoir multiplié les deux membres de cette dernière par α, ou par $\alpha_{,}$, ou par $\alpha_{,,}$, ..., on obtiendra, à la place des équations (1), les suivantes

$$\left\{\begin{array}{l}
y\,\Delta b + z\,\Delta c + \ldots = \Delta k,\\
y\,\Delta b_{,} + z\,\Delta c_{,} + \ldots = \Delta k_{,},\\
y\,\Delta b_{,,} + z\,\Delta c_{,,} + \ldots = \Delta k_{,,},\\
\ldots\ldots\ldots\ldots\ldots\ldots
\end{array}\right. \tag{3}$$

qui ne renferment plus la variable x.

Concevons, à présent, que l'on désigne par $\mathrm{S}'\Delta b$ la somme des valeurs numériques des termes de la suite Δb, $\Delta b_{,}$, $\Delta b_{,,}$, ..., et soit $\mathrm{S}'\Delta c$, ... ou $\mathrm{S}'\Delta k$ la somme des termes correspondants de la suite Δc, $\Delta c_{,}$, $\Delta c_{,,}$, ... ou Δk, $\Delta k_{,}$, $\Delta k_{,,}$, ..., pris chacun avec le signe + ou avec le signe −, suivant que le terme correspondant de la suite Δb, $\Delta b_{,}$,

$\Delta b_{\prime\prime}$, ... est positif ou négatif. On tirera des équations (3)

$$(4)\qquad y\,\mathrm{S}'\Delta b + z\,\mathrm{S}'\Delta c + \ldots = \mathrm{S}'\Delta k;$$

puis, en posant

$$6 = \frac{\Delta b}{\mathrm{S}'\Delta b},\qquad 6_{\prime} = \frac{\Delta b_{\prime}}{\mathrm{S}'\Delta b},\qquad \ldots$$

et

$$\begin{array}{lll}
\Delta^2 c = \Delta c - 6\,\mathrm{S}'\Delta c, & \ldots, & \Delta^2 k = \Delta k - 6\,\mathrm{S}'\Delta k,\\
\Delta^2 c_{\prime} = \Delta c_{\prime} - 6'\mathrm{S}'\Delta c, & \ldots, & \Delta^2 k_{\prime} = \Delta k_{\prime} - 6_{\prime}\mathrm{S}'\Delta k_{\prime},\\
\ldots\ldots\ldots\ldots, & \ldots, & \ldots\ldots\ldots\ldots,
\end{array}$$

on tirera des formules (3), jointes à la formule (4),

$$(5)\qquad \left\{\begin{array}{l}
z\Delta^2 c + \ldots = \Delta^2 k,\\
z\Delta^2 c_{\prime} + \ldots = \Delta^2 k_{\prime},\\
z\Delta^2 c_{\prime\prime} + \ldots = \Delta^2 k_{\prime\prime},\\
\ldots\ldots\ldots\ldots
\end{array}\right.$$

En continuant ainsi, on substituera successivement aux équations (1) les équations (3), (5), etc.; et lorsqu'on aura successivement éliminé toutes les inconnues, à l'exception d'une seule, les équations restantes fourniront, pour la dernière inconnue, des valeurs approchées qui seront toutes égales entre elles, si le nombre des équations (1) est égal à celui des inconnues, mais pourront différer les unes des autres dans le cas contraire. Ajoutons que, pour déterminer avec une plus grande exactitude les valeurs des diverses inconnues, on devra généralement recourir aux formules (2), (4), et autres semblables, desquelles on tirera

$$(6)\qquad \left\{\begin{array}{l}
x = \dfrac{\mathrm{S}k}{\mathrm{S}a} - y\dfrac{\mathrm{S}b}{\mathrm{S}a} - z\dfrac{\mathrm{S}c}{\mathrm{S}a}\cdots,\\[2ex]
y = \dfrac{\mathrm{S}'\Delta k}{\mathrm{S}'\Delta b} - z\dfrac{\mathrm{S}'\Delta c}{\mathrm{S}'\Delta b}\cdots,\\[2ex]
z = \dfrac{\mathrm{S}''\Delta^2 k}{\mathrm{S}''\Delta^2 c}\cdots,\\
\ldots\ldots\ldots\ldots
\end{array}\right.$$

Ces dernières formules, rangées, non dans l'ordre suivant lequel elles sont écrites, mais dans un ordre inverse, fourniront ordinairement pour la dernière inconnue, puis pour l'avant-dernière, etc., des valeurs d'autant plus exactes, que la différence entre le nombre des équations approximatives données et le nombre des inconnues sera plus considérable.

L'ordre suivant lequel les diverses inconnues sont éliminées l'une après l'autre semble, au premier abord, demeurer entièrement arbitraire. Mais, pour tirer du calcul des résultats plus exacts, ou du moins des résultats qui méritent une plus grande confiance, il convient de choisir x, c'est-à-dire la première des inconnues à éliminer, de manière que la somme Sa soit la plus grande possible; puis ensuite de choisir y, c'est-à-dire la seconde des inconnues à éliminer, de manière que la somme $S'\Delta b$ soit la plus grande possible; etc.

On abrégerait le calcul, mais en diminuant le degré de confiance que ces résultats doivent inspirer, si, pour éliminer une inconnue, on se bornait à combiner entre elles, par voie de soustraction, les diverses équations, prises deux à deux, en retranchant la seconde de la première, la troisième de la seconde, et ainsi de suite, après avoir préalablement réduit à l'unité, dans chaque équation, le coefficient de l'inconnue qu'il s'agit d'éliminer.

§ II. — *Sur la détermination des éléments de l'orbite d'un astre.*

Conservons les notations des pages 384, 385, en substituant seulement la lettre χ à la lettre ψ, en sorte qu'on ait $\chi = \varphi - \varpi$. Les formules (1) et (4) de la page 385 donneront

$$(1) \qquad x = R\cos\varpi + \rho\cos\varphi, \qquad y = R\sin\varpi + \rho\sin\varphi, \qquad z = \rho\tan g\theta.$$

Soient d'ailleurs, au bout du temps t, ψ l'anomalie excentrique, et p la longitude héliocentrique de l'astre observé, mesurées dans le plan de l'orbite. Soient encore

$\mathfrak{p}$ la valeur de p correspondante au périhélie;

a, ε le demi grand axe et l'excentricité de l'orbite;

ι l'inclinaison de l'orbite, représentée par un angle aigu ou obtus, selon que le mouvement de l'astre est direct ou rétrograde;

ϖ la longitude héliocentrique du nœud ascendant;

T la durée de la révolution de l'astre dans son orbite;

$\lambda = \frac{2\pi}{T} = \left(\frac{K}{a^3}\right)^{\frac{1}{2}}$ le rapport de la circonférence 2π à T;

$-\frac{c}{\lambda}$ l'époque du passage de l'astre au périhélie.

Le rayon vecteur r et la longitude p seront déterminés, en fonction de t, par les formules connues

$$(2)\qquad \left\{\begin{aligned} &r = a(1-\varepsilon\cos\psi), \qquad \operatorname{tang}\frac{p-\mathrm{P}}{2} = \left(\frac{1+\varepsilon}{1-\varepsilon}\right)^{\frac{1}{2}}\operatorname{tang}\frac{\psi}{2},\\ &\psi - \varepsilon\sin\psi = \lambda t + c.\end{aligned}\right.$$

De plus, si l'on projette successivement le rayon vecteur r sur trois axes rectangulaires, dont le premier coïncide avec la ligne des nœuds, et le troisième avec l'axe des z, les trois projections pourront être exprimées, soit en fonction de x, y, z, ϖ, soit en fonction de r, p, ι; et en égalant l'une à l'autre les deux valeurs trouvées pour chaque projection, l'on aura

$$(3)\qquad \left\{\begin{aligned} x\cos\varpi + y\sin\varpi &= r\cos p,\\ y\cos\varpi - x\sin\varpi &= r\sin p\cos\iota,\\ z &= r\sin p\sin\iota.\end{aligned}\right.$$

Soient maintenant

ω la vitesse de l'astre observé;

u, v, w les projections algébriques de cette vitesse sur les axes des x, y, z;

H le double de l'aire décrite par le rayon vecteur r pendant l'unité de temps;

U, V, W les projections algébriques de cette aire sur les plans coordonnés;

I sa projection absolue sur le plan mené par la ligne des nœuds perpendiculairement au plan de l'écliptique.

On aura

$$(4)\quad \begin{cases} u = D_t x, & v = D_t y, & w = D_t z, \\ U = wy - vz, & V = uz - wx, & W = vx - uy, \\ \omega^2 = u^2 + v^2 + w^2, & H^2 = U^2 + V^2 + W^2, & I^2 = U^2 + V^2, \end{cases}$$

et les deux dernières des formules (3) donneront

$$(5)\quad x \sin \aleph - y \cos \aleph + z \cot \iota = 0, \qquad u \sin \aleph - v \cos \aleph + z \cot \iota = 0;$$

par conséquent,

$$(6)\quad \sin \aleph = \frac{U}{I}, \qquad \cos \aleph = -\frac{V}{I}, \qquad \cos \iota = \frac{W}{H}, \qquad \sin \iota = \frac{I}{H}.$$

De plus, les équations des forces vives et des aires donneront

$$(7)\quad \frac{1}{a} = \frac{2}{r} - \frac{\omega^2}{K}, \qquad 1 - \varepsilon^2 = \frac{H^2}{Ka}.$$

Les formules qui précèdent peuvent être appliquées de diverses manières au calcul des éléments de l'orbite. Ainsi, par exemple, après avoir déduit r, ρ, $D_t\rho$ des formules établies dans le Mémoire du 20 septembre, et $x, y, z, u, v, w, U, V, W, \omega, H, I$ des formules (1) et (4), on pourra tirer immédiatement les valeurs des éléments $\aleph$, ι, a, ε des formules (6), (7), puis la valeur de p de l'une quelconque des formules (3), et les valeurs de ψ, $\mathfrak{p}$, c des équations (2). Ajoutons que, en vertu des formules (1) et (3), on aura

$$(8)\quad \begin{cases} R \cos(\varpi - \aleph) + \rho \cos(\varphi - \aleph) = r \cos p, \\ R \sin(\varpi - \aleph) + \rho \sin(\varphi - \aleph) = r \sin p \cos \iota, \\ \rho \tang \theta = r \sin p \sin \iota \end{cases}$$

et, par suite,

$$(9)\quad \cot p = \frac{r^2(D_t l\rho + D_t\Theta) - r D_t r}{H}, \qquad \sin \iota = \frac{\rho \tang \theta}{r \sin p}.$$

Or ces dernières formules offrent un nouveau moyen de calculer p et ι.

Les calculs que nous venons d'indiquer peuvent être simplifiés de la manière suivante :

Faisons tourner ceux des axes coordonnés que renferme le plan de l'écliptique, de manière à faire coïncider l'axe des abscisses avec le rayon vecteur ρ, et nommons $\mathfrak{x}$, $\mathfrak{y}$, $\mathfrak{u}$, $\mathfrak{v}$, $\mathfrak{U}$, $\mathfrak{V}$ ce que deviennent alors x, y, u, v, U, V. Les six dernières des équations (4) et les formules (6) continueront à subsister quand on y remplacera x, y, u, v, U, V par $\mathfrak{x}$, $\mathfrak{y}$, $\mathfrak{u}$, $\mathfrak{v}$, $\mathfrak{U}$, $\mathfrak{V}$, et ȣ par $\text{ȣ} - \varphi$. On aura donc

$$(10)\quad \begin{cases} \mathfrak{U} = \mathfrak{w}\mathfrak{y} - \mathfrak{v}\mathfrak{z}, & \mathfrak{V} = \mathfrak{u}\mathfrak{z} - \mathfrak{w}\mathfrak{x}, \qquad W = \mathfrak{v}\mathfrak{x} - \mathfrak{u}\mathfrak{y}, \\ \omega^2 = \mathfrak{u}^2 + \mathfrak{v}^2 + \mathfrak{w}^2, & H^2 = \mathfrak{U}^2 + \mathfrak{V}^2 + W^2, \qquad I^2 = \mathfrak{U}^2 + \mathfrak{V}^2, \end{cases}$$

$$(11)\quad \sin(\text{ȣ} - \varphi) = \frac{\mathfrak{U}}{I}, \qquad \cos(\text{ȣ} - \varphi) = -\frac{\mathfrak{V}}{I}, \qquad \cos\iota = \frac{W}{H}, \qquad \sin\iota = \frac{I}{H}.$$

D'ailleurs, dans les équations (10), les valeurs de $\mathfrak{x}$, $\mathfrak{y}$, $\mathfrak{z}$, $\mathfrak{u}$, $\mathfrak{v}$, $\mathfrak{w}$ seront déterminées très simplement à l'aide des formules

$$(12)\qquad \mathfrak{x} = \rho + R\cos\chi, \qquad \mathfrak{y} = -R\sin\chi, \qquad \mathfrak{z} = \rho\,\mathrm{tang}\,\theta,$$

$$(13)\quad \begin{cases} \mathfrak{u} = \mathrm{D}_t\rho + \mathcal{R}\sin(\chi + \Pi), \\ \mathfrak{v} = \rho\,\mathrm{D}_t\varphi + \mathcal{R}\cos(\chi + \Pi), \\ \mathfrak{w} = (\mathrm{D}_t\rho + \rho\,\mathrm{D}_t\Theta)\,\mathrm{tang}\,\theta, \end{cases}$$

$\mathcal{R}$ et Π étant déterminés eux-mêmes par les équations

$$\mathrm{D}_t R = \mathcal{R}\sin\Pi, \qquad R\,\mathrm{D}_t\varpi = \mathcal{R}\cos\Pi.$$

§ II. — *Correction des éléments de l'orbite d'un astre.*

Supposons que, après avoir calculé approximativement, à l'aide des formules ci-dessus rappelées, les six éléments de l'orbite d'un astre, c'est-à-dire les six quantités a, ε, c, p, ȣ, ι, on veuille déterminer avec une grande exactitude les corrections très petites δa, $\delta\varepsilon$, δc, δp, $\delta\text{ȣ}$, $\delta\iota$, que ces éléments doivent subir. Il suffira de recourir aux équations finies du mouvement de l'astre, et de comparer entre elles les valeurs de r et de p tirées des formules (2) et (8) du § II. Cette comparaison fournira, entre les corrections δa, $\delta\varepsilon$, δc, δp, $\delta\text{ȣ}$, $\delta\iota$, supposées très petites, deux équations linéaires, dont l'une ne renfermera pas δp. Donc chaque observation fournira, entre les corrections des six éléments, deux équations distinctes. En résolvant les équations ainsi obtenues par la méthode exposée dans le § I, on obtiendra aisément les six corrections cherchées, comme je l'expliquerai plus en détail dans un nouvel article. Si l'astre a été observé plus de quatre fois, les corrections des seuls éléments a, ε, c, ϖ, ι pourront être déterminées séparément à l'aide des équations qui ne renfermeront pas δ_{p}.

386.

Astronomie. — *Mémoire sur la détermination et la correction des éléments de l'orbite d'un astre.*

C. R., T. XXV, p. 700 (15 novembre 1847).

On s'est occupé depuis longtemps de la détermination des éléments de l'orbite d'un astre; et ce problème, auquel se rapportaient déjà des travaux remarquables de Newton et d'Euler, a été de nos jours encore un sujet de recherches approfondies. A ma connaissance, l'un des travaux les plus récents sur la correction des éléments d'une orbite est le Mémoire présenté à l'Institut par M. Yvon Villarceau, vers la fin de l'année 1845, et approuvé par l'Académie. Le Rapport fait, au nom d'une Commission, par M. Binet, offre un résumé clair et précis de la question et des solutions que divers auteurs en ont données. Dans le Mémoire de M. Yvon Villarceau, les équations linéaires approximatives d'où se tirent les corrections des éléments sont, suivant la coutume, déduites, à l'aide du Calcul différentiel, des équations finies du mouvement, dans lesquelles on fait varier les six éléments de quantités très petites. Des équations ainsi formées sont effectivement celles qu'il convient d'employer, lorsqu'on veut obtenir les valeurs des éléments avec une grande exactitude. D'ailleurs, pour tirer le meilleur parti possible de ces mêmes équations, dont le nombre croît avec celui des observations données, il convient de recourir, pour leur résolution, à une méthode qui ait le double avantage de pouvoir être facilement pratiquée, et d'offrir une grande sûreté dans les résultats du calcul. Comme je l'ai déjà remarqué dans la dernière séance, ces deux conditions seront remplies, si l'on résout les équations approximatives dont il s'agit par un procédé analogue à celui sur lequel s'appuie ma nouvelle méthode d'interpolation. J'ajouterai que le même procédé fournit encore le moyen de calculer aisément les erreurs probables introduites par les observations dans les valeurs de la longitude et de la latitude géocentriques d'un astre. Enfin, à l'aide de quelques artifices, qui seront indiqués ci-après, on peut, non seulement simplifier les formules relatives à la détermination ou à la correction des éléments d'une orbite, mais aussi faire en sorte qu'il devienne à peu près impossible de commettre la moindre erreur de calcul sans en être immédiatement averti par les formules ellesmêmes.

Remarquons encore que la méthode ci-dessus rappelée pourrait être appliquée, si l'on veut, non plus aux équations linéaires fournies par les diverses observations, mais à celles qu'on en déduit par la méthode des *moindres carrés,* quelles que soient d'ailleurs les inconnues, représentées, ou par les six éléments de l'orbite de l'astre observé, ou par trois longitudes et trois latitudes géocentriques, comme l'a proposé notre jeune et illustre confrère, M. Le Verrier, dans un Mémoire justement recherché des vrais amis de la Science.

§ I. — *Sur la détermination des éléments de l'orbite d'un astre.*

Des avantages inhérents à la méthode d'interpolation que j'ai appliquée au développement de la longitude et de la latitude géocentriques d'un astre, l'un consiste en ce qu'on ne peut commettre la moindre erreur sans en être averti presque immédiatement par le calcul. Il importe d'employer pour la détermination des éléments d'une orbite des formules qui présentent le même avantage, et qui, étant d'ailleurs très simples, se prêtent facilement à l'emploi des logarithmes. On satisfait à ces diverses conditions en opérant comme il suit.

Conservons les notations adoptées dans le précédent Mémoire. Après avoir calculé r, ρ et $D_t\rho = A\rho$, on tirera des équations

$$(1)\qquad \mathfrak{x} = \rho + R\cos\chi, \qquad \mathfrak{y} = -R\sin\chi, \qquad \mathfrak{z} = \rho\,\mathrm{tang}\,\theta$$

les valeurs des coordonnées $\mathfrak{x}$, $\mathfrak{y}$, $\mathfrak{z}$, et l'on vérifiera l'exactitude de ces valeurs à l'aide de la formule

$$(2)\qquad \mathfrak{x}^2 + \mathfrak{y}^2 + \mathfrak{z}^2 = r^2;$$

puis on tirera des équations

$$(3)\qquad \begin{cases} \mathfrak{u} = D_t\rho + D_tR\cos\chi + R\,D_t\varpi\sin\chi, \\ \mathfrak{v} = \rho D_t\varphi - D_tR\sin\chi + R\,D_t\varpi\cos\chi, \\ \mathfrak{w} = (D_t\rho + \rho D_t\Theta)\,\mathrm{tang}\,\theta = (A + D_t\Theta)\,\mathfrak{z} \end{cases}$$

les valeurs des vitesses $\mathfrak{u}$, $\mathfrak{v}$, $\mathfrak{w}$, et l'on vérifiera l'exactitude de ces valeurs à l'aide de la formule

$$(4)\qquad G = \mathcal{S}\,D_tR + \varsigma D_t\rho + \rho\mathfrak{y}D_t\chi + \mathfrak{z}^2 D_t\Theta,$$

les valeurs de G, $\mathcal{S}$, ς étant

$$(5)\qquad G = r\,D_tr = \mathfrak{u}\mathfrak{x} + \mathfrak{v}\mathfrak{y} + \mathfrak{w}\mathfrak{z},$$

$$(6)\qquad \begin{cases} \mathcal{S} = R + \rho\cos\chi = \mathfrak{x}\cos\chi - \mathfrak{y}\sin\chi, \\ \varsigma = R\cos\chi + \rho\,\mathrm{séc}^2\theta = \mathfrak{x} + \mathfrak{z}\,\mathrm{tang}\,\theta; \end{cases}$$

puis enfin l'on tirera des équations

$$(7)\qquad \omega = \sqrt{\mathfrak{u}^2 + \mathfrak{v}^2 + \mathfrak{w}^2},$$

$$(8)\qquad \mathfrak{U} = \mathfrak{w}\mathfrak{y} - \mathfrak{v}\mathfrak{z}, \qquad \mathfrak{V} = \mathfrak{u}\mathfrak{z} - \mathfrak{w}\mathfrak{x}, \qquad W = \mathfrak{v}\mathfrak{x} - \mathfrak{u}\mathfrak{y},$$

$$(9)\qquad H = \sqrt{\mathfrak{U}^2 + \mathfrak{V}^2 + W^2}, \qquad I = \sqrt{\mathfrak{U}^2 + \mathfrak{V}^2}$$

les valeurs de la vitesse ω et des aires $\mathfrak{U}$, $\mathfrak{V}$, W, H, I, et l'on vérifiera l'exactitude de ces valeurs à l'aide des formules

$$(10)\qquad \omega^2r^2 = G^2 + H^2, \qquad H^2 = I^2 + W^2.$$

Cela posé, on pourra déterminer l'inclinaison ι et la longitude $\varkappa$ du nœud ascendant à l'aide des équations

$$(11)\qquad \sin(\varpi-\varphi)=\frac{\mathfrak{u}}{I},\qquad \cos(\varpi-\varphi)=-\frac{\mathfrak{v}}{I},\qquad \cos\iota=\frac{W}{H},\qquad \sin\iota=\frac{I}{H},$$

qui se vérifient mutuellement, puisqu'elles fournissent à la fois le sinus et le cosinus de chacun des angles ι, $\varpi-\varphi$; puis, après avoir tiré la valeur de $D_t r$ de l'équation $D_t r=\frac{G}{r}$, on déterminera l'angle p à l'aide des formules

$$(12)\qquad \sin p=\frac{z}{r\sin\iota},\qquad \cos p=\frac{wr-zD_t r}{H\sin\iota},$$

qui se vérifieront encore l'une l'autre. Ajoutons que, si l'on pose $\mathfrak{x}=\mathfrak{r}\cos\Phi$, $\mathfrak{y}=\mathfrak{r}\sin\Phi$ et, par conséquent,

$$\operatorname{tang}\Phi=\frac{\mathfrak{y}}{\mathfrak{x}},\qquad \mathfrak{r}=\frac{\mathfrak{x}}{\cos\Phi}=\frac{\mathfrak{y}}{\sin\Phi},$$

on pourra, aux deux premières des formules (11), substituer avec avantage les suivantes :

$$(13)\qquad \cos(\varphi+\Phi-\varpi)=\frac{r}{\mathfrak{r}}\cos p,\qquad \sin(\varphi+\Phi-\varpi)=\frac{r}{\mathfrak{r}}\sin p\cos\iota.$$

Enfin, après avoir déterminé a, ε par les équations

$$(14)\qquad \frac{1}{a}=\frac{2}{r}-\frac{\omega^2}{K},\qquad 1-\varepsilon^2=\frac{H^2}{Ka},$$

on déterminera ψ et $p-\mathfrak{p}$ à l'aide des formules

$$(15)\qquad \cos\psi=\frac{a-r}{a\varepsilon},\qquad \sin\psi=\frac{G}{\lambda a^2\varepsilon},$$

$$(16)\qquad \cos\frac{p-\mathfrak{p}}{2}=\left(\frac{a}{r}\right)^{\frac{1}{2}}(1-\varepsilon)^{\frac{1}{2}}\cos\frac{\psi}{2},\qquad \sin\frac{p-\mathfrak{p}}{2}=\left(\frac{a}{r}\right)^{\frac{1}{2}}(1+\varepsilon)^{\frac{1}{2}}\sin\frac{\psi}{2}.$$

Alors il ne restera plus qu'à déterminer l'élément c à l'aide de la formule

$$c=\psi-\varepsilon\sin\psi-\lambda t,$$

qui se réduit simplement à

$$c=\psi-\varepsilon\sin\psi,$$

quand on suppose le temps t compté à partir de l'époque de l'observation moyenne.

Je ferai, en terminant, une dernière remarque. Si l'on nomme $\mho$, ϑ les projections algébriques de l'aire H sur les plans perpendiculaires aux rayons vecteurs r, R menés de la Terre à l'astre observé, et du Soleil à la Terre, on aura

$$(17) \qquad \mho = \mathfrak{U}\cos\theta + H'\sin\theta, \qquad \vartheta = \mathfrak{U}\cos\chi - \mathfrak{V}\sin\chi;$$

et, en posant, pour abréger,

$$\Lambda = \mathrm{D}_t\varphi\cos\chi - \mathrm{D}_t\Theta\sin\chi, \qquad P = R^2\,\mathrm{D}_t\varpi\sin\theta; \qquad Q = \tfrac{1}{2}\Lambda R^2\sin 2\theta,$$

on tirera des formules (1), (3), (8)

$$(18) \qquad \rho\mho = -R\vartheta\cos\theta, \qquad \mho - P = \Lambda R\rho\sin\theta,$$

par conséquent

$$(19) \qquad \mho(\mho - P) + Q\vartheta = 0.$$

Soient maintenant $\rho_{,}$, $\mho_{,}$, $\vartheta_{,}$ et $\rho_{,,}$, $\mho_{,,}$, $\vartheta_{,,}$ ce que deviennent ρ, $\mho$, ϑ quand on attribue au temps t deux nouvelles valeurs $t_{,}$, $t_{,,}$. Si l'on prend pour inconnues ρ, $\rho_{,}$, $\rho_{,,}$ ou $\mho$, $\mho_{,}$, $\mho_{,,}$, les trois quantités ϑ, $\vartheta_{,}$, $\vartheta_{,,}$ pourront être considérées comme fonctions de ces inconnues; et l'équation (19), jointe à celles qu'on en déduit, quand au temps t on substitue $t_{,}$ ou $t_{,,}$, fournira un moyen de déterminer avec ρ, $\rho_{,}$, $\rho_{,,}$ les éléments de l'orbite de l'astre observé.

Au reste, je reviendrai, dans un autre article, sur ce sujet, auquel se rapportent plus ou moins directement les travaux de quelques géomètres, et particulièrement un Mémoire de Lagrange, inséré dans la *Connaissance des Temps* pour 1821.

§ II. — *Sur la correction des éléments de l'orbite d'un astre.*

Supposons les six éléments a, ε, c, p, $\varkappa$, ι déterminés approximativement à l'aide des formules indiquées dans le § I. Pour obtenir les conditions auxquelles devront satisfaire les corrections δa, $\delta\varepsilon$, δc, δp,

$\delta\vartheta$, $\delta\iota$ de ces mêmes éléments, supposées très petites, il suffira de transformer en équations linéaires approximatives les équations finies du mouvement de l'astre observé. Entrons à ce sujet dans quelques détails.

Soient, comme dans le précédent Mémoire, φ, θ la longitude et la latitude géocentriques de l'astre observé, r la distance de cet astre au Soleil, et p sa longitude héliocentrique mesurée dans le plan de l'orbite, à partir du nœud ascendant. Les valeurs de r et de p seront déterminées, au bout du temps t, par les formules (2) de la page 417, en fonction de t, a, ε, c, ϖ, et par les formules (8) de la page 418, en fonction de φ, θ, ϑ, ι. Nommons ∂r, ∂p les accroissements que prennent les valeurs de r et de p calculées comme on vient de le dire, quand on passe des formules (2) aux formules (8). Soient, d'ailleurs, δr, δp les variations de r et de p qui correspondent, en vertu des formules (2), à de très petites variations δa, $\delta\varepsilon$, δc, $\delta\varpi$ des quatre éléments a, ε, c, ϖ. Soient, au contraire, $\mathfrak{d}r$, $\mathfrak{d}p$ les variations de r et de p qui correspondent, en vertu des formules (8), à de très petites variations $\delta\vartheta$, $\delta\iota$ des éléments ϑ et ι. Si les valeurs de φ, θ correspondantes à une observation, par conséquent à une valeur donnée de t, ne sont affectées d'aucune erreur, on aura, pour cette valeur de t,

$$\partial r + \mathfrak{d}r = \delta r, \qquad \partial p + \mathfrak{d}p = \delta p$$

ou, ce qui revient au même,

$$\text{(1)} \qquad \delta r - \mathfrak{d}r = \partial r, \qquad \delta p - \mathfrak{d}p = \partial p.$$

Telle est la forme générale des deux équations linéaires que fournira chaque observation entre les six corrections δa, $\delta\varepsilon$, δc, $\delta\varpi$, $\delta\vartheta$, $\delta\iota$. En appliquant aux équations ainsi formées la méthode de résolution indiquée dans le précédent Mémoire, non seulement on obtiendra, pour les six éléments, des corrections qui devront inspirer une grande confiance, mais, de plus, les termes connus ∂r, ∂p donneront naissance à des différences finies de divers ordres, dont les dernières représenteront les erreurs probables introduites dans r et p par les erreurs dont

φ, θ se trouvent affectés en vertu des observations données. Dès lors, il deviendra facile de former deux nouvelles équations linéaires propres à fournir les erreurs probables de φ et de θ correspondantes à chaque observation.

Il est bon d'observer que, en vertu des formules (2) de la page 417, r est seulement fonction de a, ε, c, ι. Donc la première des formules (1) ne renfermera pas la correction $\delta \mathrm{p}$, et pourra servir à déterminer séparément les corrections des cinq éléments a, ε, c, $\varkappa$, ι, s'il s'agit de fixer l'orbite d'un astre qui ait été observé plus de quatre fois. Pour être en état d'appliquer à la détermination de cette orbite la première des formules (1), il suffit de connaître les valeurs de δr et de $\mathcal{A}r$ exprimées en fonctions linéaires des corrections δa, $\delta\varepsilon$, δc, $\delta\varkappa$, $\delta\iota$. Or, si l'on pose, pour abréger,

$$(2) \qquad \delta r = \mathcal{A}\,\delta a + \mathcal{E}\,\delta\varepsilon + \mathcal{C}\,\delta c, \qquad \mathcal{A}r = -\,\Omega\,\delta\varkappa - \mathcal{I}\,\delta\iota,$$

afin de réduire la première des équations (1) à la forme

$$(3) \qquad \mathcal{A}\,\delta a + \mathcal{E}\,\delta\varepsilon + \mathcal{C}\,\delta c + \Omega\,\delta\varkappa + \mathcal{I}\,\delta\iota = dr,$$

et, si, d'ailleurs, on conserve les notations adoptées dans le précédent paragraphe, on tirera des formules (2) de la page 417

$$(4) \qquad \left\{\begin{aligned} \mathcal{A} &= \frac{r}{a} - \frac{3}{2}\frac{a}{r}\lambda t\varepsilon\sin\psi,\\ \mathcal{E} &= -a\cos(p-\mathrm{p}),\\ \mathcal{C} &= \frac{a\varepsilon}{(1-\varepsilon^2)^{\frac{1}{2}}}\sin(p-\mathrm{p}), \end{aligned}\right.$$

et des formules (8) de la page 418

$$(5) \qquad \mathcal{I} = -\frac{\rho\varsigma}{\mathrm{R}\sin(\varpi-\varkappa)}\,\frac{\sin p}{\sin\iota}, \qquad \Omega = \frac{\rho\varsigma}{\mathrm{R}\sin(\varpi-\varkappa)}\cos p.$$

387.

Astronomie. — *Mémoire sur la détermination de l'orbite d'une planète, à l'aide de formules qui ne renferment que les dérivées du premier ordre des longitude et latitude géocentriques.*

C. R., T. XXV, p. 775 (29 novembre 1847).

Le Mémoire que Lagrange a donné dans la *Connaissance des Temps* pour l'année 1821 réduit la détermination de l'orbite d'un astre à la résolution d'une équation du septième degré, qui renferme les valeurs de la longitude et de la latitude géocentriques correspondantes à six observations faites dans le voisinage de trois époques diverses, la première observation étant supposée très voisine de la seconde, la troisième de la quatrième, et la cinquième de la sixième. Si l'on admet que l'intervalle compris entre deux observations voisines devienne infiniment petit, l'équation de Lagrange renfermera simplement, avec les longitude et latitude géocentriques relatives aux trois époques, les valeurs correspondantes des dérivées de ces deux variables, différentiées une seule fois chacune par rapport au temps. Or les dérivées du premier ordre des longitude et latitude géocentriques pouvant être déterminées avec beaucoup plus de précision que leurs dérivées d'ordres supérieurs, il est clair que la méthode citée de Lagrange offre un avantage qui serait très précieux dans la pratique, si l'on pouvait former et résoudre facilement l'équation du septième degré ci-dessus mentionnée. Pour y parvenir, il suffirait de trouver un moyen facile d'obtenir une valeur approchée de l'inconnue; et je m'étais d'abord proposé de résoudre ce dernier problème, surtout pour le cas où il s'agit d'une planète, c'est-à-dire d'une orbite très différente de la parabole, et à laquelle, en conséquence, la méthode d'Olbers ne saurait s'appliquer. Mais, après avoir obtenu la solution désirée, j'ai été agréablement surpris de voir que les principes dont je faisais usage, étant directement appliqués à la recherche des éléments de l'orbite, fournissaient, pour la détermination approximative de ces éléments, une méthode nouvelle très simple et très facile à suivre. Cette méthode est fondée sur l'emploi de formules qui ne renferment que des dérivées du premier ordre, et que je vais établir en peu de mots.

Soient, au bout du temps t,

r la distance d'une planète au Soleil;
ι sa distance à la Terre;
ρ la projection de ι sur le plan de l'écliptique;
φ, θ la longitude et la latitude géocentriques de la planète;
p la longitude de la planète, mesurée dans le plan de l'orbite à partir du nœud ascendant;
ψ l'anomalie moyenne de la planète;
R la distance de la Terre au Soleil;
ϖ la longitude héliocentrique de la Terre;
$\chi = \varphi - \varpi$ l'élongation;
$\mathcal{R} = R\sin\chi$ la projection de R sur une droite perpendiculaire à ρ.

Soient encore

ι l'inclinaison de l'orbite de la planète;
$\varkappa$ la longitude du nœud ascendant;
a le demi grand axe de l'orbite;
ε l'excentricité;
$K = \lambda^2 a^3$ la force attractive du Soleil;
$H = \sqrt{Ka(1-\varepsilon^2)}$ le double de l'aire décrite par le rayon vecteur r dans l'unité de temps;
$-\frac{\lambda}{c}$ l'époque du passage au périhélie;
ρ la valeur de p à cette époque;
U, V, W les projections algébriques de l'aire H sur les plans coordonnés et rectangulaires des x, y, des z, x et des x, y, le plan des x, y étant celui de l'écliptique.

Enfin, soient

$\upsilon = (U\cos\varphi + V\sin\varphi + W\,\text{tang}\,\theta)\cos\theta$, $\mathfrak{V} = \upsilon\cos\varpi + V\sin\varpi$ les projections de l'aire H sur les plans perpendiculaires aux rayons vecteurs ρ et R; et posons

$$\alpha = \sin 8 \sin \iota, \qquad 6 = \cos 8 \sin \iota, \qquad \gamma = c + \mathrm{p}, \qquad \Theta = \mathrm{l} \operatorname{tang} \theta.$$

On aura

$$(1) \qquad \begin{cases} R\cos(\varpi - 8) + \rho\cos(\varphi - 8) = r\cos p, \\ R\sin(\varpi - 8) + \rho\sin(\varphi - 8) = r\sin p\cos\iota, \end{cases}$$

$$(2) \qquad \rho \operatorname{tang}\theta = r\sin p \sin\iota,$$

$$(3) \qquad \begin{cases} r = a(1 - \varepsilon\cos\psi), \\ \operatorname{tang}\dfrac{p - \mathrm{p}}{2} = \left(\dfrac{1+\varepsilon}{1-\varepsilon}\right)^{\frac{1}{2}} \operatorname{tang}\dfrac{\psi}{2}, \\ \psi - \varepsilon\sin\psi = \lambda t + c. \end{cases}$$

Les orbites des planètes sont généralement comprises dans des plans assez rapprochés de celui de l'écliptique pour que $\cos\iota$ diffère très peu de l'unité. Par suite, on pourra, aux formules (1), substituer sans erreur notable les suivantes :

$$(4) \qquad \begin{cases} R\cos(\varpi - 8) + \rho\cos(\varphi - 8) = r\cos p, \\ R\sin(\varpi - 8) + \rho\sin(\varphi - 8) = r\sin p, \end{cases}$$

qui deviendront exactes, si l'inclinaison ι se réduit à zéro, l'angle 8 étant alors arbitraire. Donc, pour obtenir des valeurs très approchées des quatre éléments a, ε, c, p, quand il s'agit d'une planète, il suffit de considérer le cas où, ι étant nul, les variables t, r, p, ψ, ρ et φ seraient liées entre elles par les équations (3) et (4). Voyons donc comment on peut, dans ce dernier cas, déterminer les éléments de l'orbite.

On tire des formules (4)

$$(5) \qquad r\sin(\varphi - 8 - p) = \mathcal{R}.$$

Si l'on différentie cette dernière équation, alors, en ayant égard aux deux formules

$$r^2 \mathrm{D}_t p = H, \qquad r\,\mathrm{D}_t r = \lambda a^2 \varepsilon \sin\psi,$$

et en posant d'ailleurs, pour abréger,

$$D_t\varphi = \Phi, \qquad D_t\mathcal{R} = \mathfrak{R}, \qquad r\cos(\varphi - \varpi - p) = \frac{1}{\varsigma},$$

on trouvera

$$(6) \qquad \Phi - \varsigma\mathfrak{R} = \frac{H - \lambda a^2 \varepsilon \mathcal{R}\varsigma \sin\psi}{r^2}.$$

Or les excentricités des planètes étant de beaucoup inférieures à l'unité, on pourra, dans une première approximation, réduire la formule (6) à la suivante :

$$(7) \qquad \Phi - \varsigma\mathfrak{R} = \frac{H}{r^2}.$$

On aura d'ailleurs

$$(8) \qquad r^2 = \mathcal{R}^2 + \frac{1}{\varsigma^2}.$$

Cela posé, soit $t_{,}$ une seconde valeur de t qui ne soit pas très différente de la première, et nommons $\varsigma_{,}$, $\Phi_{,}$, $\mathcal{R}_{,}$, $\mathfrak{R}_{,}$ ce que deviendront ς, Φ, $\mathcal{R}$, $\mathfrak{R}$ au bout du temps $t_{,}$. Comme le rayon $r = a(1 - \varepsilon\cos\psi)$ variera généralement très peu dans l'intervalle de temps représenté par $t_{,} - t$, les valeurs de r^2 et de $\frac{H}{r^2}$ correspondantes aux deux époques indiquées par t et $t_{,}$ seront peu différentes l'une de l'autre. On aura donc sensiblement

$$(9) \qquad \begin{cases} \Phi_{,} - \varsigma_{,}\mathfrak{R}_{,} = \Phi - \varsigma\mathfrak{R}, \\ \mathcal{R}_{,}^2 + \dfrac{1}{\varsigma_{,}^2} = \mathcal{R}^2 + \dfrac{1}{\varsigma^2}. \end{cases}$$

Ces deux dernières formules suffisent à la détermination des valeurs approchées de ς, $\varsigma_{,}$. Si, pour plus de commodité, l'on pose

$$\mu = \frac{\varsigma + \varsigma_{,}}{2}, \qquad \nu = \frac{\varsigma_{,} - \varsigma}{2},$$

alors, en négligeant le carré de ν, on aura simplement

$$(10) \qquad \mu = \mathcal{A} + \mathcal{B}\mu^3,$$

les valeurs de $\mathcal{A}$, $\mathcal{B}$ étant

$$\mathcal{A} = \frac{\Phi_{,} - \Phi}{\mathfrak{R}_{,} - \mathfrak{R}}, \qquad \mathcal{B} = \frac{1}{4}\frac{\mathfrak{R}_{,} + \mathfrak{R}}{\mathfrak{R}_{,} - \mathfrak{R}}(\mathcal{R}_{,}^2 - \mathcal{R}^2).$$

Les valeurs de ς, $\varsigma_{,}$ étant connues, on tirera des formules (8) et (7) les valeurs approchées de r et de H, puis la valeur approchée de a, de la formule

$$(11) \qquad a = \frac{H^2}{K}.$$

Ajoutons que, r étant peu différent de a, on aurait pu, quoique moins aisément, déduire une première valeur approchée de a de la formule (7).

Il est bon d'observer que, si l'on pose $\Delta t = t_{1} - t$, et si d'ailleurs on nomme $\Delta\Phi$, $\Delta\mathfrak{R}$ les accroissements de Φ et de $\mathfrak{R}$ correspondants à l'accroissement Δt de t, la formule (10) donnera encore, à très peu près,

$$(12) \qquad \mu = \frac{\Delta\Phi}{\Delta\mathfrak{R}} + \frac{1}{2}\mathfrak{R}\frac{\Delta\mathcal{R}^2}{\Delta\mathfrak{R}}\mu^3.$$

Pour tirer parti des formules précédentes, il suffit de connaître quatre observations, faites dans le voisinage de deux époques diverses, la première observation étant supposée très voisine de la seconde, et la troisième de la quatrième. Alors les valeurs de $\Phi = D_t\varphi$ et de $\mathfrak{R} = D_t\mathcal{R}$, correspondantes à chaque époque, peuvent être réduites, sans erreur sensible, aux valeurs qu'acquièrent les rapports $\frac{\Delta\varphi}{\Delta t}$, $\frac{\Delta R}{\Delta t}$, quand on prend pour Δt l'intervalle de temps compris entre les deux observations voisines de l'époque dont il s'agit.

Remarquons encore que si, l'inclinaison ι étant nulle, on suppose, comme on est alors libre de le faire, $\varkappa = 0$, on pourra, de la formule (5), réduite à

$$(13) \qquad \sin(\varphi - p) = \frac{\mathcal{R}}{r},$$

déduire la valeur de l'angle p, auquel l'angle $\psi + \mathrm{p}$ devient égal quand

ε s'évanouit. Alors aussi, de la même formule jointe à la seconde des équations (3), on tirera

$$(14)\qquad (\cos\psi - \varepsilon)\sin(\varphi - \rho) - (1 - \varepsilon^2)^{\frac{1}{2}}\sin\psi\cos(\varphi - \rho) = \frac{\mathcal{R}}{a};$$

puis, en négligeant ε,

$$(15)\qquad \sin(\varphi - \psi - \rho) = \frac{\mathcal{R}}{a}.$$

Si, dans cette dernière formule, on remplace t par $t_1 = t + \Delta t$, on aura

$$(16)\qquad \sin(\varphi_1 - \psi_1 - \rho_1) = \frac{\mathcal{R}_1}{a},$$

la valeur de $\Delta\psi = \psi_1 - \psi$ étant donnée par l'équation

$$(17)\qquad \Delta\psi = \lambda\,\Delta t = \left(\frac{K}{a^3}\right)^{\frac{1}{2}}\Delta t.$$

Les formules (15), (16) sont celles dont M. Binet a fait usage pour déterminer, à l'aide des deux observations, la distance du Soleil à une planète dont l'orbite est supposée circulaire. Après avoir déduit, ou de ces formules, ou de celles que nous avons données ci-dessus, les valeurs approchées des distances a, r, avec celle de l'angle $\psi + \rho$ ou $\gamma + \lambda t$, et par suite la valeur approchée de γ, on pourra, en négligeant les termes proportionnels au carré ou aux puissances supérieures de l'excentricité, tirer de la formule (6), jointe aux formules (3) et (8), une équation linéaire entre la correction δa de la constante a et les constantes $\varepsilon\sin c$, $\varepsilon\cos c$, dont les premières valeurs approchées sont nulles; et, pour déterminer approximativement δa, $\varepsilon\sin c$, $\varepsilon\cos c$, il suffira de recourir à trois équations linéaires ainsi formées.

Ajoutons que, si à la formule (6) on substitue la formule (14), chaque équation linéaire renfermera les quatre inconnues δa, $\delta\gamma$, $\varepsilon\sin c$, $\varepsilon\cos c$. Donc alors quatre équations seront nécessaires pour déterminer ces inconnues. Mais, d'autre part, pour obtenir ces quatre équations linéaires, il suffira de faire usage de quatre observations seulement. D'ailleurs, les valeurs approchées de a, ε, c, γ, et, par suite, la valeur de $\mathfrak{p} = \gamma - c$ étant connues, on pourra corriger de nouveau ces valeurs approchées à l'aide de la formule (14) et des quatre observations données.

Les valeurs des constantes a, c, ε, $\mathfrak{p}$, déterminées comme on vient de le dire, et celles qu'on en déduira pour r, p, ψ, à l'aide des formules (3), seraient exactes, abstraction faite des perturbations, si le plan de l'orbite coïncidait rigoureusement avec le plan de l'écliptique, et si d'ailleurs les observations données n'étaient affectées d'aucune erreur. Ces valeurs ne seront pas exactes, mais très peu différentes des véritables, si l'astre observé est une planète pour laquelle l'inclinaison de l'orbite ne se réduise pas à zéro. Alors aussi, $\aleph$ n'étant plus arbitraire, la valeur qu'on aura trouvée pour $\mathfrak{p}$, en opérant comme on vient de le dire, sera effectivement celle de $\mathfrak{p} + \aleph$.

La valeur de r étant connue pour une époque donnée, on obtiendra les valeurs correspondantes de ι et ρ à l'aide des formules

$$(18) \qquad s^2 = r^2 - l^2, \qquad \iota = s - k, \qquad \rho = \iota \cos\theta,$$

dans lesquelles on a $k = R\cos\theta\cos\chi$, $l^2 = R^2 - k^2$; puis les valeurs de υ, ϑ, à l'aide des formules

$$(19) \qquad \upsilon = P + \Lambda R\rho\sin\theta, \qquad \vartheta = -\frac{\rho\upsilon}{R\cos\theta},$$

les valeurs de P, Λ étant

$$P = R^2 \mathrm{D}_t\varpi\sin\theta, \qquad \Lambda = \mathrm{D}_t\varphi\cos\chi - \mathrm{D}_t\Theta\sin\chi;$$

puis, enfin, les valeurs de α, β, à l'aide des formules

$$(20) \qquad \begin{cases} \alpha = \dfrac{\vartheta\cos\theta\sin\varphi - (\upsilon - H\sin\theta)\sin\varpi}{H\cos\theta\sin\chi}, \\[2ex] \beta = \dfrac{\vartheta\cos\theta\cos\varphi - (\upsilon - H\sin\theta)\cos\varpi}{H\cos\theta\sin\chi}, \end{cases}$$

dans lesquelles on a

$$H = \sqrt{Ka(1-\varepsilon^2)}.$$

Les équations (20), en donnant les valeurs de α, β, fournissent, par suite, celles de ι et ϑ, que l'on pourrait, au reste, déduire encore des formules (1), (3), (5), (9) et (11) des pages 422 et 423.

Ajoutons que les divers éléments obtenus comme on vient de le dire pourront être définitivement corrigés à l'aide des formules établies dans mon Mémoire du 15 novembre.

Je ne me suis pas contenté d'établir les formules générales qui précèdent; j'ai voulu m'assurer par l'expérience qu'elles donnent avec une grande facilité les éléments d'une orbite, et je les ai appliquées à la planète Hébé. Les différences entre les valeurs ainsi obtenues dès les premières approximations, et celles auxquelles j'avais été conduit par la méthode exposée dans le Mémoire du 20 septembre, sont extrêmement faibles, ainsi que je le montrerai plus en détail dans un autre article.

388.

ASTRONOMIE. — *Addition au Mémoire sur la détermination de l'orbite d'une planète, à l'aide de formules qui ne renferment que les dérivées du premier ordre des longitude et latitude géocentriques.*

C. R., T. XXV, p. 879 (13 décembre 1847).

Conservons les notations adoptées dans le Mémoire dont il s'agit (*voir* la séance du 29 novembre). On aura d'abord à résoudre, par rapport aux inconnues ς, $\varsigma_{,}$, les deux équations simultanées

$$(1)\qquad \Phi_{,}-\varsigma_{,}\mathfrak{B}_{,}=\Phi-\varsigma\mathfrak{B},\qquad \mathcal{R}_{,}^{2}+\frac{1}{\varsigma_{,}^{2}}=\mathcal{R}^{2}+\frac{1}{\varsigma^{2}}.$$

Si, pour plus de commodité, l'on pose

$$\mu=\frac{\varsigma+\varsigma_{,}}{2},\qquad \nu=\frac{\varsigma_{,}-\varsigma}{2},$$

on aura

$$\varsigma_{,}=\mu+\nu,\qquad \varsigma=\mu-\nu,\qquad \varsigma\varsigma_{,}=\mu^{2}-\nu^{2},$$

et les formules (1) donneront

$$(2)\qquad \Phi_{,}-\Phi=\mu(\mathfrak{B}_{,}-\mathfrak{B})+\nu(\mathfrak{B}_{,}+\mathfrak{B}),\qquad \mathcal{R}_{,}^{2}-\mathcal{R}^{2}=\frac{4\mu\nu}{(\mu^{2}-\nu^{2})^{2}}.$$

Si dans la dernière des formules (2) on substitue la valeur de ν tirée de la première, l'équation finale que l'on obtiendra sera du quatrième degré en μ. Il y a plus : si l'on néglige ν^2 vis-à-vis de μ^2, l'équation finale sera du troisième degré seulement et de la forme

$$(3)\qquad \mu=\mathcal{A}+\mathcal{B}\mu^{3}.$$

Il est d'ailleurs facile de s'assurer qu'il n'y aurait, sous le rapport de l'exactitude, aucun avantage à substituer l'équation du quatrième degré à celle du troisième, la différence entre les deux valeurs que fournissent ces deux équations étant généralement insensible.

Les valeurs approchées de ς, $\varsigma_{,}$ étant connues, on connaitra, par suite, la valeur approchée de r, et celles des constantes a, $\lambda=\left(\frac{K}{a^3}\right)^{\frac{1}{2}}$ et H, dont la dernière sera peu différente de $\sqrt{Ka}$. Ajoutons que la formule

$$(4)\qquad \sin(\varphi-\varpi-p)=\frac{\mathcal{R}}{r}$$

fournira, au bout du temps t, la valeur de la variable $p+\varpi$, qui sera peu différente de $c+\rho+\varpi+\lambda t$, et, par suite, une valeur approchée de la constante $c+\rho+\varpi$. Donc, si l'on pose, pour abréger,

$$(5)\qquad \gamma=c+\rho+\varpi,$$

on connaitra déjà les valeurs approchées des constantes a et γ. Pour obtenir des valeurs plus exactes des mêmes constantes, et en même temps des valeurs approchées des constantes $\varepsilon\sin c$, $\varepsilon\cos c$, il suffira d'appliquer la méthode linéaire à l'équation (4). Alors, en effet, en négligeant les termes proportionnels au carré de ε et à ses puissances supérieures, on trouvera, dans une première approximation,

$$(6)\qquad A\,\delta a+\Gamma\,\delta\gamma+(E\sin c+F\cos c)\varepsilon=\sin(\varphi-\gamma-\lambda t)-\frac{p}{a},$$

les valeurs de A, Γ, E, F étant

$$(7)\quad \left\{\begin{aligned} A &= -\frac{P}{a^2} - \frac{3\lambda t}{2a}\Gamma, & \Gamma &= \cos(\varphi - \gamma - \lambda t),\\ E &= \Gamma\cos\lambda t + \cos(\varphi - \gamma), & F &= \Gamma\sin\lambda t + \sin(\varphi - \gamma).\end{aligned}\right.$$

A l'aide de la formule (6) et de quatre observations, on déterminera les valeurs approchées des inconnues δa, $\delta\gamma$, $\varepsilon\sin c$, $\varepsilon\cos c$, par conséquent les valeurs approchées de ε, c. On pourra ensuite corriger de nouveau les valeurs trouvées de a, c, γ, ε, ou, ce qui revient au même, les valeurs de a, c, $\rho + \varpi$, ε, par la méthode linéaire appliquée à l'équation (4).

Il est bon d'observer que la valeur de p correspondante à $t = 0$ se trouve représentée par la somme $c + \rho + \varpi$, quand on néglige les termes proportionnels à ε, et par la somme $c + \rho + \varpi + 2\varepsilon\sin c$, quand on néglige seulement les termes proportionnels au carré ou aux puissances supérieures de ε. Il est aisé d'en conclure que, si l'on représentait par γ la valeur de p correspondante à $t = 0$, la formule (6) continuerait de subsister, avec cette seule modification, que la valeur du coefficient E y serait déterminée, non plus par la troisième des formules (9), mais par la suivante :

$$(8)\qquad E = \Gamma\cos\lambda t + \cos(\varphi - \gamma) - 2\Gamma.$$

Si à l'équation (4) on substituait sa dérivée

$$(9)\qquad \Phi - \varsigma\mathfrak{B} = \frac{H - \lambda a^2\varepsilon\mathcal{R}\varsigma\sin\psi}{r^2},$$

dans laquelle on a

$$\varsigma^2 = \frac{1}{r^2 - \mathcal{R}^2},$$

ou, ce qui revient au même, la formule

$$(10)\qquad (\Phi r^2 - H)^2(r^2 - \mathcal{R}^2) - (\mathfrak{B} r^2 - \lambda a^2\varepsilon\mathcal{R}\sin\psi)^2 = 0,$$

l'équation linéaire qu'on obtiendrait à la place de la formule (6) renfermerait seulement les trois inconnues

$$\delta a, \quad \varepsilon \sin c, \quad \varepsilon \cos c.$$

Les calculs précédents ne déterminent ni la longitude $\varkappa$ du nœud ascendant, ni l'inclinaison ι, dont le cosinus est supposé peu différent de l'unité. Si, après avoir trouvé les valeurs approchées de r et de $p + \varkappa$, on voulait en déduire celles des constantes $\varkappa$, ι, il suffirait d'opérer de la manière suivante :

D'abord on pourra tirer la valeur approchée de ρ de la formule

$$(10) \qquad \rho + R\cos\chi = r\cos(\varphi - p - \varkappa),$$

ou mieux encore des formules (18) de la page 433, puis celles des coordonnées x, y, z de l'astre observé, des trois formules

$$(11) \qquad x = R\cos\varpi + \rho\sin\varphi, \qquad y = R\sin\varpi + \rho\sin\varphi, \qquad z = \rho\,\text{tang}\,\theta.$$

Posant alors

$$(12) \qquad \alpha = \sin\varkappa\,\text{tang}\,\iota, \qquad 6 = \cos\varkappa\,\text{tang}\,\iota,$$

on aura, entre α, 6 et x, y, z, l'équation linéaire

$$(13) \qquad \alpha x - 6y + z = 0,$$

qui représente précisément le plan de l'orbite. On pourra donc, à l'aide de cette équation, et de deux observations distinctes, déterminer approximativement α, 6, ou, ce qui revient au même, ι et $\varkappa$.

Comme nous l'avons déjà remarqué, l'emploi de la formule (6) suppose $\cos\iota$ peu différent de l'unité, ce qui a généralement lieu pour les planètes. Mais, après avoir tiré des formules (1), (3), (11) et (13) des valeurs approchées de a, α et 6, on pourrait, sans recourir ni à l'équation (6), ni à la supposition sur laquelle elle s'appuie, déduire directement les corrections δa, $\delta\alpha$, $\delta 6$ avec les valeurs approchées des produits $\varepsilon\sin c$, $\varepsilon\cos c$, de cinq observations et de l'équation linéaire

$$(14) \qquad \delta a + \frac{s}{Sr}(x\,\delta\alpha - y\,\delta 6)\,\text{séc}\,\theta - a\varepsilon\cos(c + \lambda t) = r - a,$$

les valeurs de x, y, r, s, S étant déterminées à l'aide des formules

$$\begin{gathered}
X = \cos\varpi \operatorname{tang}\theta - \beta \sin\chi, \\
Y = \sin\varpi \operatorname{tang}\theta - \alpha \sin\chi, \\
Z = (\beta \sin\varpi - \alpha \cos\varpi) \operatorname{tang}\theta, \\
S = \alpha \cos\varphi - \beta \sin\varphi + \operatorname{tang}\theta,
\end{gathered}$$

$$x = \frac{R}{S} X, \qquad y = \frac{R}{S} Y, \qquad z = \frac{R}{S} Z,$$

$$r = \sqrt{x^2 + y^2 + z^2}, \qquad \iota = \frac{z}{\sin\theta}, \qquad s = \iota + R\cos\theta\cos\chi.$$

L'équation (14) est précisément celle à laquelle se réduit la formule (3) de la page 426, lorsqu'on y égale à zéro la première valeur approchée de r, et que l'on pose, en conséquence,

$$\mathcal{A} = 1, \qquad \mathcal{B} = 0, \qquad \mathcal{C} = -a\cos(c + \lambda t), \qquad \delta\varepsilon = \varepsilon.$$

Ajoutons que, après avoir déterminé approximativement a, γ, α, β, par conséquent a, ρ, ι, $\varkappa$, on peut faire servir les équations (1) de la page 425, combinées avec la formule $\delta\varepsilon = \varepsilon$, à déduire de quatre, ou même de trois observations, les quatre corrections δa, $\delta\rho$, $\delta\iota$, $\delta\varkappa$ avec les valeurs approchées de $\varepsilon \sin c$, $\varepsilon \cos c$.

389.

ASTRONOMIE. — *Mémoire sur deux formules générales, dont chacune permet de calculer rapidement des valeurs très approchées des éléments de l'orbite d'une planète ou d'une comète.*

C. R., T. XXV, p. 953 (27 décembre 1847).

Après avoir montré, dans une précédente séance, comment on peut, dans certains cas, ramener la détermination de l'orbite d'un astre à l'emploi des formules qui ne renferment que des dérivées du premier ordre, j'ai cherché s'il ne serait pas possible de faire dépendre une détermination prompte et facile de ces éléments de la résolution d'équations qui ne renferment plus aucune dérivée, et j'ai obtenu, en effet, deux équations très simples et très générales, dont chacune remplit la condition que je viens d'indiquer.

Les deux équations dont il s'agit peuvent être aisément formées. Si, en plaçant l'origine des coordonnées au centre du Soleil, on nomme x, y, z les coordonnées de l'astre observé, le plan de l'orbite de cet astre sera représenté par une équation linéaire en x, y, z sans terme constant. Donc, si l'on considère l'astre dans trois positions successives, la résultante formée avec les valeurs correspondantes de x, y, z sera nulle. En égalant cette résultante à zéro, on obtiendra la première des équations dont j'ai parlé. D'ailleurs, les coordonnées x, y, z peuvent être exprimées en fonction des données de l'observation et du rayon vecteur r, mené du Soleil à l'astre. D'autre part, ce rayon vecteur dépend seulement du temps et de trois éléments de l'orbite, savoir, de l'excentricité, du grand axe et de l'instant du passage au périhélie. Donc l'équation trouvée, jointe à cinq observations de l'astre, suffira pour déterminer ces trois éléments.

Ce n'est pas tout : si l'on nomme b le demi-paramètre de la courbe décrite, la différence $r - b$ sera encore liée à deux quelconques des coordonnées x, y, z par une équation linéaire qui ne renfermera pas de terme constant. Il en résulte que, dans l'équation trouvée, on pourra remplacer les trois valeurs de l'une quelconque des coordonnées x, y, z par les trois valeurs correspondantes de la différence $r - b$. On obtiendra ainsi la seconde des équations que j'ai annoncées. D'ailleurs, le rayon r et les coordonnées x, y, z peuvent être considérés comme fonctions des données de l'observation et des deux éléments qui déterminent la position du plan de l'orbite, c'est-à-dire comme fonctions de l'inclinaison et de la longitude du nœud ascendant. Donc l'équation nouvelle, jointe à cinq observations, suffira pour déterminer ces deux éléments et le paramètre de la courbe décrite.

Voyons maintenant quel parti l'on peut tirer des deux équations générales dont je viens d'indiquer la formation, et comment on peut se servir de chacune d'elles pour déterminer avec une grande approximation les trois éléments entre lesquels elle établit une liaison.

J'ai fait voir, dans les précédentes séances, qu'on peut, en général, obtenir avec une grande facilité une première valeur approchée du grand axe, et, par suite, des autres éléments de l'orbite, quand l'astre observé est une planète; et j'ajouterai que des formules connues on peut, dans tous les cas, déduire des équations très simples qui fournissent par un calcul rapide des valeurs approchées des éléments. Cela posé, il est clair que, pour déterminer avec une grande approximation les trois éléments de l'orbite, il suffira d'appliquer à l'une des équations ci-dessus mentionnées la méthode linéaire, en corrigeant, à l'aide de cinq observations notablement distantes l'une de l'autre, les premières valeurs obtenues pour les trois éléments dont il s'agit.

Analyse.

§ I. — *Sur les moyens d'obtenir une première approximation dans le calcul des éléments de l'orbite d'un astre.*

Nous avons précédemment indiqué un moyen d'obtenir aisément une valeur approchée de la distance d'un astre au Soleil, lorsque cet astre est une planète. Dans tous les cas, on peut déterminer approximativement, avec une assez grande facilité, la distance d'une planète ou d'une comète au Soleil, ou à la Terre, ou bien encore un ou plusieurs éléments de l'orbite de l'astre observé, en partant des formules connues qui servent à déterminer ces distances ou ces éléments en fonction des longitude et latitude géocentriques, et de leurs dérivées du premier ou du second ordre. Pour y parvenir, il suffira de substituer à chaque dérivée un rapport aux différences, en ayant égard aux prescriptions que nous allons établir.

Soient $t_{,}$, $t_{,,}$ les époques de deux observations très voisines, et posons

$$(1)\qquad t = \frac{t_{,} + t_{,,}}{2}, \qquad \Delta t = \frac{t_{,,} - t_{,}}{2}.$$

Soit, d'ailleurs, $f(t)$ l'une quelconque des variables dont les valeurs sont fournies par les observations. On tirera des formules (1)

$$t_{,} = t - \Delta t, \qquad t_{,,} = t + \Delta t;$$

et il suffira de développer $f(t_{,})$, $f(t_{,,})$ suivant les puissances ascendantes de Δt, pour s'assurer que l'on a

$$(2)\qquad f(t) = \frac{f(t_{,}) + f(t_{,,})}{2}$$

et

$$(3)\qquad D_t f(t) = \frac{f(t_{,,}) - f(t_{,})}{t_{,,} - t_{,}}$$

ou, ce qui revient au même,

$$(4)\qquad D_t f(t) = \frac{\Delta f(t)}{\Delta t},$$

en négligeant seulement, dans les seconds membres des équations (2), (3) et (4) des quantités proportionnelles au carré et aux puissances supérieures de Δt. Il est bon de remarquer : 1° que, dans la formule (4), Δt et $\Delta f(t)$ peuvent être censés représenter, non seulement les moitiés des deux différences $t_{,,} - t_{,}$, $f(t_{,,}) - f(t_{,})$, mais encore ces différences elles-mêmes; 2° que, dans chacune des formules (2), (4), la variable $f(t)$ peut être remplacée par son logarithme.

Supposons maintenant que $F(t)$ représente, non plus une des variables dont les valeurs sont fournies par les observations, mais une de leurs dérivées du premier ordre, ou bien encore une fonction de ces dérivées et des variables elles-mêmes. Une valeur approchée de $F(t)$ pourra aisément se déduire des formules (2) et (3). Mais la formule (4) ne suffira plus à la détermination, même approximative, de la fonction $D_t F(t)$, qui renfermera généralement, avec une ou plusieurs des variables dont il s'agit, leurs dérivées du premier et du second ordre. Pour effectuer cette détermination, on devra recourir à deux, ou même à trois couples d'observations, chaque groupe étant composé de deux observations très voisines l'une de l'autre. Soient t, t', t'' les valeurs du temps correspondantes à ces trois groupes, chacune de ces valeurs étant la moyenne arithmétique entre les époques des deux observations qui composent un même groupe. Si l'on a

$$t = \frac{t' + t''}{2},$$

alors, en négligeant seulement les quantités proportionnelles au carré et aux puissances supérieures des différences $t - t'$, $t'' - t$, on trouvera

$$\text{(5)} \qquad D_t F(t) = \frac{F(t'') - F(t')}{t'' - t'}.$$

Dans le cas contraire, on aura, sous la même condition,

$$\text{(6)} \qquad D_t F(t) = \frac{t - t'}{t'' - t'} \frac{F(t'') - F(t)}{t'' - t} + \frac{t'' - t}{t'' - t'} \frac{F(t) - F(t')}{t - t'}.$$

Lorsqu'on veut tirer parti de ces considérations pour déterminer approximativement la position du plan de l'orbite d'un astre, il est utile d'introduire dans le calcul certains angles auxiliaires, comme je vais l'expliquer en quelques mots.

Soient, au bout du temps t,

φ et θ la longitude et la latitude géocentriques de l'astre observé;
ι l'inclinaison de son orbite, représentée par un angle inférieur à deux droits;
$\varkappa$ la longitude du nœud ascendant;
ϖ la longitude héliocentrique de la Terre;
$\chi = \varphi - \varpi$ l'élongation;
R la distance de la Terre au Soleil;
H l'aire décrite par le rayon vecteur r mené du Soleil à l'astre observé;

U, V, W les projections algébriques de cette aire sur les trois plans coordonnés des y, z, des z, x et des x, y, le dernier plan étant le plan même de l'écliptique.

L'équation linéaire qui existe entre les trois constantes U, V, W fournira le moyen de calculer le rapport $\frac{U}{V}$ (*voir* page 218), et, par suite, les deux éléments ȣ et ι. En effet, soit h la quantité dont la valeur numérique est donnée par la formule

$$h = \mathrm{L}e \sin 1'' = 0,0000210552,$$

e étant la base des logarithmes hyperboliques, et la lettre L indiquant un logarithme décimal. Supposons encore que, les angles étant exprimés en secondes sexagésimales, on nomme τ un angle auxiliaire déterminé par la formule

$$\operatorname{tang}\tau = \frac{\mathrm{D}_t \mathrm{L} \operatorname{tang}\theta}{h \mathrm{D}_t \varphi},$$

et faisons

$$\Omega = \frac{\operatorname{tang}\theta}{\cos\tau} \mathrm{D}_t \varphi,$$

$$P = \Omega \sin(\tau + \chi), \qquad Q = \Omega \cos(\tau + \chi),$$

$$\varsigma = \frac{1}{2} \mathrm{D}_t \mathrm{L} Q + \mathrm{D}_t \mathrm{L} R + \frac{h}{2} \frac{P}{Q} \mathrm{D}_t \varpi,$$

$$\mathfrak{a} = \mathrm{D}_t \mathrm{L} \cos\varphi - \varsigma, \qquad \mathfrak{b} = \mathrm{D}_t \mathrm{L} \sin\varphi - \varsigma, \qquad \mathfrak{c} = \mathrm{D}_t \mathrm{L} \operatorname{tang}\theta - \varsigma,$$

$$\mathfrak{P} = \frac{\mathfrak{a}}{\mathfrak{c}} \frac{\cos\varphi}{\operatorname{tang}\theta}, \qquad \mathfrak{Q} = \frac{\mathfrak{b}}{\mathfrak{c}} \frac{\sin\varphi}{\operatorname{tang}\theta};$$

on trouvera

$$(7) \qquad \operatorname{tang} \text{ȣ} = \frac{\mathfrak{Q}' - \mathfrak{Q}}{\mathfrak{P}' - \mathfrak{P}} = \frac{\mathfrak{Q}'' - \mathfrak{Q}}{\mathfrak{P}'' - \mathfrak{P}},$$

$\mathfrak{P}'$ et $\mathfrak{Q}'$ ou $\mathfrak{P}''$ et $\mathfrak{Q}''$ étant ce que deviennent $\mathfrak{P}$ et $\mathfrak{Q}$ quand t se change en t' ou en t''.

De plus, en supposant l'angle auxiliaire Φ déterminé par la formule

$$\cot\Phi \, \mathrm{D}_t \varphi = \frac{\varsigma}{h} + \cot(\varpi + \text{ȣ}) \mathrm{D}_t \varpi - \frac{P}{Q} \mathrm{D}_t \varpi,$$

on trouvera encore

$$\text{(8)} \qquad \operatorname{tang} \iota = \frac{\sin(\tau + \Phi)}{\sin(\varphi + \varpi + \Phi)} \operatorname{tang} \theta.$$

A l'aide des formules (2), (4), (6), (7) et (8), et de trois groupes d'observations, composés chacun de deux observations voisines, on déterminera aisément des valeurs approchées des éléments ι et ϖ. On pourra ensuite obtenir pour ces mêmes éléments des corrections qui seront déjà très peu différentes des véritables, en appliquant la méthode linéaire aux formules données par Lagrange dans la *Connaissance des Temps* pour 1821, ou, ce qui revient au même, à la formule (19) de la page 424.

§ II. — *Sur les moyens d'obtenir, avec une grande approximation, les éléments d'une orbite, à l'aide de cinq observations.*

Supposons que, le centre du Soleil étant pris pour origine des coordonnées, et le plan de l'écliptique pour plan des x, y, on compte les z positives du côté du pôle boréal; et soient, au bout du temps t,

x, y, z les coordonnées de l'astre observé;
r la distance de cet astre au Soleil;
b le demi-paramètre de l'orbite décrite;
H le double de l'aire décrite pendant l'unité de temps par le rayon r;
U, V, W les projections algébriques de cette aire sur les plans coordonnés.

L'équation du plan de l'orbite sera

$$\text{(1)} \qquad Ux + Vy + Wz = 0.$$

Concevons maintenant que, à l'aide d'un ou deux accents placés au bas de chaque variable, on désigne la valeur que prend cette variable quand on remplace t par $t_{,}$ ou par $t_{,,}$. La formule (1) continuera de subsister quand on y remplacera x, y, z par $x_{,}, y_{,}, z_{,}$ ou par $x_{,,}, y_{,,}, z_{,,}$.

et l'on aura, en conséquence,

$$(2)\qquad xy_{,}z_{,,}-xy_{,,}z_{,}+x_{,}y_{,,}z-x_{,}yz_{,,}+x_{,,}yz_{,}-x_{,,}y_{,}z=0.$$

On peut d'ailleurs, comme on sait, arriver directement à cette équation, en observant que le volume du tétraèdre qui a pour arêtes les rayons vecteurs r, $r_{,}$, $r_{,,}$ s'évanouit, puisque l'orbite est plane. Ajoutons que, dans la formule (2), x, y, z peuvent être exprimés en fonction linéaire de la distance ι de l'astre à la Terre, les coefficients étant des données de l'observation; et, comme r, ι sont d'ailleurs liés entre eux par une équation connue du second degré, il en résulte que les coordonnées x, y, z peuvent être considérées comme fonctions de r. Donc aussi ces coordonnées peuvent être considérées comme fonctions du temps et des trois éléments desquels dépend le rayon r, savoir, du grand axe, de l'époque du passage de l'astre au périhélie et de l'excentricité. Donc, en supposant déjà connues des valeurs approchées de ces trois éléments, on pourra les corriger séparément à l'aide de la méthode linéaire appliquée à la formule (2) et de cinq observations.

Remarquons maintenant que, si aux trois variables x, y, z on joint la variable $r-b$, on pourra établir, entre cette quatrième variable et deux quelconques des trois autres, une équation linéaire qui, comme la formule (1), ne renfermera pas de terme constant. Donc la formule (2) continuera de subsister si l'on y remplace les trois valeurs de l'une des coordonnées par les trois valeurs correspondantes de $r-b$. On aura, par exemple,

$$(3)\qquad \left\{\begin{aligned}&(x_{,}y_{,,}-x_{,,}y_{,})(r-b)+(x_{,,}y-xy_{,,})(r_{,}-b)\\&\qquad\qquad+(xy_{,}-x_{,}y)(r_{,,}-b)=0\end{aligned}\right.$$

ou, ce qui revient au même,

$$(4)\qquad b=\frac{(x_{,}y_{,,}-x_{,,}y_{,})r+(x_{,,}y-xy_{,,})r_{,}+(xy_{,}-x_{,}y)r_{,,}}{x_{,}y_{,,}-x_{,,}y_{,}+x_{,,}y-xy_{,,}+xy_{,}-x_{,}y}.$$

D'ailleurs, comme nous l'avons dit, x, y, z peuvent être exprimés en fonction linéaire de la distance $\mathfrak{r}$ de l'astre à la Terre, les coefficients étant des données de l'observation. Effectivement, si l'on conserve les notations adoptées dans le § I, on aura

(5) $x = R\cos\varpi + \mathfrak{r}\cos\varphi\cos\theta, \quad y = R\sin\varpi + \mathfrak{r}\cos\varphi\cos\theta, \quad z = \mathfrak{r}\sin\theta.$

D'autre part, de l'équation (1), jointe aux formules (4), on tirera

(6) $$\mathfrak{r} = -R\frac{(U\cos\varphi + V\sin\varphi)\cos\theta + W\sin\theta}{U\cos\varpi + V\sin\varpi}.$$

Enfin, les aires U, V, W sont liées aux éléments $\aleph$, ι, b par les formules

$$U = W\sin\aleph\tang\iota, \qquad V = -W\cos\aleph\tang\iota,$$

$$U^2 + V^2 + W^2 = H^2 = Kb,$$

K étant la force attractive du Soleil; et, en conséquence, la formule (6) donne

(7) $$\mathfrak{r} = R\frac{\sin\theta\cot\iota - \sin(\varphi - \aleph)}{\sin(\varpi - \aleph)}.$$

Donc $\mathfrak{r}$ et, par suite, x, y, z peuvent être considérés comme des fonctions des éléments $\aleph$, ι et des données de l'observation. Enfin, on peut en dire autant du rayon r déterminé par la formule

$$r = \sqrt{x^2 + y^2 + z^2}.$$

Cela posé, il est clair que, en supposant déjà connues des valeurs approchées des trois éléments ι, $\aleph$, b, ou même seulement des deux éléments ι et $\aleph$, on pourra les corriger immédiatement à l'aide de la méthode linéaire appliquée à la formule (2) ou (4), et de cinq observations.

390.

Astronomie. — *Rapport sur un Mémoire de M.* de Gasparis, *relatif à deux équations qui donnent la longitude du nœud et l'inclinaison de l'orbite d'un astre, à l'aide d'observations géocentriques convenablement combinées.*

C. R., T. XXV, p. 797 (29 novembre 1847).

L'Académie nous a chargés, MM. Sturm, Liouville et moi, de lui rendre compte d'un Mémoire de M. de Gasparis, sur la détermination du plan de l'orbite d'un astre, à l'aide d'observations géocentriques. La méthode que l'auteur propose pour résoudre ce problème a beaucoup d'analogie avec celle que Lagrange a donnée dans la *Connaissance des Temps* pour l'année 1821; et par suite, pour faire comprendre ce qu'il y a de neuf dans le travail de M. de Gasparis, il sera utile de rappeler d'abord en peu de mots la solution de Lagrange.

Les deux inconnues dont Lagrange commence par rechercher les valeurs sont : l'inclinaison de l'orbite de l'astre observé et la longitude du nœud ascendant, ou plutôt deux quantités respectivement égales aux produits qu'on obtient quand on multiplie la tangente de l'inclinaison par les sinus et cosinus de la longitude du nœud. Lagrange fait voir qu'on peut exprimer facilement, en fonction de ces inconnues et des données fournies par deux observations, l'aire du triangle formé par les deux rayons vecteurs menés du Soleil à l'astre observé, ainsi que la projection de cette aire sur le plan de l'écliptique. En effet, cette projection se trouve représentée par une fraction rationnelle dont le numérateur et le dénominateur, exprimés en fonction de ces inconnues, sont l'un du premier, l'autre du second degré. De plus, lorsque les deux observations dont il s'agit sont voisines l'une de l'autre, l'aire du triangle formé par les deux rayons vecteurs se confond sensiblement avec l'aire du secteur compris entre les mêmes rayons; et, comme le montre Lagrange, le rapport de ces deux aires sera très voisin de l'unité, la différence étant une quantité très petite du second ordre, si les différences entre les quantités correspondantes aux deux observations sont considérées comme très petites du premier ordre. Donc, en négligeant les quantités du second ordre, on pourra représenter le secteur lui-même par la fraction rationnelle dont nous avons parlé.

D'autre part, en vertu d'une loi de Képler, le secteur compris entre les deux rayons vecteurs menés du Soleil à l'astre que l'on considère aux époques des deux observations données est le produit d'une constante par l'intervalle de temps compris entre les deux époques. Donc un système de deux observations voisines permet d'exprimer cette constante par une fraction du genre de celle que nous avons indiquée; donc trois systèmes composés chacun de deux observations voisines fourniront, pour la même constante, trois valeurs qui, égalées entre elles, produiront deux équations entre les deux inconnues. Il est d'ailleurs aisé de s'assurer que, en éliminant une des inconnues, on arrive à une équation finale du septième degré.

Comme on le voit, la méthode suppose que les intervalles de temps compris entre la première et la seconde observation, entre la troisième et la quatrième, entre la cinquième et la sixième sont très petits. Mais, d'ailleurs, comme Lagrange a soin de le remarquer, les intervalles de temps compris entre la seconde et la troisième, et entre la quatrième et la cinquième, pourront être quelconques; et il est même avantageux de les prendre les plus grands que l'on peut, afin que les trois équations soient le plus différentes qu'il est possible.

Pour passer de la méthode de Lagrange à la méthode de M. de Gasparis, il suffit de supposer que les deux derniers intervalles se réduisent à zéro, c'est-à-dire que la troisième observation ne diffère pas de la seconde, ni la cinquième de la quatrième. Alors, les six observations étant réduites à quatre, les trois fractions que l'on égale entre elles deux à deux fournissent deux équations, dont chacune se simplifie, attendu que les dénominateurs de ces fractions offrent des facteurs communs qui peuvent être supprimés sans inconvénient. Après cette suppression, on obtient seulement deux équations du second degré entre les deux inconnues; et par suite l'équation finale, produite par l'élimination, s'abaisse au quatrième degré.

On serait, au premier abord, tenté de croire que la remarque de Lagrange, ci-dessus rappelée, est un motif suffisant de repousser la solution de M. de Gasparis; et, dans la réalité, cette solution, plus facile à obtenir, sera certainement moins exacte. Il arrivera même assez souvent que beaucoup d'incertitude régnera sur les résultats du calcul appliqué à quatre observations consécutives. Mais rien n'empêche de tirer l'équation du quatrième degré d'une élimination opérée entre les équations qui correspondent à deux groupes composés chacun de trois observations voisines; et, par conséquent, il était utile de remarquer la simplification et l'abaissement de l'équation que fournit un semblable groupe. Fondés sur ces considérations, les Commissaires proposent à l'Académie de voter des remercîments à l'auteur du Mémoire.

391.

Astronomie. — *Note sur l'abaissement que l'on peut faire subir au degré de l'équation donnée par Lagrange dans la* Connaissance des Temps *pour l'année* 1821.

C. R., T. XXVI, p. 27 (10 janvier 1848).

Le Mémoire lu par Lagrange à l'Académie de Berlin le 24 février 1780, puis inséré dans les *Éphémérides de Berlin* de 1783, et plus tard dans la *Connaissance des Temps* pour l'année 1821, réduit la détermination du plan de l'orbite d'un astre à une équation du septième degré, dont l'emploi exige la connaissance de trois couples d'observations, qui, prises deux à deux, soient très voisines l'une de l'autre. *Il semble,* dit Lagrange dans ce Mémoire, *que le septième degré soit une limite au-dessous de laquelle il ne soit pas possible de rabaisser le problème dont il s'agit:* et pourtant, une circonstance assez singulière, c'est que l'une des deux équations qui suggérait cette réflexion à Lagrange, l'équation même à laquelle il parvient dans le Mémoire de 1780, peut être abaissée du septième degré au sixième. Cette remarque ne paraîtra peut-être pas sans importance, surtout si l'on considère que les limites des racines d'une équation du sixième degré sont, comme l'a prouvé M. Corancez, données par une équation du quatrième, c'est-à-dire par une équation que l'on sait résoudre algébriquement. Ajoutons que l'équation du sixième degré peut être aisément formée, comme on le verra dans cette Note, et que, si les observations comprises dans un même groupe deviennent infiniment voisines, elle renfermera uniquement, avec la longitude et la latitude géocentriques de l'astre observé, leurs dérivées du premier ordre. Il est d'ailleurs évident que, si aux trois groupes d'observations données on ajoute un quatrième groupe, on pourra former deux équations semblables du sixième degré, auxquelles devra satisfaire la même inconnue, qui sera la racine commune aux deux équations dont il s'agit.

Analyse.

Conservons les notations adoptées dans la séance du 15 novembre, et nommons C le double de l'aire décrite dans l'unité de temps par le rayon vecteur mené du Soleil à la Terre. On aura

$$\mathfrak{v} = (U\cos\varphi + V\sin\varphi)\cos\theta + W\sin\theta, \qquad \mathfrak{V} = U\cos\varpi + V\sin\varpi.$$

Posons d'ailleurs

$$\mathfrak{L} = \frac{\mathfrak{v}}{\sin\theta} - W = \frac{U\cos\varphi + V\sin\varphi}{\tan\!g\,\theta},$$

$$\mathfrak{M} = \mathfrak{L} + \frac{\Lambda R^2}{C\,\tan\!g\,\theta}\mathfrak{V},$$

$$\mathfrak{N} = \mathfrak{L} - \frac{\Lambda R^2}{C\,\tan\!g\,\theta}\mathfrak{V};$$

$\mathfrak{L}$, $\mathfrak{M}$, $\mathfrak{N}$ seront des fonctions entières et linéaires de U, V, les coefficients étant des données de l'observation, et l'équation fondamentale de laquelle part Lagrange donnera

$$(1) \qquad C - W = \frac{\mathcal{L}^2 + \mathfrak{M}\,W}{\mathfrak{N} + W}.$$

Concevons maintenant que le temps t soit remplacé successivement par t', t'', et posons $\Delta t = t' - t$, $\Delta t' = t'' - t'$, $\Delta^2 t = \Delta t' - \Delta t$. On tirera de la formule (1)

$$(2) \qquad C - W = \frac{\mathcal{L}^2 + W\mathfrak{M}}{\mathfrak{N} + W} = \frac{\Delta\mathcal{L}^2 + W\,\Delta\mathfrak{M}}{\Delta\mathfrak{N}} = \frac{\Delta^2\mathcal{L}^2 + W\,\Delta^2\mathfrak{M}}{\Delta^2\mathfrak{N}};$$

et, par suite, si l'on pose, pour abréger,

$$(3) \qquad \left\{ \begin{aligned} \Omega = (\Delta\mathfrak{M}\,\Delta^2\mathfrak{N} - \Delta\mathfrak{N}\,\Delta^2\mathfrak{M})\mathcal{L}^2 + (\mathfrak{N}\,\Delta^2\mathfrak{M} - \mathfrak{M}\,\Delta^2\mathfrak{N})\,\Delta\mathcal{L}^2 \\ + (\mathfrak{M}\,\Delta\mathfrak{N} - \mathfrak{N}\,\Delta\mathfrak{M})\,\Delta^2\mathcal{L}^2, \end{aligned} \right.$$

on a

$$(4) \qquad \left\{ \begin{aligned} &\Omega(\Delta\mathfrak{M}\,\Delta^2\mathfrak{N} - \Delta\mathfrak{N}\,\Delta^2\mathfrak{M}) \\ &\quad = (\Delta\mathcal{L}^2\,\Delta^2\mathfrak{M} - \Delta\mathfrak{M}\,\Delta^2\mathcal{L}^2)(\Delta\mathcal{L}^2\,\Delta^2\mathfrak{N} - \Delta\mathfrak{N}\,\Delta^2\mathcal{L}^2). \end{aligned} \right.$$

Or cette dernière équation sera homogène et du sixième degré, en U et V, et déterminera immédiatement le rapport $\frac{U}{V} = -\operatorname{tang}\varpi$.

392.

Astronomie. — *Mémoire sur quelques propriétés remarquables des fonctions interpolaires, et sur le parti qu'on en peut tirer pour une détermination sûre et facile des éléments de l'orbite d'une planète ou d'une comète.*

C. R., T. XXVI, p. 29 (10 janvier 1848).

Dans les méthodes généralement employées pour la détermination de l'orbite d'un astre, on ne sait jamais *a priori* quel sera le degré d'approximation que présenteront les valeurs calculées des éléments de cette orbite, et même, lorsque le calcul est achevé, on ne peut ordinairement se former une idée précise de l'exactitude de la solution obtenue, avant d'avoir soumis cette solution à de nouvelles épreuves, et avant d'avoir déduit d'observations assez nombreuses, à l'aide de la méthode linéaire, les corrections des éléments. Ce serait donc rendre service aux astronomes que d'établir une méthode qui indiquât elle-même le degré de précision des résultats qu'elle fournirait, de manière à ne point exposer ceux qui voudraient la suivre à faire des calculs inutiles. Quelques propriétés remarquables des fonctions interpolaires permettent d'atteindre ce but. Entrons, à ce sujet, dans quelques détails.

Les éléments de l'orbite d'un astre étant au nombre de six, il est nécessaire, pour les déterminer, d'établir entre ces éléments au moins six équations. D'ailleurs, trois valeurs données de deux fonctions de ces éléments et du temps, par exemple de la longitude et de la latitude géocentriques de l'astre, suffiront à fournir six équations de cette espèce. Donc la solution du problème pourra se déduire de trois observations complètes. Mais la solution ainsi trouvée ne sera pas unique : deux orbites différentes peuvent répondre au système de trois observations données, et par suite, dans le cas général, pour déterminer sans aucune incertitude tous les éléments de l'orbite d'un astre, il sera nécessaire de connaître au moins quatre observations.

Il est bon d'observer que, étant données trois valeurs d'une variable, par exemple de la longitude géocentrique, considérée comme fonction du temps t, on pourra en déduire immédiatement des valeurs de fonctions interpolaires du premier et du second ordre. Une quatrième valeur de la fonction principale permettrait de calculer en outre une valeur particulière d'une fonction interpolaire du troisième ordre; et, si les observations données se rapprochent indéfiniment, les fonctions interpolaires du premier, du second, du troisième ordre, ... se transformeront en dérivées de ces mêmes ordres divisées par les produits 1, 1.2, 1.2.3, ... Donc, afin de pouvoir, sans aucune incertitude, déterminer les éléments de l'orbite d'un astre, il sera nécessaire de connaître, pour une époque donnée, avec la longitude et la latitude géocentriques, leurs dérivées du premier, du second et du troisième ordre. L'Analyse mathématique conduit à la même conclusion, en faisant voir que ces trois espèces de dérivées entrent dans les formules exactes qui résolvent le problème en le réduisant à la résolution d'une équation du premier degré (*voir* la séance du 27 décembre 1847), en supposant connues pour chaque époque, avec la longitude et la latitude géocentriques de l'astre observé, leurs dérivées du premier et du second ordre seulement.

La précision des résultats déduits des formules exactes que nous venons de rappeler dépendra du degré d'approximation avec lequel on obtiendra les dérivées du premier et du second ordre des longitude et latitude géocentriques. On détermine ordinairement ces dérivées à l'aide de certaines formules d'interpolation, parmi lesquelles on doit distinguer celles que Lagrange et Laplace ont données. Mais ces dernières formules étant seulement des équations approximatives qui proviennent de l'omission de termes dont la valeur est inconnue *a priori*, j'ai dû rechercher s'il ne serait pas possible de les remplacer par des formules plus rigoureuses, qui indiquassent elles-mêmes le degré d'approximation des résultats du calcul. Mes recherches m'ont effectivement conduit à des formules nouvelles, dont on peut donner une idée très juste en disant qu'elles sont, par rapport à la formule d'interpolation de Laplace, ce qu'est, par rapport à la formule de Taylor, l'équation finie, substituée à celle-ci par Lagrange, dans la théorie des fonctions analytiques. Mes nouvelles formules décomposent une dérivée d'un ordre quelconque en deux parties, dont la première s'exprime rigoureusement à l'aide de fonctions interpolaires du même ordre et des ordres supérieurs, jusqu'à l'ordre n; la seconde partie étant le produit d'un certain facteur compris entre certaines limites par une quantité moyenne entre les diverses valeurs que peut acquérir, dans l'intervalle de temps compris entre les observations extrêmes, la fonction dérivée de l'ordre $n+1$. Par suite, on pourra décomposer une dérivée d'un ordre quelconque m en deux parties, dont la première renfermera deux fonctions interpolaires, l'une de ce même ordre, l'autre de l'ordre $m+1$ immédiatement supérieur; la seconde partie étant le produit d'un facteur compris entre certaines limites par une valeur moyenne de la dérivée de l'ordre $m+2$. De plus, la première partie se trouvera réduite à une seule fonction interpolaire de l'ordre m, c'est-à-dire à une fonction interpolaire formée avec $m+1$ valeurs différentes de la fonction principale, si à ces valeurs correspondent $m+1$ valeurs de t, dont la moyenne arithmétique soit exactement l'époque pour laquelle on veut calculer la valeur de la dérivée de l'ordre m.

J'ajouterai que, si les diverses valeurs de la fonction principale sont fournies par des observations desquelles puisse résulter, pour chacune de ces valeurs, une erreur représentée, au signe près, par le nombre δ, l'erreur maximum dont pourra être affectée la fonction interpolaire de l'ordre m, déduite de $m+1$ valeurs particulières données de la fonction principale, sera l'erreur qu'on obtiendra en supposant qu'à ces valeurs particulières, rangées dans l'ordre des temps, on substitue des quantités alternativement positives et négatives, mais toutes égales, abstraction faite du signe, au nombre δ.

Je remarquerai enfin que, en vertu d'un théorème rappelé dans le Mémoire du 16 novembre 1840 (1), une fonction interpolaire de l'ordre m, déduite de $m+1$ observations données, sera toujours le quotient qu'on obtiendra en divisant par le produit $1.2\ldots m$ une valeur moyenne de la fonction dérivée de l'ordre m, c'est-à-dire une valeur que prendra cette dérivée pour une époque moyenne entre celles des observations extrêmes.

Ces principes nous permettent de tirer, des formules exactes ci-dessus mentionnées, des valeurs approchées des éléments d'une orbite, de manière à nous former une juste idée du degré d'approximation obtenu.

Veut-on, par exemple, déduire les éléments de l'orbite des formules (7) et (8) du Mémoire lu à la séance du 27 décembre 1847 (2),

(1) *Œuvres de Cauchy*, S. I, T. IV, p. 431.
(2) *Ibid.*, S. I, T. X, p. 443-444.

il faudra connaître, pour deux époques différentes, la longitude et la latitude géocentriques de l'astre observé, avec leurs dérivées du premier et du second ordre; et par suite quatre observations au moins sont nécessaires, les trois premières observations pouvant être employées quand il s'agira de la première époque, et les trois dernières observations quand il s'agira de la seconde époque. Considérons, en particulier, les trois observations qui serviront à déterminer les valeurs des inconnues correspondantes à la première époque. Des trois inconnues qui représenteront la longitude géocentrique, sa dérivée du premier ordre et sa dérivée du second ordre, la dernière, ou la dérivée du second ordre, étant celle dont la valeur sera généralement la moins exacte, sera aussi celle qu'il conviendra de déterminer avec une plus grande précision. D'ailleurs, cette dérivée aura pour valeur approchée une fonction interpolaire du second ordre, déduite des trois premières observations. Ajoutons que la différence de cette valeur approchée à la valeur véritable sera proportionnelle à une valeur moyenne de la dérivée du quatrième ordre seulement, si l'on choisit pour première époque la moyenne arithmétique entre les époques des trois observations. Remarquons enfin que, l'intervalle des deux observations extrêmes restant le même, l'influence des erreurs d'observation sur la valeur de la fonction interpolaire sera la moindre possible, si l'observation intermédiaire est séparée des deux autres par des intervalles sensiblement égaux. Adoptons ces hypothèses, et nommons i l'intervalle de temps qui séparera la seconde observation de chacune des deux autres. L'erreur que l'on commettra en prenant pour valeur de la fonction dérivée du second ordre la valeur de la fonction interpolaire du second ordre, tirée des trois observations, se composera de deux parties proportionnelles, l'une au carré de i, l'autre au carré de $\frac{1}{i}$, les coefficients de i^2 et de $\frac{1}{i^2}$ étant, d'une part, 2δ, d'autre part, une valeur moyenne l de la fonction dérivée du quatrième ordre; et l'erreur totale, divisée par 24, sera la plus petite possible, lorsque ces deux parties seront égales, abstraction faite du signe. Cette égalité fournira un moyen simple de détermination pour la valeur qu'il conviendra d'attribuer à l'intervalle i. En effet, on peut d'abord, de cinq, six, sept observations... éloignées les unes des autres, déduire les valeurs de fonctions interpolaires du premier, du second, du troisième et du quatrième ordre; et celles-ci représentent précisément des valeurs moyennes des dérivées des mêmes ordres, respectivement divisées par les nombres 1, 2, 6, 24, ou du moins ces valeurs moyennes affectées d'erreurs très petites, qui sont produites par les observations, et dont les limites sont connues. On connaîtra donc une valeur approchée de l, et il n'est même pas nécessaire qu'ici l'approximation soit considérable; car, pour remplir la condition indiquée, i devra être réciproquement proportionnel à la racine quatrième de l; et par suite, la valeur de l'intervalle ne sera pas diminuée ou augmentée d'un cinquième, si l est doublé ou réduit à la moitié de sa valeur.

La valeur de i étant calculée comme on vient de le dire, pour le cas où la fonction principale se réduit à la longitude géocentrique, on choisira trois observations de manière que la première et la troisième soient séparées de la seconde par des intervalles de temps égaux à i, ou du moins par des intervalles aussi rapprochés de i qu'il sera possible; et alors nos formules fourniront avec la longitude et la latitude géocentriques leurs dérivées du premier et du second ordre relatives à une première époque, qui sera la moyenne arithmétique entre les époques des trois observations, ou du moins elles fourniront les valeurs approchées de ces inconnues avec un degré d'approximation indiqué par le calcul même.

Les valeurs des mêmes inconnues, correspondantes à une seconde époque, se déduiront par le même procédé, ou d'une quatrième observation jointe à deux des trois premières, ou mieux encore de trois observations nouvelles; et alors les formules (7), (8) du Mémoire du 27 décembre fourniront le moyen de déterminer immédiatement l'orbite de l'astre observé.

On remarquera que, dans la méthode précédente, on commence par fixer l'intervalle de temps qui doit séparer l'une de l'autre deux observations admises à concourir à la détermination d'une orbite. Cette fixation dispense souvent le calculateur de travaux inutiles, qu'il se verrait à regret forcé de refaire en entier avec des données différentes de celles qui servaient de base à un premier calcul.

En effet, les erreurs qui affectent les inconnues dont il s'agit d'obtenir ici les valeurs proviennent, les unes des inexactitudes des observations, les autres de l'inexactitude des formules que l'on emploie. De ces deux sortes d'erreurs, les premières augmentent quand on rapproche, et les dernières quand on éloigne les observations. Il y avait donc ici lieu de chercher à quelle distance deux observations consécutives doivent être placées pour que l'erreur totale à craindre soit un minimum. Les avantages qui résultent évidemment de la solution de ce dernier problème me permettent d'espérer un accueil favorable des astronomes pour ce nouveau travail que leur bienveillance m'a encouragé à poursuivre, et que je me propose de reproduire avec de plus amples développements dans mes *Exercices d'Analyse et de Physique mathématique*.

J'ajouterai qu'on peut encore obtenir une détermination très simple des éléments de l'orbite d'un astre, en appliquant les principes ci-dessus exposés aux formules données par Lagrange dans le Mémoire de 1780, ou plutôt aux équations dans lesquelles se transforment ces formules, quand les observations voisines se rapprochent indéfiniment. C'est, au reste, ce que j'expliquerai plus en détail dans un autre article.

393.

ASTRONOMIE. — *Formules pour la détermination des orbites des planètes et des comètes.*

C. R., T. XXVI, p. 57 (17 janvier 1848).

Pour obtenir une détermination très rapide et même très exacte des éléments de l'orbite d'un astre, il suffit d'appliquer les principes exposés dans la précédente séance aux formules données par Lagrange dans le Mémoire de 1780, ou plutôt aux équations dans lesquelles se transforment ces formules, quand les observations voisines se rapprochent indéfiniment. On peut d'ailleurs résoudre aisément ces dernières équations, quand on commence par déterminer approximativement les inconnues, à l'aide de l'équation linéaire qui existe entre les trois projections algébriques de l'aire que décrit le rayon vecteur mené du Soleil à l'astre observé (*voir* la séance du 27 décembre 1847). Alors les seules quantités qui entreront dans le calcul seront des valeurs particulières de certaines variables et de leurs dérivées du premier ordre. D'ailleurs, ces valeurs particulières pourront se déduire de quatre observations de l'astre, jointes aux formules très simples que je vais indiquer.

Analyse.

Soient t_1, t_2, t_3, ... diverses valeurs particulières attribuées au temps t; soit, de plus, $\varphi = \mathrm{f}(t)$ une fonction continue du temps t, et posons

$$\mathrm{f}(t, t_1) = \frac{\mathrm{f}(t_1) - \mathrm{f}(t)}{t_1 - t}, \qquad \mathrm{f}(t, t_1, t_2) = \frac{\mathrm{f}(t_2, t_1) - \mathrm{f}(t_1, t)}{t_2 - t}, \qquad \ldots.$$

Alors $\mathrm{f}(t, t_1)$, $\mathrm{f}(t, t_1, t_2)$, ... seront ce que M. Ampère a nommé des *fonctions interpolaires* des divers ordres, issues les unes des autres, et l'on aura

$$(1)\quad \begin{cases} \mathrm{f}(t) = \mathrm{f}(t_1) + (t - t_1)\,\mathrm{f}(t, t_1) \\ \phantom{\mathrm{f}(t)} = \mathrm{f}(t_1) + (t - t_1)\,\mathrm{f}(t_1, t_2) + (t - t_1)(t - t_2)\,\mathrm{f}(t, t_1, t_2) \\ \phantom{\mathrm{f}(t)} = \ldots\ldots\ldots\ldots\ldots\ldots\ldots\ldots \end{cases}$$

Alors aussi les quantités

$$(2)\quad \begin{cases} \mathrm{f}(t, t_1), & \mathrm{f}(t_1, t_2), & \mathrm{f}(t_2, t_3), & \ldots, \\ & \mathrm{f}(t, t_1, t_2), & \mathrm{f}(t_1, t_2, t_3), & \ldots, \\ & & \mathrm{f}(t, t_1, t_2, t_3), & \ldots, \\ & & \ldots\ldots\ \ldots, & \ldots \end{cases}$$

seront celles que Laplace a désignées par

$$(3)\quad \left\{\begin{array}{llll} \delta\varphi, & \delta\varphi_1, & \delta\varphi_2, & \ldots, \\ & \delta^2\varphi, & \delta^2\varphi_1, & \ldots, \\ & & \delta^3\varphi, & \ldots, \\ & & & \ldots. \end{array}\right.$$

Enfin, les fonctions

$$(4)\qquad \mathrm{f}(t,t),\quad \mathrm{f}(t,t,t),\quad \mathrm{f}(t,t,t,t),\quad \ldots$$

se réduiront respectivement aux suivantes :

$$(5)\qquad \mathrm{f}'(t),\quad \frac{1}{2}\mathrm{f}''(t),\quad \frac{1}{2.3}\mathrm{f}'''(t),\quad \ldots;$$

et chacune des fonctions interpolaires comprises dans la première, la deuxième, la troisième, ... ligne horizontale du Tableau (2) ou (3) sera une valeur moyenne du premier, du second, du troisième, ... terme de la suite (4) ou (5), c'est-à-dire une valeur de ce terme correspondante à une valeur du temps t, comprise entre la plus petite et la plus grande de celles qui concourent à la formation de la fonction interpolaire. Donc, si l'on connaît m valeurs particulières de la fonction $\mathrm{f}(t)$ correspondantes à des valeurs de t comprises entre certaines limites, la formation des fonctions interpolaires fournira immédiatement $m-1$ valeurs particulières de $\mathrm{f}'(t)$, $m-2$ valeurs particulières de $\frac{1}{2}\mathrm{f}''(t)$, ..., correspondantes à des valeurs de t toujours renfermées entre les limites dont il s'agit. Il y a plus : je démontre que, dans le cas où la suite (4) est rapidement décroissante, et où les temps t_1, t_2, t_3, ..., rangés suivant leur ordre de grandeur, ne sont pas très différents les uns des autres, les fonctions interpolaires

$$(6)\qquad \mathrm{f}(t_1,t_2),\quad \mathrm{f}(t_1,t_2,t_3),\quad \mathrm{f}(t_1,t_2,t_3,t_4),\quad \ldots$$

représentent à très peu près les valeurs des termes de la suite (5) correspondantes aux valeurs de t, exprimées par les rapports

$$(7)\qquad \frac{t_1+t_2}{2},\quad \frac{t_1+t_2+t_3}{3},\quad \frac{t_1+t_2+t_3+t_4}{4}.$$

On tire de la formule (1)

$$(8)\quad \begin{cases} f(t) = f(t_1) + (t-t_1)\,f(t_1, t_2) + (t-t_1)(t-t_2)\,f(t, t_1, t_2), \\ f'(t) = f(t_1, t_2) + (2t - t_1 - t_2)\,f(t, t_1, t_2) + (t-t_1)(t-t_2)\,f(t, t, t_1, t_2). \end{cases}$$

Si, dans ces dernières formules, on suppose $t = \frac{t_1 + t_2}{2}$, alors, en faisant, pour abréger,

$$t - t_1 = t_2 - t = i,$$

$$f(t, t_1, t_2) = k, \qquad f(t, t, t_1, t_2) = l,$$

on trouvera

$$(9)\quad \begin{cases} f(t) = \dfrac{f(t_1) + f(t_2)}{2} - i^2 k, \\ f'(t) = \dfrac{f(t_2) - f(t_1)}{t_2 - t_1} - i^2 l. \end{cases}$$

Si, dans une première approximation, on néglige les termes $i^2 k$, $i^2 l$, on aura simplement

$$(10)\qquad f(t) = \frac{f(t_2) + f(t_1)}{2},$$

$$(11)\qquad f'(t) = \frac{f(t_2) - f(t_1)}{t_2 - t_1};$$

et les erreurs commises, en vertu de la substitution des formules (10) aux formules (9), seront représentées par les valeurs numériques des produits

$$i^2 k, \quad i^2 l.$$

Mais, lorsque la suite (4) ou (5) sera une suite rapidement décroissante, on pourra, comme on l'a vu, calculer approximativement diverses valeurs particulières des fonctions $f'(t)$, $\frac{1}{2}f''(t)$ correspondantes à diverses valeurs de t. Donc alors aussi on connaîtra des valeurs approchées des coefficients k, l, qui seront sensiblement égaux aux valeurs de $f'(t)$ et de $\frac{1}{2}f''(t)$ correspondantes à la valeur de t représentée par le rapport $\frac{t_1 + t_2}{2}$.

Dans l'application des formules précédentes à l'Astronomie, $f(t)$ pourra représenter, par exemple, la longitude ou la latitude géocentrique de l'astre observé. Supposons, pour fixer les idées, que $\varphi = f(t)$

représente la longitude géocentrique. Alors, des deux fonctions $f(t)$, $f'(t)$, la seconde sera celle dont les valeurs particulières, tirées des observations, seront généralement moins exactes, et par conséquent celle qu'il conviendra de déterminer avec une plus grande précision. D'ailleurs, si l'on nomme δ l'erreur qui peut résulter, pour une valeur particulière de $f(t)$, de l'inexactitude des observations, le second membre de la formule (11) pourra être, pour cette raison, affecté d'une erreur représentée, au signe près, par le rapport $\frac{t_2 - t_1}{2\delta} = \frac{\delta}{i}$. Donc la somme des erreurs qui proviendront : 1° de l'inexactitude de la formule (11), 2° de l'inexactitude des observations, pourra s'élever, abstraction faite du signe, jusqu'à la limite

$$\frac{\delta}{i} + i^2 l.$$

Or cette somme deviendra un minimum, lorsque, la première erreur étant la moitié de la seconde, l'intervalle i vérifiera la condition

$$i = \left(\frac{\delta}{2l}\right)^{\frac{1}{3}}. \tag{12}$$

Cette dernière équation détermine la valeur qu'il convient d'assigner à l'intervalle $2i$ compris entre deux observations admises à concourir à la détermination du plan de l'orbite d'un astre. Si l'on veut, par exemple, appliquer la formule (12) à la planète Hébé, en partant des observations faites dans le mois de juillet 1847, on trouvera pour valeur moyenne de l, un nombre peu différent de 0,05; et par suite la formule (12) donnera

$$i = (10\delta)^{\frac{1}{3}}. \tag{13}$$

Si, pour fixer les idées, on prend $\delta = 4''$, on aura $i = 3^j,4$ environ. Donc alors i devra être de 3 à 4 jours, et l'intervalle $2i$ compris entre deux observations consécutives, de 6 à 8 jours, s'il est possible.

Nous remarquons en finissant que, dans les valeurs de $f(t)$, $f'(t)$, fournies par les formules (10) et (11), on pourra, si l'on veut, corriger approximativement les erreurs produites par l'inexactitude de ces formules, puisqu'on connaîtra les valeurs approchées des produits i^2k, i^2l. Mais il n'en sera pas de même des erreurs produites par l'inexactitude des observations. On connaîtra seulement les limites probables de ces dernières erreurs; mais leur signe restera inconnu dans ce premier calcul.

Remarquons encore que, si à la somme des erreurs provenant des deux causes ci-dessus indiquées on substituait la somme des carrés de ces erreurs, on obtiendrait, à la place de la formule (13), la suivante

$$(14) \qquad i = \left(\frac{\delta l}{l\sqrt{2}}\right)^{\frac{1}{3}} = 1,12\left(\frac{\delta l}{2l}\right)^{\frac{1}{3}},$$

de laquelle on déduirait une valeur de i peu différente de celle que fournit l'équation (12).

394.

Optique. — *Note sur la lumière réfléchie par la surface d'un corps opaque, et spécialement d'un métal.*

C. R., T. XXVI, p. 86 (17 janvier 1848).

Concevons que l'on fasse tomber un rayon lumineux sur la surface d'un corps opaque, mais isophane, par exemple d'un métal, et nommons τ l'angle d'incidence formé par le rayon lumineux avec la normale à la surface réfléchissante. Soient d'ailleurs Θ, ε deux constantes tellement choisies, que les deux produits

$$\Theta \cos\varepsilon, \quad \Theta \sin\varepsilon$$

représentent, sous l'incidence perpendiculaire, d'une part l'indice de réfraction, d'autre part le coefficient d'extinction. Les formules que j'ai données dans les *Comptes rendus* de 1836 et de 1839 pour la réflexion de la lumière à la surface des métaux se déduiront, comme je l'ai dit, des équations de condition placées sous les numéros (24) et (25) dans la 7e livraison des *Nouveaux Exercices de Mathématiques* (p. 203), et rappelées dans le Tome VIII des *Comptes rendus* (p. 970) (¹).

En partant de ces équations de condition, et en représentant l'intensité de la lumière par I^2 ou par J^2, suivant que le rayon incident est polarisé perpendiculairement au plan d'incidence ou parallèlement à ce plan, on trouve, sous l'incidence perpendiculaire,

$$I^2 = J^2 = \operatorname{tang}\left(\psi - \frac{\pi}{4}\right), \tag{1}$$

la valeur de ψ étant donnée par la formule

$$\cot\psi = \cos\varepsilon \sin(2 \operatorname{arc\,tang} \Theta), \tag{2}$$

et, sous l'incidence oblique,

$$I^2 = \operatorname{tang}\left(\varphi - \frac{\pi}{4}\right), \qquad J^2 = \operatorname{tang}\left(\chi - \frac{\pi}{4}\right), \tag{3}$$

les valeurs de φ, χ étant déterminées par les formules

$$\left\{\begin{aligned} \cot\varphi &= \cos(2\varepsilon - \upsilon) \sin\left(2 \operatorname{arc\,tang} \frac{U}{\Theta^2 \cos\tau}\right), \\ \cot\chi &= \cos\upsilon \sin\left(2 \operatorname{arc\,tang} \frac{\cos\tau}{U}\right), \end{aligned}\right. \tag{4}$$

dans lesquelles on a

$$\cot(2\upsilon - \varepsilon) = \cot\varepsilon \cos\left(2 \operatorname{arc\,tang} \frac{\sin\tau}{\Theta}\right), \qquad U = \left(\frac{\sin 2\varepsilon}{\sin 2\upsilon}\right)^{\frac{1}{2}} \Theta. \tag{5}$$

Si le rayon incident est polarisé suivant un plan quelconque, il pourra du moins être décomposé en deux autres rayons polarisés, l'un suivant le plan d'incidence, l'autre perpendiculairement à ce plan, par conséquent en deux rayons dont les intensités respectives seront fournies par les équations (1) ou (3). Si, d'ailleurs, on suppose ces deux rayons doués, avant la réflexion, de la polarisation rectiligne, en sorte que leurs nœuds coïncident, la réflexion opérée par la sur-

(¹) *Œuvres de Cauchy*, S. I, T. IV, p. 342.

face métallique séparera ces mêmes nœuds; et, si δ représente, après la réflexion, la différence entre les phases des deux rayons dont il s'agit, on aura

$$\tag{6} \operatorname{tang}\delta = \operatorname{tang}2\omega \sin\upsilon,$$

l'angle ω étant déterminé par la formule

$$\tag{7} \operatorname{tang}\omega = \frac{U}{\sin\tau \operatorname{tang}\tau}.$$

Les formules qui précèdent supposent connues les valeurs de Θ et de ε relatives à chaque métal. Pour déterminer ces valeurs, il suffit de considérer le cas particulier où l'angle τ se réduit à l'incidence *principale,* désignée par M. Brewster sous le nom de *the maximum polarising angle.* Alors l'angle δ est de 45°, et les formules (6), (7) donnent

$$\omega = \frac{\pi}{4}, \qquad U = \sin\tau \operatorname{tang}\tau.$$

Alors, aussi, l'on a

$$\upsilon = 2\Pi,$$

Π désignant l'azimut de réflexion, c'est-à-dire ce que devient l'azimut du rayon réfléchi, quand l'azimut du rayon incident est la moitié d'un angle droit; et l'on tire des formules (5)

$$\tag{8} \operatorname{tang}(2\varepsilon - \upsilon) = \operatorname{tang}\upsilon \cos(\pi - 2\tau), \qquad \Theta = \left(\frac{\sin 2\upsilon}{\sin 2\varepsilon}\right)^{\frac{1}{2}} U.$$

Les formules (8) permettent de calculer pour chaque métal le coefficient d'extinction et l'indice de réfraction. Comme je l'ai déjà remarqué dans un autre Mémoire, l'indice de réfraction d'un métal est beaucoup plus petit qu'on ne le supposait communément. Ainsi, par exemple, on se disputait pour savoir si l'indice de réfraction du mercure était 4,9 ou 5,8. Cet indice est en réalité 1,7, ou environ trois fois plus petit qu'on ne le croyait.

Comme, pour les divers métaux, le rapport $\frac{1}{\Theta}$ est peu considérable, il en résulte que, dans la réfraction sur un métal, les formules (5) donnent sensiblement

$$\upsilon = \varepsilon, \qquad U = \Theta.$$

Par suite aussi, le coefficient d'extinction et l'indice de réfraction n'éprouvent que des variations peu sensibles, quand le rayon incident s'écarte de la normale à la surface réfléchissante, et les formules (4) peuvent être, dans une première approximation, remplacées par les suivantes :

$$(9)\quad \begin{cases} \cot\varphi = \cos\varepsilon \sin\left(2 \operatorname{arc\,tang} \dfrac{1}{\Theta \cos\tau}\right), \\ \cot\chi = \cos\varepsilon \sin\left(2 \operatorname{arc\,tang} \dfrac{\cos\tau}{\Theta}\right). \end{cases}$$

Les formules (9), appliquées à l'acier, depuis $\tau = 0^\circ$ jusqu'à $\tau = 75^\circ$, m'ont donné, à moins d'un centième près, les mêmes résultats que les formules (4); et ces résultats se sont trouvés d'accord avec les expériences que M. Brewster a fait connaître dans son Mémoire de 1833.

395.

ASTRONOMIE. — *Rapport sur divers Mémoires de M.* MICHAL, *relatifs à la détermination des orbites des planètes et des comètes.*

C. R., T. XXVI, p. 88 (17 janvier 1848).

L'Académie nous a chargés, MM. Sturm, Liouville et moi, de lui rendre compte de divers Mémoires de M. Michal, relatifs à la détermination de l'orbite d'une planète ou d'une comète. Parmi les méthodes proposées par l'auteur, les unes se rapportent à des cas particuliers, par exemple au cas où l'excentricité de l'orbite est très petite, ou bien encore au cas où les observations données ont été faites dans les conjonctions ou dans les oppositions. D'autres, au contraire, se rapportent à une orbite quelconque. Entrons, à l'égard de ces dernières, dans quelques détails.

L'une des méthodes présentées par M. Michal, pour le cas d'une orbite quelconque, n'est pas sans analogie avec celle que M. de Gasparis ([1]) a donnée dans un Mémoire sur lequel nous avons fait un Rapport à l'Académie, par conséquent avec la méthode proposée par Lagrange dans les *Éphémérides de Berlin* de 1783, et reproduite dans la *Connaissance des Temps* pour l'année 1821. Comme M. de Gasparis, M. Michal a substitué à l'équation du troisième degré établie par Lagrange entre les deux constantes qui déterminent le plan de l'orbite, une équation du second degré. Mais, dans l'un des Mémoires de M. Michal, celle-ci renferme, au lieu des longitude et latitude géocentriques fournies par deux couples d'observations, qui, prises deux à deux, sont supposées très voisines, les longitude et latitude géocentriques fournies par une seule observation, avec leurs dérivées du premier et du second ordre. De plus, M. Michal a remarqué que l'équation finale, produite par l'élimination de l'une des deux inconnues entre l'équation trouvée et une seconde équation de même forme, s'abaisse du quatrième degré au troisième. La raison en est que les deux équations du second degré entre lesquelles l'élimination s'effectue ne renferment pas de terme constant. Donc l'équation finale du quatrième degré admettra une racine nulle, dont elle pourra être débarrassée immédiatement.

On sait que, pour la détermination de l'orbite d'un astre, trois observations suffisent à la rigueur. Si l'on en donne un plus grand nombre, la solution du problème pourra naturellement être réduite à une équation du premier degré. C'est aussi ce qu'a trouvé M. Michal. Il prouve, d'ailleurs, qu'on peut alors obtenir, entre les projections de l'aire décrite par le rayon vecteur mené de la Terre au Soleil, une équation séparée qui ne renferme que des dérivées du premier et du second ordre. Mais il ne faudrait pas croire que trois équations de cette forme déterminassent les trois projections dont il s'agit. Elles

([1]) Le premier des Mémoires de M. Michal a été présenté à l'Académie huit jours après le Mémoire de M. de Gasparis.

déterminent seulement, et l'un de nous, après avoir obtenu la même équation vers la même époque, en faisait la remarque, le rapport de celles de ces projections qui ne se mesurent pas dans le plan de l'écliptique.

En résumé, les Commissaires pensent que plusieurs des formules présentées par M. Michal peuvent être utilement employées dans la détermination des orbites des planètes et des comètes, et ils proposent en conséquence, à l'Académie, de voter des remercîments à l'auteur du Mémoire.

396.

ASTRONOMIE. — *Formules pour la détermination des orbites des planètes et des comètes* (suite).

C. R., T. XXVI, p. 133 (24 janvier 1848).

J'ai cherché dans la dernière séance la valeur qu'il convient d'assigner à l'intervalle compris entre deux observations admises à concourir à la détermination de l'orbite d'un astre. Cet intervalle une fois trouvé, il reste à savoir quelles seront les inconnues dont il conviendra de fixer d'abord les valeurs. Or toutes les méthodes employées pour une première détermination des inconnues introduisent dans le calcul les dérivées des variables, ou du moins leurs valeurs approchées représentées par des rapports de différences relatives à de très petits accroissements du temps; et, comme ces dérivées se calculent avec d'autant moins de précision qu'elles sont d'un ordre plus élevé, il importe de faire en sorte que la solution du problème dépende uniquement, s'il est possible, de formules qui ne renferment que des dérivées ou des différences du premier ordre. Cette condition est remplie pour les formules que Lagrange a données dans le Mémoire de 1780, comme propres à fournir l'inclinaison de l'orbite de l'astre observé avec la longitude du nœud ascendant, à l'aide de trois couples d'observations qui, prises deux à deux, sont très voisines l'une de l'autre. Il est vrai que les formules de Lagrange sont seulement approximatives; mais on peut les convertir en formules rigoureuses en supposant que deux observations voisines se rapprochent indéfiniment. Alors la formule de laquelle Lagrange est parti se transforme en une équation du second degré entre les trois projections algébriques de l'aire décrite dans l'unité de temps par le rayon vecteur mené du Soleil à l'astre que l'on considère. Il est vrai encore que l'élimination de deux inconnues entre trois équations semblables a conduit Lagrange à une équation finale du septième degré, qui, comme je l'ai fait voir, peut être abaissée au sixième. Mais on évite la résolution de cette équation finale en résolvant simultanément par la méthode linéaire les trois équations qu'elle remplace, après avoir obtenu des valeurs approchées des trois inconnues à l'aide de l'équation linéaire qui existe entre elles. Alors on obtient, pour la détermination d'une orbite quelconque, une méthode simple et facile qui donne immédiatement avec une grande exactitude le demi-paramètre et la position du plan de l'orbite à l'aide des données fournies par quatre observations seulement.

Analyse.

Soient, au bout du temps t,

φ, θ la longitude et la latitude géocentriques de l'astre;
ϖ la longitude héliocentrique de la Terre;
R la distance de la Terre au Soleil.

Soient encore

H le double de l'aire décrite, dans l'unité de temps, par le rayon vecteur r mené de l'astre au Soleil;
U, V, W les projections algébriques de cette aire sur les plans des coordonnées, le plan de l'écliptique étant pris pour plan des x, y;
C l'aire décrite, dans l'unité de temps, par le rayon R.

Posons d'ailleurs, pour abréger,

$$\mu = \frac{\cos\varphi}{\operatorname{tang}\theta}, \qquad \nu = \frac{\sin\varphi}{\operatorname{tang}\theta},$$

$$\mathcal{L}\cos\Pi = \mathrm{D}_t\mu, \qquad \mathcal{L}\sin\Pi = \mathrm{D}_t\nu,$$

$$\mathfrak{M} = \mathcal{L}\cos(\varpi - \Pi), \qquad \mathfrak{N} = \mathcal{L}\sin(\varpi - \Pi),$$

$$\mathcal{R} = \mathfrak{N} R^2.$$

En rapprochant indéfiniment deux observations voisines, on réduira la formule de Lagrange à l'équation

$$(1) \qquad (\mu U + \nu V + W)(\mu U + \nu V + W - C) = \mathcal{R}(U\cos\varpi + V\sin\varpi).$$

Trois équations semblables à celles-ci détermineront les valeurs des trois inconnues U, V, W. Il est vrai que l'élimination de W et de $W - C$ fournirait une équation finale du sixième degré en $\frac{U}{V}$. Mais, au lieu de résoudre cette équation finale, on peut appliquer la méthode linéaire à la résolution simultanée des trois équations qui la produisent, après avoir déterminé les valeurs approchées des inconnues à l'aide de l'équation linéaire qui existe entre elles. Si l'on pose, pour abréger,

$$2\upsilon = \mathrm{D}_t \mathrm{l}\mathcal{R} + \cot(\varpi - \Pi)\mathrm{D}_t\varpi,$$

$$\mathfrak{P} = \mu - \frac{\mathrm{D}_t\mu}{\upsilon}, \qquad \mathfrak{Q} = \nu - \frac{\mathrm{D}_t\nu}{\upsilon},$$

la lettre l indiquant un logarithme hyperbolique, et l'arc ϖ étant exprimé en parties du rayon pris pour unité, l'équation linéaire dont il s'agit sera

$$(2) \qquad \mathfrak{P}U + \mathfrak{Q}V + W - C = 0.$$

Par suite, si l'on pose encore

$$\mathcal{S} = \upsilon\frac{\Delta\mathfrak{Q}\cos\varpi - \Delta\mathfrak{P}\sin\varpi}{\mathrm{D}_t\mu\,\Delta\mathfrak{Q} - \mathrm{D}_t\nu\,\Delta\mathfrak{P}},$$

$\Delta\mathfrak{P}$, $\Delta\mathfrak{Q}$ étant les accroissements de $\mathfrak{P}$ et $\mathfrak{Q}$ correspondants à l'accroissement Δt du temps t, on aura

$$(3) \qquad \frac{U}{\Delta\mathfrak{Q}} = -\frac{V}{\Delta\mathfrak{P}} = \frac{W - C}{\mathfrak{Q}\,\Delta\mathfrak{P} - \mathfrak{P}\,\Delta\mathfrak{Q}} = \upsilon\frac{\mathcal{R}\mathcal{S} - C}{\mathrm{D}_t\mu\,\Delta\mathfrak{Q} - \mathrm{D}_t\nu\,\Delta\mathfrak{P}}.$$

Cette dernière équation détermine immédiatement les premières valeurs approchées des trois inconnues U, V, W.

Il est bon de remarquer que l'équation (1) peut être immédiatement fournie par l'élimination de $\mathfrak{r}$ entre les deux formules

$$(4)\quad \left\{\begin{array}{l} \mathfrak{r}(U\cos\varphi\cos\theta + V\sin\varphi\cos\theta + W\sin\theta) = -R(U\cos\varpi + V\sin\varpi), \\ U\cos\varphi\cos\theta + V\sin\varphi\cos\theta + (W - C)\sin\theta = -\mathfrak{M}\mathfrak{r}R\sin^2\theta, \end{array}\right.$$

$\mathfrak{r}$ étant la distance de la Terre à l'astre observé. D'ailleurs, pour établir directement les équations (4), il suffit de déterminer les cosinus des angles que la direction du rayon $\mathfrak{r}$ forme avec les moments linéaires des vitesses absolue et apparente de cet astre, le centre du Soleil étant pris pour origine des moments.

Les *Exercices d'Analyse et de Physique mathématique* offriront de plus amples développements sur la formation et l'application des formules (1), (2), (3). Je montrerai en même temps les rapports qui existent entre ces formules et celles qui ont été données par d'autres auteurs ou par moi-même, spécialement avec les formules de MM. de Gasparis et Michal.

397.

ASTRONOMIE. — *Formules pour la détermination des orbites des planètes et des comètes* (suite).

C. R., T. XXVI, p. 157 (31 janvier 1848).

Les formules que j'ai mentionnées dans la séance du 24 janvier fournissent, comme je l'ai dit, le moyen d'obtenir avec une grande exactitude le plan de l'orbite d'une planète ou d'une comète, avec le demi-paramètre, à l'aide des données fournies par quatre observations. Il reste à examiner quelle est la méthode qu'il convient de suivre, et quelles sont les formules qu'il convient d'employer, lorsque les observations données, ou du moins celles dont on se propose de faire usage, sont au nombre de trois seulement.

Dans cette dernière hypothèse, il paraît utile de commencer par fixer la distance de l'astre observé au Soleil. Or, comme on le sait, la valeur de cette distance est fournie par une équation du septième degré, dans laquelle entrent des dérivées du premier et du second ordre correspondantes à une certaine époque. D'ailleurs, le choix de cette époque n'est pas, il s'en faut de beaucoup, sans importance, et de ce choix peut dépendre tout le succès de l'opération. En effet, le degré d'approximation avec lequel s'obtiendra la distance cherchée dépendra surtout du degré d'exactitude des dérivées du second ordre. D'ailleurs, en vertu des principes établis dans la séance du 17 janvier, si l'on considère une quelconque des quantités variables comme fonction du temps t, la fonction interpolaire du second ordre correspondante à trois observations données représentera sensiblement la moitié de la dérivée du second ordre, non pour une valeur quelconque de t, mais spécialement pour celle qui est la moyenne arithmétique entre les époques des trois observations. C'est donc cette dernière valeur de t qui devra être choisie de préférence, et l'époque qu'elle indiquera sera celle pour laquelle on pourra espérer d'obtenir avec une exactitude suffisante la distance du Soleil à l'astre observé. D'ailleurs, cette distance étant connue, les divers éléments de l'orbite pourront être déterminés approximativement, et corrigés ensuite à l'aide des formules établies dans la séance du 15 novembre. Alors, les résultats définitifs du calcul étant déduits de la méthode linéaire appliquée à des formules qui ne renfermeront plus aucune dérivée, le degré de précision des éléments trouvés dépendra uniquement du degré d'exactitude des trois observations employées.

Je ferai ici, en passant, quelques remarques qui ne seront pas sans utilité.

Il importe de rendre très facile la formation et la résolution de l'équation du septième degré, dans laquelle l'inconnue est la distance de la Terre à l'astre observé. On verra dans ce Mémoire que l'on peut déduire immédiatement cette équation fondamentale de la seule considération de la force centrifuge correspondante, non pas à la vitesse absolue de l'astre, mais à la vitesse apparente du point où le rayon vecteur mené de la Terre à l'astre rencontre un plan parallèle au plan de l'écliptique. Si, d'ailleurs, comme l'a fait M. Binet, on applique à l'équation trouvée le théorème de Rolle, on obtiendra sans peine des limites entre lesquelles tomberont les deux racines réelles et positives propres à vérifier cette équation, et, par suite, ces racines ellesmêmes.

Dans une précédente séance, j'ai remarqué que l'équation finale, à laquelle Lagrange est parvenu dans le Mémoire de 1780, peut être abaissée du septième degré au sixième. Pour démontrer directement la possibilité de cet abaissement, il suffit d'observer que les équations du deuxième degré, entre lesquelles l'élimination s'effectue, peuvent être vérifiées par deux systèmes de valeurs des inconnues. Il en résulte que l'équation finale du huitième degré, à laquelle on sera conduit par l'élimination, renfermera deux racines étrangères à la question. Elle pourra donc être abaissée du huitième degré au sixième, conformément à la remarque que je viens de rappeler.

Analyse.

§ I. — *Sur quelques formules de Mécanique.*

Considérons un point matériel A qui se meut librement dans l'espace, et soient, au bout du temps t,

x, y, z les coordonnées de ce point par rapport à trois axes rectangulaires entre eux;

r la distance du même point à l'origine O des coordonnées;

ω sa vitesse;

P la force accélératrice appliquée au point dont il s'agit.

Les projections algébriques de la vitesse ω et de la force P sur les axes des coordonnées seront respectivement

$$D_t x, \quad D_t y, \quad D_t z, \qquad D_t^2 x, \quad D_t^2 y, \quad D_t^2 z.$$

Cela posé, concevons d'abord que le point matériel se meuve dans un plan parallèle au plan des x, y, et nommons ρ le rayon de courbure de la courbe décrite. On aura

$$(1) \qquad \frac{D_t x\, D_t^2 y - D_t y\, D_t^2 x}{\omega^3} = \pm \frac{1}{\rho};$$

et, si l'on suppose le rayon de courbure ρ mesuré à partir de la courbe décrite, les cosinus des angles formés par la direction de ce rayon avec les demi-axes des x et y positives seront respectivement égaux aux produits

$$-\frac{\omega^2}{\rho}\frac{D_t y}{D_t x\, D_t^2 y - D_t y\, D_t^2 x}, \qquad \frac{\omega^2}{\rho}\frac{D_t x}{D_t x\, D_t^2 y - D_t y\, D_t^2 x}.$$

Considérons maintenant le cas général où le point matériel se meut d'une manière quelconque dans l'espace, et posons, dans ce cas,

$$x = \mu z, \qquad y = \nu z.$$

Alors μ, ν seront les tangentes trigonométriques des angles formés par les projections du rayon vecteur sur les plans coordonnés des x, z et des y, z avec le demi-axe des z positives. Alors aussi les projections algébriques $D_t^2 x$, $D_t^2 y$, $D_t^2 z$ de la force accélératrice P pourront être présentées sous les formes

$$\mu D_t^2 z + 2 D_t \mu\, D_t z + z D_t^2 \mu, \quad \nu D_t^2 z + 2 D_t \nu\, D_t z + z D_t^2 \nu, \quad D_t^2 z.$$

Par suite, la force P pourra être décomposée en deux autres Q, R, dont la première, correspondante aux projections algébriques

$$\mu D_t^2 z, \quad \nu D_t^2 z, \quad D_t^2 z,$$

sera dirigée suivant le rayon vecteur r, tandis que la seconde R, correspondante aux projections algébriques

$$2 D_t \mu\, D_t z + z D_t^2 \mu, \quad 2 D_t \nu\, D_t z + z D_t^2 \nu, \quad 0,$$

sera comprise dans le plan mené par le point A parallèlement au plan des x, y. Il y a plus : nommons ABC la trace de ce dernier plan sur le cône qui a pour sommet l'origine O, et pour base la courbe décrite par le point matériel. Soit d'ailleurs a le point où la droite OA rencontre le plan mené parallèlement au plan des x, y, mais à la distance 1, du côté des z positives, et nommons abc la trace de ce même plan sur le cône dont il s'agit. La force R se décomposera elle-même en deux autres R′, R″, dont l'une R′, correspondante aux projections algébriques

$$2\,D_t\mu\,D_t z,\quad 2\,D_t\nu\,D_t z,$$

sera dirigée suivant la tangente menée par le point A à la courbe ABC, tandis que la force R″, correspondante aux projections algébriques

$$z\,D_t^2\mu,\quad z\,D_t^2\nu,$$

sera le produit de z par la force S, correspondante aux projections algébriques $D_t^2\mu$, $D_t^2\nu$, c'est-à-dire par la force S à laquelle pourra être attribué le mouvement du point a supposé libre sur la courbe abc. Enfin, si l'on nomme $\mathfrak{r}$ le rayon de courbure de la courbe abc, et $\mathfrak{s}$ la vitesse du point a sur cette courbe, on aura

$$(2)\qquad \mathfrak{s}^2 = (D_t\mu)^2 + (D_t\nu)^2,$$

$$(3)\qquad \frac{D_t\mu\,D_t^2\nu - D_t\nu\,D_t^2\mu}{\mathfrak{s}^3} = \pm\frac{1}{\mathfrak{r}},$$

et les cosinus des angles formés par la direction des forces R″, S avec les demi-axes des x et y positives seront

$$-\frac{\mathfrak{s}^2}{\mathfrak{r}}\,\frac{D_t\nu}{D_t\mu\,D_t^2\nu - D_t\nu\,D_t^2\mu},\quad \frac{\mathfrak{s}^2}{\mathfrak{r}}\,\frac{D_t\mu}{D_t\mu\,D_t^2\nu - D_t\nu\,D_t^2\mu}.$$

Donc, puisque les projections algébriques de la force R sur les axes des x et y sont

$$z\,D_t^2\mu,\quad z\,D_t^2\nu,$$

on aura simplement

$$R'' = \pm\frac{\mathfrak{s}^2}{\mathfrak{r}}\,z.$$

Mais $\frac{\mathfrak{s}^2}{\mathfrak{r}}$ représente précisément la force centrifuge due à la vitesse $\mathfrak{s}$. On peut donc énoncer la proposition suivante, qu'il est, au reste, facile d'établir sans calcul.

THÉORÈME. — *Supposons qu'un point matériel* A, *dont les coordonnées rectangulaires, rapportées à l'origine* O, *sont* x, y, z, *se meuve librement dans l'espace, en vertu d'une certaine force accélératrice* P. *Supposons d'ailleurs que deux plans parallèles au plan des* x, y *soient menés, l'un par le point* A, *l'autre par le point* a *situé sur le rayon* OA, *à la distance* 1 *du plan des* x, y. *Enfin, soient* ABC, abc *les traces de ces deux plans sur le cône que décrit la droite* OA, *et décomposons la force* P *en deux autres* Q, R, *dirigées, l'une suivant le rayon vecteur* OA, *l'autre suivant une droite comprise dans un plan perpendiculaire à l'axe des* z. *Si l'on projette la force* R *sur le rayon de courbure de la courbe* ABC, *le rapport de la projection à l'ordonnée* z *sera représenté, au signe près, par la force centrifuge due à la vitesse apparente du point* a *sur la courbe* abc, *pour un observateur placé au point* O.

§ II. — *Sur l'équation fondamentale à l'aide de laquelle se déterminent les distances d'une planète ou d'une comète à la Terre ou au Soleil.*

Conservons les notations adoptées dans la séance du 24 janvier. Soient d'ailleurs K la force attractive du Soleil, mesurée à l'unité de distance, r la distance du centre du Soleil au centre A de l'astre observé, et x, y, z les coordonnées du point A. L'action du Soleil sur l'astre observé aura pour projections algébriques sur les axes coordonnés

$$-\frac{\mathrm{K}x}{r^3}, \quad -\frac{\mathrm{K}y}{r^3}, \quad -\frac{\mathrm{K}z}{r^3},$$

tandis que l'action du Soleil sur la Terre aura pour projections algébriques

$$-\frac{\mathrm{K}\mathrm{x}}{\mathrm{R}^3}, \quad -\frac{\mathrm{K}\mathrm{y}}{\mathrm{R}^3}, \quad 0,$$

x, y étant les coordonnées de la Terre. D'ailleurs, les coordonnées relatives

$$x-\mathrm{x}, \quad y-\mathrm{y}, \quad z$$

sont les projections algébriques de la distance ε de la Terre à l'astre observé. Donc, si l'on nomme P la résultante de l'attraction $\frac{\mathrm{K}}{r^2}$, et d'une force égale mais directement opposée à l'attraction $\frac{K}{R^2}$, et si l'on décompose la force P appliquée au point A en deux forces P', P'' dirigées, l'une suivant le rayon vecteur r, l'autre suivant une droite comprise dans un plan perpendiculaire à l'axe des z, les projections algébriques de la force P'' sur les axes coordonnés seront

$$K x\left(\frac{1}{R^3}-\frac{1}{r^3}\right),\quad K y\left(\frac{1}{R^3}-\frac{1}{r^3}\right),\quad 0.$$

D'ailleurs, le mouvement apparent de l'astre pour un observateur placé au centre O de la Terre pourra être attribué à la force P; et, si l'on nomme ABC la trace du plan mené par le point A parallèlement au plan des x, y sur le cône décrit par la droite OA, la projection de la force P'' sur la normale à la courbe ABC devra être égale, au signe près, à la force centrifuge due à la vitesse apparente du point A sur la même courbe. D'autre part, le rayon de courbure de cette dernière courbe sera égal, au signe près, à

$$\mathrm{r}\, z,$$

la valeur de r étant celle que déterminent les formules (2) et (3) du § I. Cela posé, le théorème énoncé dans le § I fournira l'équation

$$(1)\qquad z = A\left(\frac{1}{R^3}-\frac{1}{r^3}\right),$$

la valeur de A étant déterminée par la formule

$$(2)\qquad \frac{1}{A}=\frac{\sin\theta}{KR}\,\frac{D_t\mu\, D_t^2\nu - D_t\nu\, D_t^2\mu}{\sin\varpi\, D_t\mu - \cos\varpi\, D_t\nu},$$

dans laquelle on aura

$$D_t\mu\, D_t^2\nu - D_t\nu\, D_t^2\mu = \pm\frac{1}{\mathrm{r}}[(D_t\mu)^2+(D_t\nu)^2]^{\frac{3}{2}}.$$

Ajoutons que, si l'on nomme $\pm z\mathrm{f}$ la force centrifuge due à la vitesse apparente du point A sur la courbe ABC, l'équation (2) donnera simplement

$$(3)\qquad A = \pm\frac{KR\cos(R,\mathrm{f})}{\mathrm{f}\sin\theta}.$$

Ainsi la valeur du coefficient A se déduit immédiatement de celle de la force centrifuge f. D'ailleurs, l'équation (1) une fois établie, il suffit d'en éliminer $\imath$ à l'aide de la formule

$$r^2 = R^2 + 2R\imath\cos(\varphi - \varpi)\cos\theta + \imath^2,$$

pour obtenir l'équation qui détermine la distance r.

398.

Astronomie. — *Formules pour la détermination des orbites des planètes et des comètes* (suite).

C. R., T. XXVI, p. 236 (21 février 1848).

Lorsqu'on veut, à l'aide de trois observations, déterminer la distance d'une planète ou d'une comète au Soleil ou à la Terre, on arrive, comme l'on sait, à une équation du septième degré. Si d'ailleurs on applique à l'équation trouvée le théorème de Rolle, en prenant pour inconnue la distance de l'astre observé à la Terre, on en conclut, comme l'a remarqué M. Binet, que l'équation ne peut admettre plus de quatre racines réelles, dont l'une se réduit à zéro. Mais si, au lieu de prendre pour inconnue la distance à la Terre, on prend pour inconnue la distance au Soleil, alors le calcul montre que l'équation obtenue ne peut offrir plus de trois racines réelles et positives. Ces trois racines sont toutes trois supérieures à la perpendiculaire abaissée du centre du Soleil sur le rayon vecteur mené du Soleil à la Terre, et toutes trois inférieures à une certaine limite que fournit immédiatement l'équation des forces vives. D'ailleurs l'une de ces trois racines, étrangère à la question, se réduit à la distance du Soleil à la Terre; et, pour savoir si cette racine est ou n'est pas comprise entre les deux autres, il suffit de consulter le signe d'une certaine quantité connue. Enfin, pour savoir si la distance de l'astre observé au Soleil est inférieure ou supérieure à la distance du Soleil à la Terre, il suffit de recourir à une belle remarque de Lambert, ou, ce qui revient au même, il suffit d'examiner dans quel sens est dirigé le rayon de courbure de la courbe suivant laquelle, dans le mouvement apparent de l'astre, un plan parallèle à celui de l'écliptique coupe le cône décrit par le rayon vecteur mené de la Terre à l'astre. En vertu de ces remarques, les racines de l'équation du septième degré qui pourront résoudre la question proposée se réduiront à deux, ou même à une seule, et l'on se trouvera ainsi ramené à la conclusion déduite par M. Binet de la discussion géométrique de l'équation qui détermine la distance de l'astre à la Terre. Ajoutons que, si l'astre observé est une comète, la valeur du grand axe déterminé par l'équation des forces vives devra être très considérable, et qu'alors cette équation fournira un moyen très simple, non seulement de reconnaître la véritable solution, mais aussi de corriger la valeur de la distance du Soleil à la Terre fournie par la première approximation.

Je ferai encore ici une remarque importante. Les deux équations générales que j'ai données dans la séance du 27 décembre dernier renferment seulement, avec le demi-paramètre, les coordonnées de l'astre observé et la distance de cet astre au Soleil. Or cette distance se trouve liée par une équation du second degré à la distance de l'astre à la Terre, qui est la seule inconnue de laquelle dépendent les coordonnées de l'astre. Enfin, si, l'astre observé étant une comète, on le considère, dans une première approximation, comme décrivant une parabole, sa distance au Soleil dépendra uniquement du temps et de deux éléments, dont l'un sera précisément le demi-paramètre, l'autre étant l'époque du passage de la comète au périhélie. Donc, alors, les deux équations générales ci-dessus mentionnées pourront être censées ne renfermer que deux inconnues, savoir les deux éléments dont il s'agit. Donc elles suffiront pour corriger les éléments, et la correction ainsi obtenue sera d'autant plus exacte que les deux équations ne renferment aucune dérivée. Ajoutons que l'on simplifiera le calcul en ne conservant, dans les équations dont il s'agit, qu'un seul des trois systèmes de valeurs des variables correspondantes aux trois observations données, et en remplaçant les deux autres systèmes par les deux systèmes des différences finies du premier et du second ordre formées avec les trois valeurs de chacune de ces mêmes variables.

Analyse.

Conservons les notations adoptées dans les séances précédentes, et posons, de plus,

$$B = k + \frac{A}{R^3}.$$

Les distances r, $\imath$ de l'astre observé au Soleil et à la Terre seront liées entre elles, et à la distance

$$s = \imath + k, \tag{1}$$

par les deux équations

$$\imath = A\left(\frac{1}{R^3} - \frac{1}{r^3}\right), \tag{2}$$

$$r^2 = s^2 + l^2, \tag{3}$$

dans lesquelles R désigne la distance de la Terre au Soleil, et l la perpendiculaire abaissée du centre du Soleil sur le rayon vecteur R. De plus, en nommant ω la vitesse absolue de l'astre observé, K la force attractive du Soleil, et a le demi grand axe de l'orbite décrite, on aura

$$\frac{2}{r} = \frac{1}{a} + \frac{\omega^2}{K}, \tag{4}$$

et l'on pourra réduire $\frac{\omega^2}{K}$ à une fonction de $\imath$, de la forme

$$\frac{\omega^2}{K} = \mathcal{A} + 2\mathcal{B}\imath + \mathcal{C}\imath^2, \tag{5}$$

$\mathcal{A}$, $\mathcal{B}$, $\mathcal{C}$ étant des quantités connues. D'ailleurs, en vertu de la formule (5), le polynôme

$$\mathcal{A} + 2\mathcal{B}\imath + \mathcal{C}\imath^2,$$

essentiellement positif, ne pourra s'abaisser au-dessous de la limite

$$\frac{\mathcal{A}\mathcal{C} - \mathcal{B}^2}{\mathcal{C}}.$$

Cela posé, il résulte immédiatement des formules (3), (4), que le rayon vecteur r est renfermé entre les limites

$$l \quad \text{et} \quad \frac{2\mathcal{C}}{\mathcal{A}\mathcal{C} - \mathcal{B}^2}.$$

Ajoutons que, τ étant une quantité positive, la distance r, en vertu de la formule (2), sera supérieure ou inférieure à R, suivant que la quantité A sera positive ou négative.

Si l'on élimine τ et s entre les formules (1), (2), (3), on obtiendra l'équation

$$(6) \qquad r^2 - l^2 - \left(B - \frac{A}{r^3}\right)^2 = 0,$$

à laquelle on satisfait en posant $r = \mathrm{R}$. D'autre part, en différentiant l'équation (6) par rapport à r, on obtient l'équation dérivée qui peut être présentée sous la forme

$$(7) \qquad r^8 - 3ABr^3 + A^2 = 0,$$

et qui n'admet au plus que deux racines réelles. Donc, par suite, l'équation (6) ne pourra offrir plus de trois racines réelles; et, comme la racine R est étrangère à la question, comme d'ailleurs le problème doit offrir au moins une solution, il est clair que l'équation (7), dont le dernier terme est positif, offrira précisément deux racines réelles, et l'équation (6) trois racines réelles. Enfin, comme dans le voisinage de la valeur $r = \mathrm{R}$, le premier membre de la formule (6) est négatif ou positif pour $r > \mathrm{R}$, suivant que la différence

$$\mathrm{R}^5 - 3\mathrm{A}k$$

est négative ou positive, il est clair que la question offrira une solution unique, si l'on a

$$(8) \qquad \mathrm{R}^5 - 3\mathrm{A}k < 0,$$

et que, dans cette hypothèse, l'équation (7) offrira entre les limites l, R, si A est négatif, ou entre les limites R, $\frac{\mathcal{A}\mathcal{C} - \mathcal{B}^2}{\mathcal{C}}$, si A est positif, une seule racine qui sera précisément la valeur cherchée de R.

Si l'on a, au contraire,

$$R^5 - 3lk > 0,$$

l'équation (6) offrira, outre la racine R, deux racines réelles, toutes deux supérieures à R lorsque A sera négatif, toutes deux inférieures à R lorsque A sera positif; et il sera facile d'opérer la séparation de ces deux racines, puisqu'elles comprendront entre elles une racine de l'équation (7).

FIN DU TOME X DE LA PREMIÈRE SÉRIE.

TABLE DES MATIÈRES

DU TOME DIXIÈME.

PREMIÈRE SÉRIE.

MÉMOIRES EXTRAITS DES RECUEILS DE L'ACADÉMIE DES SCIENCES DE L'INSTITUT DE FRANCE.

NOTES ET ARTICLES EXTRAITS DES COMPTES RENDUS HEBDOMADAIRES DES SÉANCES DE L'ACADÉMIE DES SCIENCES.

Pages

FIN DE LA TABLE DES MATIÈRES DU TOME X DE LA PREMIÈRE SÉRIE.

23348 Paris. — Imprimerie Gauthier-Villars et fils, quai des Grands-Augustins, 55.

Printed in the United States
By Bookmasters